B

LMW/B 19:
Lehrbücher und Monographien
aus dem Gebiete der exakten Wissenschaften
Reihe der Experimentellen Biologie,
Band 19

Springer Basel AG

Hans Heinrich Bosshard

Professor für Holzkunde und Holztechnologie
an der Eidgenössischen Technischen Hochschule in Zürich

Holzkunde

Band 2
Zur Biologie, Physik und Chemie des Holzes

2., überarbeitete Auflage

1984 Springer Basel AG

1. Auflage 1974

CIP-Kurztitelaufnahme der Deutschen Bibliothek

Bosshard, Hans Heinrich:
Holzkunde / Hans Heinrich Bosshard. – Basel ;
Boston ; Stuttgart : Birkhäuser
  (Lehrbücher und Monographien aus dem
  Gebiete der exakten Wissenschaften : Reihe
  d. experimentellen Biologie ; ...)
Bd. 2. → Bosshard, Hans Heinrich: Zur Biologie,
Physik und Chemie des Holzes

Bosshard, Hans Heinrich:
Zur Biologie, Physik und Chemie des Holzes /
Hans Heinrich Bosshard. – 2., überarb. Aufl. –
Basel ; Boston ; Stuttgart : Birkhäuser 1984.
  (Holzkunde / Hans Heinrich Bosshard ; Bd. 2)
  (Lehrbücher und Monographien aus dem Gebiete
  der exakten Wissenschaften : Reihe d.
  experimentellen Biologie ; Bd. 19)

NE: Lehrbücher und Monographien aus dem
Gebiete der exakten Wissenschaften / Reihe der
experimentellen Biologie

Die vorliegende Publikation ist urheberrechtlich geschützt.
Alle Rechte, insbesondere das der Übersetzung in andere Sprachen, vorbehalten.
Kein Teil dieses Buches darf ohne schriftliche Genehmigung des Verlags in
irgendeiner Form – durch Fotokopie, Mikrofilm oder andere Verfahren – reproduziert
oder in eine für Maschinen, insbesondere Datenverarbeitungsanlagen, verwendbare
Sprache übertragen werden.

© Springer Basel AG 1984
Ursprünglich erschienen bei Birkhäuser Verlag Basel 1984
Softcover reprint of the hardcover 2nd edition 1984
Umschlag: Albert Gomm swb/asg, Basel

ISBN 978-3-0348-5377-4   ISBN 978-3-0348-5376-7 (eBook)
DOI 10.1007/978-3-0348-5376-7

Vorwort

Der zweite Band der *Holzkunde* ist präpositional angeschrieben: Er handelt von Beiträgen zur Biologie, Physik und Chemie des Holzes. Aber wer vermöchte diese drei Wissensgebiete in alle Winkel auszuleuchten, und wem wäre mit einem Kompendium gedient, das unter der Hand des Schreibenden in seinen Teilen veraltet? Es braucht Auswahl und fordert Verzicht heutigentags, in der Zeit der Beiträge. Das Herbeitragen liefert den Zettel, die Interpretation den Einschlag. Und so will ich in diesem Buchband Wissen weitergeben mit meinem Zettel und Einschlag. Dass dabei Gebrauch gemacht wird von der Wortwiedergabe anderer Textabschnitte – ein in den Naturwissenschaften ungewohntes Vorgehen, das sich aber in der Literaturwissenschaft allenthalben bewährt –, hat einen doppelten Sinn: Ich möchte dem Leser nicht nur den deutschsprachlichen Denkzugang zu einzelnen Problemen vermitteln, sondern ihn auch auf fremdsprachliches Gedankengut hinweisen. Vor allem aber möchte ich das Herbeigetragene noch besser als nur mit dem Autorenvermerk kennzeichnen und so Einsicht bieten in die Arbeitsweise anderer.
In die Bearbeitung des Stoffes, besonders des biologischen, habe ich naturphilosophische Betrachtungen eingeflochten. Nicht Eigenwilligkeit oder der Hang zu Ungewohntem haben dazu Anlass gegeben, sondern die eine Überzeugung, dass bei dem heutigen Stand der Kenntnisse Interdisziplinarien am ehesten noch weiterhelfen können. Und dazu gehört eben auch die wechselseitige Erkundigung zwischen den Naturwissenschaften und den Geisteswissenschaften. Daraus ergibt sich eine Konzeption der Darstellung, die dem Technologen zuwiderlaufen mag – bevor er sie aber rundweg ablehnt, sei auch ihm ein sorgfältiges Nachdenken empfohlen: die *Holzkunde 2* wird am besten verstanden, wenn man ihren Implikationen auf den Grund gekommen ist.
Die Arbeiten an diesem Buch sind mir erleichtert worden durch die kritischen und anregenden Gespräche mit Kollegen, vor allem aber mit ehemaligen und heute am Institut tätigen Mitarbeitern: den Herren Dr. M. BARISKA, Dr. L. KUČERA, Dr. B. A. MEIER, dipl. Ing. Chem. A. OSUSKY und dipl. Ing. Chem. R. POPPER. Herr Dr. L. KUČERA hat sich darüber hinaus noch mit der Durchsicht und Korrektur der Druckbogen befasst. Frau LISELOTTE MEIER besorgte die Reinschrift der Manuskripte, und Fräulein RUTH HAGENBUCH stellte das photographische Material bereit. Für diese Hilfeleistungen danke ich allen Mitarbeitern und erwähne gern, dass das Gemeinsame der Arbeit, die Lebhaftigkeit der Diskussionen für mich besonderer Ansporn waren. Den Herren C. EINSELE und A. GOMM im Birkhäuser Verlag danke ich für ihr Interesse und ihr Bemühen um eine gute Buchgestaltung; Herrn W. UNGER, Karlsruhe, bin

ich für die Herstellung der Reinzeichnungen zu Dank verpflichtet. Das Kuratorium des Fonds zur Förderung der Wald- und Holzforschung hat auch für die Herausgabe des zweiten Bandes einen namhaften Druckkostenbeitrag gewährt; für diese anerkennende Aufmerksamkeit danke ich sehr.

Zürich, im Januar 1974   HANS HEINRICH BOSSHARD

Vorwort zur zweiten Auflage

Bei der Überarbeitung des vor Jahren für die Drucklegung bereitgestellten Manuskriptes hat sich das Bedürfnis abgezeichnet, noch eingehender als damals – und auch noch eindringlicher – auf die Verankerungen des biologischen Wissens in wesentlichen Disziplinen der Geisteswissenschaften hinzuweisen. In diesen Jahren sind nämlich in der Biologie die Schritte in Richtung auf die eigenen Grenzen hin noch ausgreifender und behender geworden als es sich zuvor erahnen liess. Nicht die Sorge, dass Unzeitgemässes ungehört verhallen könnte, noch Bedenken, dass sich die Darstellungen zur Biologie, Physik und Chemie des Holzes dazu nicht eignen würden, haben mich abgehalten davon. Glücklicherweise gibt es immer wieder Leser oder Hörer, die bereit sind, das *inter-esse*, das Dazwischen-Sein im Interdisziplinären auszuloten, und erstaunlich genug zeigt sich dabei, dass die Baumpflanze als Objekt zu interdisziplinärem Tun geradezu herausfordert. Hierin liegt aber – so unverständlich es auf den ersten Blick scheinen mag – der Grund für die Zurückhaltung: Forderungen der Natur gerecht werden kann nur, wer ganz auf sie eingeht. Dazu aber ist in der als spezielles Lehrmittel konzipierten Holzkunde nicht der gute Ort. Ob ich das Wissen um den Imperativ der Natur je werde in die ihm adäquate schriftliche Form bringen können, das wird sich in den kommenden Jahren erst weisen müssen. Die Holzkunde wird dafür Grundlage, Anknüpfung und stete Mahnung sein.
In die Überarbeitung einbezogen sind neben kleineren Änderungen einige neuerarbeitete Einsichten in den Jahrringaufbau und in methodisches Arbeiten im Bereich der Jahrringanalyse. Ferner war es notwendig, der Neuregelung der physikalischen Grundeinheiten Genüge zu tun.
Gern erwähne ich die Hilfsbereitschaft von Frau Ursula Stocker und der Herren Dr. L. Kučera und A. Hugentobler, und dem Birkhäuser Verlag in Basel danke ich für die Aufmerksamkeit, mit der an dieser zweiten Auflage gearbeitet worden ist.

Zürich und Andelfingen, im Februar 1984   Hans Heinrich Bosshard

Inhaltsverzeichnis

1	**Zur Biologie des Holzes**	
1.1	*Einleitung*	11
1.2	*Wachstum des Baumes*	12
1.21	Das Kambium	12
1.211	Aufbau des Kambiums	12
1.212	Zellteilungen im Kambium	23
1.213	Zelldifferenzierung	34
1.22	Jahrringbildung	44
1.221	Anlage der Jahrringe	44
1.222	Aufbau der Jahrringe	54
1.223	Variabilität im Jahrringbau	66
1.224	Datierung von Holz	72
1.23	Wachstumsgesetze	74
1.24	Wurzelholz und Astholz	82
1.241	Wurzelholz	82
1.242	Astholz	96
1.25	Sondermerkmale des Baumwachstums	104
1.251	Drehwuchs	105
1.252	Reaktionsholz	111
1.3	*Funktion des Baumes*	120
1.31	Photosynthese, Stofftransport und Stoffhaushalt	120
1.311	Photosynthese und Holzzuwachs	120
1.312	Stofftransport im Phloem und Speicherung	124
1.32	Wassertransport und Wasserhaushalt	138
1.321	Wassertransport im Xylem	138
1.322	Wasserhaushalt im stehenden Baum	144
1.33	Physiologie des Splint- und Kernholzes	149
1.331	Aspekte der Alterung in Waldbäumen	149
1.332	Splintholz-Kernholz-Umwandlung	160
1.333	Farbkernholzbildung	167
1.334	Modifikationen in der Kernholzbildung und Kernholzanalogien	183
2	**Zur Physik des Holzes**	
2.1	*Einleitung*	187
2.2	*Die Gewicht-Volumen-Relation im Holz*	187
2.21	Reindichte, Raumdichte und Raumdichtezahl	188

2.211	Die Reindichte	188
2.212	Die Raumdichte	189
2.213	Die Raumdichtezahl	190
2.214	Das Porenvolumen des Holzes	193
2.22	Variabilität der Raumdichte	195
2.221	Einfluss des Früh- und Spätholzanteils auf die Raumdichte	195
2.222	Abhängigkeit der Raumdichte von der Jahrringbreite	197
2.223	Raumdichteschwankungen im Stamm	199
2.224	Raumdichte von Wurzel- und Astholz	201
2.3	*Vorgänge im Holz bei Berührung mit Wasser*	203
2.31	Sorption, Fasersättigung und maximaler Wassergehalt	203
2.311	Bestimmung der Holzfeuchtigkeit	204
2.312	Die Wasserdampfsorption	205
2.313	Fasersättigung und maximaler Wassergehalt	213
2.32	Quellung und Schwindung	215
2.321	Räumliche und lineare Quellung	215
2.322	Das Schwindmass und die Schwindungsanisotropie	217
2.4	*Über thermische, elektrische und akustische Eigenschaften des Holzes*	228
2.41	Thermische Holzeigenschaften	228
2.411	Die Wärmeausdehnung	228
2.412	Die Wärmeleitfähigkeit	229
2.42	Elektrische Eigenschaften des Holzes	231
2.421	Elektrischer Widerstand und Leitfähigkeit	231
2.422	Blitzgefährdung von Bäumen	233
2.423	Dielektrische Eigenschaften des Holzes	235
2.43	Akustische Eigenschaften des Holzes	238
2.5	*Festigkeitseigenschaften und Formänderungsverhalten des Holzes*	240
2.51	Ermittlung von mechanischen Eigenschaften des Holzes	241
2.52	Formänderungsverhalten des Holzes	248
3	**Zur Chemie des Holzes**	
3.1	*Einleitung*	251
3.2	*Grundsubstanzen*	252
3.21	Hemizellulosen	254
3.22	Pektinstoffe	258
3.3	*Gerüstsubstanzen*	261
3.31	Zellulose	261
3.311	Chemismus der Zellulose	261
3.312	Der kristalline Bau der Zellulose	267

3.32	Zellulosebegleiter	273
3.4	*Inkrusten*	274
3.41	Lignin	274
3.411	Ligninpräparate	274
3.412	Biosynthese des Koniferenlignins	275
3.413	Konstitution des Lignins	278
3.42	Kernholzstoffe	282
4	**Anmerkungen**	
5	Literaturverzeichnis	287
6	Autorenverzeichnis	303
7	Sachwortverzeichnis	307

Kapitel 1
Zur Biologie des Holzes

1.1 Einleitung

Wer sich heute als Wissenschafter mit der Natur befasst, ist freigebig im Denken über die Grenzen des Erforschbaren. Das war durchaus nicht immer so: Noch 1820 hat sich der ‹Naturschauer› GOETHE in seinem Aufsatz «Freundlicher Zuruf» mit der auf F. BACON VON VERULAM (1561–1626) zurückdatierbaren Epoche der Erfahrungsnaturwissenschaften auseinandergesetzt und den Willen zur Erforschung der Natur gerechtfertigt. Bemerkenswert genug sind dabei die beiden Sätze: «Ich fühle mich mit nahen und fernen, ernsten, tätigen Forschern glücklich im Einklang. Sie gestehen und behaupten: man solle ein Unerforschliches voraussetzen und zugeben, alsdann aber dem Forscher selbst keine Grenzlinie ziehen.» Diese Sinneshaltung wird noch eindringlicher, wenn man mit EMIL STAIGER die Absicht erkennt, «dass Goethe statt einer Wissenschaft, die unterwerfen möchte, eine verehrende auszuarbeiten gedenkt». E. STAIGER (1956) weist in diesem Zusammenhang weiter hin auf die ‹entschuldigenden› Worte GOETHES: «Wenn der zur lebhaften Beobachtung aufgeforderte Mensch mit der Natur einen Kampf zu bestehen anfängt, so fühlt er zuerst einen ungeheuren Trieb, die Gegenstände sich zu unterwerfen. Es dauert aber nicht lange, so dringen sie dergestalt gewaltig auf ihn ein, dass er wohl fühlt, wie sehr er Ursache hat, auch ihre Macht anzuerkennen und ihre Einwirkung zu verehren» (J. W. GOETHE 1817). – Es ist notwendig, sich vor dem Niederschreiben eines Beitrags zu den biologischen Wissenschaften daran zu erinnern, dass es in der Natur Unerforschbares wirklich gibt und auch Verehrungswürdiges, denn die Engherzigkeit der Erfahrungsnaturwissenschaften ist bis ins Grenzenlose ausgeräumt worden (W. HEITLER 1970). Auch dem «ungeheure(n) Trieb, die Gegenstände sich zu unterwerfen» wird kaum mehr von irgendeiner alternativen Sicht her entgegengewirkt.

In der Biologie des Holzes werden Lebensvorgänge erörtert, die im stehenden Baum direkt oder indirekt ermittelt werden können. Vielfach handelt es sich um Gegenstände der allgemeinen Botanik oder der Pflanzenphysiologie, die dort allerdings an anderen Objekten untersucht worden sind. Wo es sich nur um die Bestätigung handeln kann, dass für unverholzte pflanzliche Objekte Gültiges auch für verholzte Pflanzen zutrifft, bleiben die Hinweise knapp, es sei denn für die Erarbeitung innerer Zusammenhänge eine eingehende Darstellung unerlässlich.

1.2 Wachstum des Baumes

1.21 Das Kambium

1.211 Aufbau des Kambiums

In der Entwicklung des Pflanzenreiches gehört der Wechsel vom Wasser- zum Landleben zu den massgebendsten Veränderungen: Die vorher wenig tragfähige Zellmembran ist durch die Einlagerung von Lignin versteift worden, und es sind zunächst Pflanzenformen von wenigen Zentimetern Dicke und etwa zwei Metern Höhe entstanden. E. S. BARGHOORN (1964) schreibt zu diesem einmaligen Phänomen: "Lignin is one of the few chemical complexes which appears to be unique to the vascular plants as distinct from the nonvascular, i.e. algae, fungi, and their relatives. The physical properties imparted by lignin to the lignin-cellulose framework of tracheary tissues provides the essential physical characteristics of the plant body on which natural selection would operate in the adaption of plants to the terrestrial environment. The increase in vertical dimensions of the plant body made possible by the rigidity of lignified cell walls places a survival value on the capacity to increase in height in competition for available light." Stärkeres Höhenwachstum der Pflanzen ist in direkten Zusammenhang zu stellen mit dem Dickenwachstum und damit dem Aufkommen des vaskularen Kambiums. Gegründet auf das Studium von fossilen Pflanzenresten, fügt E. S. BARGHOORN (1964) das Hervorbrechen und Erlöschen kambialer Aktivität in den wichtigsten Gruppen der vaskularen Pflanzen ein in die erdgeschichtliche Zeittafel (Abbildung 1). Daraus ist zunächst das stammesge-

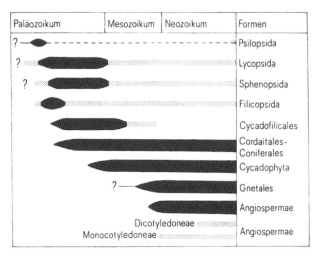

Abbildung 1   Hervorbrechen und Erlöschen kambialer Aktivität in den wichtigsten Gruppen der vaskularen Pflanzen. Sekundäres Wachstum ist durch schwarze Balken angegeben, die gerasterten Streifen geben krautige Formen an (nach E. S. BARGHOORN 1964).

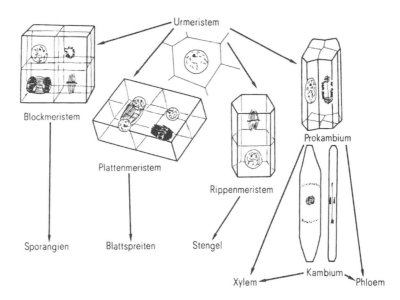

Abbildung 2   Differenzierung polyedrischer Zellen des Urmeristems in verschiedene Meristemformen (nach O. Schüepp 1966).

schichtliche Alter der Baumformen abzulesen; man begegnet darin auch der Rückbildung von Baum- zu Krautgewächsen (z.B. Baumfarn, rezente Farne) und der gesonderten Entwicklung der angiospermen Krautpflanzen. – Das vaskulare oder laterale Kambium ist aus dem Urmeristem (apikales Meristem) hervorgegangen als eine der nach O. Schüepp (1966) in Abbildung 2 unterscheidbaren Meristemformen; es ist ontogenetisch in jeder Pflanze auf das Urmeristem des Vegetationspunktes zurückzuführen (W. R. Philipson und Josephine M. Ward 1965). Das vaskulare Kambium von Ästen, Stammkörper und Wurzeln des Baumes ist im Grunde gleich aufgebaut; messbare Unterschiede in den Zelldimensionen und im Teilungsrhythmus sind allerdings vorhanden und leicht an den entsprechenden Geweben zu erkennen. – Für den Biologen ist das vaskulare Kambium ein aussergewöhnliches Studienobjekt, da es wohl im ganzen belebten Raum das einzige mehrzellige, höher organisierte Gewebe darstellt, dem eine nahezu vollständige Unabhängigkeit von der Zeit zugeschrieben werden darf. Die ältesten noch tätigen vaskularen Kambien sind 1954 von E. Schulman in einem über viertausend Jahre alten Bestand von Borstenkiefern (*Pinus aristata* Engelm.) ausfindig gemacht worden (zit. nach B. Huber 1957); es spricht aber nichts dagegen, dass nicht in anderen Waldgebieten der Erde noch ältere Zeugen kambialer Tätigkeit gefunden werden können. R. Wagenführ (1980) erwähnt denn auch: «Auf der Insel Jakuschima in Japan soll eine Zeder ein Alter von 7200 Jahren haben!»

Der Begriff «Kambium» hängt sprachkundlich zusammen mit dem italienischen Verb «cambiare» (Wechselgeschäfte betreiben), historisch geht er zurück auf den englischen Botaniker N. Grew, der 1682 den im Frühjahr zwischen Rinde

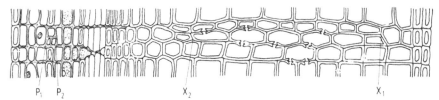

Abbildung 3   Querschnitt der Kambialzone mit angrenzendem Phloem und Xylem (nach M. W. BANNAN 1955). Die Verdoppelungen von radialen Reihen im Phloem und Xylem bei P_1 und X_1 sind auf die antikline Teilung einer Kambiuminitiale zurückzuführen; Verluste von radialen Zellreihen (bei P_2 und X_2) kommen vor, wenn eine Kambiuminitiale zu einer Zelle des stationären Gewebes ausdifferenziert.

und Holz sich ansammelnden Saft als Kambium bezeichnet hat (Band 1, Kapitel 1. 11), eine Vorstellung, die sich – mit unterschiedlichem Gewicht allerdings – bis in die erste Hälfte des 19. Jahrhunderts aufrecht erhalten konnte. 1853 beschrieb TH. HARTIG die «Cambial- oder Wiedererzeugungsschicht» als zwei Zellreihen breite Zone, aus der von der einen Zellreihe das Phloem, von der anderen das Xylem hervorgehen sollte. In seiner Arbeit *Anatomie der gemeinen Kiefer (Pinus silvestris L.)* benennt K. SANIO (1873) zum erstenmal eine einzige Zellschicht als Kambium und zeigt, wie aus den Kambiummutterzellen sich Tochterzellen dem Bast oder dem Holz zufügen: «Von den beiden durch Teilung der Kambiummutterzelle entstehenden Tochterzellen verbleibt entweder die obere als Kambiummutterzelle, während die untere sich noch einmal tangential teilend als Zwilling zum Holz übertritt, oder es verbleibt von den beiden durch Teilung der Kambiummutterzelle entstehenden Tochterzellen die untere als Kambiumzelle, während sich die obere noch einmal teilt und als Zwilling zum Bast übertritt.» In den hundert Jahren seit SANIOS Entdeckung der einzelligen Initialschicht haben sich Bestätigung und Zweifel darüber angemeldet (W. R. PHILIPSON, JOSEPHINE M. WARD, B. G. BUTTERFIELD 1971). In mikroskopischen Arbeiten fällt es wirklich schwer, im Teilungsgewebe eine einzelne Zellreihe, sei es nach der Form, der Grösse oder der Aktivität der Zellen, aufzufinden und als Initialschicht zu bezeichnen. SANIO hat aber schon aufmerksam gemacht, dass Verdoppelungen von radialen Zellreihen im Xylem phloemseits entsprechend vorkommen; solche Übereinstimmung kann nur eintreten, wenn die zur Verdoppelung von radialen Zellreihen führende antikline Teilung in der dem Phloem und Xylem gemeinsamen Initialzelle vor sich geht. Diese Beobachtung ist von M. W. BANNAN (1955) im Studium des vaskulären Kambiums von *Thuja occidentalis* L. wieder aufgegriffen und bestätigt worden (Abbildung 3). Der Nachweis der einzelligen Initialschicht gelingt vorderhand erst indirekt; das mag der Grund dafür sein, dass immer wieder Zweifel aufkommen können, sei es, dass allen Zellen der kambialen Zone dieselbe Teilungshäufigkeit zugeschrieben wird (B. F. WILSON 1964) oder das Vorhandensein einer eigentlichen Initialschicht erneut in Frage gestellt wird (ANNE-MARIE CATESSON 1964). In seinen Arbeiten über Fichten-, Lärchen- und Waldföhrenkambien findet

B. A. MEIER (1973) die Grundkonzeption SANIOS bestätigt; er stimmt auch mit C. L. BROWN (1971) überein, dass wohl jeder radialen Zellenfolge eine Kambiuminitiale zugehört, dass diese Initialzellen aber im Nebeneinander der tangentialen Anordnung nicht eine geschlossene Zellreihe bilden müssen, sondern gegeneinander versetzt vorkommen können. Aus der topographischen Darstellung der Phloem-, Kambium- und Xylemgewebe (Abbildung 4) ist herzuleiten, dass das Kambium den Holzkörper in allen Teilen direkt umschliesst: es folgt in der spannrückigen Hagebuche den Ein- und Ausbuchtungen, in der wimmerwüchsigen Fichte den Vertiefungen; in der Rotbuche liegt es innerhalb der breiten Markstrahlen keilförmig zwischen dem phloemseitigen Markstrahlholz und dem Xylemstrahl (Tafel 1). – Mit dem Begriff Kambium (synonym: kambiale Zone) wird der gesamte Bereich bezeichnet, in welchem perikline und antikline

Abbildung 4 Topographische Darstellung der Phloem-, Kambium- und Xylemgewebe in Lärche (nach B. A. MEIER 1973). *FB* Frühbast, *SB* Spätbast, *SH* Spätholz, *FH* Frühholz (Vergr. 75:1).

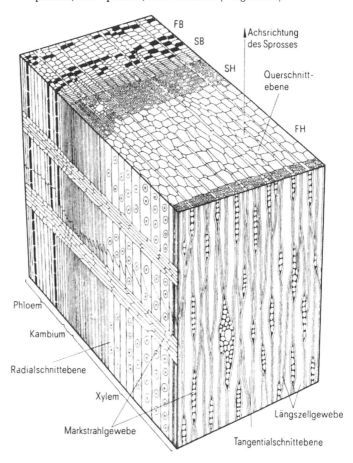

16　　　　　　Biologie des Holzes

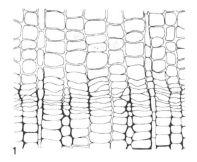

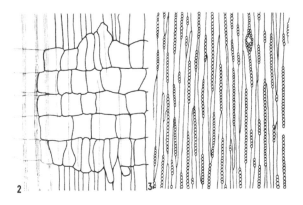

Abbildung 5　　Strukturordnung eines Koniferenkambiums: *1* in der Queransicht (Vergr. 130:1), *2* in der Radialansicht (Vergr. 200:1) und *3* in der Tangentialansicht (Vergr. 40:1).

Tafel 1　　Topographie des vaskularen Kambiums

Das vaskulare oder laterale Kambium umschliesst den Holzkörper vollständig bis hinein in die feinsten mikroskopischen Dellen und Einbuchtungen.

1　Spannrückigkeit in *Carpinus betulus*; in der grossen Bewegung der Spannrücken findet sich kleinwelliges Wachstum (Vergr. 8:1, Aufnahme H. H. BOSSHARD).

2　Wimmerwuchs in *Picea abies*; die Wachstumsstauung in den Wimmern (= Knorren, Masern) verursacht Strukturänderungen im tracheidalen Grundgewebe und im Markstrahlsystem (Vergr. 70:1, Aufnahme B. A. MEIER).

3　Keilwuchs in *Fagus silvatica*; in den breiten Markstrahlen ziehen phloemseitig Sklerenchymkeile in den Holzkörper ein. Das Kambium verläuft in diesen Keilpartien V-förmig (Vergr. 145:1, Aufnahme H. H. BOSSHARD).

Tafel 1: Topographie des vaskularen Kambiums

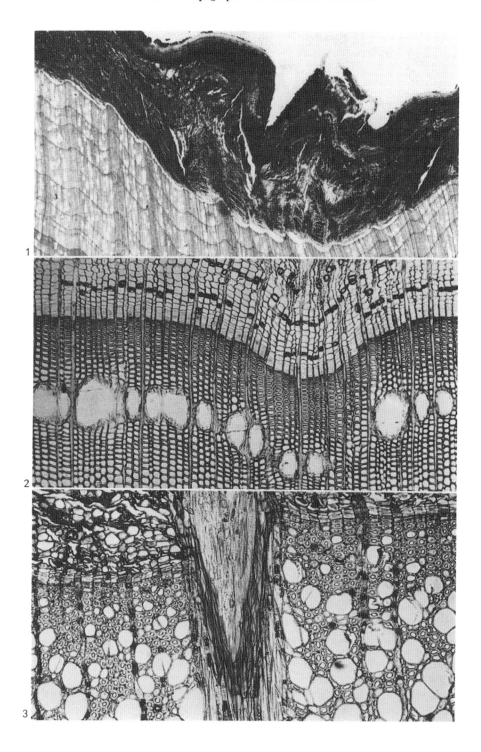

Zellteilungen vorkommen. Dieser Kambiumbereich wird in tangentialer Richtung von der einzelligen Initialschicht durchzogen. Die Initialschicht kann ringförmig geschlossen oder durch gegeneinander versetzte Initialzellen aufgelockert sein; sie besteht aus Fusiforminitialen und Markstrahlinitialen und erzeugt durch Zellteilungen differenzierendes Xylem (Xylemmutterzellen) und differenzierendes Phloem (Phloemmutterzellen). In Abbildung 5 ist die Strukturordnung eines Koniferenkambiums dargestellt in der Quer-, der Radial- und der Tangentialansicht; die entsprechenden Mikrophotographien sind in der Tafel 2 zusammengefasst. Das Ruhekambium ist nur wenige Zellreihen breit. M. W. BANNAN (1955) stellt in *Thuja occidentalis* L. das Fehlen der Phloemmutterzellen in diesem Stadium fest ebenso wie eine markantere Länge der Fusiforminitialen; für Fichte, Lärche und Waldföhre konnten diese Merkmale nicht bestätigt werden (B. A. MEIER 1973). Die Breite des Kambiums während der Vegetationsperiode variiert mit dem Teilungsrhythmus und entspricht vor allem der Vitalität des Baumes und dessen Wuchsbedingungen. –

Tafel 2   Quer-, Radial- und Tangentialschnitte durch Koniferenkambien (Aufnahmen B. A. MEIER)

1 Querschnitt durch die kambiale Zone von *Larix decidua*, Standort: 1720 m ü. M., Probenentnahme 19. Juni 1964. Die periklinen Teilungen haben bereits zu 6 bis 7 Frühholzzellreihen geführt und sind im Xylemmutterzellengewebe noch in vollem Gang. Die seitlichen Zellwandverschiebungen im unlignifizierten Gewebe sind Artefakte und müssen auf die Schnittherstellung zurückgeführt werden (Vergr. 130:1).

2 Radialschnitt durch die äussere Kambiumzone von *Larix decidua*, Standort: 2230 m ü. M., Probenentnahme 16. Juli 1964. In diesem Stadium der Differenzierung lassen sich die marginalen Markstrahlzellen als künftige Markstrahltracheiden erkennen (Vergr. 255:1).

3 Tangentialschnitt durch *Larix decidua*-Kambium; Standort: 1720 m ü. M., Probenentnahme 19. August 1964. Im linken Bildteil sind tanningefüllte Phloemzellen, im rechten ausdifferenzierende Xylemzellen eingeschlossen. Die Kambiumteilungen sind zu diesem Zeitpunkt schon weitgehend abgeschlossen (Vergr. 40:1).

4 Querschnitt durch die kambiale Zone und die angrenzenden Gewebe in *Picea abies*; Standort: 1540 m ü. M., Probenentnahme 16. September 1965. Die fortschreitende Differenzierung, ausgehend vom Xylemmutterzellengewebe gegen das Xylem hin, ist am Zellwandausbau zu erkennen (Vergr. 100:1).

5 Radialschnitt durch die Kambiumzone von *Pinus silvestris*; Standort: 2160 m ü. M., Probenentnahme 15. September 1964. Differenzierte Entwicklung der Markstrahl-Innen- und -Aussenzellen (Vergr. 325:1).

6 Tangentialschnitt durch *Picea abies*-Kambium; Standort: 1540 m ü. M., Probenentnahme 16. September 1965. In den teilungsfähigen, aktivierten Zellkernen zeichnen sich mehrere Nukleolen ab (Vergr. 160:1).

Tafel 2: Koniferenkambien

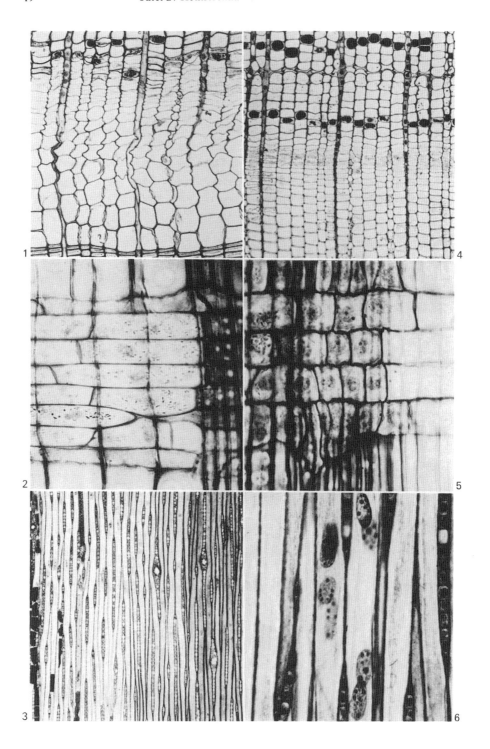

Die Markstrahlinitialen gleichen in der Grösse und Form den Markstrahlzellen. Die spindelförmigen Initialen (Fusiforminitialen) sind nach J.D. Dodd (1948) Vierzehnflächner, deren breite Seiten tangential orientiert sind; ihre schmalen Seiten sind an den Berührungsstellen mit Markstrahlinitialen eingebuchtet (Abbildung 6). Nach Vermutungen von O. Schüepp (1966) soll die Eigenform der Kambiumzelle einem dreiachsigen Ellipsoid gleichen: «Seine längste Achse steht parallel zur Stengelachse; der Unterschied von Sprosspol und Wurzelpol ist an der Einzelzelle nicht sichtbar; er macht sich geltend im Regenerationsexperiment. Die kürzeste Achse des Ellipsoides steht radial; sie gibt die Wachstumsrichtung an, die Richtung der Kernteilungsspindel. Auch diese Achse hat ihre versteckte Polarität, zwischen dem aussen liegenden Phloem und dem innen liegenden Xylem. Die mittlere, tangential gerichtete Achse ist nicht polar. Die Kambiumzelle orientiert sich mit ihren Achsen in der Umgebung des Stammes oder der Wurzel; sie wird im Gewebeverband zum Polyeder mit durchschnittlich vierzehn Flächen.» Die Zellen des Teilungsgewebes werden wie im Xylem und Phloem durch Mittellamellensubstanz zusammengehalten, die hier allerdings frei von Lignin ist. Auch die als Primärwände ausgebildeten Zellmembranen sind ligninfrei. Das Zellplasma liegt vorwiegend den Membranen an; es ist im Ruhekambium etwas viskoser als im Arbeitskambium, so dass der Anschein erweckt wird, als seien die Zellmembranen dickwandiger (L. Murmanis 1970).

Die Zellkerne sind gross und abgerundet; ihre Volumina nehmen mit dem Alter des Kambiums zu (Tabelle 1). Der zytoplasmatische Inhalt verändert sich: Im Ruhekambium von *Pinus strobus* L. werden viele kleine Vakuolen und sowohl strukturell als auch mengenmässig modifizierte Zellorganellen festgestellt gegenüber dem Arbeitskambium mit grossen Zentralvakuolen und einem Überfluss an Zellorganellen (L. Murmanis 1970). Schon I.W. Bailey (1930) hat auf die Veränderungen im Vakuolensystem aufmerksam gemacht (Abbildung 7), und Anne-Marie Catesson (1964) unterstreicht die jahreszeitlich bedingte

Abbildung 6   Fusiforminitialen der Waldföhre als Vierzehnflächner (nach J.D. Dodd 1948).

Wachstum des Baumes

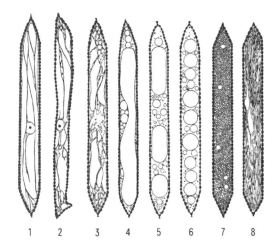

Abbildung 7 Vakuolensysteme in Kambiuminitialen (Plasmabeläge punktiert, Vakuolen und Zellkerne nicht punktiert; nach I. W. BAILEY 1930).
1   *Robinia pseudacacia:* Arbeitskambium
2   *Fraxinus americana:* Charakteristische Vakuolenanordnung
3–7 *Fraxinus americana:* Übergangsformen der Vakuolen
8   *Fraxinus americana:* «Myelin-Form» der Vakuolen

Abhängigkeit der Vakuolen im Teilungsgewebe. – Die Dimensionen der Initialzellen sind abhängig vom Alter des Kambiums (Tabelle 1) und von der Baumart (Tabelle 2): Mit zunehmendem Kambiumalter werden die Initialzellen grösser, wobei sich die Fusiforminitialen stärker verändern als die Markstrahlinitialen; die Abhängigkeit der Zelldimensionen von der Baumart erweist sich als durch die Entwicklungsgeschichte bedingt: Alte Baumformen haben bis zehnmal längere Fusiforminitialen als abgeleitete, und innerhalb der Gruppe der Laubhölzer (abgeleitete Baumformen) geht die höhere Spezialisierung im Wasserleitgewebe einher mit einer Abnahme der Zellängen in den Initialgeweben. Dieser von I. W. BAILEY (1923) entdeckte Zusammenhang wird noch eindrücklicher, wenn in entwicklungsgeschichtlich unterschiedlich organisierten Baumformen Kambien verschiedener Altersstufen untersucht werden (Abbildung 8). Nach den Kurvenbildern des Zellwachstums nehmen die Längen der Fusiforminitialen nur über eine gewisse Anzahl Jahre hinweg zu und bleiben nachher konstant.

Tabelle 1 Dimensionen der Kambiuminitialen von *Pinus strobus* L. in Abhängigkeit vom Kambiumalter (nach I. W. BAILEY 1920).

Alter des Stammes	Art der Initialen	Länge μm	Radialdurchmesser μm	Tangentialdurchmesser μm	Zellvolumen μm^3	Zellkernvolumen μm^3
1	Markstrahl	22,9	17,8	13,8	5 000	360
1	Fusiform	870,0	4,3	16,0	60 000	1000
60	Markstrahl	24,8	26,6	17,0	10 000	830
60	Fusiform	4000,0	6,2	42,4	1 000 000	3500

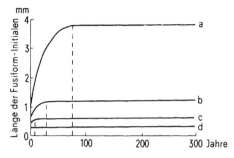

Abbildung 8   Längenänderung der Fusiforminitialen mit zunehmendem Alter des Kambiums (nach I. W. BAILEY 1923). *a* Gymnospermen, *b* wenig entwickelte Dikotyledonen, *c* hochentwickelte Dikotyledonen, *d* hochentwickelte Dikotyledonen mit stratifiziertem Kambium.

Die Zeitspanne der Elongation ist in alten Baumformen am grössten; sie nimmt mit steigender Spezialisierung der Kambien schrittweise ab. In den höchstentwickelten Baumformen entfallen die quantitativen Veränderungen der kambialen Zellen in Abhängigkeit von der Zeit, oder sie sind bestenfalls zusammengedrängt in eine Vegetationsperiode. Damit ist in einem hochorganisierten Gewebe in einer Beziehung eine nahezu vollständige Zeitunabhängigkeit erreicht – ein höchst bemerkenswertes Phänomen.

Tabelle 2   Zellängen der Fusiforminitialen, geordnet nach der entwicklungsgeschichtlichen Spezialisierung der Baumarten (nach I. W. BAILEY 1923).

Holzart	Länge der Fusiforminitialen		
	Maximum µm	Mittel µm	Minimum µm
Gymnospermen			
Picea abies (L.) Karst.	4200	3300	2400
Larix decidua Mill.	5000	4000	2500
Pinus strobus L.	4000	3200	2300
Dikotyledonen mit unstratifiziertem Kambium			
a) ohne Gefässe			
Trochodendron aralioides Sieb. et Zucc.	6200	4400	2800
Drimys winteri Forst.	4500	3300	2400
b) Gefäßsystem wenig entwickelt			
Betula populifolia Marsh.	1160	940	700
Liriodendron tulipifera L.	1500	1100	700
Cornus florida L.	1400	1100	800
c) Gefäßsystem hochentwickelt			
Carya ovata (Mill.) C. Koch	600	520	420
Prunus serotina Ehrh.	590	460	320
Acer rubrum L.	610	490	320
Dikotyledonen mit stratifiziertem Kambium			
Sterculia foetida L.	450	370	320
Robinia pseudacacia L.	210	170	140
Diospyros virginiana L.	520	410	320

1.212 Zellteilungen im Kambium

Durch die Zellteilungen und die damit verbundenen Vorgänge im vaskularen Kambium wird das Dicken- und das Weitenwachstum von Bäumen und Sträuchern gesteuert. Beide Wachstumsprozesse stehen in enger gegenseitiger Abhängigkeit, sie sind aber dennoch auf zwei grundsätzlich verschiedene Teilungsarten zurückzuführen: auf die perikline Teilung (Dickenwachstum) und die antikline Teilung (Weitenwachstum). In der Abbildung 9 sind die beiden Teilungsarten schematisiert dargestellt. Danach verlaufen in der periklinen Teilung die neugebildeten Zellwände *parallel* zu der Stamm- oder allgemein zu

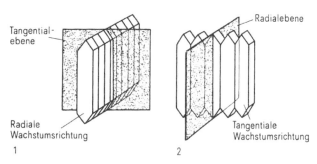

Abbildung 9   Schematische Darstellung der periklinen (*1*) und antiklinen (*2*) Teilungen in Fusiforminitialen.

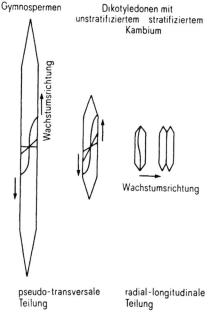

Abbildung 10   Schema der antiklinen Teilungen in Nichtstockwerkkambien und in Stockwerkkambien (nach I.W. BAILEY 1923).

der Organoberfläche; sie liegen somit in tangentialen Ebenen, was das Wachstum in radialer Richtung ermöglicht (Dickenwachstum). In den antiklinen Teilungen verlaufen die neugebildeten Zellwände *senkrecht* zur Organoberfläche; sie liegen also in radialen Ebenen und ermöglichen das Wachstum in tangentialer Richtung (Weitenwachstum). In Abbildung 9 ist der Verlauf der antiklinen Teilung am Beispiel eines Stockwerkkambiums erläutert, weil hier die neuen Zellwände *radial-longitudinal* gerichtet sind und sich damit das Teilungsprinzip deutlicher zeigt. In allen Nichtstockwerkkambien verlaufen die neuen Zellwände in der antiklinen Teilung *pseudotransversal* (Abbildung 10). In den Mikrophotographien der Tafel 3 sind die wichtigsten Teilungsstadien der periklinen Teilungen an Beispielen aus Koniferenkambien dargelegt.

Im Ablaufschema der *periklinen Teilung* (Abbildung 11) wird der Kambialausschnitt einer einzelnen radialen Zellreihe in sechs sich folgenden Teilungsphasen dargestellt. Im Ruhekambium (Phase 1) folgt auf die letzte ausdifferenzierte Phloemzelle direkt die Fusiforminitiale; sie hat in diesem Beispiel nach ihrer letzten Teilung noch nicht die ursprüngliche Zelldimension erreicht. Auch die Xylemmutterzellen 1a und 1b sowie 2a weisen noch reduzierte Zelldimensionen auf. In der Phase 2 wachsen die Zellen der kambialen Zone zu Beginn der Vegetationsperiode auf ihre ursprüngliche Grösse aus; in der Phase 3 setzen xylemwärts die ersten periklinen Teilungen ein, und in der Phase 4 wird phloemwärts die erste Phloemmutterzelle gebildet. In allen weiteren Phasen werden neue Teilungsschritte und der anschliessende Zellenausbau fortgesetzt; damit rückt die Initialzelle und mit ihr schliesslich das Kambium in radialer Richtung immer weiter von der Markröhre ab (Dickenwachstum). Nach Auszählungen von M. W. BANNAN (1955) in Kambien von *Thuja occidentalis* L. entfallen nur etwa 13% aller periklinen Teilungen auf die Initialschicht und 87% auf die Mutter-

Tafel 3   Zellteilungen in Koniferenkambien (Aufnahmen B. A. MEIER)

1 *Picea abies*-Kambium, radial; Standort: 1860 m ü. M., Probenentnahme 21. Juni 1963. Perikline Teilung: Prophase in randständiger Markstrahlzelle (Vergr. 1060:1).

2 *Picea abies*-Kambium, tangential; Standort: 1860 m ü. M., Probenentnahme 10. Juli 1964. Perikline Teilung: Metaphase in Xylemmutterzelle (Vergr. 990:1).

3 *Picea abies*-Kambium, quer; Standort: 1860 m ü. M., Probenentnahme 21. Juni 1963. Perikline Teilung: Anaphase in Xylemmutterzelle (Vergr. 1060:1).

4 *Picea abies*-Kambium, tangential; Standort: 1860 m ü. M., Probenentnahme 9. September 1964. Perikline Teilung: Anaphase in Xylemmutterzelle, Klimaxstadium (Vergr. 1000:1).

5 *Picea abies*-Kambium, quer; Standort: 1860 m ü. M., Probenentnahme 21. Juni 1963. Perikline Teilung: späte Anaphase in Markstrahlzelle (Vergr. 1035:1).

6 *Larix decidua*-Kambium, radial; Standort: 2240 m ü. M., Probenentnahme 19. Juni 1964. Perikline Teilung: späte Telophase in Xylemmutterzelle (Vergr. 455:1).

Tafel 3: Zellteilungen in Koniferenkambien

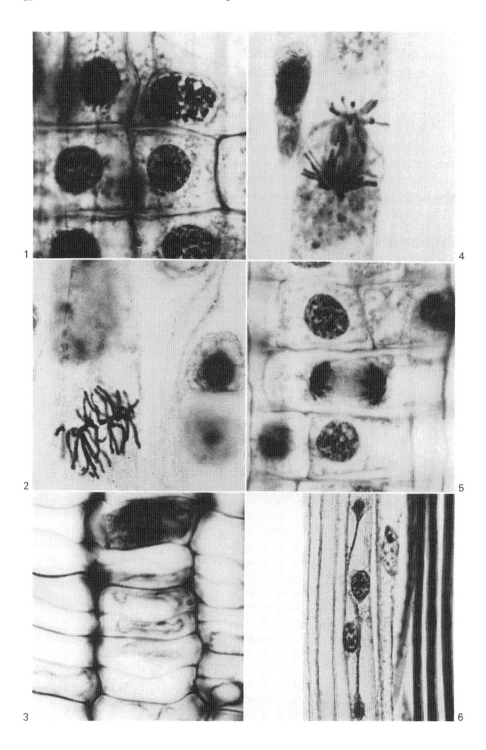

zellengewebe. – Die in Abbildung 11 erwähnte zeitliche Folge der Teilungen muss nicht Regel sein; so beobachtet B. A. MEIER (1973) in Kambien von Fichten, Lärchen und Waldföhren, dass die perikline Teilungstätigkeit und die Zelldifferenzierung phloemwärts eher einsetzt als auf der Xylemseite (Abbildung 12). Wichtig sind die Unterschiede der periklinen Teilungen zwischen Fusiform- und Markstrahlinitialen. Im Markstrahlinitialgewebe setzen die Teilungen unmittelbar nach der Reaktivierung des Kambiums zu Beginn der Vegetationsperiode ein (B. A. MEIER 1973), wobei die Mitosen des Markstrahlgewebes jene des Längsgewebes zahlenmässig zunächst weit übertreffen; später verschiebt sich dann das Verhältnis der Teilungsraten zugunsten der fusiformen Zellen. Ein weiteres Merkmal der periklinen Teilung, die alternierende Teilungstätigkeit des Kambiums und die damit verbundene Zellgruppenbildung, ist schon von K. SANIO (1873) erkannt und später von I. V. NEWMAN (1956), A. J. PANSHIN und C. DE ZEEUW (1970), A. MAHMOOD (1968) und B. A. MEIER (1973) bestätigt worden. In seiner Arbeit bemerkt MEIER dazu: «Am leichtesten erkennt man die von K. SANIO erwähnten Zellgruppen, wenn das Kambium unmittelbar vor seiner vollen Entfaltung steht und die Differenzierung der Xylemzellen eben eingesetzt hat. Zu diesem Zeitpunkt treten die lamellierten Tangentialwände der mehrfach geteilten ursprünglichen Zellen des Ruhekambiums und deren Interzellularräume besonders deutlich in Erscheinung.» Auf die Zellgruppenbildung wird in Tafel 2/4 hingewiesen.

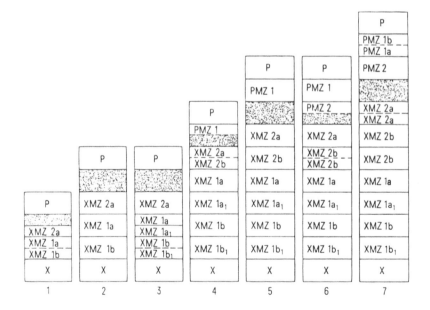

Abbildung 11   Ablaufschema der periklinen Teilung, dargestellt am Kambialausschnitt einer radialen Zellreihe (1), in sechs sich folgenden Teilungsphasen (2–7) (nach A. J. PANSHIN und C. DE ZEEUW 1964). Schattierte Zellen = Fusiforminitialen; X Xylemzellen, P Phloemzellen, XMZ Xylemmutterzellen, PMZ Phloemmutterzellen.

Die *antiklinen Teilungen* ermöglichen das Weitenwachstum des Baumes. I.W. BAILEY (1923) hat am Beispiel eines *Pinus strobus*-Stammes (Tabelle 3) berechnet, dass die in sechzig Jahren erfolgte Umfangerweiterung auf nahezu das Neunzigfache nicht allein auf die Dimensionsänderungen der einzelnen Initialzellen zurückzuführen ist, sondern auf eine beträchtliche Erhöhung der Anzahl

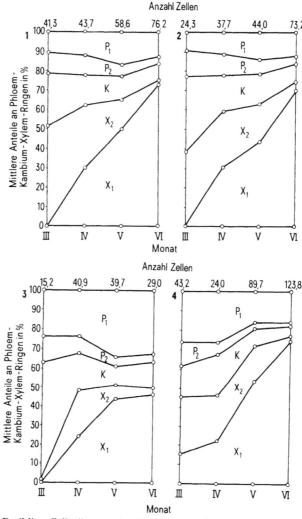

Abbildung 12 — Perikline Zellteilungen im Kambium und Jahrringentwicklung: Phloem-, Kambium- und Xylem-Gewebeanteile (Mittel aus 120 radialen Längszellreihen je Ring; nach B. A. MEIER 1973). P_1, P_2 differenziertes respektive differenzierendes Phloem; K Kambium; X_2, X_1 differenzierendes respektive differenziertes Xylem; *III–VI* Monate der Probenentnahmen; *1* Fichte: 1860 m ü. M. Probe aus 0,4 m Schafthöhe, *2* Fichte: 1860 m ü. M. Probe aus 4,9 m Schafthöhe, *3* Lärche: 2240 m. ü. M. Probe aus 5,6 m Schafthöhe, *4* Föhre: 2160 m ü. M. Probe aus 3,6 m Schafthöhe.

Zellen. Betrachtet man im *Pinus strobus*-Stamm einen bestimmten Querschnitt so stellt man fest, dass die Anzahl Initialzellen im Kambium von 794 Zellen auf nahezu 32 000 Zellen steigt. Diese Zunahme kann einer wirklichen Zellvermehrung oder aber nur dem Einwachsen der anfänglichen Anzahl Initialen in den untersuchten Stammquerschnitt entsprechen. Nach der antiklinen Teilung wachsen die Tochterzellen zunächst auf ihr ursprüngliches Mass aus (Abbildung 13); sodann ist die allgemeine Längenzunahme der Fusiforminitialen mit dem Kambiumalter bekannt; dies muss für die Klärung der Ursachen der Umfangerweiterung des Kambiums berücksichtigt werden. Wenn die Initialen nämlich stark in die Länge wachsen, müssen in einem bestimmten Querschnitt immer

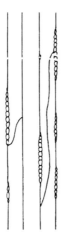

Abbildung 13   Längenwachstum der Tochter-Initialzellen auf ihr ursprüngliches Mass (nach M.W. BANNAN 1964).

Tabelle 3   Weitenwachstum in *Pinus strobus* L. in Abhängigkeit von antiklinen Teilungen (nach I.W. BAILEY 1923).
Das Wachstum vom einjährigen zum sechzigjährigen Stamm in *Pinus strobus* bedingt eine neunzigfache Umfangerweiterung des Kambiums. Da aus dem tangentialen Wachstum der Initialelemente lediglich eine zweieinhalbfache Umfangerweiterung resultiert, kann das Weitenwachstum des Baumes nur durch eine Zunahme der Anzahl Initialzellen erfolgen.

	Fusiforminitialen Durchmesser tang.	Anzahl	Markstrahlinitialen Durchmesser tang.	Anzahl	Kambiumumfang
1jähriger Stamm	16 μm Bogen = 11 584 μm	724	14 μm Bogen = 980 μm	70	12 564 μm
	Weitenwachstum der Initialelemente; Bogen = 30 408 μm		Bogen = 1 190 μm		31 598 μm
60jähriger Stamm	42 μm Bogen = 970 200 μm	23 100	17 μm Bogen = 149 532 μm	8796	1 119 732 μm

mehr Zellen nebeneinander zu liegen kommen; die damit verbundene Weitenzunahme des Kambiums ist messbar. Man kann auch berechnen, dass bei einer neunzigfachen Weitenzunahme des Kambiums die einzelnen Fusiforminitialen Längen von 26 800 µm aufweisen müssten, damit die Umfangerweiterung allein dem Einwachsen von Zellen in den beobachteten Querschnitt zugeschrieben werden könnte. In diesem Falle würde die Anzahl Fusiforminitialen konstant bleiben. Es ist aber früher darauf hingewiesen worden (Abbildung 8), dass die Initialzellen in Koniferen nur maximale Längen von etwa 4000 µm erreichen. Daraus geht hervor, dass die starke Zunahme der Anzahl Initialzellen tatsächlich auf antikline Teilungen und die Neubildung von Markstrahlinitialen zurückzuführen ist. – Die antiklinen Teilungen sind durch drei wichtige Merkmale charakterisiert: Sie sind zur Hauptsache pseudotransversal (Tabelle 4/1). Sie kommen nahezu ausschliesslich in der Initialschicht vor (Tabelle 4/2). Sie finden in älteren Kambien vorwiegend in der Endphase der Jahrringbildung statt. In Bäumen mit jüngeren Kambien und einer hohen Zuwachsrate setzen dagegen nur 40% aller

Tabelle 4   Beobachtungen über antikline Teilungen in Koniferenkambien (nach M. W. Bannan 1950 und 1951, M. W. Bannan und Isabel L. Bayly 1956).

1. Von 6200 Teilungen sind:
    6030 pseudotransversal
    130 seitliche Abspaltungen von Tochterzellen

2. Von 6030 pseudotransversalen Teilungen entfallen:
    98% auf die Initialschicht
    2% auf das Xylemmutterzellengewebe

3. Im jungen Kambium sind 3–4 antikline Teilungen pro Fusiforminitiale und Jahr zu beobachten, im alten Kambium 1 antikline Teilung pro Fusiforminitiale und Jahr. Im jungen Kambium sind 4,5 antikline Teilungen nötig, um 1 neue Fusiforminitiale in die Kambiumschicht einzufügen, im alten Kambium dagegen 43.

4. Weiterentwicklung der Tochterzellen im Kambium von *Chamaecyparis* sp. bei 1100 beobachteten antiklinen Teilungen:
    In 43,3% der Fälle verschwindet eine der beiden Tochterzellen nach einem Jahr aus dem Kambium,
    in 26,4% der Fälle verschwinden beide Tochterzellen nach einem Jahr aus dem Kambium,
    in 30,3% der Fälle sind beide Tochterzellen noch 1 Jahr zu weiteren antiklinen Teilungen befähigt.

5. Selektion nach den längsten Fusiforminitialen:
    Bei Fusiforminitialen von 1,37 mm Länge bleiben beide Tochterzellen erhalten,
    bei Fusiforminitialen von 1,19 mm Länge reduziert 1 Tochterzelle,
    bei Fusiforminitialen von 1,00 mm Länge reduzieren beide Tochterzellen.

6. Anzahl Kontaktstellen von Fusiforminitialen mit Markstrahlen (Mittel aus einer grossen Anzahl von Messungen in verschiedenen Koniferenkambien):

	Länge in mm	Anzahl Kontakte mit Markstrahlen
Verbleibende Fusiforminitialen	2,49	38,1
Reduzierende Fusiforminitialen	1,94	22,6

30 Biologie des Holzes

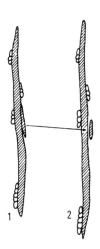

Abbildung 14   Seitliche Abspaltung in einer Fusiforminitiale und Bildung einer Markstrahlinitiale (nach M. W. BANNAN 1951).
1 Der Zellkern ist in der Fusiforminitiale an die Stelle der Teilung gewandert und hat die Abspaltung eingeleitet. *2* Nach der Abspaltung verkümmert das kurze Fragment zur Markstrahlinitiale, das lange wächst als normale Fusiforminitiale weiter.

antiklinen Teilungen im letzten Drittel der Jahrringproduktion ein, und 60% entfallen in die Zeit der raschen periklinen Teilungen.
In der antiklinen Teilung entstehen weit mehr Tochterzellen, als wirklich in das Kambium aufgenommen werden können. Das Überangebot an Tochterzellen wird bewältigt durch *Reduktion* von Fusiforminitialen. Man hat darunter zwei Gesetzmässigkeiten zu verstehen. Eine Reduktion, bei der Fusiforminitialen ihre Teilungsfähigkeit verlieren und in den Bereich der differenzierten Xylem- oder Phloemgewebe abgedrängt werden, und eine Reduktion von Fusiforminitialen zu Markstrahlinitialen. – Die Reduktion von Fusiforminitialen zu Markstrahlinitialen erfolgt entweder durch fortgesetzte *pseudotransversale Teilungen*, die zu immer kürzeren Teilzellen führen, oder durch seitliche (oder endwärtige) *Abspaltung* von Zellfragmenten. – In der *Reduktion durch Abspaltung* (Abbildung 14) werden nur Zellfragmente abgetrennt. Der Zellkern wandert in der Fusiforminitiale an die Stelle, an welcher eine Abtrennung von Zellmaterial vorkommt, und leitet den Abspaltungsprozess ein. Während die alte Fusiforminitiale wieder zur normalen Dimension auswachsen kann, degeneriert die Spaltzelle zur Markstrahlinitiale.
Die Reduktion durch pseudotransversale Teilung und Differenzierung von Fusiforminitialen erfolgt durch Dimensionsänderung (= Verkürzung und Bildung von Markstrahlinitialen) oder einen Funktionswechsel (= Verlust der Teilungsfähigkeit). – Der Funktionswechsel ist in diesem Falle verbunden mit einer Art von Reifeprozess, indem ein Element aus dem Kambium (Teilungsgewebe) in die Zone der ausdifferenzierten Gewebe (stationäre Gewebe) gelangt. Wie rasch im Differenzierungsvorgang die endgültige Differenzierung erfolgt, bleibe dahingestellt; es ist bekannt, dass auch im jungen Xylem noch Elemente vor-

kommen, die zum Beispiel zur Bildung von Septen oder zur Gliederung in Strangparenchymzellen fähig sind. Jedenfalls ist der Anteil an Fusiforminitialen, die nur kurze Zeit teilungsfähig und im eigentlichen Kambialbereich bleiben, nach Angaben in der Tabelle 4/3 und 4/4 gross und vom Alter des Kambiums abhängig. Nach diesen Beobachtungen bleiben in nur rund drei von vier Teilungen eine oder gar beide Tochterzellen während eines Jahres im Kambialbereich. – Eine Reduktion im Sinne einer Dimensionsänderung tritt dann ein, wenn sich die pseudotransversalen Teilungen in derselben Zelle in raschem Ablauf folgen. Wenn sich eine Tochterzelle wieder teilt, bevor sie zur ursprünglichen Länge ausgewachsen ist, vermag sie die alte Dimension nicht mehr zu erreichen. Darauf wird in Abbildung 15 hingewiesen. In diesem Beispiel hat die erste pseudotransversale Teilung zwei gleichwertige Tochterzellen erzeugt; während die obere Zelle zur vollen Länge auswächst, teilt sich die untere erneut in pseudotransversaler Richtung. Dadurch entstehen zwei Tochterzellen, die nur noch rund ein Viertel so lang sind als die ursprüngliche Initialzelle. Eine so grosse Längeneinbusse kann durch das bipolare Spitzenwachstum in nützlicher Frist nicht wettgemacht werden. Die kurzen Kambiumzellen werden sich vielmehr erneut teilen; damit werden ganze Fusiforminitialen aus dem Kambium verschwinden und neue Markstrahlinitialen eingefügt (Abbildung 16). – In seiner Arbeit über Fichten-, Lärchen- und Föhrenkambien ergänzt B.A. MEIER (1973) die Beobachtungen über die antiklinen Teilungen mit dem Hinweis: «Aufschlussreich ist die Tatsache, dass zwischen 85 und 100 Prozent der beob-

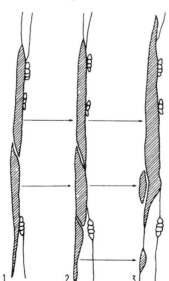

Abbildung 15   Reduktion von Fusiforminitialen (nach M.W. BANNAN 1951).
1 Fusiforminitiale in antikliner-pseudotransversaler Teilung.
2 Die obere Tochterzelle zeigt Spitzenwachstum, die untere teilt sich nochmals. *3* Die obere Tochterzelle wächst aus zur normalen Fusiforminitialen, die unteren beiden Tochterzellen reduzieren zu Markstrahlinitialen.

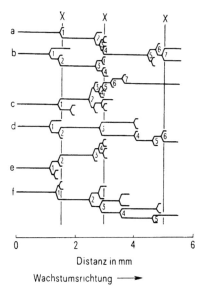

Abbildung 16   Diagramm der antiklinen Teilungen in 6 radialen Tracheidenreihen (a–f) in *Thuja occidentalis* L. (nach M.W. BANNAN 1957a). Die Zahlen geben antikline Teilungen an; so resultieren zum Beispiel in der Tracheidenreihe a aus 7 antiklinen Teilungen 1 zusätzliche radiale Reihe, in b degeneriert die sich teilende Fusiforminitiale nach 4 antiklinen Teilungen, so dass die radiale Tracheidenreihe abgebrochen wird; X = Jahrringgrenzen.

achteten antiklinen Teilungen in gleicher Richtung verliefen (Abbildung 17); dabei wichen gerade die Teilungen phloemseitiger Kambiumzellen oft von der Regel ab. Z. HEJNOWICZ (1961) hat in Kambien von Lärchenstämmen absolut gleichen Richtungssinn der antiklinen Teilungen festgestellt und ihn mit der spiraligen Anordnung der Kambiumzellen und dem Drehwuchs der Bäume in Zusammenhang gebracht. An der Richtigkeit seiner Auffassung ist nicht zu zweifeln.» Und weiter: «Die antikline Teilungstätigkeit des Kambiums hält gegen Ende der Vegetationszeit länger an als die perikline.» – Die Reduktionsvorgänge im Kambium, in denen Zellen aus dem ‹dynamischen› Bildungsgewebe in die ‹statischen› Systeme des Xylems oder Phloems versetzt werden, sind einer geordneten Regelung unterworfen. Wäre die Wahl der im Kambium zurückgehaltenen Tochterzellen dem puren Zufall überlassen, so könnte wohl kaum eine Gesetzmässigkeit in der Beziehung zwischen Kambiumalter und Länge der Fusiforminitialen, wie sie in Abbildung 8 dargestellt ist, gefunden werden. Nach den von I.W. BAILEY (1923) ermittelten Messungen ist im Teilungsprozess vielmehr eine Auslese nach den längsten Kambiumzellen wahrscheinlich. Nach Untersuchungen von M.W. BANNAN und ISABEL L. BAYLY (1956) kommt in dieser Beziehung als weiteres Element noch die Häufigkeit der Kontaktstellen von Fusiforminitialen mit Markstrahlinitialen hinzu. In Tabelle 4/5 und 4/6 wird zunächst mit einigen Zahlen darauf hingewiesen, dass Tochterzellen von langen, ausgewachsenen Fusiforminitialen am ehesten im Kambialbereich bleiben. Anderseits wird auch gezeigt, dass die Anzahl Kontaktstellen der Fusiforminitialen mit Markstrahlen bedeutungsvoll ist. Man muss annehmen, dass das zweitgenannte Argument wohl den Ausschlag gibt und eigentlich zur Begründung der Selektion nach den längsten Fusiforminitialen herangezogen werden kann: Für das gute und rasche Wachstum einzelner Zellen im Kambium sind aufbauende Assimilate und Wasser notwendig, die dem Kambium durch die Markstrahlen zugeführt werden. Ein enger Kontakt mit dem Speichergewebe ist in langen Zellen eher gegeben, weil diese mehr Markstrahlen berühren als kurze Zellen.

Transversale Teilungen im Kambium sind selten oder fehlen ganz; in den differenzierenden Geweben des Phloems und Xylems entstehen auf diese Art die Parenchymstränge oder die Harzkanalepithelien. Diese postkambialen Teilungen sind noch kaum in klaren Gesetzmässigkeiten zu fassen, sie stellen sich in Abkömmlingen von reduzierten Fusiforminitialen nach B.A. MEIER (1973) eher zufällig ein. Er schreibt dazu: «Transversale Teilungen kommen, den Raten zer-

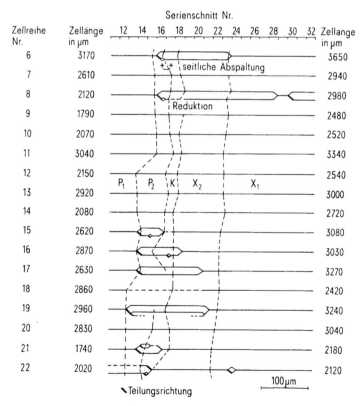

Abbildung 17   Antikline Teilungen im Kambium (nach B.A. MEIER 1973). Neubildung und Reduktion von Fusiforminitialen in Fichte in 0,4 m Schafthöhe (Probenentnahme: 18. August 1964).

fallender Initialen entsprechend, vor allem im Spätbast der drei untersuchten Baumarten vor... Zuerst erfassen sie die phloemseitigen Abkömmlinge der Initialen oder Teile davon, und im letzten Stadium des Zerfalls, die Initialen selbst, worauf diese und mit ihnen die ganzen Zellreihen abgehen oder ausnahmsweise in Markstrahlen umgewandelt werden... Im Xylem der Lärche kommen dagegen regelmässig postkambiale Querteilungen vor. Sie führen zur Entstehung der für das äusserste Spätholz der Lärchenringe typischen Längsparenchymstränge und stehen vermutlich mit dem alljährlichen Laubabwurf dieser Baumart in Zusammenhang. Zu den postkambialen Querteilungen gehören schliesslich jene, die am Aufbau normaler oder traumatischer Harzgänge mitbeteiligt sind. Sie erfolgen im differenzierenden Xylem aller drei Arten, oft auffallend spät sowohl bezüglich des allgemeinen Standes der Gewebedifferenzierung als auch der Jahreszeit.»
Die Kambiumtätigkeit betrifft im Normalfall drei Gebiete: die perikline Teilung, die das Dickenwachstum der Bäume ermöglicht, die antikline Teilung, die zugunsten des Weitenwachstums arbeitet, und die Bildung von Markstrahlinitialen. Darüber hinaus findet man im Bildungsgewebe auch eine ständige Selbsterneuerung, ein System, das an die Teilungen und Neubildungen von Markstrahlen gebunden ist, aber deshalb in seiner Funktion nichts an Einzigartigem einbüsst.

1.213   Zelldifferenzierung

In den Zonen der sich differenzierenden Gewebe vollzieht sich die Differenzierung der aus den Kambiumteilungen hervorgegangenen Tochterzellen in Längs- oder Radialelemente des Xylems und Phloems. Die Frage nach der *Determinierung*, das heisst nach dem Code, der in den noch nicht differenzierten Tochterzellen den Differenzierungstypus vorzeichnet, ist noch offen; die wenigen bisher bekannten Forschungsergebnisse deuten auf eine schrittweise Determinierung und eine Zunahme im Bestimmtheitsgrad von Schritt zu Schritt hin. In quantitativen Strukturanalysen des Xylems lässt sich die für eine Baumart eigene Strukturordnung massgenau ermitteln und auf ihre Abhängigkeit von Ausseneinflüssen überprüfen. Danach beurteilt, arbeitet das Kambium als Strukturmatrix mit einer möglichen, aber begrenzten Variabilität nach einem fixierten Bauplan. Die Frage nach der Determinierung stellt sich in der Biologie allgemein in allen Lebenseinheiten und in allen phylogenetischen wie ontogenetischen Entwicklungsstufen; sie erscheint entsprechend dem Organisationsgrad des Lebens leichter greifbar oder schwieriger und wird den Menschen letztlich immer faszinieren, weil das innerste Prinzip der Determinierung im Unerforschbaren bleibt.
Die *Differenzierung* der determinierten Zelle führt zur endgültigen Zellform und -dimension; sie ist an Veränderungen des Zytoplasmas, der Membranstruktur und des Zellwandmechanismus zu erkennen und lässt sich in ihrem quantitativen und qualitativen Ablauf vor allem auf direkte Einwirkungen von Wuchsstoffen zurückführen. – Nach den Teilungen im Kambium glei-

chen die differenzierungsfähigen Tochterzellen in Form und Grösse den Fusiform- oder den Markstrahlinitialen. Der Differenzierungsvorgang wird eingeleitet durch Zellwachstum, das so lange anhält, als die Zellmembranen noch primärwandig und unlignifiziert sind; der eigentliche Zellwandausbau setzt gleichzeitig mit dem Zellwachstum ein und nicht erst nach dessen Abschluss, wie dies früher immer angenommen worden ist. Es wird heute viel eher die Auffassung vertreten, das Zellwachstum komme zum Erliegen, sobald die Sekundärwand vervollständigt (B. A. MEIER 1973) oder sobald das Lignin in allen Teilen eingelagert sei (A. B. WARDROP 1965). Das Zellwachstum bewirkt zunächst die radiale und tangentiale Erweiterung der Zellen (H. H. BOSSHARD 1952, A. B. WARDROP 1965, YVETTE CZANINSKI 1970); nachher setzt das bipolare Spitzenwachstum der Zellen ein. Aus Untersuchungen der Gefässdifferenzierung in *Fraxinus excelsior* L. (H. H. BOSSHARD 1952) ist bekannt, dass das Weitenwachstum der Zellen zuerst in tangentialer Richtung einsetzt (Abb. 18); hat die differenzierende Xylemzelle die tangentiale Weite erreicht, was im zeitlichen Ablauf sehr rasch erfolgt, so setzt radiales Wachstum ein, bis die Zellform vollständig gewonnen ist. In Eschen-Frühholzgefässen verursacht das Weitenwachstum der Zelle eine etwa zehnfache Umfanger-

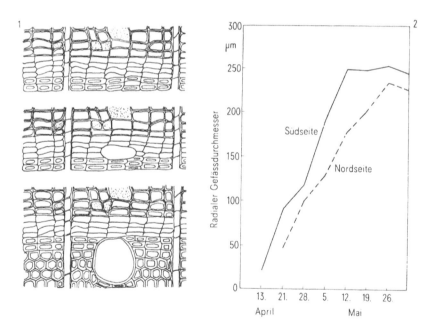

Abbildung 18 Entwicklung der Frühholzgefässe in *Fraxinus excelsior* L. *1* Tangentiales Weitenwachstum der Tochterzellen drängt die benachbarten Elemente seitwärts; ist der tangentiale Durchmesser der Gefässzelle erreicht, setzt radiales Weitenwachstum ein (nach H. H. BOSSHARD 1952). *2* Das radiale Weitenwachstum der Gefässzellen verläuft langsamer, entsprechend dem radialen Wachstum des Gewebeverbandes (nach L. CHALK 1930).

weiterung. Im Flächenwachstum der primären Zellwand weitet sich das Mikrofibrillengeflecht an unregelmässig über die Zellwand verteilten Stellen aus, wobei an solchen Orten der Geflechtauflockerung das Plasma phragmoplastähnlich Fibrillen auseinanderstemmt (Tafel 4/1) und die Primärwand ausweitet. Die aufgelockerten Stellen werden darnach durch Einlagerung von neuem Zellwandmaterial verwoben. Diese Vorgänge halten so lange an, bis die Zellwand annähernd die endgültige Dimension erreicht hat. Der Ausbau der Sekundärwand setzt ein mit der Apposition, wobei der Zellwand das Muster der intervaskularen Tüpfelung eingeprägt wird: In Längsrichtung der Gefässzelle sind wellenförmige Sekundärwandleisten zu beobachten (Tafel 4/2), die sich zunächst berühren, durch fortgesetztes Weitenwachstum auseinanderrücken (Tafel 4/3) und durch Zwischenstege wabenförmig ergänzt werden. In diesem Stadium ist die endgültige Zellgrösse erreicht; im weiteren Ausbau der Sekundärwand schliessen sich die Wabenfelder zu den behöften Intervaskulartüpfeln (Tafel 4/4). – Das Längenwachstum der sich differenzierenden Zellen erfolgt beidseitig (bipolar), wobei die verjüngten Zellenden der Tochterzellen vor allem in die Länge wachsen. In polarisationsmikroskopischen Untersuchungen von *Papuodendron lepidotum*-Fasern fanden A. B. WARDROP und H. HARADA (1964) und R. C. FOSTER und A. B. WARDROP (1964), dass das intensive bipolare Spitzenwachstum nicht von den eigentlichen Faserenden ausgeht, sondern von einer dicht dahinter liegenden Zone (Abbildung 19): An den Zellenden sind die Mikrofibrillen quer zur Zellachse orientiert, in der Wachstumszone nahezu axial; die gekreuzte Fibrillentextur im Faserinnern deutet auf das früher erwähnte Flächenwachstum hin. Damit

Tafel 4 Elektronenmikroskopische Aufnahme des Flächenwachstums in Gefässzellwänden von *Fraxinus excelsior* L. (Aufnahmen H. H. BOSSHARD)

1 Junge Wand eines Gefässgliedes, das im Wachstum begriffen ist. Die regelmässig angeordneten und zahlreichen Öffnungen mögen auf eine Phragmoplasten-Wirkung des Plasmas zurückzuführen sein; sie setzen sich über eine grössere Wandfläche fort (Vergr. 28 000:1).

2 Verstärkungsbänder in einer jungen Gefässzellwand, die linsenförmige Zonen abgrenzen. Durch nachfolgendes Flächenwachstum werden diese Zonen auseinanderwandern, ein Vorgang, der bei einer Berührungsstelle schon angedeutet ist. Zellachsenrichtung ↖ (Vergr. 15 000:1).

3 Junge Gefässzellwand in einem weiteren Entwicklungsstadium. Die Verstärkungsbänder sind zufolge von intensivem Weitenwachstum auseinander gerückt und durch Querbrücken miteinander neu verbunden worden. Zellachsenrichtung ↖ (Vergr. 15 000:1).

4 Im späteren Ausbau der Gefässzellwand werden die wabenförmigen Zonen durch sekundäres Zellwandmaterial im Appositionswachstum allmählich enger und zu eigentlichen Tüpfeln. Zellachsenrichtung ↑ (Vergr. 44 000:1).

Tafel 4: Flächenwachstum in Gefässzellwänden

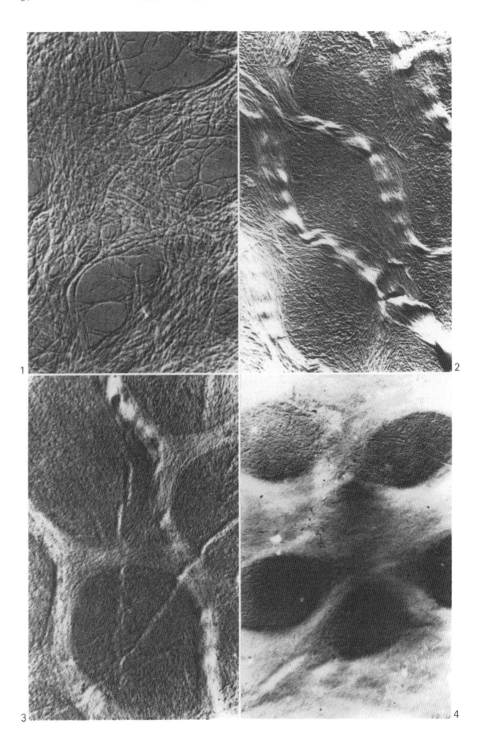

38 Biologie des Holzes

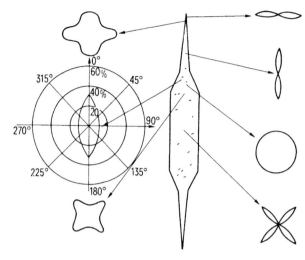

Abbildung 19 Fibrillentextur von *Papuodendron lepidotum*-Fasern in der Differenzierungszone (nach A. B. WARDROP 1965). Die den Faserzonen zugeordneten Figuren geben die Häufigkeit der Fibrillenrichtungen an, wobei nach dem angegebenen Kreisschema die nach Richtungen verschiedene Häufigkeit des Steigungswinkels der Fibrillen gemessen wird.

findet man im Längenwachstum der Zellen ein Analogon zum Wachstum der Wurzeln, das ebenfalls in die Zone dicht hinter der Wurzelspitze verlegt ist. Das Mass des Längenwachstums ist in einen Zusammenhang mit der Länge von Fusiforminitialen zu stellen (MARGRET M. CHATTAWAY 1936): Die mittlere Faserlänge kann bis 9,5mal der Länge der Fusiforminitialen entsprechen, wobei die Fasern von kurzzelligen Kambien das intensivere

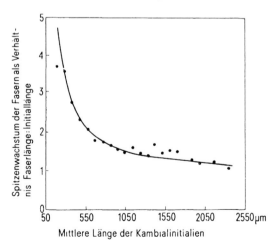

Abbildung 20 Abhängigkeit des Faserwachstums von der Länge der Fusiforminitialen des Kambiums (nach MARGARET M. CHATTAWAY 1936).

Längenwachstum zeigen als von langzelligen (Abbildung 20). – Die Bildung der Sekundärwand beginnt in der Zellmitte (A.B. WARDROP 1965) von differenzierenden Zellen und weitet sich gegen die Zellenden hin aus. Die Apposition von sich folgenden Sekundärwandlamellen (Abbildung 21) ist in den verschiedenen Zellzonen quantitativ und qualitativ unterschiedlich und zeitlich gestaffelt, so dass der Zellwandausbau eine eigene Dynamik aufweist. Der Ausbau der Sekundärwände erfolgt rasch (B.A. MEIER 1973); auch auf Höhenstandorten mit später Vegetation sind in Föhren zwei Wochen nach Beginn der kambialen Aktivität die ersten Tracheiden ausdifferenziert. Der Zellenausbau und die Anlage der Zellwände im Kambium und in den differenzierenden Phloem- und Xylemgeweben ist in Abbildung 22 an Probematerial dargestellt, das wenige Wochen nach dem Vegetationsbeginn gewonnen worden ist: Die Messergebnisse der Höhenlagenfichte unterscheiden sich nur graduell von jenen der Tieflagenfichten. Mit dem Zellwandausbau geht die Bildung behöfter Tüpfel und einfacher einher (Tafel 5/1 und 2), vor allem aber die Lignifizierung. Sie beginnt in der Mittellamellenregion und greift auf die ganze Zellwand aus, wobei in Querschnitten die ersten Lignineinlagerungen in den Zellecken beobachtet werden (A.B. WARDROP 1965). Die zusammengesetzten Mittellamellen sind am stärksten lignifiziert (A.B. WARDROP und D.E. BLAND 1959, F. RUCH und HELEN HENGARTNER 1960); die Ligninkonzentration in radialen Mittellamellen übertrifft dabei diejenige der tangentialen (R.K. BAMBER 1961). Die Lignifizierung ist ein histologischer Vorgang: er geht in Geweberegionen vor sich und kann nur in speziellen Fällen auf einzelne Zellen beschränkt bleiben. In Tafel 5/4 ist ein Ausschnitt des differenzierenden Xylems von Lärche abgebildet, in dem das tracheidale Markstrahlgewebe vor allen anderen Geweben histochemische Ligninreaktionen zeigt. – Zytologische Untersuchungen von differenzierenden Zellen (A.B. WARDROP 1965, KATHERINE ESAU, V.I. CHEADLE und R.H. GILL 1966, YVETTE CZANINSKI 1970) stimmen darin überein, dass die Zelldifferenzierung im Zytoplasma von

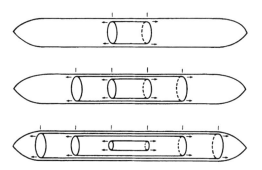

Abbildung 21   Schematische Darstellung der Bildung von drei aufeinanderfolgenden Lamellen der Aussenschicht der Sekundärwand (nach A.B. WARDROP 1965).

einem fortgeschrittenen Stadium an deutlich zu erkennen ist. Nach den Zellteilungen im Kambium sind die neugebildeten Zellwände dünner als die ursprünglichen Primärwände; die Zellen sind stark vakuolisiert. Mit der Differenzierung sind verschiedene zytoplasmatische Veränderungen verbunden, die nach Angaben von A. B. WARDROP (1965) folgendermassen zusammengefasst werden können: «Während der Sekundärwandbildung findet man in Fasern grosse mittelständige Vakuolen, während man in den Zellenden reichlich Plasma mit viel Zytoplasma-Organellen vorfindet. In Gefässzellen stellt man eine starke Anreicherung von Golgi-Körpern und Mitochondrien im Zytoplasma fest, im Markstrahlparenchym dagegen grosse Vakuolen mit

Tafel 5   Beginn der Lignifizierung in Markstrahltracheiden und Anlage von Hoftüpfeln in differenzierenden Längstracheiden (Aufnahmen B. A. MEIER)

1 *Picea abies*, radial; Standort: 1860 m ü. M., Probenentnahme 10. Juli 1964. Beginnende Differenzierung der Zellwände und Hoftüpfel in Längstracheiden. Die Konturen der Hoftüpfel zeichnen sich ab (Vergr. 640:1).

2 *Picea abies*, radial; Standort: 1860 m ü. M., Probenentnahme 10. Juli 1964. Fortschreitende Differenzierung im Tracheiden-Grundgewebe: Die Hoftüpfelwülste (= Aufwölbungen der Sekundärwände) haben nahezu die endgültigen Masse erreicht (Vergr. 645:1).

3 *Larix decidua*, quer; Standort: 2230 m ü. M., Probenentnahme 16. Juli 1964. Das Spätholz des Vorjahres ist an der abgeschlossenen Lignifizierung (Blaukontrast durch Methylenblaufärbung) zu erkennen. In der sich differenzierenden Frühholzzone hat die Ligneineinlagerung in den erstgebildeten Tracheiden im Mittellamellensystem begonnen. In den Hoftüpfeln nehmen die Tori die Mittelstellung ein (Vergr. 260:1).

4 *Pinus silvestris*, radial; Standort: 1720 m ü. M., Probenentnahme 19. August 1964. Von links nach rechts folgen sich Xylem, Kambium und Phloem. Im durchgehenden Markstrahl zeichnen sich im ausdifferenzierten Xylemteil die gezähnten Markstrahltracheiden durch Lignifizierung aus; in der angrenzenden Differenzierungszone sind Frühstadien der Zellzahnung festzustellen. Das Kambium- und das benachbarte Phloemgewebe bleiben ligninfrei (Vergr. 270:1).

5 *Pinus silvestris*, radial; Standort: 2160 m ü. M., Probenentnahme 18. Juni 1964. In der Differenzierungszone des Xylems eilt die Lignifizierung der Markstrahltracheiden der Ligneineinlagerung im Grundgewebe voraus. Dabei ist zu beachten, dass die Tracheidenzahnung früh und intensiv inkrustiert wird (Vergr. 150:1).

6 *Pinus silvestris*, tangential; Standort: 2160 m ü. M., Probenentnahme 14. Oktober 1963. Blick von der kambialen Zone aus gegen das in Differenzierung begriffene Xylem. In den Längstracheiden geht die Lignifizierung von der Zellenmitte aus gegen die Zellenden zu. Die Markstrahlparenchymzellen bleiben in diesem Stadium noch ligninfrei (Vergr. 160:1).

Tafel 5: Lignifizierung und Anlage von Hoftüpfeln

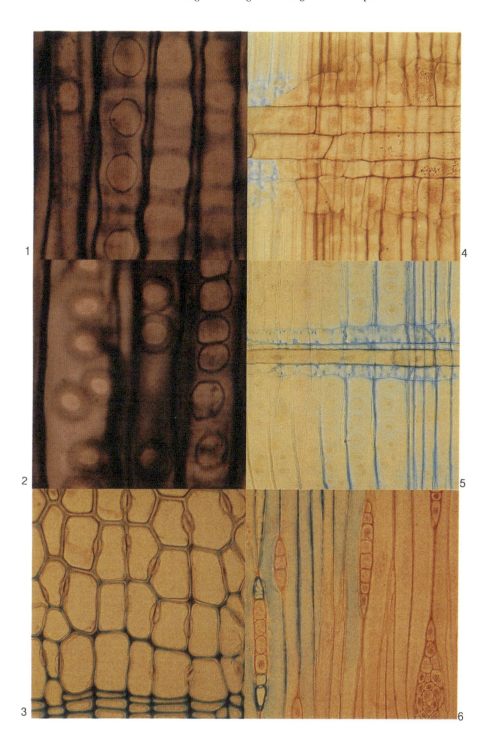

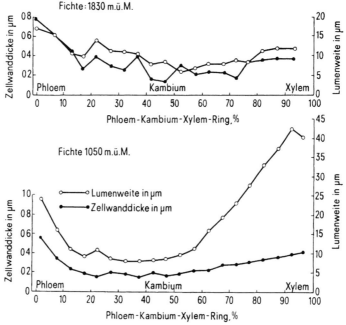

Abbildung 22 Zellwandstärke und Lumenweite im Kambium und im differenzierenden Phloem- und Xylemgewebe in Fichten verschiedener Höhenlagen, Probenentnahmen: 21. Juni 1963 (nach B. A. MEIER 1973).

Tannin angereichert. Im allgemeinen gleicht sich aber die Grundstruktur des Zytoplasmas in Primärwand- und in Sekundärwandzellen. Die funktionelle Spezialisierung der Zellen lässt sich im Zytoplasma nachweisen: In künftigen Parenchymzellen findet man Plastiden und tanningefüllte Vakuolen, in künftigen Gefässen einen reichhaltigen Golgi-Apparat. Selbst in Zellen von fortgeschrittener Differenzierung ist eine Verbindung des endoplasmatischen Retikulums nur zwischen homologen, nicht aber zwischen verschiedenen Zellen vorhanden, obwohl Plasmodesmen bestehen. Bei der Zellwandbildung in sich teilenden Zellen beobachtet man eine deutliche Plasma-Wand-Grenzfläche, das heisst das Plasma durchdringt die Zellwand nicht. Bei der Primärwandbildung ist viel Matrix vorhanden; aus dem Golgi-Apparat entwickeln sich Vesikel, welche das endoplasmatische Retikulum passieren und mit der Wand verschmelzen. Die Sekundärwandbildung erfolgt hauptsächlich durch Apposition, in dem Plasmalemmae an die Wand angelagert wird.»

In Tafel 6 sind in zwei elektronenmikroskopischen Aufnahmen (YVETTE CZANINSKI 1970) von differenzierenden Gefäss- und Parenchymzellen der Robinie Zytoplasmabeläge und neugebildete Zellwände abgebildet. Die submikroskopischen Untersuchungen in differenzierenden Zellen haben sich heute schon als wichtige Hilfen für das Verständnis dieser verwickelten Vorgänge erwiesen; es braucht aber noch grosse Anstrengungen, bis ein in sich geschlossenes

Bild entworfen werden kann. – Ähnliches ist zu sagen über die biochemischen Untersuchungen, in denen die Abhängigkeit der Differenzierung von Wuchsstoffen und weiteren Stoffwechselsubstanzen dargelegt wird. R.H. WETMORE, A.E. DE MAGGIO und I.P. RIER (1964) fassen ihren *Contemporary outlook on the differentiation of vascular tissues* mit den Sätzen zusammen: "Available evidence supports the belief that an auxin and sugar are critical variables in the induction and differentiation of vascular tissues in plants. In all species of callus tissue cultured so far, indole-3-acetic acid in a seemingly narrow range of concentrations is the effective variable for induction of both xylem and phloem. Naphthaleneacetic acid can be substituted for IAA, in similar concentrations. In non-green callus, sugar must also be supplied in adequate concentrations. Sucrose having been used predominantly, though glucose can replace it. If sucrose and auxin in appropriate concentrations in agar be applied to the surface of a callus in culture or included in the medium on which the callus is grown, collectively they bring about induction and differentiation of vascular tissues. At lower concentrations of 1.5–3 per cent, xylem results, at 4.5–5 per cent phloem production follows, and middle ranges of 3–4 per cent tend to give both xylem and phloem, often with a cambial layer between. Though single cells of xylem or phloem may be induced, when concentrations of auxin and sugar are appropriate, nodules tend to form within the callus, their

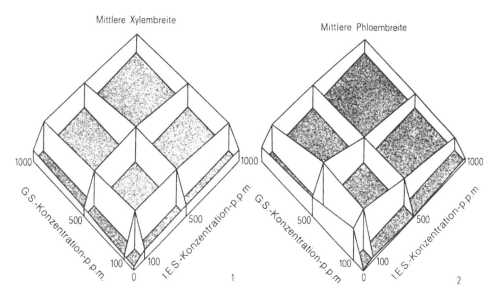

Abbildung 23 Auswirkungen verschiedener Konzentrationen von Giberellin- und Indolessigsäure auf die Xylem- (*1*) und die Phloemdifferenzierung (*2*) in *Populus robusta* (nach P. F. WAREING, C. E. A. HANNEY und J. DIGBY 1964). Gemessen wird die Breite der neugebildeten Gewebe; die Auxinkonzentration bezieht sich auf Lanolin und entspricht nicht den Konzentrationen im Gewebe.

position seemingly determined by the auxin concentration, thus giving disposition or pattern to the vascular tissues, for induction and differentiation follow in the nodules."

Die Bedeutung der Auxine in der Differenzierung ist im Prinzip durch Experimente längstens sichergestellt (Abbildung 23) und die Notwendigkeit energiereicher Stoffwechselprodukte a priori gegeben. Die verwickelten physiologischen Zusammenhänge bleiben noch unüberschaubar in ihrem letzten, innersten Prinzip. Wir sind dankbar für die richtungsweisenden Erkenntnisse, die uns die Wachstumsabläufe besser verstehen lassen. Aber auch hier werden Grenzen zum ‹Unerforschbaren› kaum zu überwinden sein; R.H. WETMORE et al. (1964) schliessen ihre Betrachtung mit dem Hinweis: "The physiological implications of sugar as a variable are still obscure. Energy requirements for processes involved in xylem and phloem differentiation are not yet clear. The material need of carbohydrate for secondary wall formation and for lignification during xylem cytodifferentiation by itself cannot be an adequate explanation. If current findings are correct, a higher concentration of sucrose is needed for phloem than for xylem differentiation even though ordinarily phloem conducting elements lack both secondary walls and lignification."

1.22 Jahrringbildung

1.221 Anlage der Jahrringe

Das Stammwachstum verläuft rhythmisch mit anschwellender und nachlassender Kraft und gleicht darin vielen, wenn nicht allen Lebensvorgängen in der Natur. Im Wachstumsrhythmus sind allerdings weder das Zeitmass noch die Ganghöhe auf einfache Weise festzustellen. Und seine Veränderbarkeit ist ebensoschwer zu fassen; innere (endogene) und äussere (exogene) Ursachen bestimmen den Wachstumsablauf und bringen das Artspezifische in sich und in dessen Anpassungsvermögen an die Umwelt zum Ausdruck. Auch der

Tafel 6   Elektronenmikroskopische Aufnahmen von Zellorganellen in differenzierenden Gefässzellen von Robinie (nach YVETTE CZANINSKI 1970, Aufnahmen YVETTE CZANINSKI)

1 Ausbau der Sekundärwände in zwei benachbarten Gefässzellen. Die Doppelpfeile geben Kontaktstellen des endoplasmatischen Retikulums mit dem Ectoplasma an (Vergr. 20000:1).

2 Querschnitt einer differenzierenden Gefässzelle (rechts) in Kontakt mit einer Begleitzelle (Vergr. 13500:1).

Zeichenerklärung: L lignifizierte Sekundärmembran, m Mitochondrion, mpp pektozellulosische Primärmembran, mv vesikulisiertes Mitochondrion, p Plastide, pe Plasmalemma, rev endoplasmatisches Retikulum, t Tonoplast, tu Mikrotubuli, v Vakuole, vr reticulo-endoplasmatisches Vesikel.

Tafel 6: Zellorganellen in differenzierenden Gefässzellen

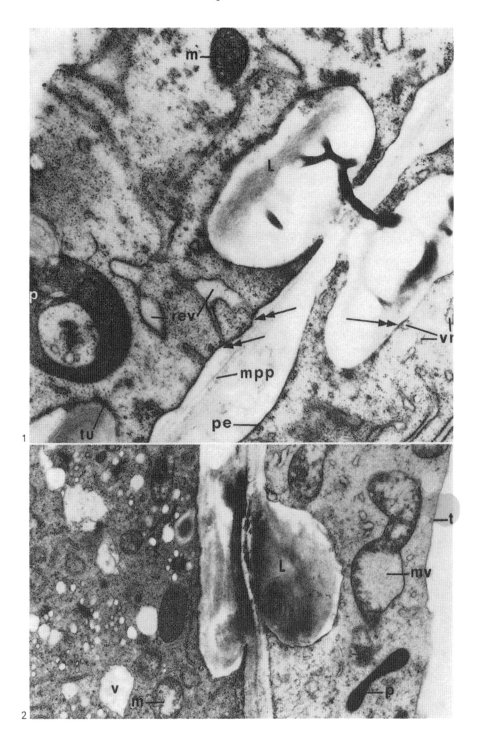

innere Zusammenhang im Wachstum der Baumorgane, Längenwachstum des Sprosses und der Wurzeln, Dicken- und Weitenwachstum des Stammes, Wachstum der Blätter, der Blüten und Früchte, ist massgebend für den Wachstumsrhythmus sowohl der ganzen Individuen als auch der einzelnen Organe. In Abbildung 24 sind Beobachtungen des Wachstums von Spross, Nadeln, Kambium und Wurzeln eines zehnjährigen *Pinus strobus*-Stämmchens (R. KIENHOLZ 1934) graphisch dargestellt. Der Hauptspross und die Wurzeln zeigen darin ein stark voneinander abweichendes Längenwachstum, sowohl im zeitlichen Ablauf als auch in der Wachstumsintensität. Wieder einen anderen Gang nimmt das durch die Kambiumkurve angedeutete Dickenwachstum. Dieses Phänomen im einzelnen zu beschreiben, ist Aufgabe der nachfolgenden Ausführungen, die sich vorwiegend auf das Dickenwachstum des Stammes beziehen und die anderen Wachstumsvorgänge nur implizite erwähnen. Das Dickenwachstum ist in den meisten Fällen durch die Bildung von Zuwachszonen gekennzeichnet. C. L. BROWN (1971) schreibt dazu: "...it is possible to recognize three general patterns of growth ring formation in mature trees: (1) those that form only one ring each season under normal conditions of growth; (2) those that commonly form more than one ring each year (multiple rings); (3) a limited number of species that fail to form distinct growth rings at all. Trees in category one obviously occur most frequently in temperate regions. Those in group two are more prevalent in the sub-tropics and tropics; whereas, the latter group occur mostly in tropical regions possessing a uniform environment and in those trees making continuous growth." P. DE T. ALVIM (1964) bestätigt, dass das Alter von Bäumen in tropischen und subtropischen Klimazonen nicht oder nur unzuverlässig abgelesen werden könne an den Zuwachsringen: Von 60 brasilianischen Baumarten aus den Regenwäldern des Amazonas konnten in 35% deutliche Zuwachsringe ermittelt werden, in 22%

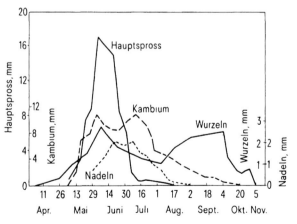

Abbildung 24   Jahreszeitlicher Verlauf des Wachstums: Längenwachstum von Spross, Nadeln und Wurzeln und Dickenwachstum in einer zehnjährigen *Pinus strobus* L. (nach R. KIENHOLZ 1934).

der untersuchten Bäume waren Zuwachsringe schwer abzugrenzen und in 43% fehlten sie; in den Wechselklimagebieten Zentral- und Südbrasiliens waren in 177 untersuchten Baumarten 60% mit deutlichen Zuwachsringen aufzufinden, 25% wiesen nur undeutliche Ringe auf, und 11% waren ohne Ringwachstum (C. MANIERE 1958). In diesen anatomischen Studien ist die Bildung von Zuwachsringen auf Grund der Gewebeanordnung beurteilt worden. Das Ausbleiben des Ringwachstums belegt zunächst lediglich, dass der den meisten Holzarten eigene autonome oder durch äussere Einflüsse bedingte Strukturwechsel in einigen wenigen Holzarten fehlen kann; ein Wachstumsrhythmus ist aber auch hier aus der Periodizität der Kambiumtätigkeit zu erkennen. Daraus erhellt, dass die Kambiumruhe nicht von vorneherein und in jedem Falle mit Veränderungen der Gewebedifferenzierung verbunden ist. In seinen umfangreichen und eingehenden Arbeiten *Zur Anatomie und Physiologie der Zuwachszonen- und Jahrringbildung in den Tropen* bemerkt CH. COSTER (1927): «Man findet im trockenen Monsungebiet Ostjavas viele Baumarten, die während der Trockenzeit lange kahlstehen, nebst solchen, die während des Generalwechsels nur kurze Zeit kahl sind, und endlich eine dritte Gruppe von immergrünen Arten. Die Lauberneuerung vollzieht sich im allgemeinen entweder mitten in der Trockenzeit oder am Ende derselben. Die Immergrünen treiben entweder immerfort an allen Knospen, soweit diese nicht in Blütenstände umgebildet werden, oder nur an einem Teil der Knospen, während bei noch anderen Arten dann und wann während einiger Zeit alle Knospen ruhen. Im allgemeinen zeigen die jüngeren Exemplare einer beliebigen Art ein länger anhaltendes Sprosswachstum als die älteren Vertreter... Im gleichmässigeren Buitenzorger Klima wird die Ruheperiode durch die in Ostjava zeitweise kahlstehenden Arten auch wohl eingehalten, die Ruhe ist aber viel unregelmässiger und oft astweise autonom, so dass dann der Baum als Ganzes nicht kahlsteht... – Es besteht ein intimer Zusammenhang zwischen Lauberneuerung und Kambialtätigkeit in dem Sinne, dass bei kahlen Bäumen das Kambium ruht und bei belaubten Bäumen, solange das Laub noch nicht zu alt oder funktionsunfähig ist, das Kambium tätig bleibt. Bei den kahlstehenden Arten wird, soweit die Beobachtungen reichen, das Dickenwachstum durch die Laubentfaltung eingeleitet... – Zwischen der Kambialtätigkeit und der Ausbildung von Zuwachszonen tropischer Holzarten besteht die Beziehung, dass im allgemeinen nur solche Arten scharfe ringsum geschlossene Zuwachszonen ausbilden, die zeitweise kahlstehen, also zeitweise eine Kambiumruhe aufweisen. Aber umgekehrt bilden nicht alle Arten mit periodischer Kambiumruhe auch scharfe Zuwachszonen aus... – Es wird die schon vorher durch andere Verfasser aufgestellte Hypothese verteidigt, dass das Dickenwachstum von der Laubtätigkeit verursacht wird... Die Frage des Dickenwachstums und der Jahresring-(Zuwachszonen-)bildung wird also zurückgeführt auf eine andere Erscheinung im Pflanzenleben, die Laubperiodizität; dieser letzte Satz aber mit der Einschränkung, dass in erster Instanz die erbliche Anlage darüber entscheidet, ob überhaupt, und inwieweit, Zuwachszonen ausgebildet werden können.» Der Zusammenhang zwischen Blattentfaltung und Kambiumtätigkeit ist evident; er wird auch von P. DE T. ALVIM (1964) bestätigt in der Darstellung von Wachstumsmessungen an Kakaopflanzen aus den Tieflagen von Costa Rica. Die von COSTER geäusserte Vermutung, dass sich während der Blattentfaltung Wuchsstoffe bilden, die das Kambium zur Zellteilung und damit zum Dickenwachstum stimulieren, ist mehrfach experimentell überprüft und bekräftigt worden. In abgeschnittenen Sprossen, von denen die Knospen entfernt worden sind, bleibt das kambiale Wachstum aus; wird die Endknospe ‹ersetzt› durch eine wuchsstoffhaltige Lanolinschicht, so kann am

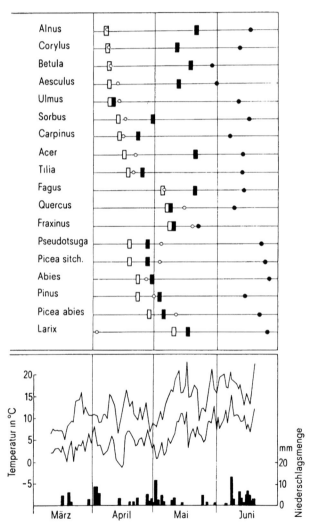

Abbildung 25   Beginn der Kambiumaktivität in Nadel- und Laubbäumen (nach K. LADEFOGED 1952). An Knospenbasis ☐, auf Brusthöhe ■, in Wurzeln in 10 cm Bodentiefe und 1,5 m Abstand vom Stamm ●, Zeitpunkt des Aufbrechens der Knospen ○.

Zweig kambiales Wachstum festgestellt und in direkte Abhängigkeit mit der Auxinverlagerung zweigabwärts gebracht werden (CORNELIA A. GOUVENTAK und A. L. MAAS 1940).

Nach der Vegetationsruhe beobachtet man im Kambium zunächst ein Aufquellen der Zellen, vor allem in radialer Richtung. Das Kambiumgewebe wird vor der ersten Zellteilung in der Breitenabmessung bis nahezu verdoppelt (K. LADEFOGED 1952). Diesen Veränderungen gehen in den meisten Fällen ein Anschwellen der Knospen und ein Lockern der Knospenschuppen voraus. Dabei ist die Abhängigkeit dieser Vorgänge von äusseren Einflüssen nicht zu übersehen. Nach Beobachtungen von K. LADEFOGED (1952) beginnen sich die Knospen in den Baumkronen erst zu entfalten bei Aussentemperaturen von 10 °C. S. D. RICHARDSON (1959) stellt an Ahornsämlingen und an zweijährigen Pflanzen kambiale Aktivität der Wurzeln erst fest, wenn die Temperatur im Boden 10–13 °C und in der Luft mindestens 5 °C erreicht hat. Bei diesen Bedingungen wechseln die ruhenden Knospen in ein Vorbereitungsstadium; damit verbunden ist die Bildung von Wuchsstoffen in den Knospen, die basipetale Diffusion der Auxine und die Stimulierung des Teilungsgewebes. – Die Kambiumtätigkeit beginnt in der Kronenregion zuerst unterhalb der Knospenbasen und breitet sich von hier in basipetaler Richtung über den ganzen Stamm bis ins Wurzelwerk hinein aus (Abbildung 25). Eine bedeutsame Ausnahme von diesem gesetzmässigen Verlauf ist in den ringporigen Laubholzarten zu beobachten: hier setzen die Teilungen im Kambium im ganzen Stamm in der Regel eine Woche vor dem Anschwellen der jungen Knospen ein. In dieser Zeit wird weitlumiges Wasserleitgewebe angelegt und damit die Versorgung der Krone mit dem für den Ausbau des Blattwerks notwendigen Wasser sichergestellt. In den hochspezialisierten ringporigen Laubbäumen ist das Kambium in bezug auf die Aktivierung offensichtlich autonom; erste Wuchsstoffe zur Stimulierung der Zellteilungen werden an Ort und Stelle selbst aufgebaut. In umfangreichen Untersuchungen hat K. LADEFOGED (1952) an sechs Nadelholzarten und dreizehn Laubholzarten die Artabhängigkeit in der zeitlichen Folge von ersten Veränderungen in den Knospen und den darauffolgenden Kambiumteilungen dargestellt (Abbildung 25 und Tabelle 5). Bei der Beurteilung dieser durch endogene Faktoren bestimmten Gesetzmässigkeit sind die klimatischen Einflüsse (Lufttemperatur und Niederschlagsmenge) nicht zu übersehen. Vom Klimatyp entscheidend bestimmt ist der rhythmische Verlauf des Dickenwachstums: In tropischen oder subtropischen Regionen sind innerhalb eines Jahres meistens mehrere Wachstumsschübe zu verzeichnen; dementsprechend ist das sekundäre Dickenwachstum im Stammquerschnitt ausgeprägt durch mehr oder weniger deutlich abgegrenzte Zuwachszonen. In den Regionen mit gemässigtem Klima wechseln die Vegetationszeiten mit dem jahreszeitlichen Gang; die Wachstumsringe in den Bäumen dieser Region entsprechen dem jährlich geleisteten Zuwachs; sie können als *Jahrringe* bezeichnet werden.

Die Jahrringbildung ist im allgemeinen gekennzeichnet durch zurückhaltendes Dickenwachstum zu Beginn und gegen das Ende der Vegetationsperiode und

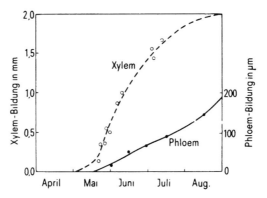

Abbildung 26 Verlauf der Jahrringbildung im Xylem und Phloem von *Thuja occidentalis* L. (nach M. W. BANNAN 1955).

intensives Dickenwachstum in der Zeitspanne dazwischen (Abbildung 26). Die ersten Zellteilungen im Kambium können xylem- oder phloemwärts ersten Dickenzuwachs bewirken (M. W. BANNAN 1955, B. A. MEIER 1973); ein gleichzeitiges Einsetzen des radialen Wachstums im Xylem und Phloem dürfte hingegen wenig wahrscheinlich sein, möglicherweise können aber auch dafür Beispiele gefunden werden. – Die Jahrringbildung ist kein gleichförmiger Vorgang. Seit den Messungen von J. FRIEDRICH (1897) über das Dickenwachstum verschiedener Holzarten weiss man, dass etwa in der Mitte der Vegetationsperiode die periklinen Teilungen im Kambium einem ruhigeren Rhythmus folgen als vorher oder nachher. Diese zwei bis drei Wochen mit reduziertem Dickenzuwachs sind als *Ruheperiode* bezeichnet worden. Man hat versucht, sie

Tabelle 5 Beginn der Kambiumaktivität in verschiedenen Baumgruppen (nach K. LADEFOGED 1952).

Die Teilungen beginnen: in	an Knospenbasis	auf Brusthöhe	im Wurzelholz
1. zerstreutporigen Laubholzarten	gleichzeitig oder 1–2 Tage früher als der Knospenbruch	14 Tage später als der Knospenbruch, wenn die Blätter schon entfaltet sind	4–6 Wochen nach dem Knospenbruch, wenn die Böden mindestens Temperaturen von 10 bis 13 °C erreicht haben
2. ringporigen Laubholzarten	1–9 Tage vor dem Knospenbruch	1–9 Tage vor dem Knospenbruch	
3. immergrünen Nadelholzarten	1–2 Wochen vor dem Knospenbruch	3–4 Tage vor dem Knospenbruch oder gleichzeitig mit dem Aufbrechen der Knospen	
4. Lärche	4–5 Wochen nach dem Knospenbruch	6 Wochen nach dem Knospenbruch	

in Zusammenhang mit der Spätholzbildung zu bringen; es lassen sich aber
genügend stichhaltige Argumente finden, die dagegen sprechen. Die Ruheperiode ist durch äussere Einflüsse wenig beeinflussbar; offensichtlich gehört
sie zu den typischen, das heisst genetisch bedingten Rassenmerkmalen und ist
somit in erster Linie abhängig von inneren Anlagen. Die Ruheperiode kann
deutlich oder weniger deutlich in Erscheinung treten, sie kann von verschiedener Dauer sein und sich auch früher oder später innerhalb der Vegetationszeit
einstellen. Es ist leicht zu verstehen, dass die verschiedenen Holzarten in dieser
Hinsicht unterschiedlich reagieren. Abweichungen in den Wachstumskurven
kommen aber auch vor in Messungen von gleichen Holzarten; bekannt sind die
Aufzeichnungen von L. Chalk (1930), in denen Wachstumskurven von
Douglasien aus Beständen mit grossem Pflanzabstand verglichen werden mit
Douglasien aus sehr dichten Beständen. In Abbildung 27 zeigen die beiden
entsprechenden Wachstumskurven eine zeitliche Vorverschiebung der Ruheperiode um etwa drei bis vier Wochen in den Bäumen aus dem dichtgewachsenen Bestand verglichen mit Douglasien aus der weitgestellten Pflanzung. Aus
den Kurven des radialen Wachstums ist in beiden Fällen abzulesen, dass in
den beiden Monaten vor und nach der Ruheperiode der Dickenzuwachs etwa
30% der gesamten Jahrringbreite beträgt, während jeweils in der Ruheperiode
selbst etwa 10–15% des jährlichen Zuwachses geleistet werden. Klimatische
Einflüsse oder edaphische Faktoren kommen als Ursache für diese Verzögerung kaum in Frage, da die beiden Bestände dicht nebeneinander liegen. Die
Ruhepause im Dickenwachstum muss somit auf innere Ursachen zurückgeführt werden; konkrete Vorstellungen über die Natur dieser Zusammenhänge
hat man allerdings noch keine. Das mag unter anderem auch daher rühren,
dass es unter den vielen Messresultaten Ergebnisse gibt, die darauf hinweisen,
dass der Rhythmus des Dickenzuwachses nicht in jedem Falle durch eine
Ruhepause unterbrochen sein muss. Anderseits weiss man aus Beobachtungen

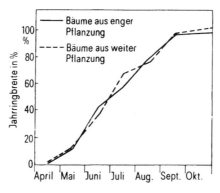

Abbildung 27 Wachstumsverlauf in Douglasien aus eng gestellten und weit gestellten Pflanzbeständen (nach L. Chalk 1930). In den beiden Monaten vor und nach der Ruheperiode erreicht das radiale Wachstum etwa 30% der gesamten Ringbreite, in der Ruheperiode etwa 10–15%.

von A. Topcuoglu (1940) an Eichen, dass die Ruhepause nicht zur gleichen Zeit das Dickenwachstum des ganzen Stammes kennzeichnet, sondern zuerst in der Kronenpartie einsetzt und mit wochenlanger Verzögerung schliesslich den Stammfuss und die Wurzeln trifft. – Die Ruhepause im Dickenwachstum des Stammes bleibt in ihren Hintergründen ein Geheimnis; als Manifestation reiht sie sich ein in eine Reihe von ähnlichen Phänomenen, wie etwa den

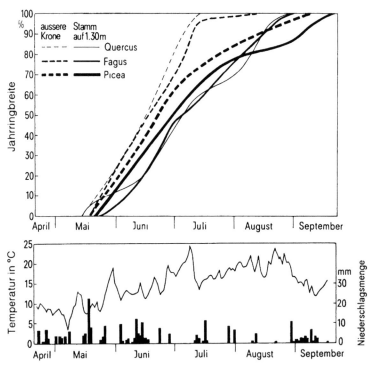

Abbildung 28   Verlauf der Jahrringbildung in *Quercus, Fagus* und *Picea* (Mittelwertkurven aus dem Jahr 1944 für mehrere Stämme (nach K. Ladefoged 1952).

Abbildung 29   Schematisierte Darstellung der Phloemringstruktur:
                1 Larix decidua 2 Picea abies 3 Acer pseudoplatanus
Zeichenerklärung: *4 Fagus silvatica* (nach J. Stahel 1971).

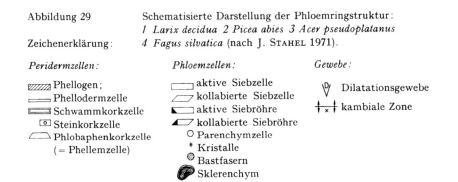

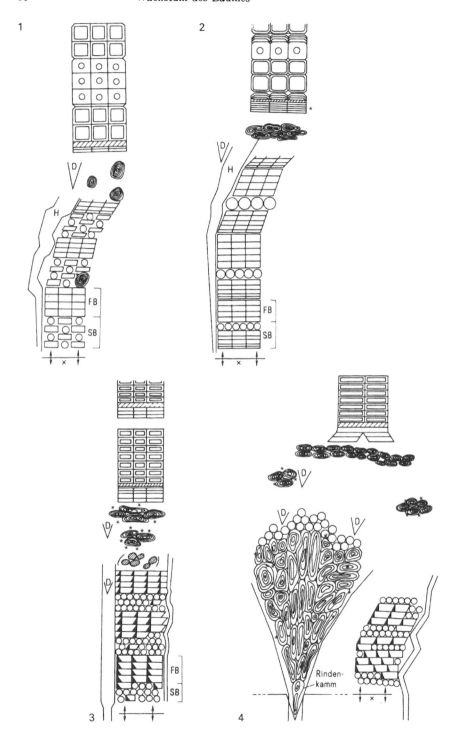

Laubabwurf von Bäumen in tropischen Wuchsgebieten oder das mittägliche Stocken des Wasserstroms in vielen Laubhölzern unserer Klimazonen. Lebensäusserungen dieser Art sind dazu angetan, die Aufmerksamkeit auf die Lebenskraft des Protoplasmas zu lenken, um festzustellen, dass sie in der Pflanze ähnlichen Gesetzen folgt wie im Tier und im Menschen.

Der Abschluss des Dickenzuwachses beginnt zuerst in der Kronenregion des Stammes. Das kann in Wachstumskurven aus dem Ast- und Stammholz von Eichen, Buchen und Fichten (Abbildung 28) rasch abgelesen werden. Auf der Höhe des Stammfusses teilt sich das Kambium etwa vier bis sechs Wochen länger als in der Krone; in der Wurzelregion zieht sich das Wachstum noch weiter hinaus. Am Schluss der Vegetationsperiode wird das Kambium reduziert auf zwei bis drei Zellreihen. Die übrigen Mutterzellen werden nach Abschluss der periklinen und antiklinen Teilungen umgewandelt zu differenziertem Xylem- und Phloemgewebe; das Spitzen- und Appositionswachstum kann in den einzelnen Zellen nach der letzten Zellteilung im Kambium noch zwei bis drei Wochen anhalten.

1.222   Aufbau der Jahrringe

In den Gebieten mit gemässigtem Klima bringt der Rhythmus des sekundären Dickenwachstums Wachstumsringe hervor, die allgemein als Jahrringe bezeichnet werden; im speziellen wird der phloemseitige Jahreszuwachs in Phloemringen, der xylemseitige in Xylemringen angelegt. Der Holzteil des Baumes ist für die Verwendung aber sovielmal bedeutender als der Rindenteil, dass der Ausdruck «Xylemring» geradezu synonym zum Begriff «Jahrring» gebraucht wird; mancherorts ist die regelmässige Anlage von Jahrringen im Phloem gar nicht bekannt. Der Rindenaufbau wird aber in Nadel- und Laubbäumen durchaus bestimmt durch die Struktur der Phloemringe, die noch mehr spezifische Artmerkmale tragen können als die Xylemringe (Abbildung 29 und Tafel 7). Ausser dem durch die Vegetationszeit bedingten Rhythmus folgt die Phloemdifferenzierung eigenen Gesetzen, so dass im Aufbau von Phloemringen kaum naheliegende, innere Übereinstimmungen zu Xylemringen aufzufinden sind. Die klaren Unterschiede lassen deutlich werden, dass der Aufbau des jährlichen Zuwachses im Phloem wie im Xylem von der *Funktion* der entsprechenden Gewebe vor allem bestimmt wird. Dieser offensichtliche Zusammenhang ist nicht unwesentlich; er erleichtert das Verständnis für die unterschiedlichen Strukturen der Xylemringe, zumal auch hier die Gewebefunktion als Ordnungsprinzip der Gewebestruktur erkannt wird.

Im Aufbau der Jahrringe (syn. Xylemringe) unterscheiden sich nicht nur die Nadelhölzer von den Laubhölzern, sondern innerhalb der Laubbaumgruppen auch die zerstreutporigen von den halbringporigen und den ringporigen (Tafel 8). Von den vier Holzartengruppen fallen die Nadelhölzer und die ringporigen Laubhölzer auf durch den offensichtlichen Strukturwechsel der Gewebe, die am Anfang der Jahrringanlage gebildet worden sind (Frühholz), und der Abschlussgewebe (Spätholz). Solche Strukturunterschiede fehlen in den zerstreutporigen und den halbringporigen Laubhölzern weitgehend; trotzdem versucht man bis heute, die beiden Begriffe ‹Frühholz› und ‹Spätholz› auch in diesen beiden Holzartengruppen zur Beschreibung des Jahrringaufbaus anzuwenden. Dieser Auffassung wird begründeterweise entgegengewirkt (H. H. BOSSHARD und L. KUČERA 1973a). In der allgemein anerkannten Begriffsinterpretation der INTERNATIONAL ASSOCIATION OF WOOD ANATOMISTS, dem *Multilingual Glossary of Terms Used in Wood Anatomy* (1964), ist unter *Frühholz* «das weniger dichte, erstgebildete Holz eines Jahrringes mit grosslumigen Zellen» zu verstehen, unter *Spätholz* «das dichtere und letztgebildete Holz eines Jahrringes mit englumigen Zellen». Diese Begriffsumschreibung bezieht sich auf die zeitliche Folge der Gewebebildung und auf quantitative Strukturunterschiede; sie ist eine eigentliche Zusammenfassung der verschiedenen Begriffsinhalte, die sich ablesen lassen in den Ausdrücken ‹Weitholz–Engholz, Frühlingsholz–Sommerholz, Leichtholz–Dichtholz›. Die zeitliche Folge der Gewebebildung ist in allen vier Holzartengruppen unbestritten; die quantitativen Strukturunterschiede treffen nur zu und können durch

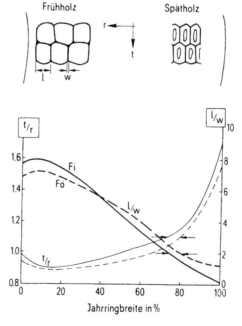

Abbildung 30   Quantitative Strukturänderungen in Jahrringen von Fichte und Föhre, dargestellt am Verhältnis von tangentialen zu radialen Tracheidendurchmessern (t/r-Wert) und von radialer Lumenweite zur doppelten Zellwanddicke (l/w-Wert) (nach A. WIKSTEN 1945). Die Pfeile geben die aus den beiden Messargumenten gutachtlich festgelegte Grenze zwischen Früh- und Spätholz an. Die Methode eignet sich somit vor allem für vergleichende Beobachtungen von Umwelteinflüssen auf den Jahrringbau einer Holzart.

Tafel 7   Rindenstrukturen

Das Kambium differenziert im verlangsamten Gegentakt zum Xylem gegen aussen den sekundären Rindenmantel, der in sich gegliedert ist in das Rhytidom (= Phellem und durch diese Korkschicht abgetrennte, tote Rindengewebe) und den Bast (= lebendes Phloem, unterteilbar in Früh- und Spätbast).

1 *Larix decidua*, Querschnitt (Vergr. 105:1, Aufnahme J. STAHEL). Auf das gelbfarbige Spätholz folgt das Kambium und der letztgebildete Spätbast, bestehend aus Parenchym- und Siebzellen; aufgeblähte Parenchymzellen häufig mit dunklem Inhalt. Der Frühbast aus Siebzellen kollabiert rasch; die Markstrahlen biegen in diesem Gewebe aus der radialen Richtung und verlaufen über mehrere Phloemringe hinweg treppenartig gestuft. Im dritten Phloemring findet man im Spätbast sklerifizierte Parenchymzellen, in denen das Lumen durch die schichtenweise Zellwandapposition bis auf einen minimalen Durchmesser eingeengt worden ist.

2 *Acer platanoides*, Querschnitt (Vergr. 45:1, Aufnahme J. STAHEL). Der Bildungsrhythmus des Spitzahornbastes gliedert den Jahreszuwachs in 4 bis 7 Zellen breite Siebröhrenbänder und 1- bis 4-schichtige Bänder von Parenchymzellen und Bastfasern. Die Markstrahlen sind 1 bis 5 Zellen breit, im Durchgang der verschieden strukturierten Bänder nicht selten eingeknickt und in den breiten Formen mit Dilatationskeilen versehen. – Im Feldahorn wird der gewellte Markstrahlverlauf durch die höhere Regelmässigkeit der Bänderung verstärkt, im Bergahorn hingegen mit den ausgeprägten Steinzellplatten sind die breiteren Markstrahlen nicht oder nur wenig geknickt, die schmaleren aber serpentinenartig verbogen (W. HOLDHEIDE 1950).

3 *Tilia cordata*, Querschnitt (Vergr. 255:1, Aufnahme H. H. BOSSHARD). Im serienartig gebänderten Phloemring der Linde, der meist mit einem Bastfaserband beginnt, wechseln die Gewebe «in viergliedrigen Serien, wobei von aussen nach innen Siebröhren – Bastfasern–Kristallzellen–Parenchymzellen aufeinanderfolgen. Die Siebröhren werden in der Regel von den Bastfasern seitlich umfasst» (W. HOLDHEIDE 1950). Die Markstrahlen werden dicht hinter oder schon in der kambialen Zone erweitert und fächern im Rindenteil durch Dilatation stark auf. Das Dilatieren wird im Weitenwachstum des Baumes ausgelöst durch erhöhten Tangentialzug; unter diesen Bedingungen werden die Markstrahlzellen zu antiklinen Teilungen aktiviert.

4 *Fraxinus americana*, Radialschnitt (Vergr. 40:1, Aufnahme M. ZIMMERMANN, Harvard Forest). Die Siebröhren bleiben in den meisten Dikotyledonen nur eine Vegetationszeit funktionstüchtig; Ausnahmen von dieser Regel sind unter anderen *Tilia* und *Vitis* (A. FAHN 1963). Die Poren in den Siebfeldern sind schon im aktiven Zustand ausgekleidet mit Siebröhrenkallose (A. FREY-WYSSLING 1959); in stillgelegten Siebröhren wird diese Auskleidung pfropfenartig verstärkt und zum Siebröhrenverschluss. Der abgebildete Radialschnitt ist mit Bismarkbraun eingefärbt und die Kallose mit Resorcinblau kontrastiert worden. Das Verschlussprinzip in Tracheiden und Gefässgliedern setzt sich somit im Siebröhrenelement analog durch: es erweist sich für den in der Baumphysiologie bekannten Langstreckentransport als eminent.

Tafel 7: Rindenstrukturen

Messungen wirklich belegt werden für die Gruppe der Nadelhölzer (A. WIKSTEN 1945, D. FENGEL und M. STOLL 1973) und die Gruppe der ringporigen Laubhölzer (K. LADEFOGED 1952). In Abbildung 30 wird eine Messmethode dargestellt, nach der Unterschiede im Aufbau von Fichten- und Föhrenjahrringen auf Grund von Form und Dimension der Längstracheiden ermittelt und die wahrscheinlichsten Grenzen zwischen Früh- und Spätholz gezogen werden können. Abbildung 31 legt den ähnlichen Sachverhalt für ringporige Laubhölzer dar. Aus mikroskopischen Beobachtungen und quantitativen Strukturanalysen ist ersichtlich, dass im Nadelholz die Form der Längstracheiden vom quadratischen Querschnitt und dem radial gerichteten Rechteck im Anfangsgewebe des Jahrrings wechselt zum schmalen und tangential gerichteten Rechteck in der Jahrringmitte und vor allem am Jahrringende; im ringporigen Laubholz nehmen die Porendurchmesser im selben Sinne sprunghaft ab. Versteht man unter Früh- und Spätholz die zeitliche Folge (und nicht etwa die zeitliche Fixierung: Frühlings- bzw. Sommerholz) *und* die quantitative Strukturänderung, so können diese beiden Begriffe *nur* für das Nadelholz und das ringporige Laubholz mit Recht angewendet werden. Im zerstreutporigen und im halbringporigen Laubholz hingegen ist lediglich von einer zeitlichen Gewebe-

Tafel 8   Jahrringaufbau (nach H. H. BOSSHARD und L. KUČERA 1973a)

1 *Abies alba*-Querschnitt. Im Nadelholz ist das Grundgewebe in radialgerichtete Tracheidenreihen geordnet. Die Querschnitte der Tracheiden gleichen in der Anfangszone (Frühholz) stehenden (radialen) Rechtecken; sie wechseln in der Mitte des Jahrrings zur quadratischen Form und nehmen in der Endzone liegende (tangentiale) Rechteckformen an. Die letztgebildeten Tracheidenreihen sind durch einen deutlichen Wachstumsstau gekennzeichnet. Je nach der Schroffheit des Übergangs von dünnwandigen Zellen der Anfangszone zu den dickwandigen Zellen der Endzone unterscheidet man zwischen dem *Abies alba*-Typ (schroffer Übergang) oder dem *Pinus cembra*-Typ (allmählicher Übergang) (Vergr. 130:1, Aufnahme L. KUČERA).

2 *Betula alba*-Querschnitt. Im zerstreutporigen Laubholz gibt es keine Jahrringgliederung; das schmale Bändchen von plattgedrückten Fasern an der Jahrringgrenze entspricht einem aufgestauten Wachstum (Vergr. 60:1, Aufnahme L. KUČERA).

3 *Prunus avium*-Querschnitt. Die Halbringporigkeit muss entgegen der traditionellen Bezeichnung als Sonderform des zerstreutporigen Holzes betrachtet werden, auch in diesem Falle ist nicht zwischen Anfangs- und Endzonen zu unterscheiden (Vergr. 40:1, Aufnahme H. H. BOSSHARD).

4 *Quercus robur*-Querschnitt. Im ringporigen Holz wird die Anfangszone (Frühholz) mit den weiten Gefässen vor dem Knospenbruch aufgebaut und ist dem zerstreutporigen Hauptteil des Jahrrings vorgelagert. Je nach der Anordnung der Poren in diesem Teil unterscheidet man zwischen dem *Fraxinus*-Typ (mehrheitlich einzeln), dem *Quercus*-Typ (in radialer Ordnung) oder dem *Ulmus*-Typ (in tangentialer Ordnung) (Vergr. 70:1, Aufnahme H. H. BOSSHARD).

59 Tafel 8: Jahrringaufbau

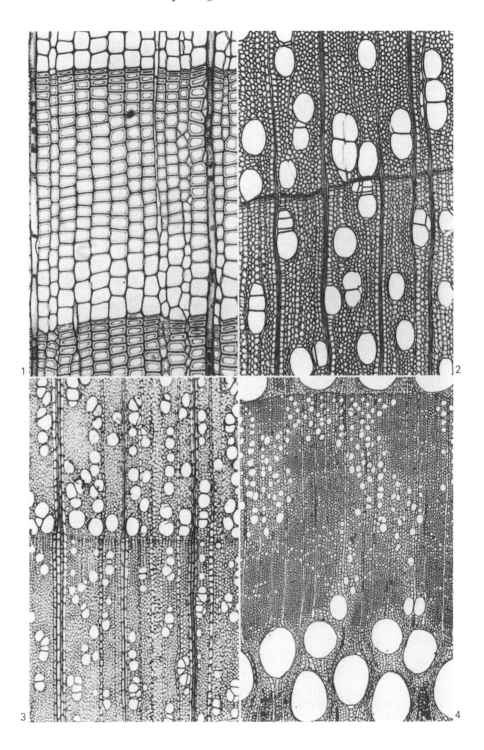

60   Biologie des Holzes

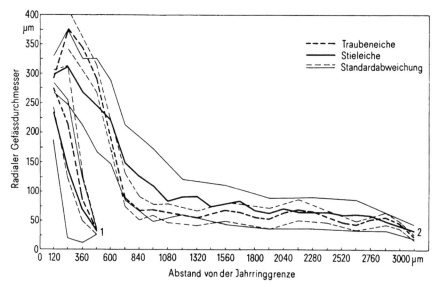

Abbildung 31   Veränderung der mittleren Gefässdurchmesser in Trauben- und Stieleichen: 1 In einem schmalen Jahrring (0,4 mm), 2 in einem breiten Jahrring (3,2 mm) (nach H. COURTOIS, W. ELLING und A. BUSCH 1964).

folge zu sprechen; dafür sind die Begriffe *Anfangszone* bzw. *Endzone* der Jahrringe (H. H. BOSSHARD 1974) geprägt worden. Gewebeanalysen in zerstreutporigen Laubhölzern (K. LADEFOGED 1952, M. BARISKA und H. H. BOSSHARD 1974) zeigen, dass hier die quantitativen Strukturänderungen im Jahrring von der Anfangs- bis zur Endzone zu keiner Abgrenzung von Früh- und Spätholz führen. Die beiden strukturanalytischen Methoden sind in der Durchführung zeitaufwendig. Man weicht heute deshalb gern aus auf densitometrische Bestimmungen, wie sie von O. LENZ (1957) und H. POLGE (1969) entwickelt worden sind. Vorbereitend werden in dünnen Lamellen die Gewebezonen einzelner Jahrringe röntgenographisch abgebildet. Anschliessend können die unterschiedlich geschwärzten Filmnegative im Densitometer ausgemessen werden. Dabei ist es möglich, direkt auf die Raumdichte zu schliessen und für die einzelnen Holzarten die Grenzen zwischen Früh- und Spätholz gutachtlich zu fixieren (Abbildung 32). – Die Gewebestruktur ist der Gewebefunktion zugeordnet; eine Erklärung für strukturelle Unterschiede innerhalb der Jahrringgewebe wird somit gefunden im Verstehen von Funktionsunterschieden. In der Entwicklungsgeschichte der Baumpflanzen stellt man eine fortschreitende Veränderung der Wasserleitung fest: Im Nadelholz leiten sozusagen ausschliesslich die weitlumigen Frühholztracheiden Wasser, im zerstreutporigen Laubholz sind alle Gefässe von der Anfangs- bis zur Endzone des Jahrrings an der Wasserleitung beteiligt, und im ringporigen Laubholz wird dem diffusporigen Jahrringanteil eine Frühholzzone mit sehr weitlumigen Gefässen vorangesetzt, in der die grösste Menge des Transpirationswassers geleitet wird. Das ‹ Voransetzen › des Frühholzes in ringporigen Laubhölzern ist wörtlich zu verstehen, werden diese Gewebe vom Kambium doch ausdifferenziert vor dem eigentlichen Vegetationsbeginn (K. LADEFOGED 1952). In zerstreutporigen Holzarten ist die Tendenz zur Halbringporigkeit bekannt, wenn solche Laubbäume unter prekärem Wasserregime stehen (Tafel 9/2); in diesem Sinne mag die Halbringporigkeit an sich verstanden werden als von der Wasserleitfunktion abhängig. In der *Halbringporigkeit* kommt somit in erster Linie die *Variationsbreite der zerstreutporigen Strukturordnung* zum Ausdruck; die terminologische Zuordnung dieses Phänomens zur Ringporigkeit ist deshalb unzutreffend (H.H. BOSSHARD und L. KUČERA 1973a). PH. R. LARSON (1960) findet einen direkten Zusammenhang zwischen Längenwachstum der Nadelholzsprosse und der Frühholzbildung und stellt die besondere Produktion und Verlagerung von Wuchsstoffen in Rechnung, die mit dem Sprosswachstum und der Entfaltung der Blätter sich einstellt; er schreibt: "Experimental evidence accumulated over the years has shown quite conclusively that the initiation of cambial activity is correlated with the activity of the developing buds. An auxin or auxin-precursor emanating from these buds activates the dormant cambium in a basipetal direction along the branches and main stem... Observational evidence suggests that during this period of active

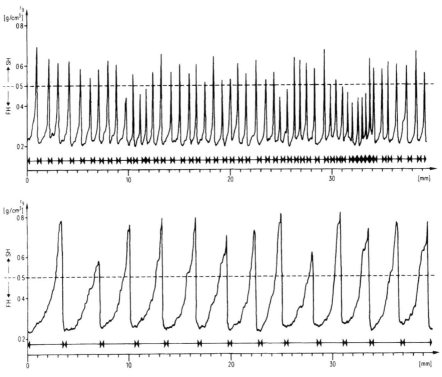

Abbildung 32 Densitogramme von Fichten aus subalpiner (1) und montaner (2) Lage, aufgenommen von O. LENZ, EAFV. (Zeichnung URSULA STOCKER).

growth of the shoot, cells of the springwood type will be laid down, and the transition to the production of summerwood cells begins with the cessation of terminal growth and the setting of a new bud on the maturation of the leaves."
Massgebend dürfte bei diesen Vorgängen das Sprosslängenwachstum sein, das sich direkt auf die Wasserleitfunktion auswirkt; die beobachtete Abhängigkeit von Wuchsstoffeinwirkungen bezeichnet den Weg, der zur Anpassung der Gewebestruktur an die Gewebefunktion führt. In Abbildung 33/1 wird auf den Zusammenhang zwischen der Spätholzbildung und den sommerlichen Regenmengen hingewiesen und damit eine Beobachtung von L. CHALK (1930) an Douglasien weiterverfolgt, aus der unter anderem hervorgeht, dass sich Frühholz und Spätholz unbeeinflusst voneinander entwickeln. Dies ist nicht von vornherein selbstverständlich; um so aufmerksamer stellt man fest, dass die Nadelholzarten auch in dieser Beziehung den ringporigen Laubholzarten nahestehen. In den beiden Fällen, in denen der Wasserleitung innerhalb der Jahrringe eine bestimmte Region (Anfangszone) zugewiesen ist, entwickeln sich die Anfangszonen unabhängig von den Endzonen. Dieses Phänomen darf als eindrückliche Bestätigung für die Zuordnung der Struktur zur Funktion aufgefasst werden. R. TRENDELENBURG (1937) hebt die direkte Proportionalität der Spätholzflächen in Lärchen und der sommerlichen Regenmengen hervor (Abbildung

Tafel 9   Gewebefunktion und Gewebestrukturen im Jahrring (Aufnahmen H. H. BOSSHARD)

1 *Abies alba*, Querschnitt. An der Jahrringgrenze, die im Wechsel des dickwandigen Spätholzgewebes zum dünnwandigen Frühholz kaum markanter sein könnte, flachen die Spätholztracheiden ab zur tangential gestellten Rechteckform. Dies ist Ausdruck einer Wachstumshemmung im differenzierenden Xylem nach den letzten periklinen Teilungen. In Spätholztracheiden sind gelegentlich Tangentialwandtüpfel mit engen Tüpfelkanälen und ovalen Aperturen vorhanden, ebenso wie einseitig behöfte Radialwandtüpfel im Kontakt mit Markstrahlzellen. Selbst im Festigungsgewebe sind die einzelnen Zellen nicht isoliert (Vergr. 315:1).

2 *Fagus silvatica*, Querschnitt. Unter dem Regime prekärer Wasserversorgung werden in der zerstreutporigen Buche in den Anfangszonen der Jahrringe Makroporen gebildet und in ein tangentiales Band gestellt. Die sogenannte Halbringporigkeit erweist sich damit als Sonderform der zerstreutporigen Anordnung. Das Speichergewebe ist in der Jahrring-Endzone durch gehäuftes Vorkommen von Längsparenchym hervorgehoben (Vergr. 125:1).

3 *Fagus silvatica*, Radialschnitt aus der Anfangszone (Vergr. 505:1).

4 *Abies alba*, Radialschnitt (Vergr. 125:1).

5 *Fagus silvatica*, Radialschnitt. Im radialen Wachstum der Markstrahlen sind an den Jahrringgrenzen geringere Zellenlängen Ausdruck der Wachstumsstauung (vgl. Bild 4.) (Vergr. 335:1).

6 *Fagus silvatica*, Radialschnitt aus der Endzone. Die markantere Speicherfunktion der Endzone kommt in der unterschiedlichen Einlagerung und Aktivierung von Stärke in den Markstrahlparenchymzellen zum Ausdruck (vgl. Bild 3.) (Vergr. 505:1).

Tafel 9: Gewebefunktion und Gewebestrukturen

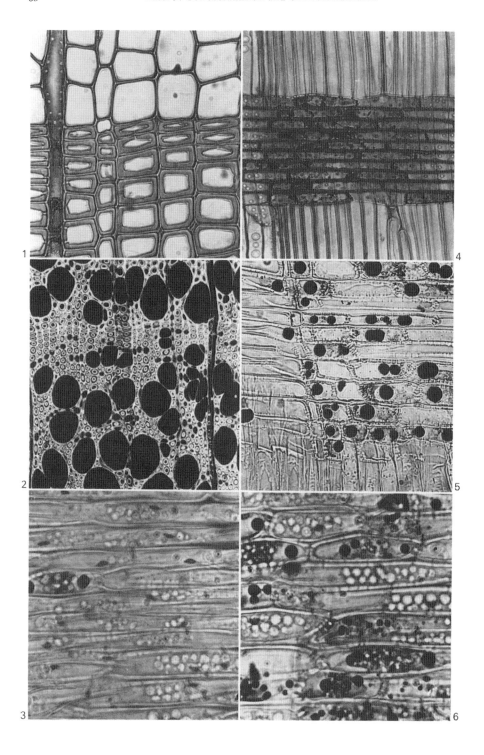

33/1), und M. L. PARKER, L. HEGER und R. W. KENNEDY (1973) zeigen mit ihren Messungen, dass sich in Douglasien die Raumdichten des Spätholzes umgekehrt proportional verhalten zu den Niederschlägen der Sommermonate (Abbildung 33/2). Diese beiden Aussagen ergänzen sich konsequent, ihre volle Bedeutung ist aber erst zu verstehen, wenn noch qualitative Untersuchungen vorliegen. – Von der Anfangszone der Jahrringe ist gesagt worden, sie stehe in einem funktionellen Zusammenhang mit der Wasserleitung und damit auch mit der Transpiration. Aus der Gewebestruktur der Jahrringmitte und der Endzone zu schliessen, ist hier die Speicherfunktion und damit verbunden die Assimilation massgebend. In Weisstanne ist die Tendenz zur Erhöhung der

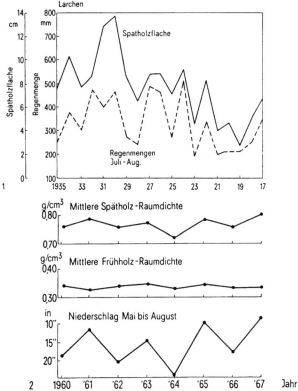

Abbildung 33   Abhängigkeit der Spätholzbildung von den Sommerregen, dargestellt im Verlauf der Spätholzflächenkurve. *1* von japanischen Lärchen (nach R. TRENDELENBURG 1937) und an Messungen der Spätholzraumdichte. *2* von Douglasien (nach M. L. PARKER, L. HEGER und R. W. KENNEDY 1973). Die Flächenkurve ist direkt proportional zu den entsprechenden Kurven der Sommerniederschläge. Bei prekärem Wasserhaushalt wird weniger, dafür dichteres Spätholz gebildet als in Jahren mit genügend Niederschlägen. – Früh- und Spätholz entwickeln sich unabhängig voneinander; dies geht in *2* aus den beiden Raumdichtekurven hervor und ist 1930 von L. CHALK am Verlauf der Frühholz- und Spätholzanteile in Douglasien ebenfalls aufgezeigt worden.

Anzahl Markstrahlen im Spätholz am grössten (L. KUČERA und J. KUČERA 1967), Strangparenchym kann in den Endzonen der Jahrringe gehäuft vorkommen, ebenso die Stärkeeinlagerung (Tafel 9/3 und 6). – Ein weiteres Merkmal der Jahrringgrenzen sind die funktionellen Übergänge von einem Jahrring in den nächsten: Im Nadelholz werden sie sichtbar markiert durch behöfte Tüpfel in den letzten Tangentialwänden der ‹Grenztracheiden›, und in den Laubhölzern in den Gefässvernetzungen über die Jahrringgrenze hinweg. Dieses Merkmal ist im Begriff der *Jahrringbrücken* veranschaulicht worden (H. H. BOSSHARD, L. J. KUČERA und URSULA STOCKER 1978 und 1982). Es deutet darauf hin, dass der exogen bedingte Wachstumsrhythmus vom endogenen funktionell überspielt wird.

Die Veränderungen der Gewebestruktur innerhalb der Jahrringe zeigen im Stocken des Wachstums ein gemeinsames Merkmal in allen vier Baumartengruppen: Die stark abgeflachte Rechteckform der letzten Tracheiden oder Fasern der Endzonen ebenso wie die kurzen Markstrahlzellen (Tafel 9/1, 4 und 5) lassen ein behindertes Dickenwachstum in der Endphase der Jahrringbildung erkennen. Diese zwei bis drei Zellreihen breite Zone ist als *Wachstumsstauzone* aufzufassen (Tafel 9/1). Sie hängt zusammen mit der am Ende der Vegetationsperiode eingeleiteten Rückbildung des Arbeitskambiums in den Zustand des Ruhekambiums und zeichnet sich aus durch dickwandige Zellen. In ihrer Querschnittform und ihrer Länge weichen diese letztgebildeten Zellen von den Xylemmutterzellen kaum ab. – Die unterschiedliche Gewebeordnung, die im Nadelholz einen allmählichen (*Pinus cembra*-Typ) oder einen schroffen (*Abies alba*-Typ) Übergang von Frühholz zu Spätholz bedingt (Tafel 8), oder im ringporigen Laubholz zu einem ungeordneten (*Fraxinus excelsior*-Typ), einem radial geordneten (*Quercus robur*-Typ) oder einem tangential geordneten (*Ulmus*-Typ) Spätholzgewebe führt, dürfte vor allem von endogenen, also artspezifischen Faktoren abhängen und durch exogene lediglich modifizierbar sein (H. H. BOSSHARD und L. KUČERA 1973a).

Der Aufbau der Jahrringe wird zu einem eindrücklichen Zeichen des *funktionellen Tropismus*. Es ist darunter die Zuwendung der Struktur zur Funktion zu verstehen, analog etwa der Richtungsänderung der Sprossachse gegen den Lichteinfall zu im Phototropismus. Und dies gilt sowohl in bezug auf die Anlage der verschiedenen Gewebetypen als auch auf deren Anordnung. Massgebendste Funktionen sind die Transpiration und die Assimilation: Sie wirken mittelbar oder unmittelbar auf die Kambialtätigkeit ein, beeinflussen über hormonal gesteuerte Mechanismen die Zelldeterminierung und die Zelldifferenzierung und veranlassen derart den ihnen adaequaten Gewebecharakter des Jahrringes. Diese Vorgänge stehen in Übereinstimmung mit dem artspezifischen Gewebemuster und dessen Variabilitätsvermögen. Dies letztere ist auch als Anpassungsvermögen einer Baumart an veränderte Umweltbedingungen zu verstehen. Es sind diesem Anpassungssystem Grenzen gesetzt: Ausserhalb des Grenzbereiches spielt der funktionelle Tropismus nicht mehr, Struktur und Funktion stehen nicht mehr in Einklang. Unter solchen Bedingungen – halten sie lange genug an – wird die Baumpflanze absterben oder im extremen Falle eine Baumart vollständig eingehen.

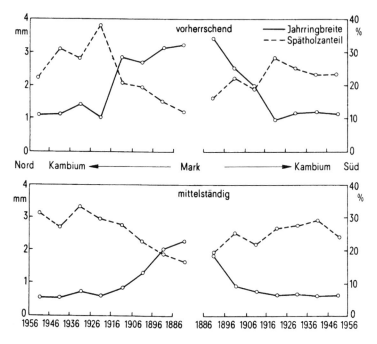

Abbildung 34   Einfluss der soziologischen Stellung des Baumes auf den Jahrringbau (nach G. Schultze-Dewitz 1958).

1.223 Variabilität im Jahrringbau

Der Wechsel in der Ringbreite ist das auffälligste Variabilitätsmerkmal des Jahrringbaus. Er ist massgebend abhängig von der Vitalität des Baumes und seiner soziologischen Stellung im Bestand, vom Standort im weitesten Sinne des Wortes, von den waldbaulichen Pflegemassnahmen und von besonderen Umwelteinflüssen. – *Standort*. In diesem Begriff sind alle für ein einzelnes Baumindividuum massgebenden Umweltfaktoren eingeschlossen, so auch Bodengüte und Klima. Neben dem Nährstoffgehalt spielen bei der Beschreibung der Bodengüte hauptsächlich die Belüftung und die Wasserführung, die pH-Werte und die mikrobiologischen Merkmale des Bodens eine wesentliche Rolle. Das grossräumige Klima wird allgemein beschrieben durch Angaben der Mitteltemperaturen zusammen mit den Maxima und Minima sowie den Niederschlagsverhältnissen. Ebenso bedeutsam für die Erfassung biologischer Vorgänge ist das Mikroklima im Innern eines Bestandes oder in nächster Umgebung eines einzelnen Baumindividuums. – Die Einflüsse all dieser Umweltfaktoren auf die Jahrringbildung sind sehr verschieden; gemeinsam ist höchstens die Tatsache, dass Veränderungen des Minimumfaktors sich am leichtesten in Strukturveränderungen der Jahrringe wiederfinden lassen. – *Waldbauliche Massnahmen*: In der Bestandespflege kann man die soziologische Schichtung der Einzelbäume beeinflussen und hat damit Gelegenheit, auf die Jahrring-

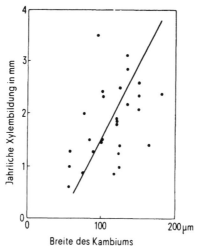

Abbildung 35 Zusammenhang zwischen der Breite des Kambiums und der jährlichen Xylembildung (nach M.W. BANNAN 1957).

struktur einzuwirken. Jede Massnahme zur Förderung oder Veränderung des Kronenraums eines Baumes wirkt sich in Änderungen der Assimilationsleistungen aus. So werden sich Durchforstungsmassnahmen oder Verjüngungshiebe an Veränderungen im Jahrringbau abzeichnen (H. LEIBUNDGUT 1966, W. KUHN 1973). In Abbildung 34 ist dargelegt, dass Jahrringbreiten und Spätholzanteile in Bäumen der vorherrschenden Schicht stärkeren Schwankungen unterliegen als in Bäumen aus dem Mittel- oder Unterstand. Rasch sich folgende Veränderungen der Jahrringbreiten oder der Jahrringstruktur sind in der Holzverarbeitung unerwünscht, so dass bei der Qualitätsholz-Erziehung diesen Zusammenhängen besondere Beachtung geschenkt werden muss. – *Schäden und andere Ursachen:* Insektenschäden können in einem massiven Befall des Blattes wie eine Entlaubung wirken; ähnlich verhält es sich mit Rauchschäden und allen anderen Beeinträchtigungen des Blattgewebes. Die Assimilationstätigkeit wird dadurch gemindert, und der Holzzuwachs erleidet eine Einbusse. Änderungen in der Jahrringbreite treten auch in Samenjahren ein. Besonders in Baumarten, die schwere Samen bilden, wie etwa in Eichen oder Buchen, werden enorme Mengen an Vorratsstoffen für die Produktion von Samen verbraucht; damit ist meist eine Verminderung der Holzproduktion verbunden. Es ist bekannt, dass beispielsweise in der Fichte während eines Mastjahres im Durchschnitt die Jahrringbreite um 40% und im darauffolgenden Jahr um 25% kleiner ist als in den dazwischen liegenden Jahren. – Die Betrachtungen über äussere Einflüsse auf die Jahrringausbildung müssen ergänzt werden mit dem Hinweis auf die enge Relation zwischen der Breite des Kambiums und der jährlichen Xylemproduktion. In Abbildung 35 ist anhand von Untersuchungen an Koniferenkambien dargestellt, dass ein linearer Zusammenhang besteht zwischen Breite der kambialen Zone und absolutem Anteil an Xylemzellen. Die obenerwähnten äusseren Einflüsse

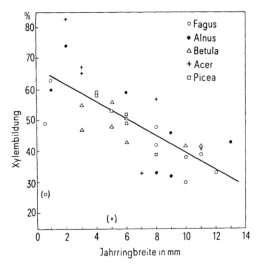

Abbildung 36   Zusammenhang zwischen der Jahrringbreite und der am Stichtag 1. Juli erreichten Xylembildung (nach K. LADEFOGED 1952). In schmalen Ringen sind zu diesem Zeitpunkt schon über 50% des gesamten, jährlichen Zuwachses angelegt, in breiten Ringen erst 30–40%.

werden sich somit in erster Linie auf die Ausformung des Kambiums auswirken und damit indirekt die Jahrringstruktur modifizieren. Auf denselben Zusammenhang, nur in anderem Verfahren ermittelt, machen die Messergebnisse in Abbildung 36 aufmerksam: K. LADEFOGED (1952) stellt in einer Anzahl von Laubbäumen und in Fichte fest, dass Mitte Sommer am Stichtag 1. Juli in vitalen Bäumen erst etwa ein Drittel des Xylems gebildet worden ist, während in wenigwüchsigen Bäumen zur selben Zeit schon zwei Drittel der endgültigen Xylemringbreite erreicht worden sind.

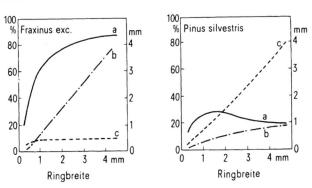

Abbildung 37   Früh- und Spätholzbreite und Spätholzanteil in Abhängigkeit von der Breite der Jahrringe in *Fraxinus excelsior* L. und *Pinus silvestris* L. (nach A. YLINEN 1951 und nach R. BENIĆ 1953, aus: R. TRENDELENBURG und H. MAYER-WEGELIN 1955). *a* Spätholzanteil, *b* Spätholzbreite, *c* Frühholzbreite.

Ausser dem Wechsel in der Jahrringbreite ist in Nadelhölzern und in ringporigen Laubhölzern die Änderung des Spätholzanteils ein weiteres bedeutendes Merkmal der Jahrringvariabilität. Frühholz und Spätholz durchlaufen getrennte Entwicklungen und unterliegen deshalb in bezug auf ihre Veränderlichkeit auch verschiedenen Einflüssen. Zu den wichtigsten Faktoren, welche auf die Spätholzbildung einwirken, gehören die Niederschlagsmengen der Sommermonate, die Versorgung mit Assimilaten und die Wuchsstoffstimulierungen des Kambiums. Ausserdem lässt sich eine Abhängigkeit der Spätholzbildung von der allgemeinen Wuchsleistung sowie vom Alter des Kambiums nachweisen. Die Jahrringbreite kann als quantitativer Ausdruck der Wuchsleistung angesprochen werden; in Untersuchungen der Spätholzbildung ist somit die Jahrringbreite als wichtigste Bezugsgrösse einzubeziehen. Derart korrelierte Messresultate sind in den Kurven in Abbildung 37 dargestellt. Auffällig daran ist zunächst der völlig unterschiedliche Verlauf der Abhängigkeiten im Nadelholz und im ringporigen Laubholz. Mit zunehmender Ringbreite steigt die Kurve der Frühholzbreite steil an in den Koniferen, im ringporigen Laubholz hingegen erreicht sie schon bei Ringbreiten von 1 mm den Höchstwert und bleibt von da an parallel zur Abszisse. Es ist bekannt, dass in beiden Holzartengruppen die Wasserführung auf die Frühholzzonen beschränkt bleibt, so dass im Stammquerschnitt konzentrische Ringe von Wasserleitgewebe alternieren mit entsprechenden Trockenzonen. Die beiden Kurven in Abbildung 37, welche die Frühholzbreite mit zunehmender Ringbreite beschreiben, deuten somit darauf hin, dass in den hochentwickelten ringporigen Laubhölzern das Gewebe für die Wasserführung unabhängig von der Wuchsleistung angelegt wird, im Gegensatz zu den Koniferen. Nachdem bekannt ist, dass sich in ringporigen Laubholzarten die Frühholzgefässe vor dem Aufbrechen der Laubknospen entwickeln, ist es eigentlich offensichtlich, dass das Frühholz nicht von der Leistung in der folgenden Zuwachsperiode abhängen kann. Die Kurven der Spätholzbreiten verhalten sich nahezu umgekehrt zu den eben besprochenen: In Koniferen verändert sich die Spätholzbreite mit zunehmender Ringbreite kaum, während sie in ringporigen Laubhölzern stark zunimmt.
Die Spätholzbildung hängt auch vom Alter des Holzes ab. Damit dieser Zusammenhang richtig erkannt wird, muss zunächst der Begriff ‹Alter des Holzes› umschrieben werden. Nach der Differenzierung und Fixierung der Gewebe sind keine wesentlichen Änderungen in der mikroskopischen und submikroskopischen Struktur der einzelnen Zellen und damit auch der Gewebe festzustellen. Das Alter des Holzes lässt sich also nicht an der Anzahl Jahre messen, die seit seiner Bildung verstrichen sind. Das Kambium ist das einzige Gewebe, dessen Morphologie mit der Zeit ändert, da es einem steten Wechsel unterliegt. Die Erneuerung des Kambiums vollzieht sich gesetzmässig, indem nach der längsten Fusiforminitialen selektiert wird. Damit hängt die Längenzunahme der Initialzellen zusammen, die in Koniferen beispielsweise in den ersten hundert Jahren sehr ausgeprägt ist. Das Alter des Holzes wird somit ganz wesentlich markiert durch die Struktur des Kambiums; diese wiederum steht in deutlicher Abhängigkeit vom *Alter des Kambiums*. Der Begriff ‹Alter

des Holzes› muss daher physiologisch gefasst werden. Altes Holz ist Holz, das von einem alten Kambium aufgebaut worden ist, und nicht Holz, das schon vor hundert Jahren, dann aber aus einem jungen Kambium, hervorgegangen ist. In einer Stammscheibe findet man deshalb das älteste Holz in nächster Nachbarschaft des Kambiums und das jüngste nahe dem Mark. B. J. RENDLE (1959a) hat in diesem Sinne vorgeschlagen, dass der Begriff ‹Alter des Holzes› ersetzt werden sollte durch die Ausdrücke ‹Alter des Kambiums› oder ‹Ringalter›. Der Einfluss des Kambiumalters auf die Spätholzbildung kann anhand von Messungen längs der Baumachse untersucht werden. Vom Stammfuss gegen die Krone hin folgen sich entlang einer Mantellinie Zonen mit immer jünger werdendem Kambium, weil mit jedem Jahrestrieb neues Bildungsgewebe angelegt wird. In Tabelle 6 sind entsprechende Zahlen für Föhrenholz mit Ringbreiten von 0,6 und 1,2 mm enthalten. An drei Beispielen: an je einem Stamm von schwerem, von mittelschwerem und von leichtem Holz wird die Abnahme des Spätholzanteils mit zunehmender Baumhöhe ersichtlich. Es darf aus diesen Zahlen geschlossen werden, dass älteres Kambium besser zur Spätholzbildung befähigt ist als junges; die Angaben weisen denn auch eher auf einen Unterschied in der inneren Bereitschaft zur Spätholzbildung hin als etwa auf eine mangelnde Versorgung mit Assimilaten oder mit Wuchsstoffen, die beide aus der Krone stammen und den oberen Stammabschnitten näher liegen. Auch der Wassernachschub kann in diesem Zusammenhang kaum einflussreich sein. – Dieselbe Abhängigkeit zwischen Kambiumalter und Spätholzanteil sollte auch auf einem Stammquerschnitt aufzufinden sein, wenn die Jahrringe in der Reihenfolge vom Mark bis zur Borke untersucht werden. Derartige Beobachtungen von R. TRENDELENBURG (1939) an Föhren sind in der Abbildung 38 aufgezeichnet. Es sind Messungen in drei Scheiben erhoben worden aus einer Höhe von 2,30 m, 4,50 m und 19,90 m. Die Abnahme des Spätholzanteils mit zunehmender Baumhöhe wird auch in diesem Beispiel bestätigt. Anderseits entnimmt

Tabelle 6   Abnahme des Spätholzanteils mit zunehmender Höhe im Stamm (Messungen an *Pinus silvestris* L., nach R. TRENDELENBURG 1939).

Holzgewicht	Höhe im Stamm m	Spätholz-% bei einer Ringbreite von		Raumdichtezahl R kg/fm
		0,6 mm	1,2 mm	
Schwerer Stamm	2,3	43	49	490
	5,6	30	41	440
	14,4	25	36	400
Mittelschwerer Stamm	0,1	42	41	–
	2,3	37	43	460
	10,0	32	38	410
Leichter Stamm	0,2	36	36	410
	2,3	25	30	400
	7,8	21	27	370
	14,4	24	30	360

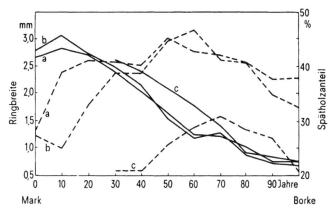

Abbildung 38 Jahrringbreiten und Spätholzanteil in verschiedenen Stammhöhen von *Pinus silvestris* L. (nach R. TRENDELENBURG 1939).
———— Jahrringbreite a Höhe im Stamm 2,3 m
 b Höhe im Stamm 4,5 m
– – – Spätholzanteil c Höhe im Stamm 19,9 m

man den Kurvenbildern, dass in einer Stammscheibe der Spätholzanteil zwar mit zunehmendem Kambiumalter ebenfalls steigt, aber nur während etwa 70 Jahren. Dann kulminieren alle drei Kurven; mit dem weiteren Dickenzuwachs nehmen sowohl die Jahrringbreite als auch der Spätholzanteil deutlich ab. In diesem Zusammenhang stellt sich die Frage nach dem Einfluss des Baumalters auf die Qualität des Holzes: Aus den Darstellungen in Abbildung 38 lässt sich ableiten, dass die Föhre mit etwa 60–70 Jahren einen optimalen Zuwachs an Qualitätsholz aufweist und damit erntereif wird.

Zur Variabilität des Jahrringbaus gehört schliesslich auch seine Unregelmässigkeit in der Bildung überhaupt. Es ist wiederholt auf die Abhängigkeit der Jahrringbildung von Temperatur und Niederschlägen aufmerksam gemacht worden. Beide Faktoren sind in ihrer Auswirkung als Bildner des Makro- und des Mikroklimas ausschlaggebend. Während die Einflüsse des Makroklimas in grossen Räumen, das heisst in ganzen Beständen und Waldkomplexen, auf die Wuchsleistungen der Bäume einwirken, so treffen Änderungen im Mikroklima immer den einzelnen Baum. Dabei werden feine Unterschiede, beispielsweise in der Besonnung auf der bevorzugten Stammseite, das Wachstum fördern; der Jahrring wird hier etwas breiter sein als auf der Stammrückseite. Der Jahreszuwachs ist somit mehr oder weniger starken Unregelmässigkeiten unterworfen, je nach den unterschiedlichen Einwirkungen der mikroklimatischen Faktoren auf den Stamm. Auf extremen Standorten kann die Jahrringbildung auf einer Stammseite sogar ganz unterbleiben, so dass ein *auskeilender* Jahrring entsteht. Das Auskeilen der Jahrringe ist auch an Bäumen aus dem Unterstand zu beobachten. In diesen Exemplaren kann sich die Krone meist nur ungenügend entwickeln; die Wuchsleistung des Stammes bleibt deswegen gering. Häufig wird in solchen Fällen das Kambium nur in den oberen Stammpartien zur Teilung angeregt, während es in der Stammfussgegend inaktiv bleibt, so dass die Jahrringe in der Längsrichtung auskeilen. Beobachtungen von J. M. HARRIS (1952) an *Pinus radiata* bestätigen diese Zusammenhänge. HARRIS hat ferner festgestellt, dass in der Übergangszone von auskeilenden Jahrringen der Zuwachs nur aus einer Reihe Frühholzzellen und einer Reihe Spätholzzellen besteht, und N. NÄGELI (1935) sowie PH. R. LARSON (1956) weisen darauf hin, dass in auskeilenden Jahrringen nicht immer der gesamte Jahrring betroffen wird, sondern zum Beispiel nur das Früh- oder nur das Spätholz. – Altersbestimmungen durch Auszählen der Jahrringe können auch durch *falsche Jahrringe* ungenau werden. Falsche Jahrringe entstehen dann, wenn die Spätholzbildung aus irgendeinem Grunde frühzeitig unterbrochen wird und wieder Frühholzzellen angelegt werden. Meist ist das Band der neuen Frühholzzone nur schmal und wird am Schluss der Vegetationsperiode durch eine neue Spätholzzone abgegrenzt. Es entstehen also in einem Jahr zwei Zuwachsringe. Diese Unregelmässigkeit kann auf extremen Standorten häufiger beobachtet werden als in optimalen Wuchsgebieten. Anderseits hängt sie auch zusammen mit der Johannistriebbildung: Mit dem Aufbrechen von schlafenden Knospen in der Mitte der Vegetationsperiode werden neue Wuchsstoffe gebildet, die das Kambium offenbar zu dieser eigenartigen Reaktion veranlassen.

1.224 Datierung von Holz

In der kunstwissenschaftlichen Forschung, aber auch in der Siedlungskunde und der Agrargeschichte, ermöglicht die exakte Datierung von Holzteilen vielfach die richtige zeitliche Einordnung von Bauten, von Gebrauchsgegenständen oder von Kunstwerken. Dabei ist von den beiden heute bekannten Bestimmungsmethoden die Jahrringchronologie für die Untersuchung von Holzmaterial aus dem historischen Zeitraum geeignet; die Altersbestimmung mit radioaktivem Kohlenstoff kann besonders zur Klassierung von organischem Material aus der prähistorischen Zeit angewendet werden. In der *Jahrring- oder Dendrochronologie* wird die Abhängigkeit der Jahrringbreite von klimatischen Einflüssen in dem Sinne interpretiert, dass in Grossklimagebieten das Baumwachstum durch die massgebenden Klimafaktoren vergleichbar beeinflusst wird und der Jahrringbau in den Individuen der gleichen Holzart dem Bildungsjahr entspricht. Jahrringbreiten, über viele Jahre zurück graphisch aufgetragen, ergeben Kurven ohne rhythmische Wiederholungen, weil es eine streng rhythmische Wiederholung genau derselben Klimaabläufe nicht gibt. Diese Feststellung ist 1919 von A. E. DOUGLASS an etwa 3000 Jahre alten Sequoien ermittelt worden. Die Ringbreitenfolge von Bäumen bekannten Alters wurden als Standardchronologien bezeichnet, aus der für ein Holzstück derselben Holzart einzig die Synchronlage der Ringbreitenfolgen herausgegriffen werden muss für dessen Datierung. In den USA hat man auf diese Weise die meisten Indianersiedlungen zeitlich einordnen können und dabei eine *Pinus ponderosa*-Chronologie gewonnen, die von der Gegenwart bis ins Jahr 150 v. Chr. zurückreicht. – Der Aufbau einer ähnlichen Dendrochronologie in Mitteleuropa

stösst auf grössere Schwierigkeiten, weil es in diesem Vegetationsraum keine so
alten Bäume gibt und weil zudem die klimatischen Bedingungen wesentlich ausgeglichener sind als in den USA. Durch Verfeinerung der Methoden ist es vor
allem B. HUBER (1941) und seiner Mitarbeiterin WITA VON JAZEWITSCH (1954)
in München gelungen, Datierungen an vorgeschichtlichen Holzfunden vorzunehmen. Dies ist möglich geworden durch eine intensivere Interpretation von
Ringbreitenkurven. Es genügt im mitteleuropäischen Vegetationsraum nicht,
nur die Extremwerte der Kurven von Standardchronologien zu markieren, um
die entsprechende Synchronlage einer einzuordnenden Ringbreitenfolge zu
finden. Der neue Maßstab wird darin gefunden, dass die Tendenz der Ringbreitenkurven, von einem Jahr zum andern zu steigen oder zu fallen, mitbewertet
wird. Werden nun die bei zwei verglichenen Kurven nicht gleichsinnig laufenden Kurvenstücke von Jahr zu Jahr abgezählt und die erhaltene Anzahl in
Prozent der Kurvenlänge ausgedrückt, so ergibt sich das Gegenläufigkeitsprozent. Für völlige Übereinstimmung zweier Kurven wäre 0% Gegenläufigkeit zu
erwarten, für nicht synchrone Kurven oder solche in der unähnlichsten Lage
50%. Eine noch weitergehende Kurvenbildauswertung hat WITA VON JAZEWITSCH (1954) im System der fraktionierten Gegenläufigkeitsstatistik angewendet und gleichzeitig eine Synchronisationsmaschine entwickelt, in der
Ringbreitenfolgen mittels Lochstreifen auf ihre Synchronlage geprüft werden.
Mit dieser ausgeklügelten Methode ist es gelungen, in Mitteleuropa eine Eichenchronologie bis zurück ins Jahr 1000, eine Lärchenchronologie bis ins Jahr 1340
sowie eine Buchenchronologie für rund 300 Jahre zu erstellen. Sodann bestehen
für eine Reihe von Holzarten Relativchronologien, die aber wegen nicht überbrückbarer Lücken zeitlich nicht definitiv fixiert werden können. Die dendrochronologischen Untersuchungsmethoden sind in Reinbek weiter ausgebaut
worden (J. BAUCH, W. LIESE und D. ECKSTEIN 1967, D. ECKSTEIN und J.
BAUCH 1969, D. ECKSTEIN, J. BAUCH und W. LIESE 1970) mit dem Ziel, die
Auswertung der Messresultate durch die Anwendung von modernen Rechenmaschinen abzukürzen und zu objektivieren. In diesen Arbeiten zeigte es sich,
dass die im süddeutschen Raum ermittelten Eichenchronologien nur bedingt
als Vergleich mit Eichenchronologien aus Norddeutschland herangezogen werden können (Abbildung 39).
Als weiteres Hilfsmittel für die Altersbestimmung von Holz kann nach W.F.
LIBBY (1952) unter bestimmten Voraussetzungen die *Radiokarbonmethode* eingesetzt werden. In den Grenzschichten der Atmosphäre wird durch kosmische
Strahlung sekundäre Neutronenstrahlung ausgelöst, die ihrerseits durch Energieabgabe beim Zusammenstoss mit Luftmolekülen kleinste Mengen des Kohlenstoffisotops C^{14} entstehen lässt. Durch Konvektion gelangen Spuren davon
in die Atmosphäre und werden durch die CO_2-Assimilation der Pflanzen unter
anderem auch im Holz festgelegt. Sobald ein Baum zu assimilieren aufhört, hört
demzufolge auch die C^{14}-Anreicherung auf. Der aufgenommene Vorrat zerfällt
nun radioaktiv mit der Halbwertzeit von 5569 Jahren. Der C^{14}-Gehalt der Holzprobe nimmt im Jahrhundert rund 1% ab. Aus dem gemessenen C^{14}-Gehalt
kann deshalb das Alter einer Holzprobe bestimmt werden, unter der Voraus-

Abbildung 39 Datierung von Eichenproben mit Hilfe der Dendrochronologie (nach J. BAUCH, W. LIESE und D. ECKSTEIN 1967). Vergleich von Standortmittelkurven aus dem norddeutschen Raum (Schleswig, Syke, Wienhausen) mit der süddeutschen Standardkurve. Verstärkt gezeichnete Kurvenabschnitte bedeuten, dass alle Einzelkurven des Standorts gleichsinnig verlaufen. Die Übereinstimmungen in den drei Standortskurven machen auf den gleichnamigen Klimacharakter in Norddeutschland aufmerksam.

setzung, dass der C^{14}-Gehalt der Luft immer gleichgeblieben ist. Dies ist aber nicht der Fall. Mit Beginn des Industriezeitalters, etwa um 1840, ist durch die Verbrennung alter und deshalb bereits radiokarbonfreier Kohle und die Verbrennung von Erdöl eine Relativabnahme des $C^{14}O_2$ von etwa 3% in der Atmosphäre eingetreten; in jüngster Zeit hat durch Kernwaffenversuche eine sprunghafte Erhöhung bis jährlich 5% stattgefunden. Man bezieht deshalb den ermittelten Radiokarbongehalt vorgeschichtlicher Funde auf den C^{14}-Gehalt des Jahres 1840, der als ‹Heidelberger Standard› eingeführt worden ist. Mit den heute zur Verfügung stehenden Messmethoden können Holzproben auf 200 bis 500 Jahre genau datiert werden.

1.23 Wachstumsgesetze

Nach den Teilungen im Kambium bleiben die jungen Zellen noch eine gewisse Zeit im Einflussbereich des Bildungsgewebes. Sie entwickeln sich dabei durch das bipolare Spitzenwachstum zur vollen Zellänge und erhalten im Appositionswachstum die endgültige Zellwand. Die postkambiale Entwicklung wird geprägt durch die Wachstumskapazität des Kambiums; sie erfolgt in strenger Gesetzmässigkeit, so dass in Untersuchungen des ausdifferenzierten Xylems eine Reihe von Wachstumsgesetzen abgeleitet werden können. Diese Zusammenhänge sind erstmals 1872 durch K. SANIO in seiner grundlegenden Arbeit *Über die Grösse der Holzzellen bei der gemeinen Kiefer* erkannt worden. Er hat in fünf Gesetzen die Variabilität der Zellängen in Wurzel-, Stamm- und Astholz formuliert:

«1. Die Holzzellen nehmen in den Stamm- und Astteilen überall von innen nach aussen durch eine Anzahl von Jahrringen hindurch zu, bis eine be-

stimmte Grösse erreicht ist, welche dann für die folgenden Jahrringe konstant bleibt.
2. Die endliche konstante Grösse der Holzzellen ändert sich im Stamm (Hochstamm) in der Weise ab, dass sie stetig von unten nach oben zunimmt, in bestimmter Höhe ihr Maximum erreicht und dann nach dem Wipfel zu wieder abnimmt.
3. Die endliche Grösse der Holzzellen in den Ästen ist geringer als im Stamm, hängt aber von diesem in der Weise ab, dass diejenigen Äste, welche in solcher Stammhöhe entspringen, in der die Holzzellen grösser sind, auch grössere Zellen haben, als die Äste, welche in solchen Stammhöhen entspringen, an denen die konstante Zellengrösse eine geringere ist.
4. Auch in den Ästen nimmt die konstante Grösse in den äusseren Jahrringen nach der Spitze zu, um dann wieder zu fallen. Bei dem unregelmässigen, knorrigen Wachsen der Wipfeläste kommen indes Unregelmässigkeiten vor; so beobachtete ich bei einem Aste, den ich durch eine beträchtliche Länge hindurch näher untersuchte, ein zweimaliges Steigen und Fallen. Die regelmässig wachsenden Äste alter Kusselfichten würden hier wohl eine feste und ähnliche Regel wie im Stamme nachweisen, doch habe ich dergleichen noch nicht untersucht.
5. In der Wurzel nimmt auf dem Querschnitt die Weite der Zellen zuerst zu, fällt dann wieder, um wieder zu steigen, bis die konstante Grösse erreicht ist. Auch nach der Länge der Wurzel findet eine Grössenzunahme statt, doch habe ich diese Frage aus Mangel an geeignetem Material noch nicht genauer untersucht.»

Es sind später eine ganze Reihe von ähnlichen Untersuchungen ausgeführt (J. M. DINWOODIE 1961) und dabei Übereinstimmungen oder Divergenzen entdeckt worden. Am umstrittensten blieb zunächst im ersten SANIOschen Gesetz die Konstanz der maximalen Zellänge: In einzelnen Untersuchungen wird berichtet, dass die Zellänge im Querschnitt vom Mark bis zur Borke erst ansteigt, bis eine grösste Länge erreicht ist, nachher werden die Zellen gegen das Kambium hin wieder kürzer. Anderseits bestätigen I. J. W. BISSET, H. E. DADSWELL und A. B. WARDROP (1951) an Messungen von Tracheidenlängen in *Pinus radiata* die Beobachtungen von SANIO (Abbildung 40). Die vorhandene Kontroverse konnte gelöst werden, nachdem man erkannt hat, dass die Zellängen auch innerhalb eines Jahrrings ungleich sind. I. J. W. BISSET und H. E. DADSWELL (1950) fanden in Messungen von Faser- und Tracheidenlängen in ring- und zerstreutporigen Laubhölzern und in Koniferen im Frühholz (Anfangszone) immer kürzere Zellen als im Spätholz (Endzone). Ausgeprägt sind diese Unterschiede besonders im ringporigen Laubholz. In *Fraxinus excelsior* und *Quercus robur* L. (Abbildung 41/1 und 2) steigen in den untersuchten Jahrringen die Kurven der Faserlängen vom Frühholz gegen das Spätholz steil an, wobei zu beachten ist, dass die Kurvenmaxima vor dem Abschluss der Jahrringe erreicht sind: Der gegen die Jahrringgrenze hin abfallende Kurvenast ist dem verzögerten Wachstum zuzuschreiben. Ein ähnlicher Kurvenverlauf ergibt sich aus den Messungen der Tracheidenlängen in *Pinus radiata* L. und *Pseudotsuga taxifolia* L. (Abbil-

76   Biologie des Holzes

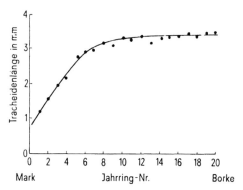

Abbildung 40   Zunahme der Tracheidenlänge in einem Stammquerschnitt von *Pinus radiata* vom Mark bis zum Kambium (nach I. J. W. Bisset, H. E. Dadswell und A. B. Wardrop 1951).

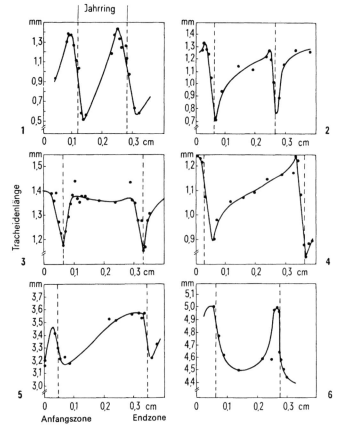

Abbildung 41   Variationen der Faser- und Tracheidenlängen innerhalb von Jahrringen (nach I. J. W. Bisset und H. E. Dadswell 1950). 1 *Fraxinus excelsior*, 2 *Quercus robur*, 3 *Fagus silvatica*, 4 *Populus tremuloides*, 5 *Pinus radiata*, 6 *Pseudotsuga taxifolia*.

dung 41/5 und 6). Die Unterschiede in den absoluten Werten sind früher schon erwähnt worden (Band 1, Kapitel 1.122), und die Abweichungen in der Heftigkeit des Kurvenanstiegs können nicht verallgemeinert werden, weil äussere, besonders standortbedingte Einwirkungen darin vor allem zum Ausdruck kommen. Die Feststellung von zwei Extrempunkten hingegen gilt als den ringporigen Laubholzarten wie den Nadelholzarten eigene Charakteristik. In den zerstreutporigen Laubholzarten *Fagus silvatica* L. und *Populus tremuloides* L. (Abbildung 41/3 und 4) ist die Abhängigkeit der Faserlängen von der Stellung innerhalb des Jahrrings offenbar sowohl den bisher besprochenen Ringporigen und Nadelhölzern gleich (*Populus* sp.) oder davon so abweichend, dass in der Anfangszone des Jahrrings die Fasern rasch die grösste Länge erreichen und diesen Wert sozusagen über die ganze Jahrringbreite hinweg beibehalten (*Fagus silvatica* L.). In den Holzarten ohne deutliche Gliederung in Zuwachszonen entfällt die Abhängigkeit der Faserlänge von der Stellung innerhalb des Gewebes, wobei allerdings Untersuchungen über grössere Wachstumskomplexe hinweg noch fehlen.

Ausser den genannten Zusammenhängen zwischen Faserlänge und Jahrringtopographie lassen sich auch Gesetzmässigkeiten finden zwischen Zellänge und Ringbreite. In Holzarten aus gemässigten Klimazonen werden in engen Jahrringen längere Tracheiden oder Fasern gemessen als in weiten: Je enger der Jahrring, desto länger die Tracheiden und umgekehrt. In Abbildung 42 sind die Tracheidenlängen für die Folge von Jahrringen vom Mark bis zur Borke in Relation zur Anzahl Zellen aufgetragen. In den Jahrringen mit einer grossen Anzahl von Zellen (breite Jahrringe) bleiben die Tracheiden kurz, in Jahrringen mit einer geringen Anzahl Zellen (schmale Jahrringe) werden dagegen lange Tracheiden gefunden. Die gesetzmässige Entwicklung der Faserlänge in den einzelnen Jahrringen fällt in bezug auf die Längenänderungen der Zellen nicht so sehr ins Gewicht wie die von SANIO aufgezeigten Wachstumsgesetze, sie überlagern aber diese. Untersuchungen der Zellängen im Stamm verlangen deshalb, dass sowohl der Jahrringtopographie (Entnahme der Proben an derselben Jahrringstelle) und der Jahrringbreite Rechnung getragen wird. Erst mit diesen Grundlagen können die Wachstumsgesetze in einer horizontalen Stammebene vom Mark bis zur Borke und auch längs einer vertikalen Achse vom Stammfuss bis zur Krone systematisch untersucht werden. – Es bleibt zu ergänzen, dass ausser den Fasern und Tracheiden auch andere Zellelemente in den Dimensionen variieren, sowohl innerhalb eines Jahrrings als auch mit zunehmendem Abstand vom Mark auf einem bestimmten Stammquerschnitt. In Abbildung 43 wird das Längen-Breiten-Verhältnis (Schlankheitsgrad λ) von Markstrahlzellen in *Acer pseudoplatanus* L. dargestellt. Es zeigt sich, dass am Anfang und Ende der Ringbildung in dieser Holzart die Markstrahlzellen einen geringen Schlankheitsgrad aufweisen, im Hauptteil des Jahrrings hingegen einen grösseren, das heisst, dass sie in der mittleren Ringzone länger sind als in der Anfangs- und der Endzone. Dimensionsänderungen auf einem bestimmten Stammquerschnitt vom Mark bis zur Rinde sind sodann aus entsprechenden Wachstumskurven von Eschengefässen (H. H. BOSSHARD 1951) bekannt, wobei deutlich wird, dass die

78   Biologie des Holzes

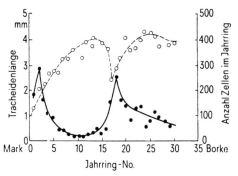

Abbildung 42   Variation der Länge von Spätholztracheiden in Abhängigkeit von der Jahrringbreite in *Pinus radiata* (nach I. J. W. BISSET, H. E. DADSWELL und A. B. WARDROP 1951).
——— Anzahl Zellen im Jahrring, - - - - Tracheidenlänge

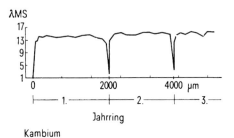

Abbildung 43   Änderung des Längen-Breiten-Verhältnisses (Schlankheitsgrad λ) von Markstrahlzellen innerhalb von Jahrringen in *Acer pseudoplatanus* (nach U. H. HUGENTOBLER 1965).

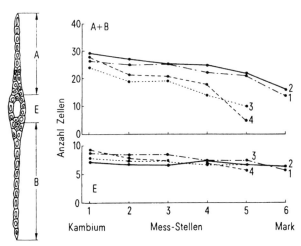

Abbildung 44   Änderungen der Anzahl Epithelzellen horizontaler Markstrahlen und der Markstrahlhöhe von ‹Harzkanalstrahlen› an sechs Meßstellen zwischen Mark und Kambium in vier verschiedenen Fichten (nach H. H. BOSSHARD 1961).

Spätholzgefässe geringeren Längenschwankungen unterliegen als die Frühholzgefässe. Schliesslich sind Dimensionsänderungen auch von Markstrahlen in Koniferen gemessen worden (Abbildung 44). In diesem Falle handelt es sich um horizontal orientierte Zellsysteme, das heisst, dass auch die Markstrahlinitialen den Kambium-Dimensionsänderungen unterliegen müssen, was schon in Tabelle 1 vermerkt worden ist. – Die Variabilität der Zellen längs der Stammachse ist besonders von I. J. W. BISSET und H. E. DADSWELL (1949) an *Eucalyptus* untersucht worden. Die Skizze in Abbildung 45 zeigt den schematischen Aufbau eines 50jährigen *Eucalyptus*stammes: Es werden immer 5 Jahrringe zusammengefasst und als gleichförmiger Zuwachs linear eingetragen. Der Höhenzuwachs wird der Einfachheit halber als konstant angenommen. In dieses Schema hinein werden die Kurven gleicher Faserlängen gesetzt. Dabei ist festzustellen, dass die Zellängen vom Stammfuss zur Krone innerhalb einer äusseren Jahrringgruppe bis auf eine Stammhöhe von 15 m zunehmen und daraufhin wieder abnehmen. Längs der Markröhre findet man den Bereich der kürzesten Fasern. In horizontalen Ebenen auf beliebigen Stammhöhen werden die Fasern vom Mark bis zur

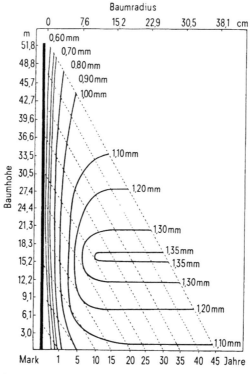

Abbildung 45   Änderung der Faserlängen in *Eucalyptus regnans* mit der Baumhöhe (nach I. J. W. BISSET und H. E. DADSWELL 1949).
Die ausgezogenen Kurven verbinden Meßstellen gleicher Faserlängen; mit den gestrichelten Linien wird der Zuwachs von je 5 Jahren schematisch angegeben.

Borke in den ersten Jahrringgruppen länger, bis ein Höchstwert erreicht ist, der konstant bleibt.

In der Diskussion der Wachstumsgesetze müssen zunächst die Unterschiede der Zellängen innerhalb eines Jahrrings beachtet werden. Im Jahrring sind im allgemeinen die Frühholzzellen kurz und weitlumig, die Spätholzzellen lang und englumig. Dies hängt mit der unterschiedlichen Wachstumsgeschwindigkeit zusammen: Im Frühholz folgen sich die periklinen Teilungen rasch aufeinander, die Kambiumderivate bleiben deshalb nur kurze Zeit im Einflussbereich des Meristems. Dies trifft auch zu für breite Jahrringe in rasch wachsenden Holzarten. Für Spätholzelemente und Zellen aus engen Jahrringen gilt das Umgekehrte. Die im Kambium gebildete Tochterzelle wird mit einer gewissen Wachstumskapazität ausgerüstet, welche das postkambiale Weiten- und Längenwachstum der Zelle ermöglicht. Alle Unterschiede in den Zellängen innerhalb eines Jahrrings werden gesteuert durch das sogenannte bipolare Spitzenwachstum. In Geweben mit hoher Wachstumsgeschwindigkeit bleibt den differenzierenden Tochterzellen offenbar zu wenig Zeit für ein anhaltendes Spitzenwachstum; die entsprechenden Xylemzellen bleiben kurz. Dort aber, wo das Wachstum gemächlicher abläuft, kommt die postkambiale Entwicklung der differenzierenden Zelle zur vollen Entfaltung. Dieser Zusammenhang ist wichtig, weil das Weitenwachstum und das bipolare Spitzenwachstum während der Differenzierung nur innerhalb einer bestimmten dem Kambium benachbarten Zone vor sich gehen kann. Sobald die Zellen durch rasches Wachstum dieser Zone entwachsen, verliert sich der Einfluss des Meristems, und ihr Eigenwachstum wird abgeschlossen. Wie sehr die Unterschiede in den Zellängen innerhalb eines Jahrrings auf die Wachstumskapazität und das postkambiale Wachstum der Fasern und Tracheiden zurückzuführen sind, zeigen auch Untersuchungen von MARGRET M. CHATTAWAY (1936): In Abbildung 20 ist die Faserverlängerung als Verhältnis der Faserlänge zur Initiallänge dargestellt; dabei ist festzustellen, dass mit steigenden Initiallängen im Kambium das relative Spitzenwachstum der Xylemzellen abnimmt. In Kambien mit kurzen Initialen sind die Derivate zu einem relativ grossen bipolaren Spitzenwachstum befähigt, in Kambien mit langen Initialen nur zu einem relativ geringen. In früheren Erörterungen ist festgestellt worden, dass Kambien mit kurzen Initialen den rezenten Pflanzenarten angehören, Kambien mit längeren Initialen aber ursprüngliche Typen charakterisieren. So sind artspezifische Modifikationen der Wachstumsgesetze von vornherein zu erwarten. – Betrachtet man die Unterschiede in den Zelldimensionen innerhalb einer Stammscheibe und längs der Stammachse, so kann die Zunahme der Zellängen vom Mark bis zur Borke in erster Linie den entsprechenden Vorgängen im Kambium zugeschrieben werden (Abbildung 8). Aus Messungen an verschiedenen Nadelhölzern ist bekannt, dass die maximale Zellänge schon nach 10–50 Jahren erreicht wird, in anderen Baumarten hingegen erst nach 100–200 Jahren. In beiden Fällen sind diese Ergebnisse in der Tendenz übereinstimmend, nicht aber im zeitlichen Ablauf. Der scheinbare Widerspruch kann geklärt werden mit dem Hinweis auf die obenerwähnten Unterschiede in verschieden breiten Jahrringen. Der Jahrringbau überlagert somit die durch das Altern des Kambiums bedingten Einflüsse, die als Sekundärmerkmale der Alterung bezeichnet werden können. – Die längs der Stammachse auftretenden Variationen der Zelldimensionen sind ebenfalls auf die Wachstumscharakteristik des Kambiums zurückzuführen. Je nachdem die Untersuchungen parallel zum Mark oder parallel einer Mantellinie geführt werden, können Holzpartien von gleichaltrigem Kambium oder von verschiedenaltrigem in Betracht gezogen werden (Abbildung 46). Diese Unterschiede sind besonders wichtig, weil ausser dem Kambiumalter auch äussere Einflüsse das Wachstum eines Baumes bestimmen. Nach den in Abbildung 46 eingetragenen Untersuchungsrichtungen gelingt es bis zu einem gewissen Grade, innere und äussere Beeinflussungen voneinander zu trennen, so dass deutlich wird, dass Variationen der Zellänge in der Hauptachsenrichtung des Baumes von den

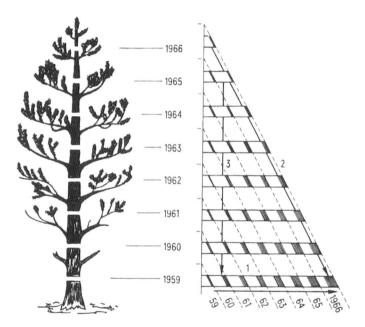

Abbildung 46 Topographie der Probenentnahme für Wuchsanalysen im Stammholz (nach G. H. Duff und Norah J. Nolan 1953, Diana M. Smith und Mary C. Wilsie 1961). Bei Beachtung der drei Untersuchungsrichtungen können endogene und exogene Einflüsse auf das Baumwachstum gesondert werden: In Richtung *1* sind Proben zu gewinnen, die von einem alternden Kambiumabschnitt und unter verschiedenen Klimabedingungen erzeugt worden sind; in Richtung *2*, längs einer Mantellinie, erhält man Material, das von verschiedenen Kambiumabschnitten (Alterszunahme von der Krone bis zum Stammfuss) unter gleichen Klimabedingungen erzeugt worden ist; in Richtung *3*, längs der Markröhre, sind Probestücke zu entnehmen, die von gleichaltrigen Kambiumabschnitten und unter verschiedenen Klimabedingungen erzeugt worden sind. In allen drei Fällen sind die Proben aus der Mitte der Internodien zu sammeln.

Wachstumsgesetzen des Kambiums und vom apikalen Wachstum des Baumes abhängig sind.

Im Zusammenhang mit den Wachstumsgesetzen bleibt zu ergänzen, dass die inneren, marknahen Baumzonen sich von den äusseren, kambiumnahen nicht nur in der Zellmorphologie, sondern auch in der Raumdichte und damit in allen mit der Raumdichte in Relation stehenden Grössen unterscheiden. Es ist deshalb richtig, dieser Zonierung in der Holzbeurteilung Rechnung zu tragen. Nach einem Vorschlag von B. J. RENDLE (1959) wird das ‹Innenholz› im Baum als *juveniles Holz* bezeichnet (= sekundäres Xylem, das in den ersten Lebensjahren eines Stammes gebildet worden ist und anatomisch charakterisiert wird durch eine progressive Zunahme der Zelldimensionen). Demgegenüber wird das ‹Aussenholz› als *adultes Holz* umschrieben (= sekundäres Xylem, das im selben Stamm nach dem juvenilen Holz aufgebaut wird und charakterisiert ist durch maximale Zelldimensionen und voll entwickelte Gewebestrukturen).

1.24 Wurzelholz und Astholz

Die Holzkunde hat sich vor allem mit dem Stammholz zu befassen als dem wirtschaftlich wichtigsten Teil des Waldbaumes; sie sollte aber Wurzeln und Äste mindestens auszugsweise einschliessen.

1.241 Wurzelholz

Vom holzkundlichen Standpunkt aus spielt das Wurzelsystem eine aussergewöhnlich wichtige Rolle und muss daher vermehrt Anlass zu biologischen, physiologischen und technologischen Untersuchungen geben. Wegen der geringen praktischen Bedeutung dieses Materials ist es verständlich, dass bisher nur gelegentlich wissenschaftliche Arbeiten über Wurzelholz publiziert worden sind. Das Wurzelsystem erfüllt vor allem zwei wesentliche Funktionen: Es gibt dem Baum die nötige Festigkeit zum Ausbau des mächtigen Stammes und der Krone und es ist Rezeptor im Wasserhaushalt und im Mineralstoffwechsel. Diese beiden Funktionen widerspiegeln sich in der Anordnung des Wurzelwerks und im morphologischen Aufbau der einzelnen Wurzeln. Es ist daher angezeigt, die biologischen Aspekte sowohl der Entstehung als auch der Struktur von Wurzelholz zu betrachten.

Anatomie des Wurzelholzes. Im inneren Aufbau der Wurzel und des Sprosses sind bedeutende Unterschiede zu beachten, auf die in Abbildung 47 hingewiesen wird. Im Primärstadium der Wurzel alternieren Protoxylem- mit Protophloemgruppen. Dazwischen liegt das in Entwicklung begriffene Prokambium. In der Wurzel geht die Bildung von Xylem zentripetal vor sich und erfolgt von aussen nach innen, so dass das älteste Protoxylem nach aussen, das jüngste Metaxylem nach innen zu liegen kommt. Darin unterscheidet sich aber dieser Primäraufbau der Wurzel von demjenigen des Stengels, indem im Spross zunächst Protophloem- und Protoxylemgruppen opponieren und schliesslich die Xylemanlage

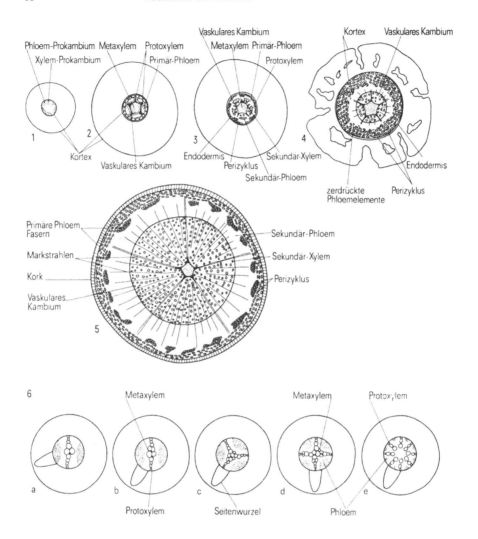

Abbildung 47   Schematische Darstellung der Gewebeanordnung in Wurzeln (nach KATHERINE ESAU 1953).
1 Vaskularer Zylinder im Prokambiumstadium; *2* Abgeschlossener Aufbau des Primärxylems; *3* Kurze Zonen von vaskularem Kambium zwischen Phloem und Xylem produzieren Sekundärgewebe; *4* Ring von vaskularem Kambium; der geschlossene Perizyklus ist erweitert worden durch perikline Teilungen; *5* Stark entwickeltes Sekundärwachstum: Bildung von Periderm, Verlust des Kortex. Das im Perizyklus gegenüber den Protoxylemgruppen gebildete Kambium hat weite Markstrahlen angelegt; *6* Anordnung des primären vaskularen Gewebes und Orientierung in Seitenwurzeln: *a* und *b* diarche Wurzeln, *c* triarche Wurzel, *d* tetrarche Wurzel, *e* polyarche Wurzel. Nadel- und Laubholzwurzeln gehören den Typen *a–d* an, Palmwurzeln dem Typ *e*.

von innen nach aussen erfolgt. Die Endodermis als eigentlicher Abschluss des Kortex ist nicht nur funktionell verschieden vom angrenzenden Phloem, sondern morphologisch gekennzeichnet durch die CASPARYschen Streifen. In der primären Wurzel wird ein mächtiger Kortex aufgebaut als Schutz des vaskularen Zylinders. Im Sekundärstadium der Wurzelbildung schliessen die einzelnen Prokambien zu einem Ring und bilden das eigentliche vaskulare Kambium. Die Protoxylem- und Protophloemgruppen werden durch dieses leistungsfähige Meristem ergänzt mit sekundärem Xylem und sekundärem Phloem. Ausserhalb des Protophloems wird ein breiter Perizyklus angelegt; der Kortex löst sich auf, wobei seine Zellen nicht selten schleimig werden und damit das Längen-

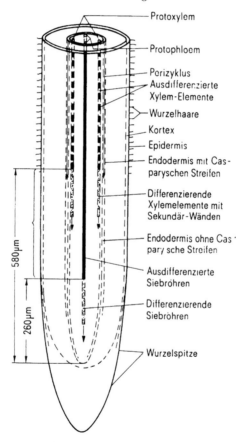

Abbildung 48   Schematischer Längsschnitt durch eine Wurzelspitze (nach KA-THERINE ESAU 1953). Die Epidermis und die Wurzelkappe sind gleichen Ursprungs, der Kortex und der vaskulare Zylinder hingegen haben verschiedene Initialen im apikalen Meristem. Im vaskularen Zylinder entwickeln sich die Siebelemente zuerst. Zwischen erstgebildetem Phloem- und Xylemelement liegt die Zone des intensivsten Wachstums; oberhalb dieser Region entwickeln sich Wurzelhaare. In der Endodermis werden nahe dem zuerst ausdifferenzierten Xylemelement Casparysche Streifen angelegt.

wachstum der Wurzeln im Erdreich erleichtern. In diesem Stadium wird auch ein Periderm aufgebaut, das anstelle des Kortex den Schutz des vaskularen Zylinders übernimmt. Die primären Markstrahlen gehen von den Protoxylemgruppen aus, die sekundären Markstrahlen liegen dazwischen. – Je nach Anlage der Protoxylembänder in der Primärwurzel wird unterschieden zwischen diarchen, triarchen und tetrarchen Wurzeln; in den Monokotyledonen kommen gelegentlich auch polyarche Wurzeln vor. Wichtig für die Anlage des Wurzelsystems ist die Tatsache, dass Seitenwurzeln in der Regel opponierend zu den Primärxylembändern entstehen.

In Abbildung 48 wird im Längsschnitt durch eine Wurzelspitze darauf hingewiesen, dass Epidermis und Wurzelhaube gleichen Ursprungs sind, während im apikalen Meristem verschiedene Initialen den Aufbau von Kortex und vaskularem Zylinder ermöglichen. Im vaskularen Zylinder entwickeln sich die Siebelemente zuerst, vor den Xylemelementen. Die Zone des intensivsten Längenwachstums findet man zwischen dem zuerst differenzierten Siebelement und dem ersten voll entwickelten Xylemelement. Oberhalb dieser Region wird die Wurzel ergänzt durch Wurzelhaare. – Das apikale Meristem wird von der Wurzelhaube geschützt und liegt an der Spitze des vaskularen Zylinders. Bei dem enormen Längenwachstum von einzelnen Wurzeln kommt ihm besondere Bedeutung zu. Wie später zu zeigen sein wird, ist anzunehmen, dass bestimmte Teilungsmechanismen oder auch gewisse Modifikationen im apikalen Meristem von rasch wachsenden Wurzeln die Charakteristik des sekundären Kambiums bestimmen. Damit ist die Bedeutung dieses Bildungsgewebes besonders hervorgehoben. Es wird deshalb unumgänglich sein, die Anatomie des Wurzelsystems vermehrt auch in die Betrachtung holzkundlicher Zusammenhänge mit einzubeziehen.

Das Wurzelholz wächst in einem vom Stamm- oder Kronenraum vollständig verschiedenen Milieu, was ganz andere äussere Beeinflussungen auf das Wachs-

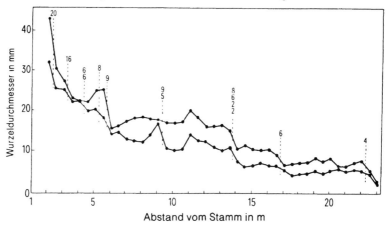

Abbildung 49   Wurzeldurchmesser in verschiedenem Abstand vom Stamm (nach B. F. WILSON 1964a). Die Zahlen über den punktierten Linien geben die Durchmesser von verholzten Seitenwurzeln an.

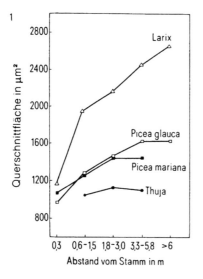 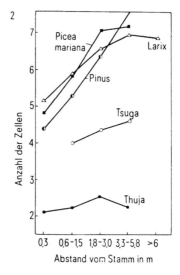

Abbildung 50   Veränderung der Zelldimensionen in Wurzeln in Abhängigkeit von der Entfernung vom Stamm (nach M. W. BANNAN 1941). *1* Querschnittflächen von Frühholztracheiden, *2* Markstrahlhöhe.

tum bedingt. Das lässt sich schon äusserlich daran ablesen, dass Wurzeln auch bei Längen von über 20 m nur wenige Zentimeter im Durchmesser erreichen (Abbildung 49). Das Wuchsbild der Wurzeln wird wegen der starken Betonung des apikalen Wachstums nicht nur äusserliche Unterschiede aufweisen, sondern auch die Tätigkeit des vaskularen Kambiums betreffen (B. F. WILSON 1964a). Die Wurzeln üben zwar die gleichen Funktionen aus wie der Stamm, es sind aber in den Festigungs-, Leitungs- und Speicherfunktionen graduelle Unter-

Tabelle 7   Gewebeanteil im Stamm- und Wurzelholz von *Robinia pseudacacia* L. (nach J. LIESE 1924).

Baumteil	Libriform-fasern %	Gefäss-zellen %	Parenchym-zellen %
Aus 3 m Tiefe 4 m seitlich vom Wurzelstock, Durchmesser der Wurzel 1 cm	13,7	27,1	59,2
Aus 2 m Tiefe etwa 3 m seitlich vom Wurzelstock, Durchmesser der Wurzel 3 cm	15,9	35,9	48,2
Aus $1/_2$ m Tiefe 14 m seitlich vom Wurzelstock, Durchmesser der Wurzel 2 cm	19,0	41,1	39,9
$3/_4$ m tief am Wurzelstock, Durchmesser 7 cm	32,5	17,0	50,5
Stamm (11jähriger Stamm), Durchmesser 8 cm	55,0	5,8	39,2

Tabelle 8 Tracheiden- und Gefässdurchmesser in Wurzel- und Stammholz; 1) nach H. RIEDL 1937, 2) nach K. GÖHRE und E. WAGENKNECHT in Roteiche gemessen.

1

Durchmesser der Tracheiden von Nadelhölzern			Gefässdurchmesser in ring- und zerstreutporigen Laubhölzern		
	Wurzelholz µm	Stammholz µm		Wurzelholz µm	Stammholz µm
Tanne	80	60	Eiche	360	400
Fichte	110	60	Esche	230	350
Lärche	100	80	Ulme	300	340
Föhre	90	60	Ahorn	120	110
			Birke	200	130
			Linde	120	90
			Pappel	160	120
			Buche	150	110

2

Entfernung vom Stamm	Zelldurchmesser			
	Gefässe			
	Frühholz	Spätholz	Fasertracheiden	Libriformfasern
m	mm	mm	mm	mm
0,10	0,326	0,123	0,034	0,026
0,90	0,191	0,190	0,028	0,026
1,40	–	0,192	–	0,028
2,40	–	0,235	–	–
2,90	–	0,264	0,029	0,026
5,40	–	0,271	0,027	0,025

schiede gegenüber dem Stammholz am unterschiedlichen Gewebeaufbau nachzuweisen. In Tabelle 7 wird nach Untersuchungen von J. LIESE (1924) an Wurzelholz von *Robinia* gezeigt, dass der prozentuale Anteil an Fasern oder an Parenchymzellen in den Wurzeln wesentlich verschieden ist vom Stamm- oder vom Astholz. Die Analyse zeigt ferner, dass entsprechende Veränderungen im Wurzelholz in Korrelation mit der Distanz vom Stamm gebracht werden können. Ausser den prozentualen Gewebeanteilen ändern auch die Zelldimensionen in Abhängigkeit von der Entfernung vom Stamm (M. W. BANNAN 1941, Abbildung 50). Damit ist eine wichtige Information gewonnen, indem hervortritt, dass nicht alle Wurzelregionen dieselben Aufgaben zu erfüllen haben: Während den stammfernen Zonen vorwiegend Leit- und Speicherfunktionen zufallen, werden in den stammnahen Regionen die Festigungsaufgaben Überhand gewinnen. Es sei schliesslich darauf hingewiesen, dass die Nährstoff- und Wasseraufnahme dem unverholzten Teil des Wurzelwerks zufällt. Die Funktionsverschiebung ist nicht nur an der prozentualen Gewebeverteilung, sondern auch an der Struktur der Einzelzellen nachzuweisen; in Regionen starker Speicherung sind die Parenchymzellen gross und in Regionen intensiver Wasserleitung die Gefässe lang. J. LIESE (1924) bemerkt sodann, dass in solchen Fällen die intervaskulären Tüpfel grösser sind als im Stamm (12–20 μm, im Gegensatz zu 5–10 μm im Stamm der Robinie). – Grössenveränderungen von Zellelementen sind auch von H. RIEDL (1937) gemessen worden, hier allerdings ohne Rücksicht auf die Entfernung der entsprechenden Probe vom Stamm (Tabelle 8/1): Im Nadelholz findet er in der Regel in den Wurzeln weitere und längere Tracheiden als im Stamm (nach J. LIESE können in den Wurzeln Tracheidenlängen bis 10 mm gemessen werden); in den ringporigen Laubholzarten sind die Gefässdurchmesser eher geringer in den Wurzeln als im Stamm, in den zerstreutporigen gleich oder eher etwas grösser. K. GÖHRE und E. WAGENKNECHT (1955) haben sodann Resultate von systematischen Untersuchungen im Wurzelwerk von Roteiche zusammengefasst (Tabelle 8/2). – Ähnliche Messungen sind ausgeführt worden in Esche verschiedener Standorte (Abbildung 51): Die Ergebnisse zeigen eine andere Charakteristik in Seitenwurzeln als in Pfahlwurzeln. Im vertikalen Wurzelsystem nehmen die Gefässdurchmesser mit der Entfernung vom Stamm ab, was mehr oder weniger der Wachstumscharakteristik des Stammholzes entspricht, während in den horizontalen Wurzeln die Gefässdurchmesser mit zunehmender Entfernung vom Stamm zunehmen. Die in derselben Darstellung eingezeichneten Kurven für die Schlankheitsgrade von Markstrahlen von Seiten- und Pfahlwurzeln zeigen weniger deutliche Unterschiede. Es muss weiter geklärt werden, inwiefern die Wachstumscharakteristiken des vertikalen und horizontalen Wurzelwerks verschieden sind und inwiefern sie übereinstimmen. J. POLIQUIN (1966) berichtet in Untersuchungen an Waldföhrenwurzeln, dass die Tracheiden in den Seitenwurzeln länger sind als in Pfahlwurzeln und im Stamm, ferner dass die Wachstumscharakteristika verschieden sind für die beiden Wurzeltypen und den Stamm, wobei in Seitenwurzeln mit dem ausgeprägtesten apikalen Längenwachstum die geringsten Unterschiede zwischen Früh- und Spätholz vorkommen, und dass schliesslich mit zunehmender Entfernung vom Stamm die Tracheiden der Seiten- und Pfahlwurzeln länger wer-

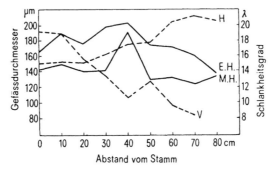

Abbildung 51   Gefässdurchmesser und Schlankheitsgrad λ von Markstrahlen in Eschenwurzeln (nach M. BARISKA 1959). λ = Markstrahlhöhe geteilt durch Markstrahlbreite im Tangentialschnitt. - - - - Gefässdurchmesser, —— Schlankheitsgrad, H Horizontalwurzel, V Vertikalwurzel, E.H. einreihige Markstrahlen, M.H. zwei- und mehrreihige Markstrahlen.

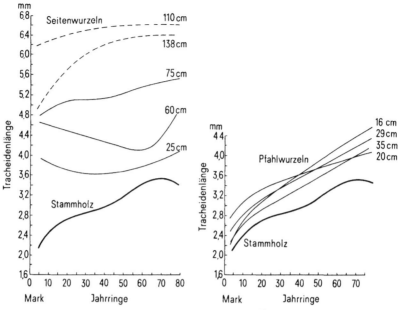

Abbildung 52   Längenänderungen der Tracheiden in Seitenwurzeln und der Pfahlwurzel von *Pinus silvestris* L. vom Mark bis zum Kambium (nach J. POLIQUIN 1966).

den. Weiteren Aufschluss geben die Messungen über Wachstumsunterschiede auf einem Wurzelquerschnitt vom Mark bis zum Kambium. Hier stellt man fest (Abbildung 52), dass in den Seitenwurzeln die Tracheidenlänge grösser wird mit zunehmender Entfernung vom Stamm. Sodann lässt sich erkennen, dass keine deutliche Längenzunahme erfolgt mit steigendem Kambiumalter, wie dies vom Stammholz her bekannt ist, und schliesslich wird man erstmals aufmerksam, dass längs der Markröhre im Gegensatz zum Stammholz Tracheiden von ungleicher Länge angelegt werden. Dieser dritte Punkt ist besonders wichtig, weil daraus zu folgern ist, dass das einjährige Kambium längs der Markröhre schon während seiner Bildung aus dem apikalen Meristem verändert wird. Es wird weiter zu prüfen sein, ob dieses Phänomen mit dem intensiven Längenwachstum der Seitenwurzeln zusammenhänge. In den Pfahlwurzeln kommen die Unterschiede der Zellängen in Abhängigkeit von der Entfernung vom Stamm weniger deutlich zum Ausdruck, weil die Pfahlwurzel verhältnismässig kurz ist, hingegen zeigt sich, dass zunächst mit zunehmendem Kambiumalter eine mehr oder weniger ausgeprägte Zunahme der Tracheidenlänge korreliert ist, so dass in diesem Falle längs der Markröhre Tracheiden von derselben Grösse gebildet werden. Damit wird der Unterschied in der Wachstumscharakteristik zwischen Seiten- und Pfahlwurzeln bestätigt. Es lässt sich erneut feststellen, dass Pfahlwurzeln in ihrem Wachstum eher der Wachstumscharakteristik des Stammes gleichen als die Seitenwurzeln. Die anatomische Struktur des Wurzelholzes ist ebenso artspezifisch wie jene des Stammholzes und kann deshalb zur Bestimmung herangezogen werden. H. Riedl (1937) hat hiefür anhand von Lupenmerkmalen und von mikroskopischen Merkmalen einen Bestimmungsschlüssel ausgearbeitet:

Bestimmungsschlüssel für Wurzelholz (zitiert nach H. Riedl, 1937)
Nadelholzwurzeln

1   Rinde dunkelgraubraun, blättert in kleinen Schuppen, Bastschicht braunrosa, 1–2 mm stark, bildet bei Verrottung einen braunen, filzigen Überzug. Ein zentraler Harzgang, Tracheidennetz besonders weitmaschig und zartwandig, Spätholzzone immer gering. Sekundäre Harzgänge fehlen, Markstrahlen rein parenchymatisch. In der aus zartwandigen Parenchymzellen aufgebauten Bastzone reich verzweigte Steinzellen.
Abies alba, Tanne
1* Äussere Rinde verschieden braun, blättert in grossen Fetzen. 2–5 zentrale Harzgänge, sekundäre Harzgänge vorhanden, Markstrahlen mit Tracheidensaum   2
2   Äussere Rinde hellbraun bis dunkelrotbraun, zart und dunkel gebändert, Bastschicht dünn, weisslich bis hellbraun.
2–5 zentrale Harzgänge, 1–3 grosse Tüpfel im Kreuzungsfeld von Markstrahl und Tracheide, Wände der um die sekundären Harzgänge liegenden Zellen unverdickt.
Pinus silvestris, Föhre
2* Nie mehr als 2 zentrale Harzgänge. Viele kleine Tüpfel im Kreuzungsfeld von Markstrahl und Tracheide, Zellwände um die sekundären Harzgänge verdickt. . .   3
3   Äussere Rinde hellbraun mit dunklerer bis schwärzlicher Bänderung, Bastschicht schmal, weiss.
Im dickwandigen Parenchym der Bastzone Reihen und Nester von Sklerenchymzellen.
Picea abies, Fichte
3* Rinde rotbraun, meist ungebändert, Bastschicht breit, rosa. Im primären Rindenparenchym dickwandige Korkzellen, mit koschenillerotem Inhalt, im sekundären stark verdickte Bastfasern mit ab und zu seitlichen Auskeilungen und rotem Inhalt.
Larix decidua, Lärche

Laubholzwurzeln

1   Markstrahlen oder falsche Markstrahlen breit, deutlich sichtbar (in Zweifelsfällen siehe *Carpinus* und *Alnus*)   2
1* Struktur der Markstrahlen unscharf, breiter und schmaler werdend (bis über 0,5 mm), flammig, Poren meist deutlich sichtbar. Holz schmutzighellbraun, äussere Korkhaut schmutziggrau, glänzend, darunter braune Zone. Bast in frischem Zustand rosa, bei Verrottung hellbraun werdend. Lentizellenbildung gering.
Gefässe weitlumig bis 0,4 mm, verstreut oder durch die Markstrahlbildung mehr oder weniger radial gereiht. Markstrahlbildungen falsch, aus mehr- und einschichtigen oder nur aus einschichtigen Markstrahlen bestehend, dazwischen ziehen sich Holzfasern und reichliches Längsparenchym. Primäres Xylem nicht begrenzt. Im primären Rindenparenchym Gruppen von Steinzellen.
Quercus sp., Eiche
2* Markstrahlen scharfe Linien bildend. Rinde braun, bei Verrottung schwarz werdend, in kleinen Blättchen sich ablösend. Bastschicht hellbraun, Holz gelblich- bis rötlichweiss. Lentizellenbildung klein und häufig. Gefässe meist zahlreich, gross, an den Jahrringgrenzen etwas angereichert. Gefässweite bis 0,15 mm, Markstrahlen ein- und mehrschichtig (bis 10 Zellen), primäres Xylem bildet einen vielzackigen Stern.
Fagus silvatica, Buche
3   Markstrahlen schlecht sichtbar, nur einschichtig   11
3* Markstrahlen deutlich sichtbar, auch mehrschichtig   4
4   Gefässe einzeln und in Gruppen   5
4* Gefässe einzeln und in radialen Längsreihen   6

5   Gefässe meist in Gruppen, selten einzeln (Weite bis 0,38 mm). Markstrahlen 1- bis 4schichtig, von 4 bis über 80 Zellen hoch. Holzfasern dickwandig, zahlreich, in sehr porösen Wurzeln schmale Bänder bildend; wenig Parenchym. Holz rötlichgelb bis hellbraun; glatte graubraune Korkhaut, bei Austrocknung runzelig werdend. Bastschicht bis 2 mm breit, gelblichrot, sehr langfaserig. Bei Befeuchtung Rinde schleimig.
Ulmus sp., Ulme
5* Gefässe meist einzeln, seltener in Gruppen zu 2–4 (Weite bis über 0,3 mm). Markstrahlen meist 2–4 Zellen breit, bis über 1,0 mm hoch. Holz weiss bis zitronengelb, Rinde glatt, rotbraun, bei Austrocknung dunkel und runzelig. Äussere Korkhaut löst sich in dünnen Fetzen. Bast weisslichgelb, langfaserig. Lentizellenbildung selten. Geruch frischer Wurzeln widerlich.
Robinia pseudacacia, Robinie
6   Gefässe meist einzeln, selten mehr als 2 hintereinander oder schräg nebeneinander. Höchstens im innersten Teil radiale Längsreihen mehrerer kleiner Gefässe . . .   7
6* Gefässe auch einzeln, meist aber in radialen Längs- oder Schrägreihen mit bis 5 und mehr Gefässen   8
7   Viele Markstrahlen bis 7 Zellen breit und bis 1,8 mm hoch, Markstrahlzellen auffallend gross; Gefässweite bis 0,20 mm. Holz gelblichrosa, bei Befeuchtung dunkler bis rostbraun werdend; Rinde rotbraun, Bastschicht weisslichrot, langfaserig, bei Verrottung beide dunkelbraun. Lentizellen bilden oft deutliche Querleisten.
Prunus avium, Kirsche
7* Markstrahlen 1- und 2-, seltener 3schichtig, nicht über 0,5 mm hoch; Gefässe meist einzeln (bis 0,23 mm weit), im Inneren ringartig angereichert. Kleinere Gefässe auch zu 2 und mehr radial gereiht. Holz gelblichweiss, Rinde schmutziggelb, mit netzartigen, wie aufgesetzt erscheinenden Rissen. Lentizellenbildungen sind nicht besonders auffallend.
Fraxinus excelsior, Esche
8   Gefässe einfach durchbrochen   9
8* Gefässe leiterförmig durchbrochen, einzeln oder zu 2–4 in Radial- oder Schrägreihen (Weite bis 0,2 mm). Markstrahlen fein, 1- bis 4schichtig, bis 1,5 mm hoch, spindelförmig. Primäres Xylem bildet meist einen Stern. Holz und Bast rötlichweiss; äussere Rinde schwarzbraun, blätterig, auch borkig, in jungen Wurzeln karminrot, glatt. Viele Lentizellen.
Betula verrucosa, Birke
9   Gefässwände durch Schraubenleistchen verdickt; Gefässe an den Jahresringgrenzen meist angereichert (Weite bis 0,12 mm), Markstrahlen 1–5 Zellen breit, bis 2,5 mm hoch. Holz weiss bis zitronengelb, auch rötlich. Äussere Korkhaut dunkelbraun, von vielen Rissen durchzogen; Bast weisslich, langfaserig. Lentizellen nicht sichtbar.
Tilia sp., Linde
9* Gefässwände ohne Schraubenleistchen 10
10 Gefässe selten einzeln, meist zu mehreren bis vielen radial gereiht (Weite bis 0,19 mm). Markstrahlen 1- bis 3-, selten mehrschichtig. Durch Aneinanderrücken mehrerer schmaler Markstrahlen entsteht ab und zu die Scheinbildung eines breiteren. Parenchym reichlich. Holz und Bast weisslich, Rinde glatt, braunschwarz. Rinde und Bast dünn, brechen in kleinen Stücken. Bei Verrottung Rinde schwarz, Bast braun. Lentizellen vorhanden.
Carpinus betulus, Weissbuche
10* Gefässe einzeln oder in radialen Längsreihen, die sich über die Jahresringgrenzen fortsetzen (Weite bis 0,12 mm). Markstrahlen selten mehr als 3schichtig, bis 0,15 mm hoch, Markstrahlzellen klein. Viele parenchymatische Fasern als breite Zone an der Jahresringgrenze und als Ring um die Gefässe. Holz weisslich bis zitronengelb; äussere Korkhaut rotbraun bis schwärzlich, dünn und rissig. Bastzone weiss bis hellbraun, sehr schmal, faserig. Lentizellenbildung gering.
Acer sp., Ahorn
11 Gefässglied-Enden leiterförmig durchbrochen; Gefässe einzeln und in radialen Längs-

reihen, meist nicht über 6 (Weite bis 0,13 mm). Markstrahlen einzeln, selten 2- bis 3schichtig, dies nur im Scheinstrahl, der durch engeres Zusammentreten der anderen Markstrahlen gebildet werden kann. Primäres Xylem sternförmig. Holz sehr weich, fast schwammig. Bast und Holz rötlichweiss, bei Befeuchtung rostbraun werdend. Äussere Korkhaut glatt, rotbraun bis schwärzlich, bei Austrocknung nur wenig rissig, meist glatt bleibend. Lentizellenbildung nicht besonders hervortretend.
Alnus sp., Erle
11* Gefässglied-Enden einfach durchbrochen 12
12 Gefässe fast durchweg einzeln, selten zu 2–5 in Radialreihen (Weite bis 0,27 mm). Markstrahlen bis über 30 Zellen hoch. Weite Gefässe durch Ringleisten gestützt. Holz rötlichweiss; Korkhaut dünn, braunrot, Bastschicht breit, karminrosa. Rinde glatt, bei Austrocknung runzelig; Riss langfaserig.
Salix sp., Weide
12* Gefässe meist zu 2 und mehreren in Radialreihen (Weite bis 0,16 mm). Im sekundären Rindenparenchym ein umlaufender Ring von Sklerenchymzellen. Rindenparenchymzellen stark stärkespeichernd. Holz schmutzigweiss, äussere Korkhaut schmutziggelb bis grau, glänzend; Bast breit, weiss. Rinde bei Austrocknung runzelig und rissig, sonst glatt.
Populus sp., Pappel

Anlage des Wurzelsystems. Zwischen dem Wachstum von Stamm und Krone einerseits und Wurzeln anderseits bestehen insofern Zusammenhänge, als in der Regel nicht Gleichzeitigkeit beobachtet wird: während der Anlage und des Ausbaus des Wurzelwerks hält das Stammwachstum zurück und umgekehrt. Grob gesehen lassen sich Seitenwurzeln und Pfahlwurzeln unterscheiden, die Seitenwurzeln bilden in den oberen Bodenhorizonten ein verzweigtes Geflecht (Tafel 10), die Pfahlwurzeln können den Baum tief verankern oder bei schlechten Bodenverhältnissen ganz fehlen (Abbildungen 53 und 54). In einer ausgewachsenen Wurzel lässt sich ein stammnaher Teil unterscheiden und ein sich rasch verjüngender Teil, auf den ein weiterer Abschnitt folgt mit mehr oder weniger gleichbleibendem Wurzeldurchmesser (Abbildung 55). Seitliche Abzweigungen sowie die Wurzelspitze gehören meist zu den unverholzten Wurzelteilen. Man unterscheidet somit im ganzen Wurzelsystem unverholzte Wurzeln verschiedenen Grades, je nach der Ordnung ihrer Abzweigungen, und verholzte Wurzeln: die unverholzten sind funktionsmässig für die Nahrungs- und Wasseraufnahme geeignet, die verholzten für den Stofftransport und die Festigung. Das Wurzelsystem nimmt in verschiedenen Stufen vom Boden Besitz. Zuerst werden eine Anzahl Seitenwurzeln gebildet und von ihnen aus Verzweigungen von unverholzten Wurzeln angelegt. In einem späteren Stadium haben die Seitenwurzeln ein grösseres Einzugsgebiet in Beschlag genommen, sie sind weiter verzweigt und haben noch weitere unverholzte Wurzeln angelegt. Das Wurzelsystem entwickelt sich zudem in Abhängigkeit von der Bodengüte und der Vitalität des Baumes. Auf schlechten Standorten und in wenig vitalen Bäumen werden lange Seitenwurzeln gebildet, auf guten Standorten und in vitalen Bäumen bleibt der Umkreis des Wurzelwerks enger. Werden Seitenwurzeln verletzt, so bilden sich ähnlich wie im Stamm Verästelungen, wobei die neuen Wurzeln gleichwertig sein können oder eine mächtigere Wurzel neben geringeren vorkommen kann (W. H. LYFORD und B. F. WILSON 1964).

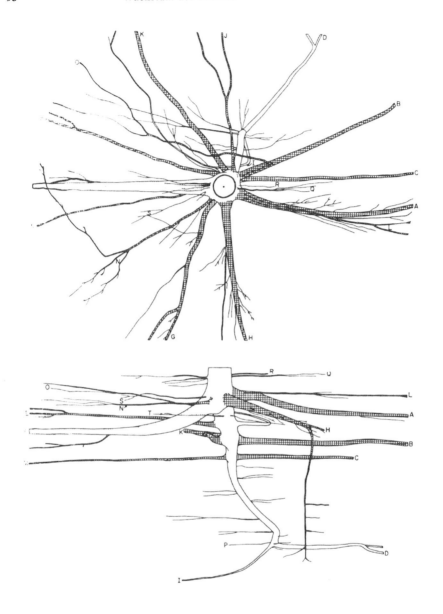

Abbildung 53   Gut ausgebildetes, mehrschichtiges Wurzelsystem von *Picea glauca* (nach J. W. B. Wagg 1967). Von der primären Pfahlwurzel *I* (weiss) geht die unterste Primär-Seitenwurzel *D* ab. In höheren Bodenhorizonten staffeln sich weitere, vom Stamm abgehende Seitenwurzeln (kariert), und zuoberst sind die letztgebildeten *R* und *Q* in eine neue Bodenaufschüttung eingewachsen. Der Wurzelstock ist auf einen Kreis von 1,80 m Durchmesser beschnitten worden.

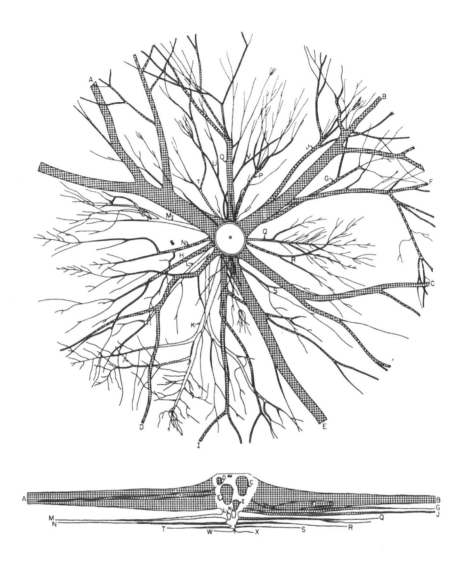

Abbildung 54 Mehrschichtiges Wurzelsystem von *Picea glauca* ohne Pfahlwurzel (nach J.W.B. WAGG 1967). Auf einem Standort mit steigendem Bodenwasserspiegel und zuwachsender Humusschicht bildet sich ein zusammengestauchtes Wurzelsystem aus. Alternativ zur fehlenden Pfahlwurzel werden kräftige, vom Stamm abgehende (sekundäre) Seitenwurzeln *A*, *B* und *C* angelegt. Im nächsttiefer gelegenen Wurzelquirl greifen die ebenfalls sekundären Seitenwurzeln *E* und *D* in die Gegenseite. Der Wurzelstock ist auf einen Kreis von 1,80 m Durchmesser beschnitten worden.

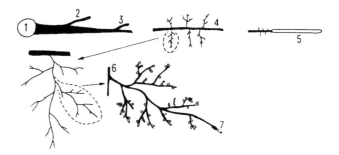

Abbildung 55 Schematische Darstellung des Wurzelaufbaus mit verholzten und unverholzten Teilen (nach W. H. LYFORD und B. F. WILSON 1964). *1* Stamm; *2* Adventivwurzel in der starken Verjüngungsregion der Hauptwurzel; *3* Seitenwurzel; *4* unverholzte Wurzelzöpfe, die von einer zylindrischen verholzten Wurzel ausgehen; *5* Spitze von verholzter Wurzel und unverholzter Teil; *6* und *7* unverholzte Wurzeln zweiten und höheren Grades.

Die Wurzeln sind im Querschnitt meist unregelmässig. In der Regel werden nur die ersten 5–10 Jahrringe konzentrisch angelegt, nachher entstehen besonders zufolge von Abzweigungen eingebuchtete Formen. Vielfach beobachtet man auskeilende Jahrringe, sowohl in Quer- wie in Längsrichtung, wodurch die Altersbestimmung in diesem Material aussergewöhnlich schwierig wird. Im unregelmässigen Querschnittbau lassen sich Verdrillungen einzelner Wurzeln nachweisen. Es steht ausser Zweifel, dass diese nicht nachträglich, sondern während des Längenwachstums an der Wurzelspitze vorkommen; besonders in diarchen Wurzeln kann ein ständiges Drehen der Wurzelspitze beobachtet werden. Mit zunehmender Entfernung der Wurzel vom Stamm ändern die Wurzeldurchmesser; dabei kann festgestellt werden, dass in den meisten Fällen auf eine rasche Durchmesserabnahme eine solche von verlangsamten Durchmesserwechseln folgt. Das Längenwachstum der Wurzeln kann ganz beträchtlich sein und 20 und mehr Meter betragen. In einem Waldbestand ist somit das Wurzelsystem viel enger verflochten als es etwa die Kronen sind. – Überkreuzende Wurzeln können verwachsen, und zwar so eng, dass eigentliche Anastomose eintritt; das ist nachzuweisen an Stöcken von frisch gefällten Bäumen, in denen nach der Fällung während mehrerer Jahre noch Jahrringe gebildet werden. T. SATOO (1964) hat beobachtet (Abbildung 56), dass in Wurzelstöcken mit fusionierenden Wurzeln das Wachstum nach dem Fällen des Baumes noch zwanzig und mehr Jahre anhalten kann. Die Ringweite in den ersten Jahren nach der Fällung entspricht etwa der halben Ringweite im stehenden Stamm, in späteren Jahren werden nur noch schmale Jahrringe gebildet. Als mögliche Erklärung dafür darf die Annahme gelten, dass kurz nach der Fällung noch genügend Nährstoffvorräte im Stockholz vorhanden sind und mobilisiert werden, während in späteren Jahren der Aufbau derartiger Ringe nur mit Hilfe von Assimilaten anderer noch stehender Stämme erfolgen kann. Wurzelfusionen können demnach eine Zuwachsminderung in stehenden Nachbarstämmen be-

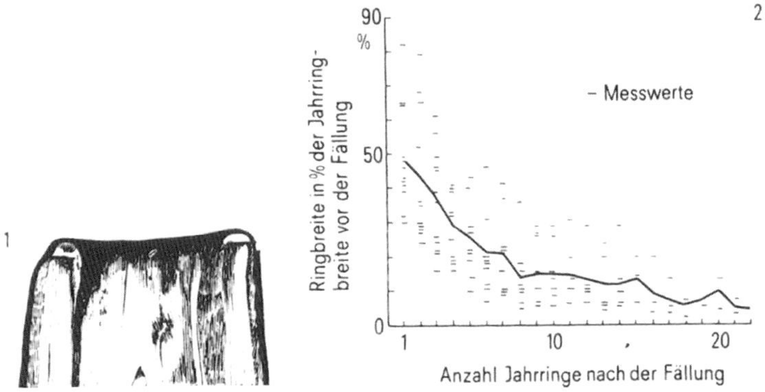

96　　　　　　　Biologie des Holzes

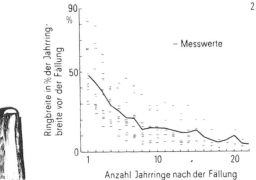

Abbildung 56　　Jahrringbildung in lebenden und fusionierenden Wurzelstöcken nach der Fällung (nach T. SATOO 1964). *1* Schnitt durch überwallten Wurzelstock; *2* Ringbreitenkurve im überwallten Holz: Im ersten Jahr nach der Fällung sind die Jahrringe noch etwa halb, im zwanzigsten Jahr noch etwa $1/_{10}$ so breit wie vor der Fällung.

wirken. Die durch die Wurzelfusion geschaffene Verbindung zwischen Wurzelstöcken und stehenden Stämmen verursacht aber auch erleichterte Infektionswege.

1.242　　Astholz

Das Astholz gleicht im strukturellen Aufbau dem Stammholz; es sind auch in bezug auf die Zelldimensionen enge Zusammenhänge bekannt (K. SANIO 1872). Allerdings ist zu beachten, dass die Astoberseite häufig von der Astunterseite abweichende Strukturmerkmale aufweist. Der äussere Kronenbau einer Baumart wird wesentlich mitbestimmt vom Astablaufwinkel, der durch die Neigung der ungestörten Äste zur Stammachse bestimmt wird. Ungestörte Äste kommen aber kaum vor, und der Astablaufwinkel ist meistens vom genotypisch fixierten Mass verschieden. Daraus ergibt sich a priori eine Wachstumsstörung und damit verbunden die unterschiedliche Struktur der Astoberseiten und Astunterseiten. L. KUČERA und M. BARISKA (1972) schreiben in ihrer Arbeit *Einfluss der Dorsiventralität des Astes auf die Markstrahlbildung bei der Tanne (Abies alba* Mill.) dazu: «In den Ästen und geneigten oder waagrechten Stämmen werden Stoffe wie Wasser und Mineralstoffe, Assimilate und Wuchsstoffe ungleichmässig verteilt und transportiert. Diese örtlichen Konzentrationsunterschiede bewirken eine strukturelle Dorsiventralität der hernach ausgebildeten Gewebe. Vom dorsiven-

Tafel 10　　System von Seitenwurzeln

Freigelegte und mit Farbe markierte Seitenwurzeln von *Picea glauca* in einem Bestand des Harvard Forest's. Die Weite des Areals, das von einer Seitenwurzel schon wenige Meter vom Stamm entfernt beansprucht wird, ist beträchtlich. Es ist zu beachten, dass dasselbe Areal in anderen Bodenhorizonten von Wurzelsystemen benachbarter Bäume durchsetzt ist (Aufnahme W. H. LYFORD 1972).

Tafel 10: System von Seitenwurzeln

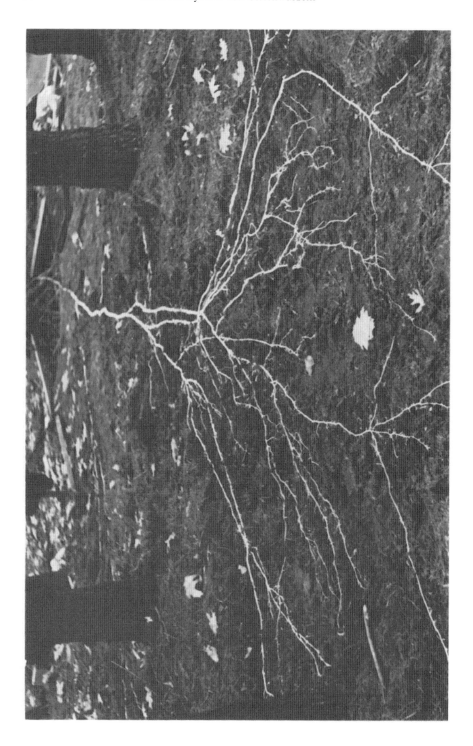

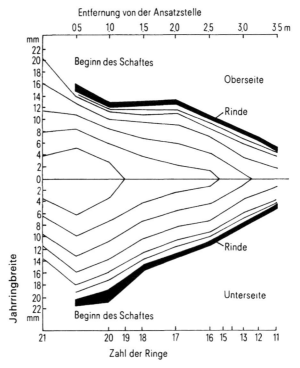

Abbildung 57   Verlauf der Jahrringbreite in der Astoberseite und der Astunterseite von Douglasien (nach K. GÖHRE 1958).

tralen Aufbau eines Astes oder Stammes kann gesprochen werden, wenn sich die obere (dorsale) Seite von der unteren (ventralen) in ihrem makroskopischen und mikroskopischen Bau unterscheidet. Unter ‹Dorsiventralität› verstehen wir dann die Gesamtheit der makroskopischen und mikroskopischen Unterschiede zwischen der dorsalen und der ventralen Seite des Astes oder Stammes. Die Exzentrizität (Heteroxylie) ist das wichtigste makroskopische Zeichen der Dorsiventralität. Sie beruht auf der Verschiebung der Markröhre aus ihrer zentralen Lage. Bei den Nadelhölzern ist die Verschiebung gewöhnlich nach oben (Hypoxylie), bei den Laubhölzern nach unten (Epixylie). Die herkömmliche Kreisform des Querschnitts wird bei den exzentrischen Ästen und Stämmen meistens durch eine elliptische Form ersetzt.» – Am augenfälligsten hebt sich der weite Jahrringbau der Astunterseite von den engeren Ringen der Astoberseite ab (Abbildung 57). K. GÖHRE (1958) berichtet in seiner Darstellung des Douglasienholzes auch von Längenänderungen der Tracheiden: Von der Astansatzstelle an gegen die Astspitze hin werden die Tracheiden zunächst grösser; nach zwei Metern Entfernung von der Astansatzstelle her fällt die Längenkurve wieder (Abbildung 58). Unterschiede dieser Art sind im Astholz eher auf die Jahrringbreite als auf das Alter des Kambiums zurückzuführen, wobei die Versorgung mit Auxinen und Nährstoffen nicht zu übersehen ist (L. KUČERA und V. NEČESANÝ 1970). In Untersuchungen der Markstrahlstruktur und -anordnung

Tabelle 9   Gewebeflächenanteile in Astholz (Astoberseite) von Buche, gemessen in Proben aus verschiedenen Entfernungen in Rindennähe und in Marknähe (nach U. H. HUGENTOBLER 1959).

Entfernung vom Stamm cm	Marknähe			Rindennähe		
	Fasern %	Gefässe %	Speicherzellen %	Fasern %	Gefässe %	Speicherzellen %
35	61,8	26,4	11,8	59,7	30,3	10,0
75	71,3	18,7	10,0	63,8	20,2	16,0
175	63,9	26,0	10,1	54,5	34,2	11,3
335	55,7	32,3	12,0	49,9	37,7	12,4
465	51,8	34,4	13,8	50,7	38,2	11,1
625	48,7	39,6	11,6			
765	54,0	34,0	12,0			
865	59,8	30,0	10,2			

Stammholz   50,7% Fasern, 36,9% Gefässe, 12,4% Speicherzellen

ist eruiert worden, dass in der ventralen Astseite der Schwerpunkt der Häufigkeitsverteilung bei vierzelligen Markstrahlen liegt; in der dorsalen Astseite liegt das erste Maximum in der Häufigkeitskurve bei dreizelligen, das zweite Maximum bei siebenzelligen Markstrahlen (Abbildung 59). Die Gewebestrukturen des Astholzes sind naturgemäss bestimmt durch die spezielle Funktion: Die Leitflächen sind ausgeprägt (Tabelle 9) und, wie P. JACCARD (1915) mitteilt, auch die Speichergewebe.

Die Übergangsgewebe vom Stamm in den Ast sind von D. BÖHLMANN (1970) eingehend untersucht worden. Es geht aus diesen Studien hervor, dass die

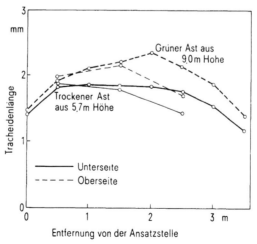

Abbildung 58   Veränderung der Tracheidenlänge im Astholz von Douglasien mit zunehmender Entfernung von der Astansatzstelle (nach K. GÖHRE 1958).

100 Biologie des Holzes

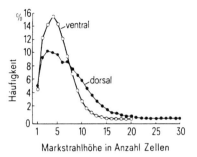

Abbildung 59   Häufigkeitsverteilung der Markstrahlen nach Anzahl Zellen in der ventralen und der dorsalen Astseite (nach L. KUČERA und M. BARISKA 1972).

Baumarten besondere Unterschiede aufzeigen und entweder dem ‹Abzweigungstyp mit einer Parenchymzone› oder dem ‹Abzweigungstyp mit einer Leitbahnverbindung› (Abbildung 60) zugewiesen werden können. Im einzelnen dargelegt ergeben sich die in Abbildung 61 schematisierten Gewebeanordnungen. D. BÖHLMANN schreibt dazu: «Der eine Typ, der durch die Cupressaceen und *Juglans/Fraxinus* repräsentiert wird, besitzt als wichtigstes Merkmal in der Achsel eine Parenchymzone, die sich keilartig zwischen Träger und Seitenachse schiebt. Das Parenchym dieser Achselzone ist zunächst unverholzt, teilweise sehr dünnwandig und ohne erkennbare Tüpfel. Es kann später nachträglich verholzen. Vom 3. bis 4. Jahr an kann in der Achsel eine allerdings recht schmal bleibende Störzone entstehen. Der Holz- und Bastteil des Astabgangs dieses Typs biegt ungegliedert als Ganzes ab. Bei diesem Typ ist ein Absprung der Seitenachse nicht möglich. Dieser Typ soll als Abzweigungstyp mit einer Parenchymzone, aber ohne spezielle Leitbahnverbindung in der Achsel, bezeichnet werden. Der zweite Typ, dem die Pinaceen, *Betula*, *Quercus* und andere zugeordnet werden, besitzt als wichtigstes Merkmal in der Medianzone der Achsel

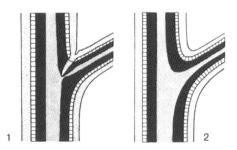

Abbildung 60   Astabzweigungstypen (nach D. BÖHLMANN 1970): *1* Mit einer Parenchymzone, in der das parenchymatische Gewebe dünnwandig und spärlich mit Tüpfeln belegt ist (vertreten in den *Cupressaceae* und in *Juglans* oder *Fraxinus*); *2* mit einer Leitbahnverbindung, die allerdings nur ein bis zwei Jahre funktionstüchtig bleibt und später durch Störzonengewebe unterbrochen wird (vertreten in den *Pinaceae*, in *Betula* oder *Quercus*).

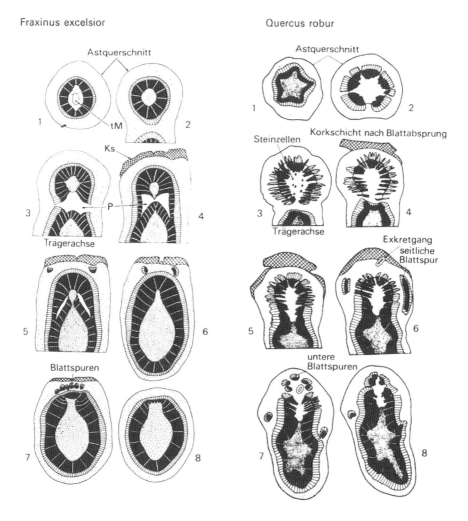

Abbildung 61 Querschnittserien durch Astholz vom Ast (*1*) her gegen die Astabzweigung zum Stamm hin (nach D. BÖHLMANN 1970). In *Fraxinus excelsior* ist im Übergang zwischen Ast- und Sprossachse eine Parenchymzone *P* vorhanden. Der Rinden- und Bastring bleibt bis zur Ansatzstelle (*3*) geschlossen; der schwarze Holzkörper gewinnt nach der Abzweigungsstelle die Ringform erst in guter Distanz; in der Verzweigung ist er stärker von Markstrahlen durchzogen als vor- und nachher. In *Quercus robur* bleibt der Holzteil (schwarz) bis 3 cm vor der Verzweigung (*1*) geschlossen, gliedert sich dann auf (*2*) in immer feinere Segmente (*3* und *4*) und verschmilzt wieder hinter der Abzweigung in der Achse des Hauptsprosses. Der Bastteil (gestrichelt) macht diese Bewegung ebenfalls mit; die äusseren Rindengewebe (punktiert) bleiben mit Ausnahme der Blattspurzonen ungestört.

der Abzweigung eine Verbindung zwischen der Seitenachse und dem apikalen Teil der Trägerachse. Diese Verbindung, die nur aus wenigen Leitbahnen besteht, existiert jedoch nur im Jahr der Knospenanlage und teilweise noch in der folgenden Vegetationsperiode. Danach wird sie durch eine anschliessend gebildete Störzone unterbrochen. Die in die Seitenachse ziehenden Leitbahnen von *Betula* und *Quercus* werden mehr oder weniger in zahlreiche Segmente zerlegt. Die Art und Weise, in der dies geschieht, lässt eine ansteigende Differenzierung und funktionelle Höherentwicklung vermuten... Bei diesem Typ können die Seitenachsen vereinzelt separiert werden. Dieser Typ soll als Abzweigungstyp mit einer direkten Leitbahnverbindung in der Achsel bezeichnet werden. Die Abzweigungstypen unterscheiden sich also vor allem durch den Bau und die Gestaltung der Astachsel. Bei einer Wertung der beiden Typen muss der Abzweigungstyp mit der Achselverbindung höher eingeordnet werden. Die direkte Leitbahnverbindung zwischen der Seitenachse und dem apikalen Teil der Trägerachse stellt sowohl in funktioneller Hinsicht als auch bezüglich der Stabilisierung des Astabgangs einen Fortschritt und eine Weiterentwicklung dar.» – Die phylogenetische Bedeutung der markanten Unterschiede in den beiden Abzweigungstypen kann noch zuwenig beurteilt werden. Und offen steht auch die Frage nach den Zusammenhängen zwischen diesen Gewebeanordnungen und der natürlichen Astreinigung. Diesem letzten Punkt kommt in der Holzverwertung besondere Aufmerksamkeit zu: gut oder schlecht verwachsene Äste beeinträchtigen ganz verschieden (Tafel 11). Dabei können die Einflüsse der waldbaulichen Bestandespflege auf die Astreinigung nicht übersehen werden; sie mögen die von der Gewebemorphologie her bekannten Phänomene dominieren.

Tafel 11   Äste

1 *Picea abies*, Astablauf, von der Rindenseite und der Holzseite her
2 gesehen. In der Aussenansicht ist auf den Astablaufwinkel und den Ansatzwulst zu achten. Der Astablaufwinkel gehört zu den genotypischen Merkmalen des Wachstums. Störungen des gegebenen Astablaufes haben Orientierungswachstum zur Folge: Reaktionsholzbildung im Ast. – Von der Innenseite her gesehen ist Kontinuität der Jahrringe vom Stamm- in das Astholz festzustellen (Aufnahme M. DICKENMANN).

3 *Larix decidua*, Stammscheibe mit Verwachsungen von Ast- und Stammholz. In diesem Astquirl sind die feineren Äste gut verwachsen; in den gröberen Ästen sind die Texturstörungen offensichtlich (Aufnahme Photographisches Institut ETHZ).

4 *Picea abies*, Flügelast. Die inneren Astpartien sind einwandfrei mit dem Stammholz verwachsen (= Astknotenholz), der äussere Aststummel ist vom Stammholz umwachsen worden, ohne dass Jahrringkontinuität eingetreten ist (Schwarzast, Ausfallast) (Aufnahme Photographisches Institut ETHZ).

Tafel 11: Äste

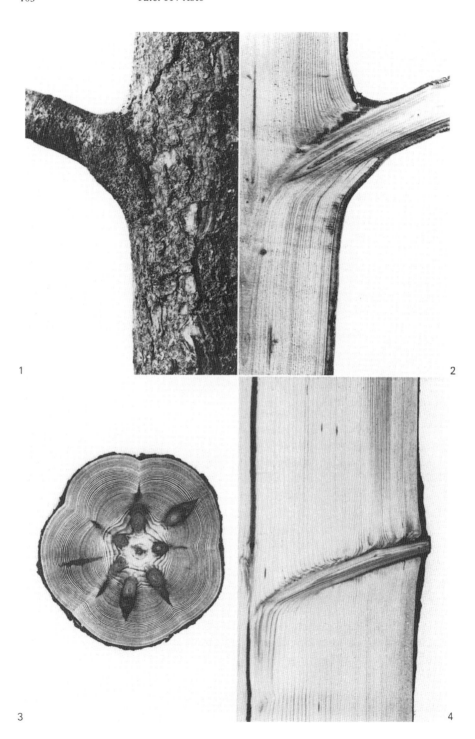

1.25 Sondermerkmale des Baumwachstums

Mit dem beabsichtigenden Denken über die Natur gehen die Vorstellungen von Naturnormen einher: Behend werden die Bezirke des Normalen mit dem Maßstab des für den Menschen Sinnvollen abgesteckt und vom Abnormen, Fehlerhaften getrennt. Dieses teleologische Verfahren wird heute noch durchaus geübt, so auch in der Holzkunde und hier vor allem in der Erörterung der ‹Holzfehler›. Wir halten diesen Begriff für falsch und unterscheiden zwischen den Sondermerkmalen des Baumwachstums, die hier in knapper Form dargestellt werden sollen, den Baumkrankheiten und den Holzschäden. Der dieser Auffassung zugrunde liegende Gedanke ist keineswegs neu. J.W. GOETHE (1820a) schreibt in seinen ‹Nacharbeiten und Sammlungen› in der *Geschichte botanischer Studien:* «Im Pflanzenreich nennt man zwar das Normale in seiner Vollständigkeit mit Recht ein Gesundes, ein physiologisch Reines; aber das Abnormale ist nicht gleich als krank oder pathologisch zu betrachten. Nur allenfalls das Monstrose könnte man auf diese Seite zählen. Daher ist es in vielen Fällen nicht wohl getan, dass man von Fehlern spricht, so wie auch das Wort Mangel andeutet, es gehe hier etwas ab: denn es kann ja auch ein Zuviel vorhanden sein oder eine Ausbildung ohne oder gegen das Gleichgewicht. Auch die Worte Missentwicklung, Missbildung, Verkrüppelung, Verkümmerung sollte man mit Vorsicht brauchen, weil in diesem Reiche die Natur, zwar mit höchster Freiheit wirkend, sich doch von ihren Grundgesetzen nicht entfernen kann. – Die Natur bildet normal, wenn sie unzähligen Einzelheiten die Regel gibt, sie bestimmt und bedingt; abnorm aber sind die Erscheinungen, wenn die Einzelheiten obsiegen und auf eine willkürliche, ja zufällig scheinende Weise sich hervortun. Weil aber beides nah zusammen verwandt und sowohl das Geregelte als das Regellose von *einem* Geiste belebt ist, so entsteht ein Schwanken zwischen Normalem und Abnormem, weil immer Bildung und Umbildung wechselt, so dass das Abnorme normal und das Normale abnorm zu werden scheint.»

Von den Sondermerkmalen des Baumwachstums werden die beiden wichtigsten erörtert: der Drehwuchs und die Reaktionsholzbildung. Es sind zwei Merkmale, die auf das engste mit dem Baumwachstum zusammenhängen und nicht im Vorkommen unregelmässig sind, sondern vor allem in ihrem Ausmass. Andere Sondermerkmale wie die Astigkeit, die Abholzigkeit oder die Unregelmässigkeiten im Jahrringbau (Wechsel in der Jahrringbreite, Spannrückigkeit, Wimmerwuchs) sollen in die Nachbarschaft der Holzverwendung gestellt werden und im dritten Band der *Holzkunde* zur Sprache kommen. Dort werden ebenso einige wichtige Holzschäden mit einbezogen: die Bildung von Harztaschen und andere Sturmschäden, Frostrisse und Sonnenbrandschäden. Die Baumkrankheiten werden nicht besonders behandelt; es mag deshalb ein Hinweis auf das Handbuch von F. SCHWERDTFEGER (1981): *Waldkrankheiten,* angezeigt sein. Einzig wo Auswirkungen von Baumkrankheiten in direktem Zusammenhang mit allgemeinen physiologischen Vorgängen stehen, wie in der Mosaikfarbkernbildung der Buche oder den Mondringen der Eiche, werden Ausnahmen gemacht.

1.251 Drehwuchs

Faserabweichungen von der Stammachse werden als Drehwuchs bezeichnet: In linksdrehendem Holz weichen die Fasern stammaufwärts nach links ab, in rechtsdrehendem nach rechts (H. BURGER 1941). Die Faserabweichungen sind festzustellen am Rindenbild (Tafel 12) – wobei dem Umstand Rechnung zu tragen ist, dass die äussersten Rindenpartien den marknahen Stammteilen vergleichbar sind – oder besser an entrindetem Holz, das nach leichtem Antrocknen den Drehwuchs am Verlauf der Trockenrisse erkennen lässt. In kleinen Holzproben können Faserabweichungen nach der von W. LIESE und U. AMMER (1962) empfohlenen Messmethode ermittelt werden (Abbildung 62). Nach den heutigen Kenntnissen darf wohl verallgemeinernd bemerkt werden, dass alle Baumindividuen zeit ihres Wachstums oder auch nur in bestimmten Wachstumsabschnitten in stärkerem oder in minderem Masse drehwüchsig sind. Der Drehwuchs wird damit als Aufbauprinzip erkannt, wobei der Drehsinn und das grobe Mass der Faserabweichung mit im Erbgut fixiert sein müssen. Allerdings sind besonders der Abweichungsgrad und etwas weniger offensichtlich auch der Drehsinn eines Baumes von aussen her beeinflussbar. Die Faserabweichungen bleiben in der Regel für die Holzverwendung innerhalb erträglicher Grenzen. W. LIESE und U. AMMER (1962) konnten aber auch von einer Föhre mit ausnehmend starkem Drehwuchs berichten, der am Stammfuss einen nahezu horizontalen Tracheidenverlauf bedingte; es sind sodann von alters her einzelne Holzarten bekannt mit aussergewöhnlich heftigem Drehwuchs, unter ihnen die Rosskastanie (H. MAYER-WEGELIN 1956) oder der Granatapfelbaum, der Ahorn und der Flieder, während die Birke und die Pappel zwei Holzarten mit ausgesprochen schwachem Drehwuchs sind. H. BURGER (1941 und 1946) macht darüber hinaus auf offensichtlich artabhängige Unterschiede im Drehsinn aufmerksam: Birnbäume drehen vorwiegend rechts, Apfelbäume vorwiegend links (Tafel 12/2 und 3). In Fichten und Tannen beobachtet BURGER im jungen Holz Linksdrehwuchs, altes Holz ist dagegen rechtsdrehend (Tabelle 10). In Holzarten der gemässigten Kli-

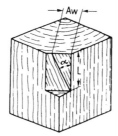

Abbildung 62   Ermittlung der Faserabweichung an kleinen Holzproben; aus
$$\frac{Aw}{L} = \operatorname{tg} \alpha$$
kann der Drehwinkel in Graden errechnet werden (nach W. LIESE und U. AMMER 1962).

Biologie des Holzes

Tabelle 10 Art- und Dimensionsabhängigkeit des Drehsinns, in Stammzahlprozenten für 1 Fichten–Tannen, 2 Birnbäume und Apfelbäume (nach H. BURGER 1941 und 1946).

1 Fichten–Tannen

	Brusthöhen-durchmesser	Drehsinn		
		links	gerade	rechts
	cm	%	%	%
Bohnenstangen	3– 5	90	10	–
Gerüststangen	10–16	60	25	15
Leitungsmasten	22–26	35	35	30
Bauhölzer	25–30	30	30	40
Saghölzer	40	20	30	50

2

Brusthöhen-durchmesser	Drehsinn					
	Birnbäume			Apfelbäume		
cm	links	gerade	rechts	links	gerade	rechts
	%	%	%	%	%	%
10–20	21	37	42	16	28	56
20–30	12	28	60	24	30	46
30–40	13	20	67	45	26	29
40–50	10	16	74	57	22	21
>50	10	13	77	63	19	18

mazonen sind Drehwuchsänderungen innerhalb der Jahrringe kaum zu verzeichnen; W. KNIGGE und H. SCHULZ (1959) kommen auf Grund ihrer Untersuchungen des Drehwuchses an Laubhölzern zum Schluss, dass die in den Anfangszonen des Jahreszuwachses ermittelten Faserabweichungen ein zuverlässiges Mass für den Drehwuchs im ganzen Jahrring seien. In Holzarten tropischer oder subtropischer Herkunft hingegen begegnet man nicht selten einer Widerspänigkeit (=Wechseldrehwuchs): In kurz aufeinanderfolgenden Gewebeabschnitten ändert der Drehsinn von links nach rechts und umgekehrt, und dies mit einer Regel-

Tafel 12 Drehwuchs

1 Links- und rechtsdrehende Fichtenstämme. Im entrindeten Zustand ist die Drehrichtung am Verlauf der Trocknungsrisse festzustellen (Aufnahme H. BURGER).

2 Rechtsdrehender Birnbaum (Aufnahme M. DICKENMANN).

3 Linksdrehender Apfelbaum (Aufnahme M. DICKENMANN).

Faserabweichungen von der Achsenrichtung gehören als Wachstumsprinzip zu den allgemeinen Phänomenen des Baumwachstums. Der Richtungssinn der Drehungen ebenso wie ihr Ausmass sind genotypische Merkmale, die auf exogene Einwirkungen eine erhebliche Anpassung zeigen.

107 Tafel 12: Drehwuchs

mässigkeit, die auf einen inneren Rhythmus schliessen lässt (Abbildung 63). – Der Drehwuchs wird nicht nur in bezug auf den Drehsinn, sondern auch im Ausmass der Faserabweichung mitbestimmt vom Alter des Kambiums. W. LIESE und U. AMMER (1962) beobachteten in der von ihnen untersuchten extrem drehwüchsigen Föhre in der Stammscheibe aus 40 cm Schafthöhe eine Zunahme der Drehung von 64° vom marknächsten zum kambiumnächsten Jahrring (Abbildung 64); in der Scheibe aus 240 cm Schafthöhe betrug der Unterschied immer noch 11°.

Schon A. BRAUN (1854) hat es als wahrscheinlich erachtet, dass die Faserabweichung auf eine Veränderung in der Stellung der Kambiuminitialen zurückzuführen sei und dass insbesondere der Wechsel des Drehwinkels oder des Drehsinns durch den Teilungsablauf und das Intrusivwachstum der differenzierenden Zellen verursacht werde. Z. HEJNOWICZ (1961) und M. W. BANNAN (1966) haben diese Beobachtungen bestätigt und ergänzt, während J. M. HARRIS (1969) weniger die gleichgerichteten antiklinen Teilungen und die damit verknüpften Gewebeverschiebungen hervorhebt, sondern die durch intrusives Wachstum und Abtrennungen verursachte Schiefstellung der Markstrahlen. Als wichtigste Ursache dafür findet HARRIS in seinen Experimenten mit *Pinus radiata* D. Don die spiralige Verteilung von Wuchsstoffen, die ihrerseits durch die spiralförmige Anordnung der Blattspuren bedingt ist. Einen engen Zusammenhang des Drehwuchses mit dem physiologischen Verhalten bei der Transpiration können J. P. VITÉ (1958) und J. P. VITÉ und J. A. RUDINSKY (1959) nachweisen. Anhand des Transportwegs von Säurefuchsin, das im Stammfuss in radialen Bohrlöchern eingebracht wird, kann zunächst die Tracheidenabweichung festgestellt werden, ebenso wie später die Transportwegänderun-

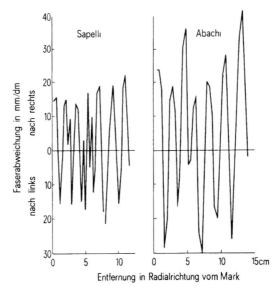

Abbildung 63   Faserabweichungen in widerspänigen Holzarten (nach H. MAYER-WEGELIN 1956).

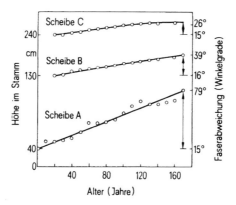

Abbildung 64   Entwicklung der Faserabweichung in einem Föhrenstamm in Abhängigkeit des Kambiumalters (nach W. LIESE und U. AMMER 1962). Scheibe A aus 0,4 m Stammhöhe, Scheibe B aus 1,3 m, Scheibe C aus 2,4 m.

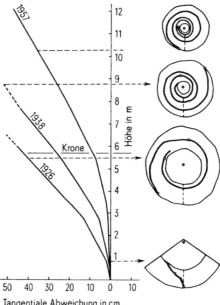

Abbildung 65   Verlauf der Leitbahnen der Jahre 1926, 1938 und 1957 in einer herrschenden 97jährigen *Abies concolor* (nach J. P. VITÉ 1958). Die mit «Krone» bezeichnete Linie gibt die gegenwärtige untere Grenzzone an; O = Impfstelle; die Ordinate ist die Stammachsenparallele durch die Impfstelle. Die Abszisse gibt die Entfernung des Schnittpunktes des horizontalen Farbstreifens mit dem angegebenen Jahrring von der zugehörigen Stammachsenparallelen (gemessen entlang des betreffenden Jahrringes) in Zentimetern an; die Ordinate gibt die vertikale Entfernung der ausgemessenen Stammscheibe in Metern über der Impfstelle an.

Tabelle 11 Reaktionsweisen der einzelnen Pflanzenorgane auf Photo- und Geotropismus; es bedeuten: + = positiver Tropismus, − = negativer Tropismus, pl = plagiotrope Wachstumsrichtung, 0 = reaktionslos (nach H. LYR, H. POLSTER und H.-J. FIEDLER 1967).

Pflanzenteil	Geotropismus	Phototropismus
Haupttrieb	−	+
Seitentriebe	− (pl)	+ (pl)
Blätter	− (pl)	+ (pl)
Hauptwurzel	+	−
Seitenwurzel 1. Ordnung	+ (pl)	(−)
Seitenwurzel 2. und höherer Ordnung	0	0

gen nach besonderen Eingriffen in die transpirierende Krone (Freistellung, Grünastung; Abbildung 65). J.P. VITÉ (1958) schreibt dazu: «Die geschilderten Beobachtungen führen zu dem Schluss, dass die wasserführenden Schichten des Xylems nicht nur der vertikalen Wasserleitung dienen, sondern auch wesentlichen Anteil an einer dynamischen Verteilung des Wasserstromes haben. Bei dem Drehwuchs der Nadelbäume handelt es sich also nicht um eine mehr oder weniger zufällige Erscheinung einzelner Individuen, sondern um eine transpirationsphysiologische Notwendigkeit. Die ‹Aufgabe› des ‹Drehwuchses› ist es dabei, die unterschiedliche Saugkraft der einzelnen Teile der Transpirationsfläche auf den Gesamtquerschnitt einer ringförmigen Leitfläche zu verteilen. Dies geschieht beim Ast im kleinen, beim Stamm im grossen. Nur so kann letztlich der im Tagesrhythmus schwankende, unterschiedliche Wasserbedarf insgesamt, aber auch der tageszeitlich unterschiedliche Bedarf einzelner Kronenpartien gesteuert und auf das Wurzelsystem übertragen werden, welches seinerseits ja auch räumlich unterschiedliche Potenzen besitzt. Mit anderen Worten: Durch das unterschiedliche Drehungsmoment der Faser in verschiedenen Ebenen des Splintes kann jede Wurzel alle oder fast alle Äste, immer aber den Wipfel mit Wasser versorgen und jeder oder fast jeder Zweig auf alle Wurzelpartien Saugkraft ausüben.»

Der in diesem Zusammenhang oft zitierte Weimarer Aufsatz *Über die Spiraltendenz der Vegetation* (J.W. GOETHE 1831) gibt Anlass, das Drehwuchsphänomen noch von einer anderen Warte aus zu überdenken. Es steht hier: «Diesmal wurden wir nur an die Homoiomerien des ANAXAGORAS erinnert... Lassen wir beiseite, dass eben diese Homoiomerien sich bei urelementaren einfachen Erscheinungen eher anwenden lassen; allein hier haben wir auf einer hohen Stufe wirklich entdeckt, dass spirale Organe durch die ganze Pflanze im kleinsten durchgehen, und wir sind zugleich von einer spiralen Tendenz gewiss, wodurch die Pflanze ihren Lebensgang vollführt und zuletzt zum Abschluss und Vollkommenheit gelangt.» Dieser Gedanke der Homöomerien, des Gleichteiligen, der von GOETHE immer wieder aufgenommen und weiterentwickelt wird, hätte schon zu seiner Zeit mehr Beachtung verdient. Es kommt darin zum Ausdruck, dass die Spiraltendenz im Stofflichen vorgezeichnet, ja eingeprägt sei. Damit werden aber alle Erklärungsversuche über den Drehwuchs als etwas Regelwidriges, Fehlerhaftes von vornherein nichtig. Heute wissen wir besser Bescheid über die inneren Zusammenhänge des Stofflichen. Der ‹Spiraltendenz› begegnet man im molekularen Bereich im Verdrillen der Glukosereste beim Aufbau der Zellulose-Kettenmoleküle und im Nanometerbereich im Abweichen der Zellulose-Elementarfibrillen von der Zellachse. R. O. MARTS (1955) zeigt die Abhängigkeit des Steigungswinkels von Fibrillen von der Faserabweichung im Drehwuchs auf und bestätigt damit massgenau, was über hundert Jahre vor ihm erst qualitativ reflektiert worden ist: Drehwuchs als Eigenart des Stofflichen, als Bauprinzip in der Natur.

1.252   Reaktionsholz

Die Wachstumsbewegungen der Pflanzen spielen sich im Einflussbereich von endogenen und exogenen Reizwirkungen ab. Die Reaktion der Pflanze auf äussere Reize, der Tropismus, äussert sich in Orientierungsbewegungen zur Reizquelle hin (positiver Tropismus) oder von ihr weg (negativer Tropismus). Das lotrechte, aufwärts oder abwärts gerichtete Wachstum (orthotropes Wachstum) und das waagrecht oder schräg gerichtete (plagiotropes Wachstum) der Pflanzenorgane unterliegt vor allem den Gesetzmässigkeiten des Phototropismus und des Geotropismus, wobei sich die Pflanzenorgane verschieden einstellen auf Lichtreize oder die Einwirkung der Erdschwerkraft (Tabelle 11). Die Reaktionsweise der Pflanze wird bestimmt durch ihr genotypisch bedingtes Verhalten: In der krautigen Pflanze werden Orientierungsbewegungen ausge-

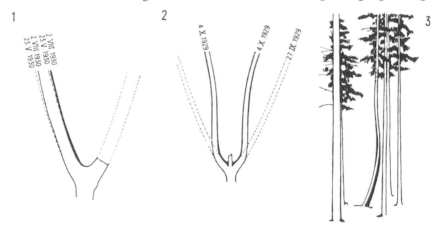

Abbildung 66   Reaktionsholzbildung in einem Zwieseltrieb (*1*) von *Fraxinus excelsior* nach Entfernung des Schwestertriebes und in den obersten Ästen von *Acer negundo* nach dem Entfernen des Hauptsprosses (*2*) (nach F. HARTMANN 1932). Bild *3* veranschaulicht das Aufrichten einer durch übermässigen Winddruck schief gestellten Fichte (nach M. BÜSGEN und E. MÜNCH 1927).

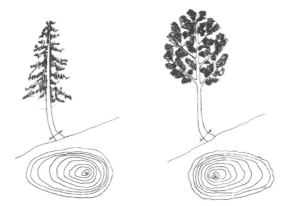

Abbildung 67 Exzentrischer Wuchs und Reaktionsholzbildung. Das Druckholz der Koniferen wird *abaxial*, das heisst auf der Unterseite von hängenden Stämmen oder Ästen gebildet, das Zugholz der Laubbäume *adaxial*, das heisst auf der Oberseite von hängenden Stämmen und Ästen.

löst durch verstärktes Wachstum der Sprossoberseite gegenüber der -unterseite (Epinastie); im verholzten Spross ist epinastisches Wachstum nicht mehr möglich, und die Orientierungsbewegungen geben hier Anlass zu exzentrischem Dickenwachstum und der Bildung von Reaktionsgeweben oder Richtgeweben (R. TRENDELENBURG 1939). Dabei kommt in den Baumgewächsen eine bis heute zu wenig beachtete Abhängigkeit des Wachstums von selbst feinen äusseren Einflüssen zur Geltung. Die Vorstellung trifft nicht zu, der ortsgebundene Baum sei bewegungsarm und die Lebensqualität, die nicht selten an der Lebhaftigkeit der Bewegungen gemessen wird, deshalb geringer als in der ortsfreien Lebensweise. Der Baum wächst gemäss seiner genotypischen Gesetzmässigkeit ständig einer Gleichgewichtslage zu, in der die äusseren Reizwirkungen und die endogenen Kräfte harmonisieren. Im Orientierungswachstum wird mit der Bildung von Reaktionsgeweben (Reaktionsphloem und Reaktionsxylem) den Kräften entgegengewirkt, die den erblich fixierten Gleichgewichtszustand stören: In der Krone werden die Sprossachse und die Seitenäste durch Richtgewebe beispielsweise Veränderungen im Lichtgenuss auffangen (Abbildung 66/1 und 2), oder der Stamm richtet sich mit exzentrischem Wuchs und Reaktionsholzbildung aus einer durch den Winddruck bedingten Schiefstellung wieder auf (Abbildung 66/3). Nadel- und Laubbäume unterscheiden sich mit ganz wenigen Ausnahmen darin, dass der exzentrische Wuchs und die Reaktionsholzbildung in Koniferen auf der abaxialen, das heisst der Unterseite von hängenden Stämmen oder Ästen einsetzt, in Angiospermen dagegen auf der adaxialen, das heisst der Oberseite von hängenden Stämmen oder Ästen (Abbildung 67): Die Nadelbäume bilden in der Druckzone Druckholz aus, die Laubbäume in der Zugzone Zugholz. F. HARTMANN (1932) hat aber schon mit Sicherheit den Nachweis erbracht, «dass Reaktionsholzbildung in keinem kausalen Zusammenhang zur Druck- und Zugbeanspruchung verholzter Sprosse steht». Und A. B. WARDROP (1964) hat in der Auswertung von Experimenten darge-

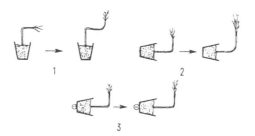

Abbildung 68 Schematische Darstellung von experimentell bedingten Orientierungsbewegungen in *Tristania conferta* (nach A. B. WARDROP 1964). *1* Gebogener Stamm mit horizontaler Sprossachse: Reaktionsholz wird auf der ganzen Oberseite des horizontalen Teils gebildet und an beiden Enden. *2* Gebogener Stamm mit vertikaler Sprossachse: Reaktionsholz ist auf der Oberseite des horizontalen Teils gebildet worden. *3* Gebogener Stamm mit vertikaler Sprossachse, auf horizontalem Klinostat montiert: Es wird kein Reaktionsholz gebildet.

legt: "Plants were bent so that the tip was placed in a position of right angles to the axis but was left free to recover. When such a plant was left in an upright position the tip showed positive geotropic response and reaction wood was formed on the upper side of the horizontal part of the stem and at both points of bending. – When a plant treated in this way was placed horizontally [Abbildung 68/2] with its tips bent into a vertical position, reaction wood was formed on the upper side of the horizontal part of the stem. Again when a plant treated as in Abbildung 68/1 was placed on a horizontal klinostat (1 revolution per 25 minutes) no change in orientation of the apex occurred [Abbildung 68/3] and no reaction xylem was formed. In these experiments stress was applied at the bend in the stem, but unless a continuous gravitational stimulus was operative no reaction wood was formed. – This series of experiments is consistent with the view that gravity is a dominant factor governing the formation of reaction wood." Diese Zusammenhänge hat F. HARTMANN (1942) im *Statischen Wuchsgesetz bei Nadel- und Laubbäumen* formuliert: «Wird ein Spross aus seiner stabilen Ruhelage gebracht, so trachtet das sich nun bildende Reaktionsholz den Spross in die stabile Ruhelage zurückzubringen, wobei sich die Intensitätskurve dieser Wuchsreaktion nach statischem Gesetz als eine Funktion der Abweichung des Sprosses von seinen reaktionsholzfreien Ruhelagen ergibt... Der physiologische Sinn der statischen Wuchsreaktion liegt in der Behauptung bzw. Wiedergewinnung der aus der inneren Wuchsrichtung resultierenden Wuchsstellung des Sprosses. Bei unveränderter innerer Wuchsrichtung des Sprosses hat das Reaktionsholz der Statik der normalen Sprosslage, und zwar sowohl betreffend die normale Sprossachsenlage als auch bezüglich der normalen Radiärlage des Sprosses zu dienen. Bei veränderter innerer Wuchsrichtung hat das Reaktionsholz das Einspielen des Sprosses in die neue innere Wuchsrichtung und die Behauptung dieser Wuchsstellung zu besorgen.» Die Bildung von Richtgewebe ist in der Regel immer verbunden mit exzentrischem Dickenwachstum und ist hier ebenso regelmässig lokalisiert auf die Stammseite mit dem stär-

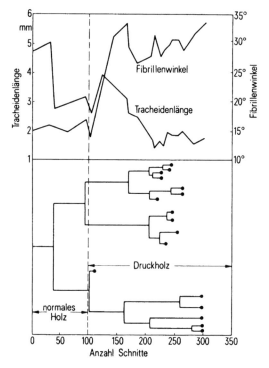

Abbildung 69   Antikline Teilungen in Druckholz und Normalholz von *Pinus pinaster* und damit in Zusammenhang die Veränderung der Tracheidenlänge und des Fibrillenwinkels (nach A. B. WARDROP und H. E. DADSWELL 1952). Im Druckholz folgen sich die Teilungen häufiger, und die Tracheiden bleiben kurz.

keren Radialzuwachs. Auf eine seither weiterum bekannte, augenfällige Ausnahme hat L. FABRICIUS (1932) aufmerksam gemacht: Das spiralig angeordnete Druckholz in einer Fichte aus Schweden mag als Hinweis dafür gelten, dass das Kambium zur Differenzierung von Richtgewebe befähigt ist ohne den Stimulans des exzentrischen Wachstums. Anderseits berichten H.-R. HÖSTER und W. LIESE (1966) und vor ihnen schon F. ONAKA (1949) und V. NEČESANÝ (1955), dass nicht in allen Laubholzarten das exzentrische Wachstum zu deutlich erkennbarer Zugholzbildung führen muss. Es ist somit auch in diesem Zusammenhang, wie eigentlich in den meisten, wenn nicht sogar allen Beobachtungen von Lebensäusserungen festzustellen, dass sich die Vielfalt des Lebens, dort wo es sich nicht um Fundamentalsätze der Natur handelt, kaum in einfache Kategorien einteilen lässt. – Auf der exzentrisch wachsenden Stammseite werden länger anhaltende Kambiumtätigkeit beobachtet, ferner rascher sich folgende antikline Teilungen (A. B. WARDROP und H. E. DADSWELL 1952), was zu Veränderungen der Tracheidenlänge und des Fibrillenwinkels führen kann (Abbildung 69). Über Zellängenänderungen im Zusammenhang mit der Reaktionsholzbildung wird besonders für Laubholz Widersprüchliches be-

Tabelle 12	Anteil an Gefässen und Fasern sowie Faserdimensionen in Zugholz von Buche (K. Y. CHOW 1947). Angaben in Klammern für gewöhnliches Holz.

	Gefässe %		Fasern %	
Weite Ringe	(28,3)	22,1	(71,7)	77,9
Mittlere Ringe	(30,4)	16,6	(69,6)	83,4
Enge Ringe	(39,9)	26,7	(60,1)	73,3
Faserdimensionen in Zugholz von Buche				
Länge mm	(1,32)		1,34	
Durchmesser μm	(20,10)		18,60	
Zellwanddicke μm	(5,80)		6,04	

richtet; es ist durchaus Hinweis genug auf die Differenzierungsvorgänge im Laubholzkambium, die zwar in der Regel zum speziellen Ausbau der Faserzellwände führen, das Dimensionswachstum der Zellen aber weniger beeinflussen. Für das Nadeldruckholz dürften hingegen die Messungen von H. E. DADSWELL und A. B. WARDROP (1949) an *Pinus radiata* allgemeingültig sein (Abbildung 70): Wird in diesen Längenkurven der minimale Wert aus dem Druckholz in den geschlossenen Kurvenast übertragen und zum Vergleich auf der Zeitachse die zugehörige Marke gesetzt, so wird man gewahr, dass das Druckholz solchen Holzzonen entspricht, die normalerweise von einem physiologisch jüngeren Kambium differenziert werden. Weitere Unterschiede in der Gewebedifferenzierung sind von Gewebeanalysen des Zugholzes her bekannt: K. Y. CHOW (1947) beschreibt das Zugholz in Buche als kompakt und ermittelt einen höheren Faseranteil, dafür weniger Gefässe (Tabelle 12); F. ONAKA (1949) hat in 31 Laub-

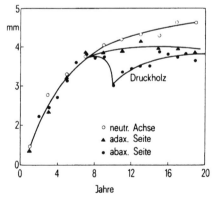

Abbildung 70   Änderungen in der Tracheidenlänge in Druckholz von *Pinus radiata* (nach H. E. DADSWELL und A. B. WARDROP 1949). Die geringeren Tracheidenlängen im Druckholz entsprechen den Abkömmlingen eines physiologisch jüngeren Kambiums.

holzarten geringere Gefässdurchmesser festgestellt in den Zugholzzonen verglichen mit dem übrigen Holz. Es ist naheliegend, die beschriebenen qualitativen und quantitativen Unterschiede in Reaktionsgeweben und übrigen Geweben in Zusammenhang mit der Wuchsstoffmenge und -verteilung zu bringen. Druckholzbildung ist in *Pinus strobus*-Sämlingen durch einseitige Gaben von β-Indolyl-Essigsäure experimentell hervorgerufen worden (H.F. WERSHING und I.W. BAILEY 1942). Untersuchungen von A.B. WARDROP (1956) weisen in dieselbe Richtung: In künstlich aus der Normallage gebogenen Eukalyptusstämmchen war negativer Geotropismus nicht zu beobachten, wenn der Apex vor dem Ausbiegen weggeschnitten wurde; aus der Normallage gebogene Stämmchen mit Apex begannen sich wieder aufzurichten und setzten das Orientierungswachstum auch dann fort, wenn nach einiger Zeit der Apex doch entfernt wurde. Daraus darf geschlossen werden, dass die Orientierungsbewegung durch Auxine ausgelöst wird, die im Apex gebildet und nach den Gesetzen der Schwerkraft in basipetaler Richtung verfrachtet werden. Nach der einmal erfolgten Wuchsstoffstimulierung werden im betroffenen Kambiumbereich weitere Auxine selbst aufgebaut; der Vorgang gleicht damit der Aktivierung des Kambiums nach der Winterruhe. – K.V. THIMANN (1964) hat sich im Anschluss an umfassende Darlegungen über *Reaction anatomy of arborescent angiosperms* (A.B. WARDROP 1964) anlässlich des zweiten Harvard-Forest-Symposiums zu einer möglichen und allgemeingültigen Wuchsstofftheorie geäussert, um die Bildung von Druck- und Zugholz zu erklären: "I would like to suggest to you a general theory of compression wood, tension wood, and epinasty, in terms of auxin, which may provide at least a skeleton on which observations can be hung. We know more about compression wood than about tension wood. From the early work of WERSHING and BAILEY (1942) and others we know that it is imitable by high (but perhaps not unphysiologically high) concentrations of auxin. Rotholz obtained in this way is, according to Dr. BAILEY, indistinguishable from normal pine Rotholz. I think it is not going very far to say that compression wood is the result of excess auxin. It is imitable by high auxin and it is formed under conditions where you would expect high auxin, on the lower side. Let us suppose that angiosperms and gymnosperms are not different in principle and that auxin also goes to the lower side of horizontally placed angiosperms. In sunflower and lupine seedlings placed horizontally, indeed, we know that auxin does move to the lower side. Hence, in angiosperms we are forced to the deduction that tension wood develops owing to a reduction in the amount of auxin in the tissue. You will agree, and JACCARD's experiments show, that it is not directly a result of tension. It is simply formed on the upper side of the tissue which is placed horizontally. Therefore, that puts it directly in line with compression wood. It is wood that is formed on the upper side and the upper side has less auxin than normal. Dr. WARDROP indicated that in this «tension wood» there is, at least in the innermost parts of the cell, an apparently great excess of peroxidase. I call your attention to the peculiar, and I think extremely important, reactions of peroxidase in controlling growth... What we essentially have in epinasty is that a branch grows at a constant angle. Dr. WARDROP showed very interesting experiments of this sort in which the branch was bent up or down. Now the branch grows at a constant angle because in the lateral branch there is a balance between two forces acting on the auxin. On the one hand IAA coming from the leaves and terminal bud of the branch is diverted to the lower side, tending to cause a geotropic curvature and make the branch become vertical, but it does not do so because there is a second force operating, which tends to drive auxin from the bud to the upper side. What this force is, we do not know. We do know that it is there... In these experiments, if the branch is pulled up, tension wood develops on the lower side, whereas if we pull it down, tension wood develops on the upper side. If the epinastic angle of this branch depends on a balance between endogenous and gravitational forces, then the more nearly we place it vertically, the more we reduce the gravitational force so that the endogenous force overbalances and we get more IAA going to the upper side; as a result the tension wood, which we have just deduced is the result of a deficiency of IAA, appears on the under side. This is exactly as would be predicted. The reverse is true if we pull the branch toward the horizontal:

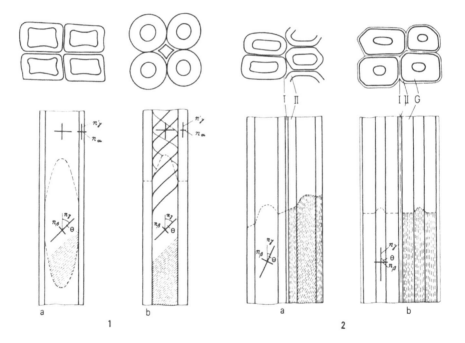

Abbildung 71   Tracheiden von *Pinus nigra* und Fasern von *Populus nigra* im Quer- und Längsschnitt (nach P. JACCARD und A. FREY 1928). $n_\alpha, n_\beta, n_\gamma$ = Hauptbrechungsindizes. Steigungswinkel θ an auskeilend angeschnittenen Zellen gemessen. *1* Tracheiden von *Pinus nigra*. *a* Normaltracheiden, $\theta = 40{,}1° \pm 1{,}9°$; *b* Druckholztracheiden, $\theta = 46{,}9° \pm 2{,}6°$. *2* Fasern von *Populus nigra* (I, II = Primär- und Sekundärwand, G = gelatinöse Schicht). *a* Normalfaser, $\theta = 26{,}1° \pm 1{,}9°$; *b* Zugholzfaser, $\theta = 90° \pm 0°$.

more IAA goes to the lower side and the tension wood is formed on the upper side. One can thus begin to see a general theory which would unify all these phenomena." – Seither sind diese Zusammenhänge weitgehend bestätigt worden; W. BLUM und H. MEIER (1967) ergänzen die gewonnenen Vorstellungen, indem sie die Frage nach der eigentlichen Wirkungsweise der β-IES stellen: Auf Grund ihrer Untersuchungen soll die Intensität der Druckholzbildung in Fichte bei reichlich vorhandenen Nährstoffen nur von der absoluten β-IES-Konzentration abhängen; β-IES-Konzentrationsunterschiede zwischen benachbarten Kambiumbezirken sollen hingegen massgebend werden, wenn die Nährstoffversorgung beschränkt ist (W. BLUM 1970).

Die anatomischen Aspekte des Reaktionsxylems sind in Tafel 3 der *Holzkunde 1* (H. H. BOSSHARD 1974) dargestellt. Das Druckholz kommt sozusagen immer in geschlossenen Bezirken vor; es betrifft in den durch das exzentrische Wachstum erweiterten Jahrringen das Spätholz und ist hier charakterisiert durch mehr oder weniger abgerundete Tracheidenformen, dickwandige Zellen, die meist von feinen, den Fibrillenrichtungen folgenden Haarrissen durchzogen sind, und durch einen höheren Ligningehalt, der zur rotbraunen Färbung des Druckholzes beiträgt (Rotholz). In der Druckholztracheide fehlt häufig die S_3-Schicht, und die S_2-Schicht ist gekennzeichnet durch eine flache Fibrillenschraubung (P. JACCARD und A. FREY 1928, Abbildung 71/1). W. A. CÔTÉ jr., B. W. SIMSON und T. E. TIMELL (1966) messen in *Pinus*arten im Druckholz einen Ligninanteil zwischen 34% und 40% (Normalholz 25–32%); der Zelluloseanteil schwankt zwischen 27% und 47% (Normalholz 44–61%). Im Zugholz können die Zugholzfasern innerhalb der Jahrringe in kompakten Zonen vorkommen oder diffus verteilt sein; sie sind meist in den Anfangs- und Mittenzonen der Jahrringe festzustellen und lassen, zieht sich der Zugholzbereich über mehrere Ringe hin, die Endzonen frei. Der Zellwandbau von Zugholzfasern ist in der Regel gekennzeichnet durch die innerste, mächtige gelatinöse Schicht von unregelmässiger Begrenzung gegen die Zellumina hin. Sie ist unverholzt und besteht aus Zellulose von hohem Kristallinitätsgrad; die Fibrillen in der gelatinösen Schicht verlaufen faserparallel (Abbildung 71/2). Die gelatinöse Schicht kann entweder auf die S_3-Schicht ($S_1+S_2+S_3+G$), auf die S_2-Schicht (S_1+S_2+G) oder direkt auf die S_1-Schicht (S_1+G) folgen. Der hohe Zellulosegehalt des Zugholzes wird von P. H. NORBERG und H. MEIER (1966) in der Aspe (*Populus tremula* L.) ausgewiesen mit 86,9% Glukose (Normalholz 72,7%, G-Schicht 98,5%), und T. E. TIMELL (1969) findet für Aspe im Zugholz einen Ligninanteil von 13,8% (Normalholz 29,1%). Die geringe Lignineinlagerung in Zugholz trägt zur hellen Farbe dieser Holzzonen bei (Weissholz). – In ihren Untersuchungen an einer grossen Zahl von Laubhölzern aus gemässigten Klimagebieten sowie aus subtropischen und tropischen entdeckten H.-R. HÖSTER und W. LIESE (1966) Druckholzgewebe in Laubholz mit Fasertracheiden und Zugholz in Bastfasern von Nadelhölzern. Damit wird die Zuordnung von Druck- bzw. Zugholz grundsätzlich nicht verschoben, aber beachtenswert differenziert: Kambien, die vorwiegend tracheidale Grundgewebe differenzieren, reagieren danach auf einen Wuchsstoffüberschuss mit der Bildung von Druckholztracheiden oder Fasertracheiden, Kambien hingegen, die das Grundgewebe aus Libriformfasern aufbauen, bilden bei mangelnder Wuchsstoffversorgung Zugholz-Libriformfasern oder Zugphloem-Bastfasern. Entsprechend den vielen Übergängen von Tracheiden zu Fasertracheiden und Libriformfasern sind Unterschiede im Zellwandaufbau zu erwarten. Beim besseren Verständnis der Übergangsformen, vor allem aber bei vollständiger Berücksichtigung von Ästen und Wurzeln als Untersuchungsobjekte, vermerken H.-R. HÖSTER und W. LIESE, werde die von K. SANIO (1860) formulierte Vermutung, «die gelatinösen Fasern bei manchen Arten (seien) so gewöhnlich, dass man sie als normal ansprechen (könne)», an Bedeutung gewinnen. Damit erweisen sich das Orientierungswachstum der Bäume und die Bildung von Richt- oder Reaktionsgewebe ähnlich wie das Drehwuchsphänomen als ein Wuchsprinzip, das bis heute zu einseitig auf besondere Verursachungen und wider die Regeln wirkend aufgefasst worden ist.

Den weiter unten folgenden Erörterungen des Schwind- und Quellverhaltens von Holz sei vorweggenommen, dass sich Reaktionsholz in dieser Hinsicht deutlich unterscheidet (Tabelle 13): Die ungewohnt hohe Längsschwindung von Druckholz hat stark einseitige Krümmungen von Bauteilen zur Folge; aus diesen Gründen werden derartige Partien von der üblichen Weiterverarbeitung ausgeschieden. Zugholz auf der anderen Seite fasert und fibrilliert in den gelatinösen Wandschichten zu ‹wolligen› Oberflächen auf, so dass es nur mit Vorbehalt weiterverwendet werden kann.

Tabelle 13   Längsschwindwerte für Reaktionsholz und Normalholz (nach A. J. PANSHIN und C. DE ZEEUW, 1970)

Holzart	Längsschwindung in %	
	Reaktionsholz	Normalholz
Abies concolor	0.54	0.12
Pinus ponderosa	0.80	0.21
Sequoia sempervirens	1.19	0.14
Betula sp.	0.64	0.31
Acer saccharum	0.55	0.21

Biologie des Holzes

1.3 Funktion des Baumes

Das Lehnwort ‹Funktion› wird hier im engen Sinne seines lateinischen Stammwortes *functio* verwendet, das abgeleitet ist von *fungi* (verrichten, vollbringen). Der Baum fungiert wie jedes andere pflanzliche Gewächs, und doch ist er in der Physiologie herausnehmend, zunächst seiner besonderen Dimensionen wegen: In den höchsten Bäumen (zum Beispiel in *Sequoia*- und *Eucalyptus*arten) werden Assimilate und Wasser über hundert Meter Distanz transportiert; in den mächtigen Kronen- und Wurzelwerken folgen sodann Photosynthese und Resorption zwar den allgemeinen Grundgesetzen, ihre Abläufe aber sind verwickelter und weniger leicht erfassbar als in anderen Pflanzentypen. Die Baumpflanzen erreichen schliesslich ein aussergewöhnliches Alter (zum Beispiel *Sequoia*arten über 3000 Jahre, *Pinus aristata*-Individuen über 4000 Jahre). Der Ablauf einer Funktion ist aber zeitabhängig, so dass die Alterung der Bäume als gesondertes Phänomen in die physiologischen Betrachtungen einbezogen werden kann.

1.31   Photosynthese, Stofftransport und Stoffhaushalt

1.311   Photosynthese und Holzzuwachs

Die Photosynthese hängt direkt ab von der Lichtintensität und dem Kohlendioxidgehalt, sie wird indirekt beeinflusst durch den Wassergehalt des Bodens und der Luft sowie durch die vorhandenen Nährstoffe. Die Vorgänge der Photosynthese sind auch temperaturabhängig, und sie werden von einer Reihe weiterer Ausseneinflüsse betroffen. Ihre Gesamtwirkung kann daher nicht verallgemeinernd erfasst und dargestellt werden. Die *Intensität* des eingestrahlten Sonnenlichts ist höher, als sie für die assimilierende Pflanze zur Reduktion des Kohlendioxids zu Glukose nötig wäre: An einem wolkenlosen Tag sind bei senkrechter Einstrahlung Lichtstärken von 70 000 bis 85 000 Lux zu messen (H. LYR, H. POLSTER und H.-J. FIEDLER 1967); nach Beobachtungen von P. BOYSEN-JENSEN (1932) erreicht die Photosynthesekurve eines *Sinapis alba*-Blattes aber schon bei einer Lichtintensität von 12 000 Lux die Kulmination (Abbildung 72); in Buchen werden die Halbwerte maximaler Assimilation bei Lichtintensitäten von 2500 Lux (Sonnenblätter) und 800 Lux (Schattenblätter) erreicht. Die Unterschiede in der Lichtausnützung von Sonnen- und Schattenblättern werden nicht einheitlich angegeben und interpretiert; in ihrer Ermittlung sind die Struktureinflüsse der Blatttypen auf die Photosynthese auch nur schwer von anderen Abhängigkeiten zu trennen. Die variierenden Informationen sind deshalb am ehesten methodischen Schwierigkeiten zuzuschreiben. Es ist in diesem Zusammenhang auch auf die vielen Übergangsformen der Blätter hinzuweisen, die im Blattwerk der Kronen zwischen den eindeutigen Sonnenblättern und den Schattenblättern stehen und auf eine vielseitige Anpassung an die Lichtausnützung angelegt sind. – Der CO_2-*Gehalt* der Luft kann im Durchschnitt mit 0,03% angegeben werden; er unterliegt aber tageszeitlich bedingten Schwan-

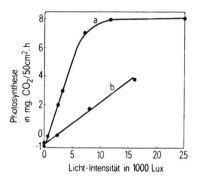

Abbildung 72   Abhängigkeit der Photosynthese von der Lichtintensität in einem einzelnen Blatt (a) und in einer Gruppe von Blättern (b) von *Sinapis alba* (nach P. BOYSEN-JENSEN 1932).

kungen und ist abhängig von der Höhenlage über dem Meeresspiegel. B. HUBER (1958) legt in seinen Messungen der CO_2-Gehaltsänderungen während eines Tages dar, wie die Kohlendioxidkonzentration der Luft durch die Nacht bis frühmorgens zunimmt, um dann wieder allmählich abzusinken auf den abendlichen Tiefstwert; das mag in Zusammenhang stehen mit der intensiven Photosynthese in den vormittäglichen Stunden (P. J. KRAMER 1958). Es ist bekannt, dass die Pflanzen einen bis um das Zehnfache höheren Kohlendioxidgehalt ausnützen können; noch höhere CO_2-Konzentrationen hingegen sollen schädigend wirken. Der Kohlendioxidgehalt der Luft ist somit in der Photosynthese Minimumfaktor: In bodennahen Schichten des Waldes oder in ausgesprochenen Nebelgebieten profitieren die Pflanzen von einem bis zu 20% höheren CO_2-Gehalt, in der Nähe der Baumgrenze kann anderseits der bis zu 50% niedrigere Gehalt an CO_2 die Photosynthese messbar einschränken. Wichtig in diesem defizitären

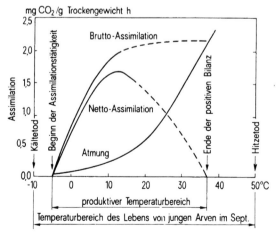

Abbildung 73   Abhängigkeit der Assimilation und der Atmung in *Pinus cembra* von der Temperatur (nach W. TRANQUILLINI 1954).

Haushalt ist die gute Luftdurchmischung durch leichte Winde oder durch Eigenbewegungen der Assimilationsorgane (Aspe): CO_2 wird von den Blattspreiten rascher aufgenommen, wenn es in bewegter Luft dem Teildruckgefälle folgend in die blattnahen Regionen diffundieren kann (H. LYR, H. POLSTER und H.-J. FIEDLER 1967). – Die *Temperaturabhängigkeit* der Photosynthese ist nahezu von derselben Wichtigkeit wie ihre Abhängigkeit von der Lichteinwirkung. Der günstigste Temperaturbereich liegt für die Assimilation tiefer als für die Atmung (Abbildung 73), so dass mit steigender Temperatur die Nettoassimilation abnimmt, weil die Atmung stark zunimmt. Bei Temperaturen über 38°C wird die Atmung stärker als die Bruttoassimilation, und der Substanzzuwachs wird gleich Null; die Assimilation kann aber schon bei Unternulltemperaturen einsetzen. – Indirekt wirken die *Versorgung* der Pflanze *mit Nährstoffen und Wasser* auf die Photosynthese ein durch Beeinträchtigung des Pflanzenwachstums bei prekären Versorgungslagen oder im Wasserhaushalt auch bei stagnierender Nässe und schlechter Bodendurchlüftung. O. STOCKER (1960) hat in seinem Schema der Möglichkeiten des Tagesverlaufs der Nettoassimilation ausser der unterschiedlichen Sonneneinstrahlung vier Zustände mit zunehmender Erschwerung in der Wasserversorgung mitberücksichtigt (Abbildung 74) und dargelegt, dass die Kurve der Nettoassimilation dadurch zeitweise oder im extremen Falle ganztags in den negativen Bereich absinkt. Andere Einflüsse, wie sie etwa mit einer bedeutenden Verschmutzung der Umwelt (Abgase, Rauchimmissionen) einhergehen können oder auf Katastrophen (Baumkrankheiten,

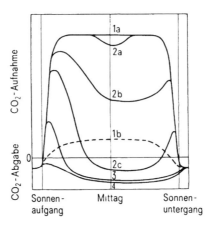

Abbildung 74   Schema der Möglichkeiten des Tagesverlaufs der Nettoassimilation (nach O. STOCKER 1960):
1 Eingipflig-symmetrischer Tagesgang bei optimaler Wasserversorgung: *1a* sonniger Tag, *1b* bewölkter Tag.
2 Zweigipflig-asymmetrischer Tagesgang bei zunehmend erschwerter Wasserbilanz von *2a* bis *2c*.
3 Eingipflig-asymmetrischer Tagesgang bei weiterer Erschwerung in der Wasserbilanz.
4 Dauernd unter dem Kompensationspunkt liegender CO_2-Gaswechsel bei anhaltend prekärer Wasserversorgung.

Funktion des Baumes

Tabelle 14 Zusammenstellung der für die Erzeugung von einem Festmeter Schaftholz notwendigen Blattmengen (nach H. BURGER 1945 ff).

Holzart	Standort	Höhe ü. M.	Alter	Blattfrischgewicht	Blattoberfläche
		m	Jahre	kg	m²
Föhre	Eglisau	410	32	1000	5 500
	Magglingen	1070	32	1250	6 250
	Samedan	1920	32	3000	16 500
Lärche	Schweiz	<1000	55	890	10 100
	Schweiz	<1500	128	1230	12 800
	Schweiz	>1500	158	1800	18 000
Fichte	Solothurn	470	40	1640	9 000
	Bergün	1600	40	2480	13 600
Tanne	Staufen	450	66	1500	8 400
	Toppwald	970	180	3100	19 600
Buche	Aarburg	480	26	890	13 300
	Sihlwald	640	59	610	7 900
Eiche	Adlisberg	670	13	820	9 900

Insektenschäden) zurückzuführen sind, reduzieren die Photosynthese im Masse ihrer Einwirkungen auf das Blattwerk der Bäume (P. J. KRAMER 1958). – Auf Zusammenhänge zwischen der Photosynthese und dem Holzzuwachs hat H. BURGER (1945 ff.) mit seinen ausführlichen Untersuchungen über *Holz, Blattmenge und Zuwachs* hingewiesen (Tabelle 14). Es lassen sich daraus einige Schlüsse formulieren: 1. Innerhalb der Nadelholzarten sind keine grundsätzlichen Verschiedenheiten zwischen Licht- und Schattholzarten festzustellen. Verschiedene Höhenlagen bedingen wesentlich markantere Unterschiede im Kronenanteil, was auf den unterschiedlichen Kohlendioxidgehalt der Luft zurückzuführen ist. 2. In Nadel- und Laubbäumen sind die für den Zuwachs von 1 m³ Schaftholz erforderlichen Blattoberflächen nicht wesentlich verschieden voneinander. 3. Die Blattoberflächen der Bäume sind erstaunlich gross. Beispielsweise beträgt in einer 152jährigen Fichte (Brusthöhendurchmesser 68 cm) die Oberfläche aller Nadeln 1420 m², in einer Eiche (Brusthöhendurchmesser 60 cm) die Blattfläche 1000 m². 4. Die soziologische Stellung der Bäume im Bestand ist für die Entwicklung der Blattoberfläche sehr wichtig: So wird in 1 kg frischen Nadeln einer unterständigen Fichte (Schattennadeln) eine Oberfläche von 7 m² und in 1 kg frischen Nadeln einer vorherrschenden Fichte (Sonnennadeln) eine solche von 3,5 m² gemessen. 5. Ein guter Kronenausbau wird daher wesentlich für die gesamte Wuchsleistung des Baumes und wirkt sich bestimmend aus auf die Qualität des Holzzuwachses (H. LEIBUNDGUT 1970). – Von der Gesamtassimilation wird etwa ein Drittel in Schaftholzmasse umgesetzt (C. M. MÖLLER, D. MÜLLER und J. NIELSEN 1954). Nach Abbildung 75 steigen die Kurven der Gesamtassimilation

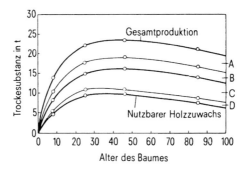

| Abbildung 75 | Gesamtassimilation und Holztrockensubstanz. Zuwachs in reinen Fichten- und Buchenbeständen (nach C.M. MÖLLER, D. MÜLLER und J. NIELSEN 1954). *A* Atmung der Blätter, *B* Blattmaterial, *C* Atmung von Wurzeln, Stamm und Ästen, *D* Wurzel- und Astmaterial. |

in reinen Buchenbeständen während 45 Jahren stetig an, bis ein Äquivalent von etwa 23 t Holztrockensubstanz pro Hektare und Jahr erreicht ist. Die Respirationsverluste im ganzen System sind allerdings beträchtlich und fallen viel mehr ins Gewicht als die Verluste an Blatt- oder Astmasse. Der forstlich nutzbare Zuwachs erreicht in Buchenbeständen nach etwa 35 Jahren einen Maximalwert und beträgt knapp 10 t Holztrockensubstanz pro Hektare und Jahr. Photosynthese und Respiration sind zwei Merkmale der Baumfunktion, die nicht nur durch äussere Einflüsse modifiziert, sondern ebenso durch endogene Gesetze bestimmt werden.

1.312   Stofftransport im Phloem und Speicherung

Die aus der Photosynthese hervorgehenden Assimilate werden aus den Orten der Entstehung durch das Phloem an die Orte des Verbrauchs oder der Speicherung transportiert. Schon 1682 hat M. MALPIGHI in Ringelungsversuchen den Nachweis erbracht, dass oberhalb der Ringelung Gewebeanschwellungen entstehen, die mit dem absteigenden Saftstrom in Zusammenhang stehen. T. HARTIG (1837) entdeckte im Phloem die ‹Siebfasern› und ‹Siebröhren› und erkannte deren Leitfunktion. Seither ist das Phloem als eminentes Leitgewebe des absteigenden Saftstroms nicht mehr angezweifelt worden, eine widerspruchsfreie Erklärung des Phloemtransports hinsichtlich der Übereinstimmung von Struktur und Funktion konnte hingegen bis heute noch nicht gefunden werden. Die Leitelemente des Phloems sind langgestreckte, axial verlaufende Zellen, im Nadelholz vorwiegend Siebzellen, im Laubholz Siebröhrenglieder, die sich zu Siebröhren zusammenfügen. – Vorgängig den ausführlichen und auf vollständigen Literaturbezügen aufbauenden Beschreibungen der Phloemanatomie erörtert KATHERINE ESAU (1969) auch den Bedeutungswandel in den massgebenden Begriffen; in Übereinstimmung dazu werden hier im Anschluss an die Darstellung der wichtigsten Formen von Siebelementen (Abbildung 76) Nomenklaturhinweise nach den Empfehlungen der INTERNATIONAL ASSOCIATION

OF WOOD ANATOMISTS (A. FREY-WYSSLING und H. H. BOSSHARD 1964) hinzugefügt: «*Siebfeld*=Vertieftes Feld in der Wand von Siebelementen; durchsetzt von feinen Poren, so dass sich zwischen benachbarten Siebzellen Plasmabrücken bilden können. *Siebplatte*=Spezialisierte Endwand eines Siebröhrengliedes mit einer einzigen Siebzone (einfache Siebplatte) oder mit einer Anzahl von Siebzonen (zusammengesetzte Siebplatte), die vielfach leiterförmig oder netzartig angeordnet sind. *Siebröhre*=Nährstoffleitende Röhre des Phloems, zusammengesetzt aus einer axialen Serie von Siebröhrengliedern. *Siebröhrenglied*=Langgestreckte, leitende Zelle des Phloems; in axialer Serie angeordnet, bilden solche Zellen zusammen eine Siebröhre; die gemeinsam schräg oder horizontal ange-

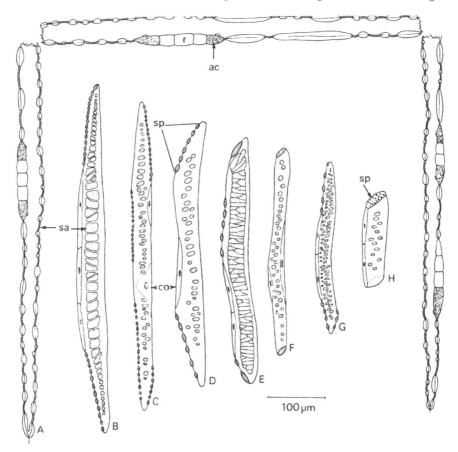

Abbildung 76   Verschiedene Formen von Siebelementen (nach KATHERINE ESAU 1960). *A* Siebzelle von *Pinus pinea* mit zugeordneten Markstrahlen, deren Endreihen als albuminöse Zellen (*ac*) ausgebildet sind. *B* Siebröhrenglieder mit Geleitzellen (*co*) von *Juglans hindsii*, *C* von *Pirus malus*, *D* von *Liriodendron tulipifera*, *E* von *Acer pseudoplatanus*, *F* von *Cryptocarya rubra*, *G* von *Fraxinus americana* und *H* von *Wisteria* sp. In *B–G* sind die Siebplatten (*sp*) in Seitenansicht; sie kommen in End- und Seitenwänden vor.

Biologie des Holzes

Tabelle 15   Dimensionen von Siebelementen in Nadel- und Laubhölzern (nach Y. P. Chang 1954).

Holzart	Dimensionen der Siebzellen bzw. Siebröhren in µm		
	Länge	Tangentialer Durchmesser	Radialer Durchmesser
Abies balsamea (L.) Mill.	1430–3200	20–35	10–30
Larix occidentalis Nutt.	2550–4850	30–70	15–35
Picea mariana (Mill.) B.S.P.	1420–4380	15–30	30–50
Pinus banksiana Lamb.	2000–4100	20–50	10–25
Tsuga canadensis (L.) Carr.	1850–4450	30	15
Acer saccharum Marsh.	120– 560	30–50	–
Alnus rubra Bong.	710–1290	30–60	–
Betula alleghaniensis Britton	480–1025	30–60	20–30
Quercus alba L.	220– 590	–	–
Salix nigra Marshall	380– 825	40–60	–
Ulmus americana L.	95– 315	50	–

ordneten Querwände bestehen aus Siebplatten; manchmal kommen zusätzlich weniger spezialisierte Siebfelder irgendwo auf den Längswänden vor. Siebzelle= Lange, schmale Leitzelle des Phloems, die kein Siebröhrenglied bildet; mit relativ unspezialisierten Siebfeldern, besonders in den spitzen Enden von einander überlappenden Siebzellen.» – Über die Dimensionen von Siebelementen wird in Tabelle 15 berichtet: Die Siebzellen der ursprünglichen Gymnospermen sind bedeutend länger als die ihnen homologen Siebröhrenglieder der Laubhölzer, und in der Laubholzgruppe besitzen die Ringporigen die kürzesten Siebelemente. Analogien zu Veränderungen von Tracheiden und Tracheen im Zusammenhang mit der phylogenetischen Entwicklung sind damit angedeutet und werden noch betont durch Hinweise auf ein offensichtliches Zusammenspiel von Zellängen und Neigung der Endwände (Tabelle 16) von Siebröhrengliedern. Ähnlich wie im Xylem sind auch in den Phloemleitelementen schräggestellte Endwände vor allem in den längeren Zellen aufzufinden. Die Vergleiche von Phloemleitgewebe mit dem Wasserleitsystem im Xylem sind allerdings äusserst behutsam zu ziehen: Beide Gewebe sind zwar vom selben Kambium abgeleitet, sie weisen auch vergleichbare Funktionen auf, aber sie sind von grundlegend verschiedener biologischer Qualität. Das Wasserleitgewebe des Xylems ist totes Gewebe, zusammengesetzt aus Tracheiden oder Tracheen ohne zytoplasmatischen Inhalt; es funktioniert als Röhrensystem und auf rein physikalische Art. Das Stoffleitgewebe des Phloems hingegen ist lebendes Gewebe, und der Stofftransport wird von Stoffwechselenergien gespiesen. Für Studien in vergleichender Anatomie mit dem Ziel, phylogenetischem Entwicklungsgut nachzuspüren, stehen in den beiden nach der Qualität verschiedenen Gewebetypen zwei Entwicklungswege gegenüber, die darzutun vermögen, wie verschiedenartig in der belebten Natur Strukturen und Funktionen übereinstimmen. Wegen dieser Besonderheiten fallen den strukturellen Ausbildungen der Kontakt-

Tabelle 16 Zusammenhänge zwischen der Zellänge und der Neigung der Endwände in Siebelementen von 349 Dikotyledonen (nach M. S. ZAHUR 1959).

Siebröhrenlänge µm	Anzahl Arten	Prozentualer Anteil an Arten, mit Siebplatten von den folgenden Längen (µm)		
		10–30	30–100	100 oder mehr
100–300	173	65	34	1
300–500	112	17	69	14
500 oder mehr	64	0	19	81

stellen zwischen den Siebelementen einerseits und zwischen Siebelementen, Geleitzellen und Parenchym andererseits ausschlaggebende Bedeutung zu. Der Aufbau von Siebfeldern und Siebplatten gibt nur Auskunft über den fixierten Zustand, der zytoplasmatische Anteil im Porensystem dieser Kontaktstellen ist für den Assimilattransport ebensowichtig wie das Porensystem selbst, sein nativer Zustand ist aber bis heute für Untersuchungen noch nicht zugänglich, weil selbst bei schonendem Eingriff in das Gewebe zur Probenentnahme gerade an den sensiblen Kontaktstellen Artefakte entstehen (M. H. ZIMMERMANN 1964). – Der Protoplast in den Siebelementen ist modifiziert: Der Zellkern wird aufgelöst, und nur die Nukleolen bleiben zurück, die Mitochondrien, Träger der wichtigsten Atmungsfermente, sind klein und geringer an der Zahl, und die Plastiden sind spezieller angelegt und mit einem Enzymsystem versehen, das Stärke von nur niedrigem Polymerisationsgrad aufzubauen vermag. KATHERINE ESAU (1969) fasst diese Veränderungen im Protoplasma der Siebelemente als «partielle Degeneration» im Zusammenhang mit einer Spezialisierung auf und schreibt dem Siebgewebe eher parenchymatischen Charakter zu. In den Angiospermen werden die Siebröhrenglieder ergänzt durch Geleitzellen, die sich aus derselben Kambiuminitiale differenziert haben wie das Siebelement, über einen vollständigen Protoplasten verfügen und somit in der Lage sind, im Stoffwechsel auf das Siebelement einzuwirken, und die nur so lange funktionstüchtig bleiben wie das Siebröhrenglied. Die Siebzellen der Gymnospermen verfügen als ursprünglichere Formen nicht über Geleitzellen; ihnen sind albuminöse Markstrahlparenchymzellen (Abbildung 76), sogenannte Eiweisszellen, zugeordnet, die hier Geleitzellenfunktionen übernehmen. Es wird von M. V. PARTHASARATHY (1966) allerdings auf die oft nur zufällig erscheinenden Unterschiede zwischen Siebzellen und Siebröhrengliedern aufmerksam gemacht und darauf hingewiesen, dass auch in diesem Falle eine phylogenetische Entwicklungsabhängigkeit nicht leicht zu erkennen sei. – Das leitende Phloemgewebe folgt von den Ursprüngen in den Blättern her den feinsten Zweigen in die Äste und den Stamm und weiter ins Wurzelwerk bis hinaus in die Haarwürzelchen (KATHERINE ESAU 1969); es wird in der Nähe von photosyntheseaktiven Organen früher vom Kambium ausdifferenziert als im Stamm oder im Wurzelwerk.

Die in der Photosynthese aufgebauten Assimilate sind wasserlöslich und verursachen ihren Konzentrationen entsprechende osmotische Veränderungen. Die synthetisierten Zucker werden während des Sprosswachstums in der Krone selbst verbraucht, in den Blättern an Ort und Stelle für kurze Zeit in Stärke umgelagert oder stammabwärts transportiert. Die Verteilung von Assimilaten in die zum Syntheseort benachbarten Gewebe erfolgt wahrscheinlich durch Diffusion von Zelle zu Zelle. Die Speicherung von Blattstärke bestimmt je nach der für die Pflanzenart charakteristischen Umlagerung von Zuckern in die wasserlösliche Amylose oder das wasserunlösliche Amylopektin den Verlauf des Assimilattransports: In den Amylosespeicherern unter den Pflanzen folgt die Ableitungskurve der Photosynthesekurve (Abbildung 77), in den Amylopektinspeicherern werden die Assimilate in der Nachtzeit während der Photosyntheseruhe transportiert. Der Phloemsaft enthält 20–30% Zucker, vorwiegend Saccharose; in einigen Holzarten wird ausschliesslich Saccharose transportiert (H. WANNER 1953, H. ZIEGLER 1956). M. H. ZIMMERMANN (1957 und 1958) hat in Untersuchungen des Siebröhrensaftes von 16 amerikanischen Baum- und Straucharten (Tabelle 17) festgestellt, dass keine Monosaccharide, keine Zuckerphosphate und keine reduzierenden Oligosaccharide transportiert werden; ausser Saccharose waren aber drei weitere Zucker der Raffinosefamilie der Oligosaccharide festzustellen: Raffinose, Stachyose und Verbascose (Abbildung 78), die sich jeweils durch einen zusätzlichen Galactoserest von Saccharose und untereinander unterscheiden. Ausser den erwähnten Zuckern werden von M. H. ZIMMERMANN (1969) noch die beiden Zuckeralkohole Mannitol (in *Fraxinus americana*, Manna-Esche) und Sorbitol (in *Pirus malus* und *Prunus* sp.) als Transportsubstanzen genannt und die zusammenfassende Bemerkung hinzugefügt: "One gains the impression that just about any water-soluble nutrient can move in the phloem." – Die Gewinnung von Phloemsaft ist schwierig: Jede Verletzung des geschlossenen Leitgewebes hat zur Folge, dass Wundhormone gebildet werden, Kallose oder Schleimpfropfen in den Siebelementen entstehen oder aus dem Umgebungsgewebe austretendes Wasser den Siebröhrensaft verdünnt. T. E. MITTLER (1957 und 1958) hat eine Methode zur Gewinnung von kleinen Mengen Siebröhrensaft entwickelt, in der er sich phloemsaftsaugender Aphiden bedient: Das Insekt trifft mit seinem Saugrüssel in eine einzelne Siebröhre (Tafel 13), nimmt von hier mehr Nahrung auf, als es ver-

---

Tafel 13 Phloemsaftgewinnung mit Hilfe von Aphiden (nach M. H. ZIMMERMANN 1961, Aufnahmen MARTIN ZIMMERMANN)

  1 Einstich einer Aphide (*Longistigma caryae* HARRIS) in einen Zweig der amerikanischen Linde. Das Insekt scheidet alle 30 Minuten einen Honigtautropfen ab.

  2 Austritt von Phloemsaft aus dem abgetrennten Saugrüssel einer *Longistigma*.

  3 Im Rindenquerschnitt durch die Einstichstelle erweist es sich, dass der Saugrüssel in eine einzelne Siebröhre eindringt (Vergr. 515:1).

Tafel 13: Phloemsaftgewinnung mit Hilfe von Aphiden

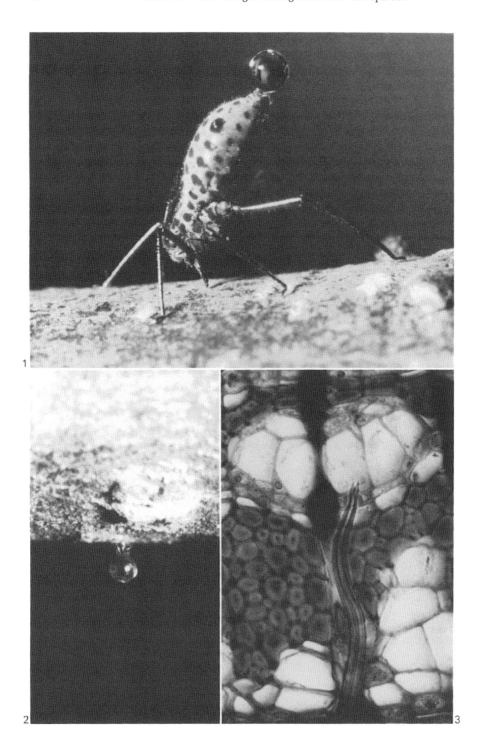

130   Biologie des Holzes

Tabelle 17   Phloemsaftzucker in amerikanischen Baum- und Straucharten
(nach M. H. ZIMMERMANN 1957); tr = Spuren.

Familie	Baumart	Saccharose	Raffinose	Stachyose	Verbascose
Salicaceen	*Populus tremuloides* Michx.	+++	tr	tr	–
Fagaceen	*Fagus grandifolia* Ehrh.	+++	tr	–	–
	Castanea dentata (Marsh.) Borkh.	+++	tr	–	–
	Quercus alba L.	+++	–	–	–
	Quercus prinus L.	+++	–	–	–
	Quercus rubra L.	+++	–	–	–
Ulmaceen	*Ulmus americana* L.	++	++	++	–
Magnoliaceen	*Liriodendron tulipifera* L.	+++	tr	tr	–
Rosaceen	*Prunus serotina* Ehrh.	+++	tr	–	–
Leguminosen	*Robinia pseudacacia* L.	+++	–	–	–
Aceraceen	*Acer pensylvanicum* L.	+++	tr	–	–
	Acer saccharum Marsh.	+++	–	–	–
Rhamnaceen	*Rhamnus cathartica* L.	+++	tr	tr	–
Tiliaceen	*Tilia americana* L.	+++	+	+	–
Nyssaceen	*Nyssa sylvatica* Marsh.	+++	tr	–	–
Oleaceen	*Fraxinus americana* L.	++	++	+++	tr

werten kann, und scheidet laufend kleine Tropfen aus (Honigtau). Wird einem anästhesierten Tier der Saugrüssel nach dem Einstich abgetrennt, so können aus der angezapften Siebröhre, in der ein Überdruck herrscht, noch während Stunden Exsudate gewonnen werden. P. E. WEATHERLEY, A. J. PEEL und

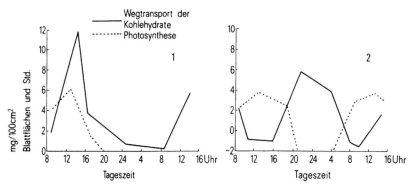

Abbildung 77   Wegtransport der synthetisierten Zucker aus den Blättern von Erbsen und Kartoffeln (nach V. TSCHESNOKOV und K. BAZYRINA 1930). *1* Erbse mit vorwiegender Amylosespeicherung (Amylose = wasserlöslich); die Ableitungskurve folgt der Photosynthesekurve. *2* Kartoffel mit vorwiegender Amylopektinspeicherung (Amylopektin = wasserunlöslich), die Photosyntheseprodukte werden tagsüber gespeichert, nachts abgeleitet.

G. P. HILL (1959) haben für ihr Experiment mit einem geringelten Weidenstämmchen die Eigenart ausgenützt, dass eine Aphide ihren Saugrüssel direkt in eine Siebröhre vorstösst. Durch seitlich je 3 mm neben einer Aphidenzapfstelle (a) in der Längsachse geführte Schnitte (Abbildung 79) ist der Saftaustritt nicht gestört worden; mit dem quergestellten Schnitt (b) in 6,5 cm Entfernung hingegen wird die Exsudation gestört und bei geringerem Abstand (c) ganz unterbunden. Damit konnte der Nachweis für den axialen Transport im Phloem erbracht werden; es ist bekannt, dass sich der Phloemsaft seitlich (in tangentialer Richtung) nur in ganz geringem Masse ausbreiten kann (M.H. ZIMMERMANN 1960). Der Phloemtransport erfolgt immer vom Orte der Zuckersynthese oder des Stärkeabbaus an den Ort des Zuckerverbrauchs: Meistenfalls ist die Transportrichtung basipetal, sie kann aber durchaus auch akropetal sein. E. MÜNCH (1930) hat, um den akropetalen Transport nachweisen zu können, einen Zweig mit drei Äpfeln so geringelt, dass der mittlere Apfel vom Phloemsaftstrom der oberen und unteren Astteile isoliert wurde (Abbildung 80). Dieser Apfel konnte sich nicht weiterentwickeln; der Apfel *a* ist durch die basipetale Verfrachtung von Assimilaten, der Apfel *c* durch akropetale voll zur Ausbildung gelangt. – Die Geschwindigkeit des absteigenden Saftstroms liegt in der Grössenordnung von 20 bis 100 cm/h. Sie wird bestimmt durch Messungen der Siebröhrensaftkonzentration in verschiedenen Baumhöhen. Dabei ergeben sich methodische Schwierigkeiten, besonders im Abgrenzen der Einflüsse des Xylemwassers: M.H. ZIMMERMANN (1969) hat in der Berechnung des Konzentrationsverhältnisses von Raffinose–Stachyose einen genial-einfachen Weg gefunden, um die Konzentrationsstörungen durch den Transpirationsstrom zu vermeiden (Abbildung 81). Vergleicht man in den Gradientenkurven der Konzentrationsverhältnisse im abfallenden Ast die Verhältniszahl 0,22 der Achtuhrkurve mit der Elfuhrkurve, so stellt man für das Zeitintervall von drei Stunden eine Wegstrecke von 2,10 m fest. Daraus berechnet sich eine Geschwindigkeit von 70 cm/h. Zu beachten ist auch, dass

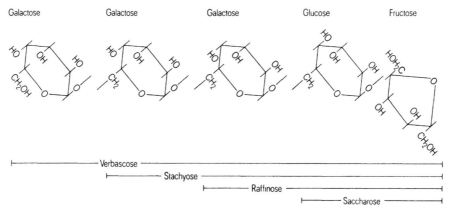

Abbildung 78   Raffinosefamilie der Oligosaccharide (nach M.H. ZIMMERMANN 1958).

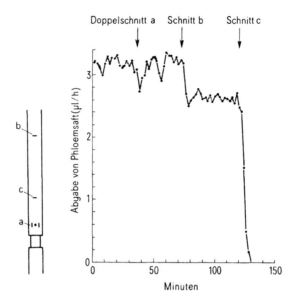

Abbildung 79   Axialer Transport im Phloem (nach P. E. WEATHERLEY, A. J. PEEL und G. P. HILL 1959). In einem geringelten Weidenstämmchen wird links und rechts von einer Aphiden-Einstichstelle in 3 mm Abstand längs eingeschnitten (a), ferner wird quer eingeschnitten in 6,5 cm Entfernung (b) und in 2 cm (c). Durch die Schnitte a und b wird die Abgabe von Phloemsaft kaum gestört; die Zapfstelle versiegt nach dem nahe gelegenen Schnitt c rasch.

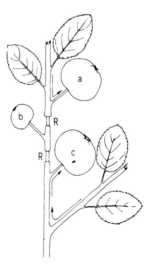

Abbildung 80   Nachweis des akropetalen Transports durch Ringelung an den beiden Stellen R (nach E. MÜNCH 1930). Der isolierte Apfel b kann sich nicht entwickeln, der Apfel a wird basipetal ernährt, der Apfel c akropetal.

die Elfuhrkurven von zwei aufeinanderfolgenden Tagen parallel verlaufen. – Geschwindigkeiten des Saftstroms in der Grössenordnung von 20 bis 100 cm/h schliessen die molekulare Diffusion als Antriebskraft für den Transport eindeutig aus. Diffusion von Zuckern aus Lösungen hoher Konzentration in schwachkonzentrierte mag die Stoffverlagerung von Zelle zu Zelle bestimmen, nicht aber den Transport auf lange Distanzen. Diese Überlegung wird vollends gesichert, wenn die transportierten Zuckermengen in Betracht gezogen werden. M. H. ZIMMERMANN (1971) setzt sich in seiner Darstellung des Phloemtransports eingehend mit den vielen Theorien, die das Transportphänomen zu klären versuchen, auseinander; er sichtet die umfangreiche Literatur und kann vor allem Ergebnisse seiner eigenen, weitfassenden Transportarbeiten interpretieren. Seine zusammenfassenden Bemerkungen erwähnen: "The quest for the mechanism of transport in general, and MÜNCH's pressure-flow hypothesis in particular, has had a very stimulating effect upon research. This is the justification for having presented in somewhat more detail the proposed mechanisms. The present state of knowledge may now be briefly summarized as follows. There is good evidence indicating that transport is taking place in the form of a flowing solution. Evidence contradicting this is very shaky, even though the mass-flow concept has many opponents. The question of the driving force is still unsettled, however. Mass flow does not have to be pressure flow; there are numerous other possibilities. In principle, the question is whether the driving force is seated along the side walls of the sieve tubes, or at the sieve plates. If the driving force acts along the side walls, and FORD and PEEL's (1966) findings indicate that this is the case, then the sieve plates would be mere resistances to flow. If the driving force is located at the sieve plates, solution would be forced across pores in a more direct way, such as SPANNER's (1958) electro-osmotic theory. There is not

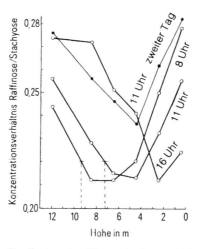

Abbildung 81   Gradienten der Konzentrationsverhältnisse Raffinose–Stachyose in Abhängigkeit der Stammhöhe in *Fraxinus* (nach M. H. ZIMMERMANN 1969). Messungen vom 7. September (○) und 8. September (●) 1966.

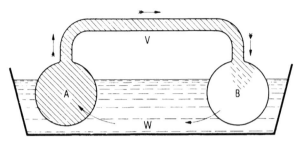

Abbildung 82 Münchs Druckstromversuch (aus: B. HUBER 1956). Werden zwei osmotische Zellen, die eine mit hoher Lösungskonzentration (*A*), die andere mit niedriger (*B*) in Wasser (*W*) gestellt und miteinander verbunden (*V*), so strömt innerhalb des osmotischen Systems ‹Saft› (schraffiert) in der Richtung der gefiederten Pfeile von den Orten hoher zu denen niedriger Konzentration, ausserhalb des osmotischen Systems Wasser in Richtung der einfachen Pfeile von den Orten niederer zu denen hoher Konzentration. *A* entspricht den assimilierenden Zellen, *B* den Assimilate verbrauchenden Zellen.

as yet a final answer to these questions." Nach E. MÜNCH (1930) gleicht die Pflanze einem geschlossenen osmotischen System. Darin werden die Zucker und die anderen wasserlöslichen Substanzen in einem Konvektionstransport verfrachtet. Die Trägersubstanz Wasser bringt die gelösten Stoffe durch die Phloemleitbahnen aus den Produktionsorten an die Verbrauchsorte und wird dort im aufsteigenden Xylemstrom an den Kreislauf angeschlossen. Es ist damit zu rechnen, dass etwa 5% der transpirierten Wassermengen eigentliches Konvektionswasser aus dem Phloem sind. E. MÜNCH hat seinen Überlegungen das in Abbildung 82 dargestellte Experimentierschema zurechtgelegt: Werden zwei semipermeable Behälter *A* und *B* fest miteinander verbunden und in ein Wasserbad gestellt, so wird die hohe Lösungskonzentration durch Wassereintritt verdünnt, das System beginnt zu strömen, bis in *B* ein Konzentrationsgleichgewicht zu *A* hergestellt ist. Wird nun *A* dem Ort der Zuckersynthese gleichgestellt und *B* dem Ort des Zuckerverbrauchs, dann bestimmen die Syntheseintensität wie die Verbrauchsintensität das Mass des Konvektionstransports; der Transport wird reguliert. In der Pflanzenzelle mit hoher Zuckerkonzentration wird der Turgor durch Wassereintritt erhöht, während aus der Zelle, in der Zucker zum Aufbau veratmet oder durch Polymerisation in Stärke umgewandelt wird, Wasser austritt und der Turgor sinkt: Die Siebröhren müssen in der Längsrichtung durchlässig sein für Zuckerlösungen und in den Seitenwänden semipermeabel. Diese Voraussetzungen dürfen auf Grund der Experimente mit Aphiden (M.H. ZIMMERMANN 1971) als erwiesen gelten, wobei die Bedeutung und das Funktionieren der Siebplatten, das heisst der Querwände im Siebröhrensystem, noch nicht vollständig gedeutet werden kann; man vermutet elektro-osmotische Kräfte, die den Transport über die Querwände hinweg beschleunigen. – Nach Verwundungen des Leitgewebes im Phloem oder bei der natürlichen Funktionsenthebung werden die Siebröhren durch Kallose oder

Schleimpfropfen verstopft. Ein Lufteinbruch in das System hätte neben dem Embolieeffekt Wasseraustritt zur Folge und damit Rückgriffe auf die Speicherstoffe zur Erhaltung des osmotischen Systems. Daraus erhellt die viel sensiblere Funktion des lebenden Phloems verglichen mit dem Xylem, dem eine grundsätzlich verschiedene Funktionsqualität zukommt.

Die Speicherung von Assimilaten ist in allen lebenden Zellen im Rinden- und Holzkörper denkbar; die Siebelemente im Phloem oder die in Teilung und Differenzierung stehenden Gewebe des Kambiums sind allerdings wenig dazu geeignet. Den Hauptanteil der Speicherung übernehmen die eigentlichen Speichergewebe im Phloem und Xylem, das Strangparenchym- und das Markstrahlsystem. Beide Gewebesysteme sind, räumlich gesehen, in enger innerer Verbindung und Verflechtung (M. H. ZIMMERMANN 1971, H. H. BOSSHARD und L. KUČERA 1973 und 1973a) untereinander und mit dem Wasserleitgewebe. Die Markstrahlen übernehmen Assimilate aus dem Phloemleitgewebe für den radialen Transport gegen das Kambium und das Xylem, und die Mobilisierung der Stärke erfolgt über dieselben Verbindungswege. Nach H. ZIEGLER (1964) sind Hinweise vorhanden, dass die Zucker aus den Siebröhren über die Geleitzellen und aus den Siebzellen über die albuminösen Zellen an die Markstrahlen abgegeben werden. Die entsprechenden Umlagerungen können mit Sekretion verglichen werden und sind in jedem Falle energieverzehrende Stoffwechselvorgänge. Der Stoffwechsel in einzelnen Zellen ist ein mehr oder weniger verzweigtes, meist geschlossenes Reaktionssystem. Die Speicherung stellt innerhalb dieser Reaktionskette eine Anhäufung eines Zwischen- oder eines Endprodukts dar und ist im wesentlichen abhängig vom Enzymsystem einer Zellart oder eines Zellgewebes. Das Enzymsystem ist biogenetisch charakterisiert: Je nach Pflanzenart werden verschiedene Stoffe gespeichert, im Falle der Stärkespeicherung entweder vorwiegend Amylose oder hauptsächlich Amylopektin. Die Amylose ist wasserlöslich, färbt mit Chlorzinkjod blau und schmeckt süss, während das Amylopektin wasserunlöslich und geschmacklos ist, bei Berührung mit heissem Wasser quillt und mit Chlorzinkjod violett färbt.

$$\text{Glukose} \underset{\alpha\text{-Amylase}}{\overset{\text{Phosphorylase}}{\rightleftharpoons}} \text{Glukose-1-phosphat} \underset{\beta\text{-Amylase}}{\overset{Q\text{-Enzym}}{\rightleftharpoons}} \text{Amylose} \rightleftharpoons \text{Amylopektin}$$

In der Zelle entsteht beim Umbau von Zucker zu Stärke zunächst Glukosephosphat, das dann unter Einwirkung von Phosphorylase zu Amylose und in Gegenwart des Q-Enzyms zum Amylopektin umgelagert wird. Der ganze Vorgang ist reversibel und somit auch an die abbauenden Fermente β-Amylase und α-Amylase gebunden. Damit unter diesen Bedingungen ein Stärkeaufbau überhaupt möglich wird, sind die synthetisierenden Enzyme und ihre Produkte in den Plastiden geschützt durch die eiweissreiche Plastidenmembran vor der hydrolysierenden Wirkung der Plasmafermente. Vor dem Abbau der Stärke und der Umlagerung in Zucker müssen die eiweissreichen Plastidenmembranen erst durch proteolytische Enzyme zerstört werden. Je nach der genetischen Information der Speicherzelle wird in der Pflanze die Stärke zu einem grösseren

Anteil in Form von Amylose oder in Form von Amylopektin gespeichert. Das Enzymsystem, das die Amylose zu Amylopektin weiter synthetisiert, kann in einzelnen Pflanzen aus genetischen Gründen blockiert sein; dementsprechend sind Unterschiede in der Art und dem Aufbau der Speicherstärke vorwiegend durch endogene Faktoren bestimmt. Die artspezifischen Unterschiede im Fermentsystem können auch dahin wirken, dass entweder vorwiegend Stärke oder vorwiegend Fette gespeichert werden (Tabelle 18), wobei aber die Grenzen zwischen Stärkespeicherern und Fettspeicherern nicht eng fixiert sind. Äussere Einflüsse, vor allem die tiefe Temperatur (H. ZIEGLER 1964), födern die Umlagerung von Kohlenhydraten in Fette. Da die Wurzeln weniger tiefen Temperaturen ausgesetzt sind, ist zu verstehen, dass hier eher Stärke gespeichert wird als Fett. – Die jahreszeitlichen Schwankungen im Stoffhaushalt der Bäume hängen direkt zusammen mit der unterschiedlichen Baumaktivität. Für den Ausbau der Krone in laubwerfenden Holzarten werden grosse Mengen an Speicherstoffen verbraucht, während das Dickenwachstum grösstenteils durch direkte Assimilatzuschüsse gefördert wird. Den bis heute noch massgebenden Untersuchungen über den Stoffhaushalt von Buchen während eines Jahres (Abbildung 83) von E. GÄUMANN (1935) ist zunächst zu entnehmen, dass die Schwankungen in der Rinde wesentlich beträchtlicher sind als im Holz. In bezug auf den Kohlenhydrat- wie den Fetthaushalt sind die Rinden im gefrorenen Winterzustand relativ (bezogen auf die Trockensubstanz) am nährstoffreichsten. Nach dem Auftauen und noch vor dem Laubausbruch werden Aufbaustoffe verlagert in die Krone. Während des Laubausbruchs erfolgt eine enorme chemische Arbeit im Stamm: Anfänglich werden pro Tag durchschnittlich 400 g Blatt- und Zweig-Trockensubstanz neu gebildet, von Mitte bis Ende Mai sind es mindestens 1100 g täglich. Den Wasserbedarf für die vollständige Ausbildung der Krone gibt GÄUMANN mit 180 kg an,

Tabelle 18   Klassierung einiger Baumarten nach den Reservestoffen in Zweigen und Ästen (nach E. W. SINNOTT 1918).

Vorwiegend Fette speichernd	Fette und Stärke speichernd	Vorwiegend Stärke speichernd
Aesculus	*Betula* (einige Arten)	*Acer*
Betula (einige Arten)	*Juglans* (einige Arten)	*Carpinus*
Juglans (einige Arten)	*Populus* (einige Arten)	*Castanea*
Populus	*Prunus*	*Fagus*
Tilia	*Robinia*	*Fraxinus*
Pinus	*Salix*	*Ilex*
Picea	*Sambucus*	*Platanus*
Pseudotsuga	*Abies*	*Quercus*
Tsuga		*Ulmus*
Taxus		

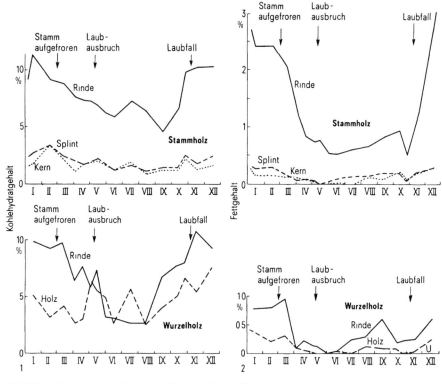

Abbildung 83   Jahreszeitlich bedingte Veränderungen des Kohlenhydratgehalts (*1*) und des Fettgehalts (*2*) in Buche (nach E. GÄUMANN 1935).

den Kohlenhydratbedarf mit ungefähr 37 kg. Durch das Blühen und Fruchten der Buchen verbraucht der Baum rund 40–50mal so viel Kohlenhydrate, Eiweiss und Fette als normal; so versteht man, dass in diesen Jahren der Holzzuwachs beeinträchtigt wird. Die Kurve des relativen Kohlehydratanteils in der Rinde steigt im Sommer noch einmal an, um dann einige Wochen vor dem Laubfall den Minimalwert zu erreichen. Ein ähnliches Kurvenbild ist bei den Veränderungen des Fettgehalts festzustellen, einzig mit einer geringfügigen zeitlichen Verschiebung. – Im Holzkörper des Stammes selber sind weniger Nährstoffe eingelagert, und ihre Veränderungen gleichen höchstens in den beiden Maximalwerten den Kurven von Rindenmaterial. Die Unterschiede zwischen Kern- und Splintholz sind in der Buche offenbar auch nicht sehr ins Gewicht fallend. – Die Wurzeln weisen nach den Messungen von E. GÄUMANN (1935) einen recht hohen relativen Anteil an Kohlenhydraten im Holzkörper auf: etwa doppelt soviel wie im Stammholz, während der relative Fettgehalt etwa derselben Grössenordnung entspricht. Gesamthaft gesehen sind im Baum 80% der Kohlenhydrate im Holzteil gespeichert, wovon etwa die Hälfte im Splintholz, 18% der Kohlenhydrate sind in der Rinde eingelagert und etwa 2% in den Zweigen. Von den Fetten und Fettsäuren sind rund 60% im Stammholz vorhanden, und zwar zu ²/₃ im Kernholz. Von den Rohproteinen enthält das Stammholz ungefähr 70%, wovon mehr als die Hälfte im Kernholz. Diese Stoffverbindungen sind fast vorwiegend in Form von reinen Proteinen vorhanden. Die Tabelle 19 gibt den Nährstoffgehalt von Buchen im Winterzustand an und bezieht sich auf Stamm-, Ast- und Wurzelholz. Die Knospen sind selbst im Winterzustand hinsichtlich des Stoffhaushalts verschieden; schon in den Wintermonaten vom Oktober bis Januar–Februar weisen sie eine hohe Stoffwechselaktivität auf. Offenbar werden auch in dieser Zeit andauernd Reservestoffe veratmet; da aber keine oder nur wenig neue Stoffe in die Knospen zugeleitet werden, hat diese Veratmung feststellbaren Gewichtsverlust und Volumenschwindung zur Folge.

Der Stofftransport und die Stoffspeicherung sind Lebensvorgänge des Baumes, die das Zusammenspiel von Struktur und Funktion besonders deutlich werden lassen. In ihrer wechselseitigen Wirkung können sie erst dann besser verstanden werden, wenn der aufsteigende Saftstrom in die Betrachtung miteinbezogen wird.

1.32   Wassertransport und Wasserhaushalt

1.321   Wassertransport im Xylem

Von allen Stoffwechselvorgängen ist derjenige des Wasseraustausches der intensivste (B. HUBER 1956). Die Transpiration der Pflanze – die Abgabe von Wasserdampf aus den gespreiteten Blattflächen an die Luft – geht zwar im

Tabelle 19   Durchschnittlicher Nährstoffgehalt beinahe blühreifer Buchen im Winter (nach E. GÄUMANN 1935).

Material	Trocken-gewicht kg	Kohlen-hydrate %	kg	Fette und Fettsäuren %	kg	Roh-protein %	kg
Zweige	10	8,2	0,8	1,5	0,2	5,8	0,6
Astrinde	10	8,4	0,8	1,5	0,2	5,9	0,6
Astholz	130	3,6	4,7	0,1	0,1	1,5	2,0
Stammrinde	75	9,7	7,3	2,5	1,9	5,4	4,1
Stammsplintholz	300	2,5	7,5	0,3	0,9	1,1	3,3
Stammkernholz	1100	2,0	22,0	0,2	2,2	0,9	9,9
Wurzelrinde	20	9,7	1,9	0,8	0,2	5,1	1,0
Wurzelholz	130	5,2	6,8	0,3	0,4	1,3	1,7
Total	1775	2,9	51,8	0,3	6,1	1,3	23,2

Funktion des Baumes

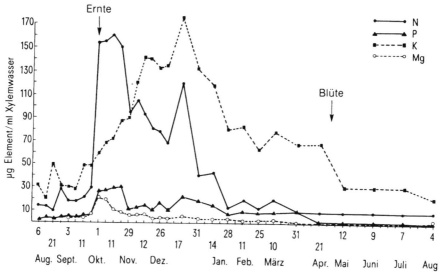

Abbildung 84 — Jahreszeitliche Veränderung des Mineralstoffanteils (Stickstoff, Phosphor, Kalium und Magnesium) im Xylemwasser eines Apfelbaums (nach E.G. BOLLARD 1958).

Wechsel zur Aufnahme von Kohlendioxid, aber in verschiedenen Maßstäben vor sich. In der Zeit, in der die Blätter aus dem Kohlendioxid der Luft 1 g Trockensubstanz aufbauen, werden über die gleiche Fläche 200 bis 1000 g Wasser an die Atmosphäre abgegeben, weil die Luft viel mehr Wasserdampf aufnehmen kann, als sie Kohlendioxid enthält. Transpiration ist immer gekoppelt mit Assimilation; sie ist auch verbunden mit dem Transport von Nährsubstanzen und geringen Mengen Kohlendioxid aus dem Boden. Der Anteil von Nährsalzen, der im Transpirationsstrom gefördert wird, unterliegt jahreszeitlichen Schwankungen (E.G. BOLLARD 1958, Abbildung 84); er mag im Durchschnitt etwa 1 g pro Liter transportiertes Wasser betragen. Die im Laufe eines Tages von der Pflanze geförderten Wassermengen sind verschieden: Nach B. HUBER (1956) gibt zum Beispiel eine Sonnenblume täglich 1–2 l Wasser durch den Transpirationsstrom an die Atmosphäre ab, vorausgesetzt, dass schönes, warmes Wetter herrscht; eine einzelne Birke etwa 50 l, eine Hektare Buchenwald 30 000 l täglich. Man versteht, dass die Pflanzen der trockenen Gebiete spezielle Vorrichtungen zum Transpirationsschutz besitzen, wie dicke Epidermen, versteckte Spaltöffnungen oder verkorkte Lentizellen. Wenn zu wenig Wasser im Boden zur Verfügung steht, muss der Transpirationsschutz vorbeugen, dass nicht Wasser aus dem Pflanzenkörper an die Luft abgegeben wird. Der Transpirationsstrom fördert die Nährstoffversorgung, die aktive Aufnahme von Wasser und Nährsalzen durch die Wurzel; die Wasseraufnahme geht aber auch nach stillgelegter Transpiration weiter. Deshalb sind die Wurzeln meist reicher an Nährsalzen als das Bodenwasser selbst. Dasselbe gilt auch für Kohlendioxid, das nur in geringen Mengen im Bodenwasser gelöst ist, in der im Holzkörper eingeschlossenen Luft aber bis zu 26% angereichert wird (Luft enthält normalerweise 0,03% Kohlendioxid). Es ist somit anzunehmen, dass ein kleiner Anteil der Assimilation auf Grund des Kohlendioxidangebots erfolgt, das durch den Transpirationsstrom in die Krone verfrachtet wird. Assimilation und Transpiration stehen in einem engen, gegenseitigen Zusammenhang (Abbildung 85). Dies zeigt sich auch in der übereinstimmenden Tendenz beider Kurven, indem die mittägliche Ruhepause in beiden Stoffwechselvorgängen denselben Rhythmus hervorruft. Es können nicht nur äussere Gründe sein, welche der Pflanze zu dieser eigenartigen Mittagsruhe verhelfen, wie etwa allzustarke Sonneneinstrahlung und damit verbunden ein zeitweiliges Schliessen der Spaltöffnungen, sondern es wird vermutet, dass sich in dieser Zeit eine gewisse Regeneration des Assimilationsapparats vollzieht.

Die Geschwindigkeit des Transpirationsstroms hängt ab vom strukturellen Ausbau des Wasserleitgewebes: In einfach organisierten Pflanzen wie zum Beispiel den Moosen beträgt sie nur etwa 1–2 m/h, in hochentwickelten wie zum Beispiel den Lianen bis 150 m/h (Tabelle 20). Diese Angaben lassen vermuten, dass auch innerhalb der Holzarten Unterschiede festgestellt werden können in der Transpirationsgeschwindigkeit je nach dem Ausbau des wasserleitenden Gewebes. Nach den in Tabelle 21 enthaltenen Resultaten von Messungen der Höchstgeschwindigkeiten des Transpirationsstroms stehen die ringporigen Laubhölzer an der Spitze vor den zerstreutporigen. Der Tagesgang der Transpirationsgeschwindigkeiten wird in Abbildung 86 dargestellt. Nach einem Stillstand in der Transpiration in den frühen Morgenstunden steigen die Strömungsgeschwindigkeiten rasch auf die mittäglichen Höchstwerte an und fallen dann ebenso rasch wieder ab. Es lässt sich diesen Kurven entnehmen, dass artbedingte Unterschiede bestehen. Die Strömungsgeschwindigkeiten sind aber auch innerhalb eines Baumes selbst verschieden (Abbildung 87), wobei darauf zu achten ist, dass beispielsweise in der Eiche in Ästen und Zweigen die relative Leitfläche (= Quotient der leitenden Xylemfläche zur Blattoberfläche) grösser

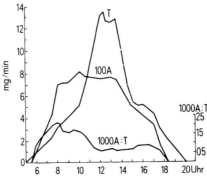

Abbildung 85 Tagesgang von Assimilation (*A*) und Transpiration (*T*) sowie des Verhältnisses beider (*A*:*T* = Produktivität der Transpiration) bei einem Malvenblatt (nach W. Koch 1957).

ist als im Stamm; in der Birke ist es gerade umgekehrt, indem hier die relative Leitfläche gegen die Krone zu abnimmt. Die Angaben über Transpirationsgeschwindigkeiten müssen somit in Zusammenhang gebracht werden mit der relativen Leitfläche. – Nach Beobachtungen von K. LADEFOGED (1952) wird in zerstreutporigen Holzarten das gesamte Wasser in den äussersten 20 Jahrringen geleitet, wobei auf den äussersten Ring zunächst dem Kambium etwa 10% entfallen. In ringporigen Holzarten hingegen nehmen nur noch etwa die 4–5 äussersten Ringe am Wassertransport teil, wobei 75% der Wassermenge im äussersten Jahrring transportiert werden. – Die Frage nach den Kräften, die hinter dem ganzen Transpirationsgeschehen zu suchen sind, beschäftigt die Physiolo-

Tabelle 20   Die mögliche Höchstgeschwindigkeit in m/h des Transpirationsstroms verschiedener Pflanzentypen (nach B. HUBER 1956).

Pflanzentyp	Transpirationsgeschwindigkeit in m/h
Moose	1,2– 2,0
Immergrüne Nadelhölzer	1,2
Lärche	1,4
Mediterrane Hartlaubarten	0,4– 1,5
Zerstreutporige Laubholzarten	1 – 6
Ringporige Laubholzarten	4 –44
Krautige Pflanzen	10 –60
Lianen	150

Tabelle 21   Mittägliche Höchstgeschwindigkeiten des Transpirationsstroms in ring- und zerstreutporigen Holzarten (nach B. HUBER 1956).

Ringporige Holzarten	Transpirationsgeschwindigkeit m/h	Mittlerer Durchmesser der Frühholzgefässe μm	Zerstreutporige Holzarten	Transpirationsgeschwindigkeit m/h	Mittlerer Gefässdurchmesser μm
Quercus robur	43,6	200–300	Populus balsamifera	6,3	80–120
Robinia pseudacacia	28,8	160–400	Juglans regia	4,1	120–160
Quercus rubra	27,7	250	Tilia tomentosa	3,4	25– 90
Fraxinus excelsior	25,7	120–350	Salix viridis	3,0	80–120
Castanea vesca	24,0	300–350	Acer pseudoplatanus	2,4	30–110
Ailanthus glandulosa	22,2	170–250	Alnus glutinosa	2,0	20– 90
Carya alba	19,2	180–300	Betula verrucosa	1,6	30–130
Ulmus effusa	6,0	130–340	Fagus silvatica	1,1	16– 80

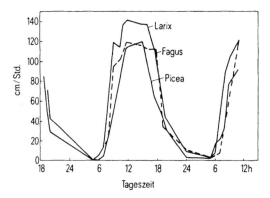

Abbildung 86   Tagesgang der Geschwindigkeiten des Transpirationsstroms in *Picea, Larix* und *Fagus* (nach A. Schubert 1939).

gen seit über 200 Jahren. Es ist tatsächlich nicht einfach zu erklären, wie Wasser in den höchsten Bäumen über 100 m transportiert wird. Während man anfänglich diese Wasserbewegung vom lebenden Gewebe im Holz abhängig glaubte, hat sich schon sehr bald die Auffassung durchgesetzt, dass es sich dabei um einen rein physikalischen Vorgang handle (M. H. Zimmermann 1971). – Positive Druckspannungen (Wurzeldruck), welche von den Wurzeln aus Wasser in den Stamm pumpen, sind nur in wenigen Holzarten zu beobachten und hier einzig

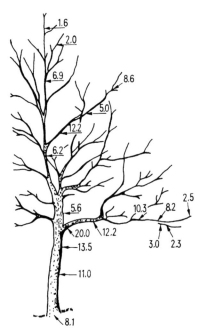

Abbildung 87   Geschwindigkeitsverteilung des Transpirationsstroms in einer Eiche (Zahlenangaben in m/h, nach B. Huber und E. Schmidt 1937).

im späten Winter und frühen Frühling. Während des Sommers wird auch in diesen Holzarten das Wasser aus der Wurzelregion in die Krone gezogen; das Xylem steht dabei unter negativer Druckspannung (Unterdruck). Bei einsetzender Transpiration am frühen Morgen wird Wasserdampf aus den Spaltöffnungen abgegeben. Diese Wasserabgabe bewirkt einen Sog auf die umliegenden Gewebe, welche das in Zellwänden und Zellräumen enthaltene Wasser an die Transpirationsstellen abgeben. Dadurch schrumpft das Volumen des Blatt-, Zweig- und schliesslich Astgewebes zusammen. Über diese täglichen Volumenschwankungen, die übrigens Zuwachsmessungen mit Dendrometern sehr erschweren, weiss man schon recht lange Bescheid, und es gelingt auch, sie leicht zu überprüfen. Es wird dabei deutlich, dass die Volumenabnahme in der Kronengegend beginnt, sich allmählich gegen den Stammfuss fortsetzt und sich dann ausgleicht, sobald wieder genügend Wasser nachgeflossen ist. Ermöglicht wird diese Strömung durch Kohäsionskräfte: Das Wasser wird passiv gegen einen Druckgradienten durch die ganze Pflanze bewegt, wobei der bei der Transpiration entstehende Sog als ‹Hauptpumpwerk›, der in den Wurzeln in einigen Holzarten wirkende Wurzeldruck als ‹Nebenpumpwerk› aufgefasst werden kann. Zur Darstellung der Mechanik des Transpirationsstroms betrachtet man zunächst den Druckgradienten bei so niedrigen Strömungsgeschwindigkeiten, dass die Reibungskräfte vernachlässigt werden dürfen, eine Bedingung, die etwa in einer regnerischen Nacht erfüllt ist (M.H. ZIMMERMANN 1971). Angenommen, der herrschende Wasserdruck in einer Gefässzelle auf Bodenhöhe sei 1 bar, so misst man auf 10 m Höhe den Druck 0 bar, in 20 m Höhe −1 bar (Zugspannung von 1 bar) und in 100 m Höhe −9 bar. Sobald das Wasser zu strömen beginnt, muss wegen der Reibung der Druckgradient grösser werden als 0,1 bar/m. Nach dem HAGEN-POISEUILLEschen Gesetz können die notwendigen Kräfte zur Bewegung von Wasser durch Kapillaren berechnet werden. Daraus wird ersichtlich, dass zusätzliche 0,05 bar/m erforderlich sind für volle Transpirationsbedingungen, so dass an einem wolkenlosen Sommertag der Druckgradient 0,15 bar/m betragen wird. Die effektiven Zugspannungen in 100 m Höhe variieren dann zwischen −9 bar und −14 bar. Bei sehr grosser Trockenheit kann die Zugspannung noch weiter zunehmen, wobei allerdings die Pflanze im Transpirationsschutz ein Mittel besitzt, damit nicht zu hohe Unterdrücke entstehen. − Die Kohäsionstheorie kann natürlich nur zutreffen, wenn erwiesen ist, dass die hydraulische Zugspannung des Wassers gross genug ist, um die Wassersäulen in den Kronen der höchsten Bäume zu halten. Die Bestimmung dieser Grösse ist allerdings sehr schwierig, und es existieren auch unterschiedliche Angaben. Nach vorsichtigen Überlegungen und auf Grund von Experimenten darf als sicher gelten, dass die Kohäsionskräfte Werte von −20 bar übersteigen. − Flüssigkeitssäulen unter Zugspannungen werden als unstabile Systeme betrachtet, und trotzdem scheint das Wasserleitsystem des Holzes äusserst stabil zu sein. Diese Stabilität ist in der Anatomie des Holzes begründet: Wenn aus irgendeinem Grund Luft in ein Gefäss einbricht, so wird es sofort verschlossen und funktionsuntüchtig. Diese Möglichkeit von Luftembolien besteht tatsächlich recht häufig, da in kalten Wintern auch das Wasser in den Gefässen einfriert. Dabei wird das im flüssigen Zustand gelöste Gas des Baumwassers in Blasen ausgeschieden. Die Möglichkeit für eine Baumart, kalte Gebiete zu besiedeln, hängt damit unter anderem auch ab von den Möglichkeiten, wie dieses Phänomen bewältigt werden kann. In ringporigen Holzarten weiss man, dass jedes Jahr neue Frühholzgefässe angelegt werden, die sozusagen den ganzen Wasseranteil transportieren; in zerstreutporigen Holzarten ist die wasserleitende Fläche im Stammquerschnitt wesentlich grösser. Zudem werden hier die Gefässe im Frühjahr durch aktiven Wurzeldruck neu mit Wasser gefüllt, und in den Nadelholzarten verhindern die geschlossenen Tracheiden mit den feinen Hoftüpfeln die Migration von Gasblasen von einer Zelle zur andern; die feinen Bläschen werden in den einzelnen Tracheiden zurückgehalten, so dass ihr Gasanteil beim Auffrieren des Zellwassers meist wieder gelöst wird. Der behöfte Tüpfel ist also weniger auf die Ventilwirkung hin gebaut, sondern auf die *Verschlussfunktion* hin.

1.322   Wasserhaushalt im stehenden Baum

Der Wasserhaushalt im stehenden Baum unterliegt jahreszeitlichen Schwankungen, wie aus Untersuchungen an verschiedenen Holzarten hervorgeht (R. D. GIBBS 1957). In Abbildung 88 wird am Beispiel von *Betula populifolia* dargestellt, dass zur Zeit des Knospenbruchs im Stamm und in den Zweigen viel Wasser eingelagert ist. Während des Sommers wird eine stete Abnahme der Wassermenge in der Rinde und im Holzkörper beobachtet, in der Rinde hauptsächlich zufolge von Verdunstungseffekten und im Holz deshalb, weil sehr oft zusammenhängende Wasserfäden in den Gefässen abbrechen, so dass dem Transpirationssog immer kleinere Bezirke zur Verfügung stehen. Zur Zeit des Laubfalls ist der Wassergehalt minimal. Im Spätherbst werden die Reservoirs wieder aufgefüllt, weil die Wurzeln noch aktiv sind, die Krone aber nicht mehr transpiriert. Im Verlauf des Winters bleibt sodann der Wasserhaushalt mehr oder weniger konstant mit Ausnahme von Wintertagen, die das Zweig- und Stammaterial so zu erwärmen vermögen, dass Wasser verdunstet, während die Wurzeln im gefrorenen Boden keinen Wassernachschub leisten können. Es ist ferner festzustellen, dass in Rinde und Holz die Schwankungen etwa gleich sind. Bei sehr hohem Wassergehalt im Holz weist auch die Rinde viel Feuchtigkeit auf. Aus Messungen in verschiedenen Holzarten und verschiedenen Baumteilen und Stammhöhen kann geschlossen werden, dass der Wasserhaushalt in sich fremden Arten ganz verschieden ausfällt, in verwandten Arten aber zeitlich gut koinzidiert. Das kann im Vergleich von *Betula* mit *Salix* und *Populus* (Abbildung 88) überprüft werden an der Art und Weise der Wasserführung von Rinde und Holz: In *Salix* entspricht einem mehr oder weniger trockenen Holz eine äusserst nasse Rinde; darin unterscheidet sich diese Art deutlich von der Birke, entspricht aber der ihr verwandten Pappel. Zusammenfassend sei festgehalten, dass die jahreszeitlichen Schwankungen des Wassergehalts artspezifisch sind: In sich fremden Arten sind sie verschieden, in ver-

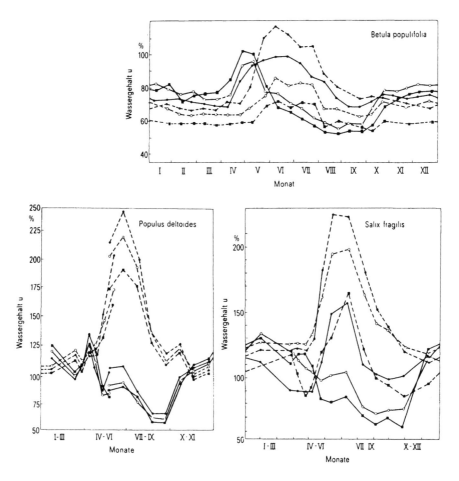

Abbildung 88 Jährliche Änderungen des Wassergehalts u (bezogen auf Holz- oder Rinden-Trockensubstanz) in *Betula populifolia*, *Populus deltoides* und *Salix fragilis* (nach R. D. GIBBS 1957). --- Rinde, —— Holz, ○ Krone, ● Stammitte, ■ Stammfuss.

wandten Arten stimmen sie überein. Dabei ergibt sich vielfach, dass die Wassergehaltsschwankungen in der Rinde markanter ausfallen als im Holz. Diese Messungen sind nur auf den Splintmantel bezogen. Untersucht man die Wasserverteilung von der Wurzel bis zum Kronenansatz über die ganze Stammbreite, so ergeben sich die in Abbildung 89 zusammengefassten Resultate. In Eschen verschiedener Standorte sind alle 2 m Stammscheiben entnommen und darin der Wassergehalt vom Mark bis zur Borke festgestellt worden (Wassergehalt bezogen auf das Trockengewicht). Aus diesen Messungen geht hervor, dass der Wassergehalt auch innerhalb einer Stammscheibe von aussen nach innen bedeutend schwankt. Im gegebenen Beispiel beobachtet man in der inneren Region eine Zunahme der Wassermenge, während der Splint relativ trocken bleibt. Mit der gestrichelten Linie ist die Grenze des Braunkerns der Esche angedeutet. Damit wird ersichtlich, dass innerhalb des Eschenfarbkerns der Wassergehalt steigt. Fehlt der Braunkern auf einem Querschnitt wie etwa in der obersten Stammscheibe, so steigt der Wassergehalt in der Mittelzone nicht an. Besitzt anderseits eine Stammscheibe besonders intensive Farbkernbildung, wie etwa auf 2 und 4 m Höhe im gegebenen Beispiel in Form eines dunkelbraunen Rings, so ändert der Wassergehalt lokal. Damit wird das Zusammenspiel von Wasserhaushalt und Farbkernbildung offensichtlich. Der Zusammenhang zwischen Wasserhaushalt und Physiologie des Stammes kommt in Abbildung 90 in den Wassergehaltskurven zum Ausdruck, die in Funktion der Splintholz-Kernholz-Umwandlung dargestellt sind. Nach Messungen von H. BURGER (1945 und 1947), H. ZYCHA (1948), O. LENZ (1954) und H. H. BOSSHARD (1955) sind die Schwankungen im Wasserhaushalt von Pappeln, Eichen, Lärchen, Buchen und Eschen geprüft worden. In Pappel, Esche und Buche sinkt der Wassergehalt in der Farbkernzone, in der Lärche steigt er, ebenfalls im

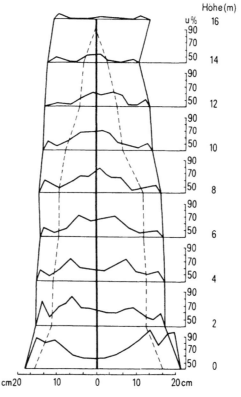

Abbildung 89   Diagramm der Wasserverteilung in Eschenholz; innerhalb der gestrichelten Linie liegt Braunkern vor (nach H. H. BOSSHARD 1955).

Funktion des Baumes

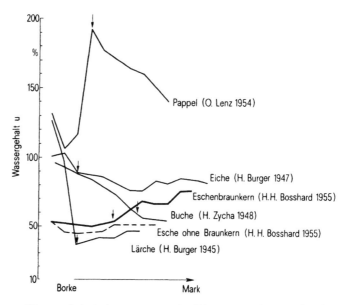

Abbildung 90 — Wassergehaltsänderungen von der Rinde zum Mark in einheimischen Holzarten; die Pfeile geben Grenzen an zwischen Splint- und Kernholz (nach H. H. BOSSHARD 1955).

Eschenbraunkern. In Eschen mit hellem Kernholz hingegen sind keine bedeutenden Wassergehaltsschwankungen nachzuweisen. Während für die Bildung von obligatorischem Farbkernholz dem Wassergehalt eine untergeordnete Rolle zufallen dürfte, konnte ZYCHA nachweisen, dass Buchenrotkern nur gebildet wird bei einem maximalen Wassergehalt von 60%; Eschenbraunkern tritt nach eigenen Erfahrungen dann auf, wenn mindestens ein Wassergehalt von 55% erreicht ist. – Der Wassergehalt im stehenden Stamm ist abhängig vom Standort (Bodengüte, Niederschlagsmengen, Temperatur). Föhrenholz im Norden Finnlands ist zum Beispiel feuchter als Holz aus dem Süden, da das Wasserangebot für die Wurzeln höher ist bei gleichzeitig verminderter Transpiration (C. M. JALAVA 1933). In Untersuchungen des Eschenbraunkerns ist der Einfluss von trockenen und feuchten Standorten berücksichtigt worden (Abbildung 91). Dabei konnte man feststellen, dass auf feuchten Standorten Eschen einen um etwa 15% höheren Wassergehalt aufweisen als auf Trockenstandorten. Wo viel Wasser zur Verfügung steht und die transpiratorischen Verhältnisse es nicht anders bedingen, kann ein Holz mehr oder weniger Wasser speichern. Es ist deshalb zu verstehen, dass versucht wurde, die Holzarten entsprechend ihrem Wassergehalt in verschiedene Gruppen zu ordnen. – Unterschiede im Wassergehalt sind auch bekannt zwischen Frühholz und Spätholz desselben Jahrrings. E. VINTILA (1939) und P. MICHELS (1943) haben Föhren- und Tannenholz darauf hin untersucht und die in Abbildung 92 dargestellten Resultate gewonnen:

Der beachtliche Unterschied des Wassergehalts im Frühholz gegenüber Spätholz bestätigt, dass die besondere Wasserleitfunktion dieses Gewebes mindestens über eine gewisse Anzahl von Jahrringen hinweg erhalten bleibt. Gleichzeitig deuten die Messungen in der Tanne auf das eigenartige Phänomen des Nasskerns, für das noch keine endgültigen Erklärungen vorliegen.

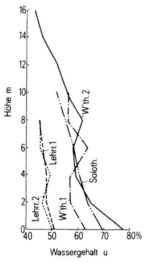

Abbildung 91   Mittlerer Wassergehalt für Eschenholz von feuchten (Winterthur 1 und 2, Solothurn) sowie von trockenen (Lehrrevier 1 und 2) Standorten (nach H. H. BOSSHARD 1955).

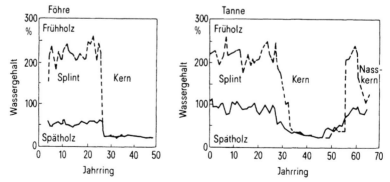

Abbildung 92   Feuchtigkeitsgehalt von Früh- und Spätholz im Splint- und Kernholz einer Föhre (nach E. VINTILA 1939) und einer Tanne (nach P. MICHELS 1943).

Funktion des Baumes

1.33 Physiologie des Splint- und Kernholzes

Splintholz und Kernholz sind physiologisch umschreibbare Begriffe: Das Splintholz entspricht im Stammquerschnitt in der Regel der Wasserleitfläche, das heisst demjenigen Bereich, in dem das Tracheiden- oder Gefäßsystem noch Wasserleitfunktion ausübt; im Kernholz ist das Wasserleitgewebe funktionsuntüchtig. In den Nomenklaturempfehlungen der INTERNATIONAL ASSOCIATION OF WOOD ANATOMISTS sind die nachstehenden Definitionen vorgesehen (A. FREY-WYSSLING und H. H. BOSSHARD 1964): «*Splintholz:* Der an der Saftleitung beteiligte äussere Teil des Holzes im stehenden Stamm, der lebende Zellen und Reservematerial (zum Beispiel Stärke) enthält. *Kernholz:* Die inneren Zonen im Holz, die im stehenden Stamm keine lebenden Zellen mehr enthalten und in denen die Reservestoffe (zum Beispiel Stärke) in der Regel abgebaut oder in Kernholzsubstanzen umgebaut worden sind. Wirkt meistens dunkler in der Farbe als Splintholz (Farbkernholz), obwohl ein Farbunterschied nicht immer klar zutage tritt (intermediäres Holz). *Intermediäres Holz:* Innere Schichten des Splintholzes, die in der Farbe und im allgemeinen Charakter einen Übergang bilden zwischen Splint- und Kernholz.» – Die Umwandlung von Splintholz zu Kernholz ist ein durchaus natürlicher (im Sinne von ‹normal›, der Funktion entsprechend) physiologischer Vorgang, der in einem direkten Zusammenhang mit der Alterung des Baumes steht.

1.331 Aspekte der Alterung in Waldbäumen

Alterungsphänomene in Bäumen können von verschiedenen Warten aus untersucht werden. Die dendrologische und die ökologische Betrachtungsweise stellen den äusseren Habitus von Baumgewächsen in den Vordergrund und unterscheiden zwischen Jugend- und Altersformen (R. FRITZSCHE 1948, M. SCHAFFALITZKY DE MUCKADELL 1956 und 1956a, E. ROHMEDER 1956). In rasch wachsenden Baumarten, wie etwa der Pappel, spielen diese äusseren Aspekte der Alterung eine bedeutende Rolle im Zusammenhang mit der vegetativen Vermehrung durch Stecklinge. Es stellen sich dabei wichtige Fragen über die Altersabhängigkeit des Stecklingholzes und die Einflüsse auf die spätere Entwicklung des Klonmaterials, die bis heute noch nicht in allen Teilen beantwortet werden können. Anders gerichtet als eben dargelegt sind die Beiträge der Holzbiologie zum Problem der Baumalterung: Hier werden Veränderungen im Rinden- und Holzkörper in Abhängigkeit von der Zeit immer auf das zwischen Phloem und Xylem gelegene Bildungsgewebe (Kambium) zurückgeführt. Es stehen somit drei Gewebekomplexe zur Diskussion, die zwar sehr enge innere Beziehungen zueinander aufweisen, funktionell aber ganz verschieden sind. – In der Gerontologie ist besonders von A. WEISMANN (1891) die Frage der Unsterblichkeit der zur Selbsterneuerung befähigten Einzeller und der zeitlichen Begrenzung der Mehrzeller in den Vordergrund gerückt worden. Nach seiner Auffassung soll die Zeitabhängigkeit der höherorganisierten Pflanzen und Tiere mit der von ihnen vollzogenen Arbeitsteilung in somatische und in zur Reproduktion befähigte Einheiten zusammenhängen. Alterungsstudien in Bäumen können durchaus von diesem Standpunkt ausgehen und das Funktionelle der verschiedenen Gewebetypen als weiteren Parameter neben die Zeit stellen. Sodann müssen die von B. L. STREHLER (1962) genannten und in der allgemeinen Gerontologie geläufigen Kriterien angewendet werden, nach welchen nur dann von biologischen Alterungseffekten gesprochen werden kann, wenn diese *universell* gelten und nicht etwa nur zufällig bestimmte Individuen einer Art betreffen, in Abhängigkeit von *endogenen* Faktoren stehen und nicht durch Ausseneinflüsse bestimmt werden, ferner *progressiv* verlaufen in Abhängigkeit von der Zeit und schliesslich die *Mortalität* erhöhen. – Biologische Alterungsphänomene spielen sich im Baum wie in anderen Organismen in molekularen, in submikroskopischen und in mikroskopischen Räumen ab und haben biochemische, physikalische und morphologische Veränderungen zur Folge. Alterungsuntersuchungen in Baumgewächsen sind aber recht jungen Datums und konzentrieren sich noch vorwiegend auf das Morphologische, ausgehend von der Histologie und Zytologie des Phloems, des Kambiums und des Xylems.

Alterung des Kambiums. Im Bildungsgewebe lassen sich Veränderungen der Zelldimensionen und des Teilungsrhythmus in einen Zusammenhang mit der Zeit stellen. Es ist aus Arbeiten von I. W. BAILEY (1923) bekanntgeworden, dass die Fusiforminitialen in den ersten Jahrzehnten des Kambiumalters länger werden und dann in der Grösse mehr oder weniger konstant bleiben (Tabelle 2 und Abbildung 8). Dieses Phänomen ist in entwicklungsgeschichtlich alten Formen, zum Beispiel den Koniferen, wesentlich ausgeprägter als in phylogenetisch höhergestellten Kambien. In jungen Koniferenkambien sind die Fusiforminitialen etwa 1 mm lang; innerhalb der ersten 80 Jahre werden die Initialzellen immer länger, bis sie mit etwa 4 mm ihre endliche Grösse erreicht haben. Es lässt sich somit in diesen Bildungsgeweben ein deutlicher und messbarer Zusammenhang mit der Zeit nachweisen. Weniger ausgeprägt fällt die Dimensions-Zeit-Kurve in Kambien der höherentwickelten Dikotyledonen aus, indem hier die minimalen und maximalen Längen etwa zwischen 0,8 mm und 1,2 mm liegen, wobei der Endwert schon nach 60 Jahren erreicht wird. Noch weiter spezialisierte Dikotyledonen lassen die Tendenz zu geringeren Längenzunahmen und kürzeren Wachstumszeiträumen noch deutlicher erkennen: hier sind nur während 20 Jahren Längenzuwachse von etwa 0,6 bis 0,8 mm zu messen. In dikotylen Baumgewächsen mit den am höchsten entwickelten Stockwerkkambien, in denen Fusiform- und Markstrahlinitialen im Tangentialschnitt geschichtet sind, schrumpft die Periode der Längenentwicklung auf weniger als ein Jahr zusammen, so dass die Längenkurve parallel zur Abszissenachse zu liegen kommt. Der in den Koniferen gefundene Zeitzusammenhang geht somit im Laufe der phylogenetischen Entwicklung des Bildungsgewebes verloren. – Das Kambium ist ein zur Reproduktion befähigtes Gewebe; seine Initial- und Mutterzellen teilen sich während der Vegetationsperiode in einem steten Rhythmus, was sich im Dicken- und Weitenwachstum des Stammes manifestiert. Die perikline Teilungsrichtung, in der die neuen Zellwände parallel zur Stamm-Mantelfläche liegen, geben Anlass zum Dickenwachstum; das Weitenwachstum in tangentialer Richtung wird durch antikline Teilungen möglich, in denen die neuen Zellwände senkrecht zur Stamm-Mantelfläche orientiert sind. Im Zusammenhang mit der Alterung des Kambiums sind Beobachtungen von M.W. BANNAN (1950) wesentlich, nach denen die Teilungskraft im Bildungsgewebe des Kambiums mit der Zeit nachlässt: Während in jungen Kambien drei bis vier antikline Teilungen pro Fusiforminitiale und Jahr gezählt werden, registriert man im alten Kambium nur noch eine antikline Teilung pro Fusiforminitiale und Jahr. Die Reproduktionsfähigkeit bleibt dem Kambium zwar erwiesenermassen über Jahrtausende erhalten; was sich mit der Alterung des Bildungsgewebes verändert, ist offenbar lediglich das Mass im Teilungsrhythmus. Die Alterung der Kambien in Koniferen und in nicht allzu spezialisierten Laubbäumen ist an messbaren Veränderungen der Zelldimensionen und der Teilungsrate beschrieben worden. Aus diesen Alterungsphänomenen ist herzuleiten, dass eine Zeitabhängigkeit im strengen Sinne nur sekundäre Merkmale betrifft und sich, wie im Beispiel der höchstentwickelten Stockwerkkambien, unter Umständen teilweise oder ganz verlieren kann. Aus diesem Grunde ist zu ihrer Umschreibung der Begriff der *quantitativen Alterung* (H.H. BOSSHARD 1965a) geprägt worden (Tabelle 22). Mit dem Begriff ‹quantitative Alterung› können messbare Veränderungen im Kambium selbst und in den kambiumnahen Differenzierungszonen erfasst werden, die sich in einer Zeiteinheit (dt) oder einer Zeitspanne (t) einstellen. Das postkambiale Wachstum der Kambiumderivate wird in diesem Schema ebenfalls als Ausdruck der quantitativen Alterung dargestellt und der Differenzierungszone zugeordnet. Die analogen Vorgänge im Phloem sind von W. LIESE und N. PARAMESWARAN in tropischen Holzarten untersucht worden (W. LIESE und N. PARAMESWARAN 1972, N. PARAMESWARAN und W. LIESE 1974): In Baumarten mit nichtstratifiziertem Kambium nimmt die Länge der Phloemfasern und Siebröhrenglieder vom Periderm aus in Richtung Kambium zu (Abbildung 93/1). Das erste Wachstumsgesetz von SANIO findet somit eine Entsprechung im Phloem; die Variabilität der Phloemzellen in verschiedenen Baumhöhen ist ebenfalls vorhanden, wenn auch nicht so ausgeprägt wie im Xylem. In Baumarten mit stratifizierten Kambien verhalten sich die Siebröhrenglieder wie die Fusiforminitialen: Ihre Längen bleiben mehr oder weniger konstant in verschieden altem Kambium. Die Phloemfasern hingegen weisen ein eigenes bipolares Spitzenwachstum auf, was sich in den vorliegenden Untersuchungsergebnissen (Abbildung 93/2) vorerst an einer stärkeren Längenänderung vom Periderm zum Kambium abzeichnet. – Die quantitative Alterung betrifft in erster Linie oder sogar nahezu ausschliesslich das vaskulare Kambium. P.O. OLESEN (1973) hat dargetan, dass das apikale Meristem eigenen Alterungsgesetzen unterworfen ist und dass sich solche Gesetzmässigkeiten auch in den Alterungsprozess des vaskularen Kambiums einspielen können. Ähnliches ist aus Untersuchungen J. POLIQUINs (1966) an Wurzelkambien bekanntgeworden.

Alterung des Xylems. Mit der Differenzierung der im Kambium gebildeten Tochterzelle zum Xylemelement treten in Abhängigkeit von der Zeit im wesent-

Biologie des Holzes

Tabelle 22 Schema der Alterung in Kambium und Xylem (nach H. H. BOSSHARD 1965a). Die im Kambium beobachteten sekundären Alterungseffekte können reversibel sein, stehen mit der Zeit in Zusammenhang und werden als quantitative Alterung bezeichnet. Im Xylem und Phloem handelt es sich bei den primären Alterungseffekten um irreversible Phänomene; sie unterliegen einer direkten Abhängigkeit von der Zeit und werden als qualitative Alterung hervorgehoben.

	Gewebe		Zeiteinheit dt	Zeit t
Kambium	Fusiforminitialschicht	*Quantitative Alterung*	– Verlangsamung des Teilungsprozesses	– Längenwachstum der Initialen bis zu einem maximalen Wert – Zunahme der Anzahl Initialzellen
	Markstrahlinitialschicht		– Verlangsamung des Teilungsprozesses	– Zunahme der Anzahl Initialzellen – Vergrösserung der Markstrahlmatrix
	Mutterzellengewebe Differenzierungsgewebe		– Zelldifferenzierung – Bildung der Sekundär- und Tertiärwand	
Xylem	Festigungsgewebe	*Qualitative Alterung*	– Verlust des Protoplasmas – Vollständige Lignifizierung	
	Leitgewebe		– Verlust des Protoplasmas – Vollständige Lignifizierung	– Hoftüpfelverschluss in Längstracheiden – Verschluss der Gefässe durch Thyllen
	Speichergewebe		– Verlust der Teilungsfähigkeit der Zellen	– Aufbau von Kernholzsubstanzen – Thyllenbildung – Fortschreitende Nekrobiose

lichen drei Kategorien von Veränderungen ein: Der Verlust der Teilungsfähigkeit und damit verbunden eine mehr oder weniger rasch verlaufende Nekrobiose, das Wachstum der Zelle zur endgültigen Grösse und der Ausbau der Zellwand sowie die damit zusammenhängende Lignifizierung. Das Kambium sowie weite Zonen des Phloems sind unlignifiziert, das heisst der für die verholzte Zellwand charakteristische Holzstoff Lignin fehlt. Es ist bekannt, dass Vorläufer des Lignins im Kambium aus dem Glukosestoffwechsel hervorgehen, im jungen Xylem durch enzymatische Wirkung zum Coniferyl- oder Sinapinalkohol dehydrieren und in der Zellwand in situ zu Lignin aufgebaut werden. Diesem Vorgang parallel verläuft der Ausbau der im Kambium angelegten primären Zellwand durch die Anlagerung einer mächtigen, zellulosereichen, sekundären Wand und einer das Lumen begrenzenden Tertiärlamelle. Dieser Zellwandaus-

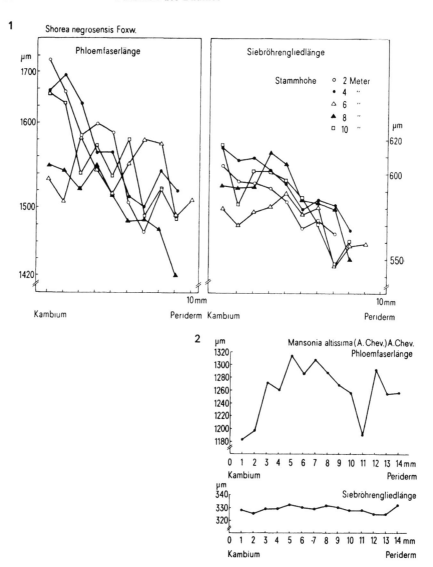

Abbildung 93   Längenänderungen von Phloemfasern und Siebröhren in Holzarten mit stratifiziertem und nichtstratifiziertem Kambium (nach N. PARAMESWARAN und W. LIESE 1974). In *Shorea negrosensis* (*1*), einer Holzart mit unstratifiziertem Kambium, ändern im Phloem die Zellängen von Fasern und Siebröhrengliedern in analogem Sinne wie die Xylemelemente: Von physiologisch jungem Kambium werden kürzere Zellen differenziert, als es in älteren Kambien der Fall ist. In *Mansonia altissima* (*2*) mit stratifiziertem Kambium markieren die Siebröhrenglieder mit ihren unveränderten Dimensionen die Höhe der Kambiumstockwerke; die Phloemfasern variieren zwar in der Länge, dies aber nicht in der engen Abhängigkeit vom Kambiumalter. Es ist zu beachten, dass im Phloem die Abkömmlinge des jungen Kambiums in Peridermnähe liegen.

bau spielt sich unter dem Regime eines nicht mehr teilungsfähigen Zellkerns ab und stellt ebenfalls ein sekundäres Merkmal der Alterung dar, ähnlich wie die Veränderungen der Zelldimensionen von Xylemelementen. Aus der Diskussion der Wachstumsgesetze ist bekannt, dass im juvenilen Holz kleine, im adulten Holz grosse Zellen gebildet werden, entsprechend den sekundären Alterungseffekten im Kambium. Das physiologisch jüngste Holz liegt somit in Nachbarschaft der Markröhre, obwohl es schon vor vielen Jahren gebildet worden ist; das physiologisch älteste hingegen liegt dicht neben dem Kambium. Das Holz widerspiegelt recht eigentlich in seinem Aufbau die Kambiumtätigkeit und wird damit zum Schlüssel für deren Abhängigkeit von inneren und äusseren Einflüssen. Dies kommt besonders deutlich zum Ausdruck beim Studium von Druckholz, das vom Koniferenkambium unter Einwirkung von besonderen Wuchsstoffgaben gebildet wird. Die Tracheiden sind in Druckholzzonen kürzer als gewöhnlich und deuten dadurch auf einen physiologisch jüngeren Zustand des Kambiums hin. Die Längenkurve von Druckholztracheiden in Abbildung 70 lässt den Schluss zu, dass unter besonderen Umständen 20jähriges Kambium Zellen aufbauen kann, die eigentlich einem Kambiumalter von 10 Jahren entsprechen. Die sekundären Alterungseffekte des Bildungsgewebes sind somit

Tafel 14		Nekrobiose in Parenchymzellen
	1	*Pinus silvestris*, Radialschnitt. Im vierten Jahrring nach dem Kambium zeigen die Zellkerne im Markstrahlparenchym eine gedrängt-ovale Form: der Schlankheitsgrad λ beträgt 2–3. In der Differenzierungszone sind die Zellkerne abgerundet; ihr λ-Wert ist < 2 (Vergr. 250:1, Aufnahme H. H. BOSSHARD).
	2	*Pinus silvestris*, Radialschnitt. Im zwanzigsten Jahrring nach dem Kambium hat der Zellkern den grössten λ-Wert erreicht; die Zellaktivität ist geringer geworden (Vergr. 480:1, Aufnahme H. H. BOSSHARD).
	3	*Pinus silvestris*, Radialschnitt. Nahe der Splintholz-Kernholz-Grenze werden die Zellkerne im Markstrahlparenchym pyknotisch: Sie kugeln sich ab und verdichten zu Klümpchen. Nachher lösen sie sich auf (Vergr. 460:1, Aufnahme H. H. BOSSHARD).
	4	*Sequoia sempervirens*, Radialschnitt. Im zweiten Jahrring nach dem Kambium sind grosse Nukleolen zu messen: die Zelle ist aktiv (Vergr. 1310:1, Aufnahme H. H. BOSSHARD).
	5	*Pinus silvestris*, Radialschnitt. Im zweiten Jahrring nach dem Kambium sind die Mitochondrien im Parenchym noch aktiv. Ihre Atmungsfermente reduzieren bei Lebendfärbung Janusgrün B (Vergr. 915:1, Aufnahme H. H. BOSSHARD).
	6	*Prunus avium*, Radialschnitt. Wandständige Zellkerne im Markstrahlparenchym in der Probe aus den Sommermonaten. Im Vergleich mit der Anzahl mittenständiger Zellkerne (im Tangentialschnitt beobachtet) lässt sich die Wanderungsquote der Kerne errechnen (Vergr. 270:1, Aufnahme U. H. HUGENTOBLER).

Tafel 14: Nekrobiose in Parenchymzellen

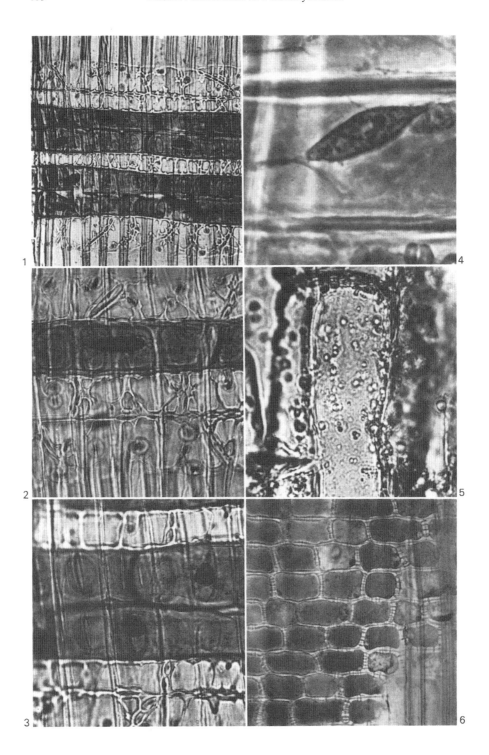

modifizierbar, was übrigens auch in Unterschieden der Zellwanddicken wie der Zellängen von Früh- und Spätholz desselben Jahrrings zum Ausdruck kommt. Von einem ähnlichen Effekt, der sich nach der Einpfropfung von jungen Schossen in ältere Fichtenkambien an der neuen Ausbildung von juvenilem Holz zeigt, berichtet P. O. OLESEN (1973). – Die wichtigste Kategorie der Alterungssymptome im Holz, der Verlust der Teilungsfähigkeit und die damit verbundene Nekrobiose, entspricht in allen Punkten den in der Gerontologie definierten Kriterien der Alterung. Diese primären Merkmale kommen nämlich allgemein vor, sie sind ferner von inneren Faktoren abhängig, progressiv in ihrer Auswirkung und führen schliesslich zum Absterben der Zelle. Es kommt in ihnen auch der Grundsatz von der funktionellen Differenzierung zum Ausdruck, indem sie im Holz in den Festigungs-, Wasserleit- und Speichergeweben verschiedenartig einsetzen. Nachdem im sich differenzierenden jungen Xylem die Zellen der Leit- und Festigungsgewebe ihre vollen Dimensionen erreicht haben und komplette Zellwände besitzen, sterben sie in der Regel rasch ab, das heisst ihre Zellkerne degenerieren, und der plasmatische Inhalt zerfällt. Diese Elemente üben somit ihre spezifischen Funktionen der Festigung und der Wasserleitung nur mehr als leere Hüllen oder Kammern aus. Der Alterungsvorgang vollzieht sich in ihnen sehr rasch: in unseren Waldbäumen schon in den ersten Wochen der Vegetationsperiode. Anders verhält sich das parenchymatische Gewebe, dessen Speicherfunktion einen aktiven Stoffwechsel bedingt. Hier wird beobachtet, dass die Alterungserscheinungen wohl im Prinzip denjenigen der zwei anderen Gewebetypen gleichen, sich aber auf eine längere Dauer, das heisst meist auf mehrere Jahre oder Jahrzehnte, erstrecken. Damit kommt auch die Progressivität besser zum Ausdruck, sofern allerdings Methoden existieren, um graduelle Veränderungen der Speicherzellen wahrnehmen zu können. In der Zürcher Schule sind in der Bestimmung der *Schlankheitsgrade* λ von Zellkernen (λ = Länge:Breite des Zellkerns), der *Wanderungsquoten* von Zellkernen und der *Nukleolengrössen* quantitative Methoden gefunden worden zur Beschreibung der Aktivität lebender Zellen (A. FREY-WYSSLING und H. H. BOSSHARD 1959, H. H. BOSSHARD 1965a, U. H. HUGENTOBLER 1965, J. POLIQUIN 1966, J. STAHEL 1968). Demselben Ziel dienen mikrochemische Reaktionen zur Bestimmung der Mitochondrienaktivität (A. FREY-WYSSLING und H. H. BOSSHARD 1959). Im jungen Xylem gleichen die parenchymatischen Zellen der Markstrahlen oder des Strangparenchyms den entsprechenden, noch nicht ausdifferenzierten Elementen im Kambium: Es sind in der Regel dünnwandige Zellen voll mit plasmatischem Inhalt. Die Form der Zellkerne ist in einem bestimmten Masse artabhängig, ändert aber meistens mit der radialen Entfernung vom Kambium. So findet man zum Beispiel in *Pinus*arten im Bildungsgewebe grosse, rundliche Zellkerne, in den kambiumnahen Markstrahlen ovale, in Zellachsenrichtung gestellte, weiter markwärts aber wieder rundliche Zellkerne, diesmal allerdings kleinere als in der aktiven Aussenzone und meist pyknotische (Tafel 14). Bringt man den Schlankheitsgrad λ der Zellkerne in Relation zur radialen Entfernung vom Kambium, so können im Splint von Koniferen (A. FREY-WYSSLING und H. H. BOSSHARD 1959) Kurven mit fallender Tendenz gefunden werden, die immer mehr dem Schlankheitswert 1 zustreben. Auf die Splintzone von variabler Breite folgt die Kernholzzone, in welcher keine Zellkerne nachgewiesen werden können, auch nicht im Speichergewebe. Die Parenchym-Nekrobiose kommt somit an der Grenze zwischen Splint- und Kernholz zum Abschluss. Ähnliche Ergebnisse hat U. H. HUGENTOBLER (1965) in verschiedenen Laubhölzern gefunden (Abbildung 94/1). Die Zunahme der Schlankheitsgradwerte

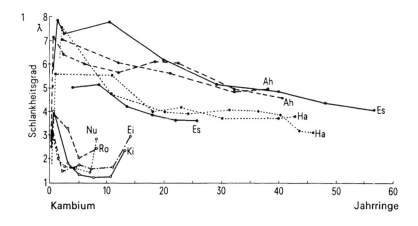

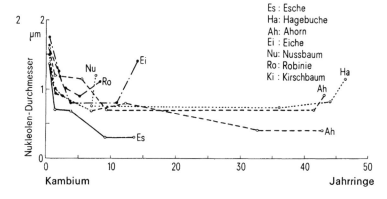

Abbildung 94   Ermittlung der Vitalität von Speicherzellen in Laubbäumen zur physiologischen Beschreibung der Splintholz-Kernholz-Umwandlung (nach U. H. HUGENTOBLER 1965). Der *Schlankheitsgrad* λ *(1)* der Zellkerne (= Zellkernlänge : Zellkernbreite im Radialschnitt) ebenso wie die Grösse der Nukleolendurchmesser *(2)* sind ein Mass für die Zellaktivität: Hochaktive Zellen in unmittelbarer Nachbarschaft zum Kambium stehen unter dem Regime von rundlichen Zellkernen (λ-Werte 2–3), die sich zudem durch grosse Nukleolen auszeichnen. Im äussersten Splint steigen die λ-Werte stark an, die Nukleolendurchmesser werden geringer; unmittelbar an der Kernholzgrenze können in einigen Holzarten beide Kurven wieder ansteigen.

am Ende der Splintholzzone in Eiche, Nussbaum, Kirschbaum und Robinie sind Belege für eine gesteigerte Zellaktivität am Splintholz-Kernholz-Übergang (MARGRET M. CHATTAWAY 1949); in Ahorn und Hagebuche findet man Anhaltspunkte für die verzögerte Kernholzbildung (H. H. BOSSHARD 1966). Es scheint somit, dass Beobachtungen von Veränderungen an Zellkernen gute Informationen über die wichtigen primären Merkmale der Alterung im Splintholz von Waldbäumen ergeben. Dies wird unter anderem bestätigt anhand von Messungen der Wanderungsquoten von Zellkernen. In verschiedenen Jahreszeiten hat U. H. HUGENTOBLER (1965) in tangentialen Schnitten einer Anzahl Laubhölzer bald wandständige, bald zentralständige Zellkerne gefunden. Dabei lässt sich in bezug auf die Migration mit zunehmender Entfernung vom Kambium dieselbe Tendenz feststellen wie in den Diagrammen der Schlankheitsgrade (Abbildung 95). Im vitalen Gewebe, zunächst dem Kambium, kommt die Zellkernmigration wesentlich häufiger vor als im inneren Splint, so dass sich wiederum eine graduelle Zunahme von Alterungseffekten nachweisen lässt. Ein ähnliches Bild gewinnt man auch in Messungen der Nukleolendurchmesser (Abbildung 94/2): In Kambiumnähe sind grosse Nukleolen festzustellen, weiter markwärts werden ihre Dimensionen geringer, sie treten ferner auch weniger häufig auf gegen die Übergangszone von Splint- zu Kernholz hin. Die

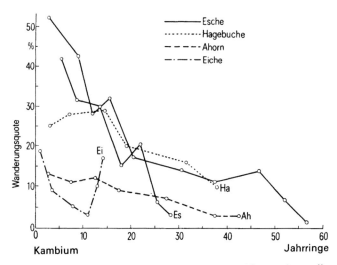

Abbildung 95   Wanderungsquoten der Zellkerne in Markstrahlparenchymzellen von Laubbäumen (nach U. H. HUGENTOBLER 1965). Die Wanderung von Zellkernen wird in Tangentialschnitten beobachtet, wo in den Zellen die wandständige Position der Kerne von der zentralständigen unterschieden werden kann. Die Wanderungsquote gibt den Unterschied zwischen Auszählungen in Material aus den Sommermonaten und den Wintermonaten in entsprechenden Jahrringen und Baumhöhen an.

Alterung des Xylems setzt nach diesen Beobachtungen direkt nach der Differenzierung seiner Zellen im Randgebiet des Kambiums ein. Sie erfasst die beiden Leit- und Festigungsgewebe sehr rasch, das parenchymatische Gewebe hingegen nur im Zeitlupentempo der gesamten Splintholzzone. Es ist damit unverkennbar, *dass die Kernholzbildung in unseren Waldbäumen zu einem eigentlichen Alterungseffekt wird*, unabhängig davon, ob das Kernholz hell oder dunkel gefärbt sei. Derartige Unterschiede gehen einzig auf die chemische Struktur der Kernholzstoffe zurück und gehören damit zu den sekundären Alterungseffekten. Die wichtigste Veränderung im zytologischen Bereich und damit auch Ausgangspunkt aller folgenden Entwicklungen ist der Verlust der Teilungsfähigkeit der Zellkerne nach der Zelldifferenzierung. Er kommt einer wesentlichen Qualitätsänderung der Zelle gleich. Von diesen Überlegungen ausgehend, sind die von der Zeit abhängigen Effekte im Xylem als *qualitative Alterung* (H. H. BOSSHARD 1965) bezeichnet worden (Tabelle 22).

Von den möglichen Alterungserscheinungen in Waldbäumen werden nur die mit der Zeit *zusammenhängenden* Veränderungen im Kambium (quantitative Alterung) und die von der Zeit *direkt abhängenden* Veränderungen im Xylem (qualitative Alterung) herausgegriffen. Ausgehend von zwei Grundsätzen der allgemeinen Gerontologie, dass erstens die Alterung die mehrzelligen Organismen betrifft und hier auf die funktionelle Teilung in somatische und in zur Reproduktion befähigte Zellen zurückzuführen ist, und dass zweitens nur dann von eigentlicher Alterung gesprochen werden kann, wenn ihre Merkmale alle Individuen betreffen, endogener Natur und progressiv sind und schliesslich zum Tod des Organismus oder der betrachteten Einheit führen, werden qualitative und quantitative Alterungseffekte unterschieden. Qualitative Merkmale, die den obengenannten Voraussetzungen entsprechen, können in der Nekrobiose der Holzgewebe beobachtet werden, wobei die vorhandenen Unterschiede zwischen Festigungs-, Leit- und Speichergewebe durch die Funktionsaufteilung bedingt und nur graduell sind. Die Kernholzbildung, welche in der Regel in allen Holzarten früher oder später einsetzt, wird als Auswirkung der Baumalterung bezeichnet, unabhängig ob das Kernholz hell oder dunkel gefärbt sei. Als Ausgangspunkt dieses Alterungsphänomens muss der Verlust der Teilungsfähigkeit der Zellkerne im Xylem gelten, was einer Qualitätsänderung der Zelle gleichkommt. Aus diesem Grunde werden die primären Merkmale der zeitabhängigen Veränderungen im Xylem als qualitative Alterung bezeichnet.

Zu den quantitativen Merkmalen gehören im Xylem Veränderungen der Zelllängen und der Zellwanddicken. Darin widerspiegelt das Holz die Kambiumtätigkeit, indem es gleichermassen eine zeitgetreue Bildfolge davon gibt. Im Kambium selber sind Dimensionsänderungen und eine Verlangsamung des Teilungsrhythmus festzustellen, beides Merkmale, die eine quantitative Alterung kennzeichnen. Dabei ist allerdings zu beachten, dass durch diese Effekte keineswegs die Reproduktionskraft des Kambiums verlorengeht, so dass das Kambium eigentlich als zeitunabhängig bezeichnet werden muss. Dahin weisen auch Modifikationen des Bildungsgewebes innerhalb seiner ontogenetischen und phylogenetischen Entwicklung.

1.332 Splintholz-Kernholz-Umwandlung

H. NÖRDLINGER (1860) hat in seiner Arbeit *Die technischen Eigenschaften der Hölzer* die Holzarten eingeteilt in Kern-, Splint- und Reifholzbäume. Diese Begriffe werden von K. GAYER (1888) in der damals siebten, neubearbeiteten Auflage der *Forstbenutzung* folgendermassen expliziert: «Kernholzbäume, Holzarten, bei welchen ein ausgesprochener Farbenunterschied zwischen Splint und Kern vorhanden ist... Reifholzbäume, Holzarten, bei welchen ein Farbunterschied zwischen den inneren und äusseren Partien des Schaftholzes nicht besteht, wohl aber ein Unterschied im Saftreichtum, derart, dass die centrale Holzpartie saftarm und trocken ist... Splintholzbäume; man zählt hierzu jene Holzarten, bei welchen weder ein Unterschied in der Farbe noch im Saftreichtum besteht, das heisst der innere Holzkörper ebenso saftleitend ist wie der Splint...» Die Untersuchungsmerkmale waren also für den Technologen wie für den Forstmann in erster Linie der Wassergehalt des Holzes und ergänzend dazu die Wasserführung der Leitgewebe. R. TRENDELENBURG (1939) setzt sich mit diesen Auffassungen auseinander; er bemängelt vor allem den Ausdruck ‹Reifholz›: «Da der Begriff des ‹reifen› Holzes leicht missverstanden wird, ist es besser, von Trockenkern zu reden.» Und weiter: «Splintbäume sind nach NÖRDLINGER die Bäume, deren inneres Holz in allen Eigenschaften dem äusseren gleicht; völlig erwiesen ist es allerdings noch nicht, ob beim inneren Holz nicht doch auch feine Unterschiede bestehen, weshalb man hier am besten ‹Innenholz› und ‹Aussenholz› unterscheidet.» Diese sorgfältigen Begriffskorrekturen sind damals nicht verstanden worden und haben sich bis heute nicht durchgesetzt, obwohl nun die von TRENDELENBURG vermuteten «feinen Unterschiede beim inneren Holz» gut bekannt sind. Wir wissen heute, besser denn je, dass der Wassergehalt in stehenden Bäumen entscheidend mitbestimmt wird durch den Standort (im umfassenden Sinn); sodann ist allgemein und ohne Zweifel anerkannt, dass es sich bei der *Splintholz-Kernholz-Umwandlung um physiologische Vorgänge handelt*, die als qualitative Alterung vor allem des Speichergewebes und in besonderer Hinsicht auch des Wasserleitsystems aufzufassen sind. Kernholz muss nämlich verstanden werden als Holz, in dem das Wasserleitsystem funktionsuntüchtig geworden ist und die parenchymatischen Gewebe ihre Vitalität eingebüsst haben oder nur noch eine minimale Stoffwechselaktivität aufweisen. Die schon lichtmikroskopisch erfass- und messbaren Alterungsvorgänge in Parenchymzellen (Veränderungen von Form und Qualität der Zellkerne, Zellkernmigration, Nukleolendimension, Mitochondrienaktivität) können nicht nur in Kernholzbäumen beobachtet werden, sie sind ebenso deutlich nachzuweisen in ‹Splint- und Reifholzbäumen› (U. H. HUGENTOBLER 1965). Die Veränderungen der Zellaktivität, wie sie in Messungen der Zellkernformen, der Zellkernwanderung und der Nukleolendimensionen erfassbar sind, stellen ursächliche Merkmale der Splintholz-Kernholz-Umwandlung dar. Daraus kann ohne Zwang hergeleitet werden, *dass alle Bäume Kernholz bilden*, ungeachtet von Wassergehalt oder Wasserführung, ungeachtet auch von Farbveränderungen irgendwelcher Art. Diese Erkenntnis liegt der neuen Terminologie zugrunde

(H. H. BOSSHARD 1966): In Tabelle 23 wird zum Ausdruck gebracht, dass die Splintholz-Kernholz-Umwandlung ein *zeitabhängiger* Vorgang ist: In *Bäumen mit verzögerter Kernholzbildung* verläuft die Nekrobiose nur langsam; sie zeichnet sich beispielsweise in Hagebuche durchaus schon ab in zwanzig- bis dreissigjährigen Stämmen, das heisst in der Alterskategorie, die Hagebuchen bei uns in der Regel erreichen. In älteren Bäumen mit verzögerter Kernholzbildung sind an der Splintholz-Kernholz-Grenze die aus dieser Übergangszone bekannten Merkmale (nochmaliges Ansteigen der Zellaktivität, Aufbau von Kernholzsubstanzen) festzustellen, und das anschliessende Kernholz – es ist in diesen Holzarten meistens hell gefärbt – unterscheidet sich im Prinzip in keiner Weise von Kernholz anderer Holzartentypen. In *Bäumen mit hellem Kernholz* nimmt die Nekrobiose des Speichergewebes einen rascheren Verlauf, und zwar derart, dass die Splintholzbreite – vorerst abgesehen von Alters- oder Standortseinflüssen – eine gewisse Konstanz einhält und zum artspezifischen Merkmal wird. Der helle Farbton des Kernholzes ist keineswegs zugleich Indiz für das Fehlen von Kernholzsubstanzen: meistenfalls sogar werden Kernholzstoffe gebildet, bleiben aber unpigmentiert. *Bäume mit obligatorischer Farbkernholzbildung* haben in der Regel eine schmale, hell getönte Splintzone und immer deutlich gefärbtes Kernholz, wobei die Kernholzgrenze einem Jahrring oder einer Zuwachszone folgen kann, häufig aber auch über solche Abgrenzungen hinausgreift und einen unregelmässigen Verlauf annimmt. Das obligatorische Farbkernholz kann von den stärkeren Ästen durch den Stamm bis hinein in die kräftigeren Wurzeln verfolgt werden; es nimmt im Baum einen für die Holzart spezifischen Umfang an, der aus Gründen des Baumalters, des Standortes oder anderer äusserer Einflüsse variabel ist. Im Gegensatz dazu tritt in *Bäumen mit fakultativer Farbkernholzbildung* der Farbkern unregelmässig auf in bezug auf sein Vorkommen, seine Ausdehnung im Stamm und auch in bezug auf die Intensität der Verfärbung. Farbkernholz kann in dieser Baumgruppe bis zum Erreichen eines bestimmten Baumalters vollständig fehlen, oder es kann zufolge von bestimmten physiologischen Veränderungen auch schon in jungen Stämmen vorkommen. Das räumliche Ausmass der Verfärbungen und ihre Intensität werden ebenfalls durch physiologische Zustandsgrössen bestimmt. Artspezifisch in Bäumen mit fakultativer Farbkernholzbildung ist somit die latent vorhandene Möglichkeit zur Pigmentierung von Kernholzsubstanzen. – Die Splintholz-Kernholz-Umwandlung ist ein festes und allgemeines Wachstumsprinzip in den Baumformen unserer Vegetation: Alle Baumarten bilden Splintholz um zu Kernholz; entsprechend den artspezifischen Verschiedenheiten im physiologischen Verhalten treten bei diesen qualitativen Alterungsvorgängen Modifikationen auf. Die Zuordnung der Bäume in vier Kategorien entsprechend den Arten ihrer Kernholzbildung wird vom Biologen durchaus als ein Hilfsmittel verstanden, um leichter Einsicht in diese Alterungsphänomene gewinnen zu können. Dass zwischen diese Kategorien weitere Nuancierungen einzuschieben sind, steht von vornherein fest und ist keineswegs im Widerspruch zu dem allgemeingültig formulierten Wachstumsprinzip; durch weitere Kenntnisse der Kernholzbildung, vor allem auch in subtropischen und

Tabelle 23 Bezeichnung der Art von Kernholzbildung nach alter und neuer Terminologie (nach H. H. BOSSHARD 1966).

Alte Terminologie	Beispiele	Neue Terminologie
Splintholzbäume	*Carpinus betulus*	Bäume mit verzögerter Kernholzbildung
Reifholzbäume	*Abies alba*	Bäume mit hellem Kernholz
Kernholzbäume mit regelmässiger Kernholzbildung	*Quercus robur*	Bäume mit obligatorischer Farbkernholzbildung
Kernholzbäume mit unregelmässiger Kernholzbildung	*Fraxinus excelsior*	Bäume mit fakultativer Farbkernholzbildung

tropischen Holzarten, wird noch mehr über die Allgemeingültigkeit dieses Wachstumsprinzips zu erfahren sein.

Morphologische Veränderungen im Xylem, die in einem direkten Zusammenhang mit der Kernholzbildung stehen, betreffen in erster Linie das Wasserleitgewebe. Sie sind vom Funktionellen her begründet und verursachen den vollständigen (oder teilweisen) Verschluss von Wasserleitelementen. Mit der Funktionsenthebung von wasserführenden Tracheiden oder Tracheen wird die Wasserleitfläche im Stammquerschnitt reguliert; das unstabile System des Wassertransports (Flüssigkeitssäulen unter Zugspannung) ist offenbar zugemessen auf eine innere Abhängigkeit der Transportleistung, der Struktur von wasserleitenden Zellen und der wasserleitenden Querschnittfläche: Im Nadelholz werden verhältnismässig geringe Transportwassermengen bei niedrigen Geschwindigkeiten durch einen grossen leitenden Querschnitt verfrachtet. Die beidseitig geschlossenen, engen Tracheiden sind an den gemeinsamen Kontaktflächen über die behöften Tüpfel passierbar. Dieses System ist so ausgelegt, dass auch unter widrigen Umständen, wie anhaltender Trockenheit oder Winterfrost, das Wasserleitsystem kaum zusammenbrechen kann, solange die Hoftüpfelmechanik noch spielt. In den Schliessmembranen der behöften Tüpfel werden aus dem Transportwasser verkrustende Substanzen abgelagert, und die Elastizität dieser Feinverschlüsse wird geringer. Anderseits baut sich in der Markröhrenregion ein Luftkörper auf, dessen Gase in das Leitgewebe einbrechen können. In dieser Zone verlangsamt sich auch der Metabolismus im Speichergewebe: Die Nekrobiose führt zum Tod der parenchymatischen Zellen. Ähnliche Vorgänge, wenngleich auch in bestimmter Weise modifiziert und den unterschiedlichen strukturellen und funktionellen Situationen angepasst, vollziehen sich im zerstreutporigen und im ringporigen Laubholz. Sie sind denn auch alle gekennzeichnet durch den Zellverschluss im Wasserleitgewebe, durch den die markwärts gelegenen Stammzonen vom Wassertransport ausgeschlossen werden. Im Nadelholz verkleben die Hoftüpfel-Tori, wobei die Feinstrukturen der Schliessmembranen Unterschiede im Hoftüpfelverschluss zur Folge haben: R. L. KRAHMER und W. A. CÔTÉ jr. (1963) stellten in ihren Untersuchungen fest, dass in *Pseudotsuga menziesii* (Mirb.) Franco die Schliessmembranen an die inneren Hoftüpfelaperturen angesaugt werden und verkleben, dass in *Tsuga heterophylla* (Raf.) Sarg. und in *Tsuga canadensis* (L.) Carr. die Schliessmembranen stark mit Inkrusten belegt und noch zusätzlich an die inneren Aperturen angesaugt werden und dass in *Thuja plicata* Donn. die Schliessmembranen derart stark inkrustiert werden, dass sie oft in der Mittelstellung verbleiben und den Hoftüpfel dennoch völlig abschliessen. Im Laubholz werden die Tracheen durch Thyllen oder durch Gummieinlagerungen verschlossen, und zwar in beiden Fällen von den Markstrahlzellen aus. Auf Unterschiede, die im Gefässverschluss auftreten, hat MARGRET M. CHATTAWAY (1949 und 1952) aufmerksam gemacht: Die Markstrahlen werden in den kritischen Stammzonen zu erhöhter Stoffwechselaktivität angeregt, was mit geeigneten Methoden direkt gemessen werden kann (H. H. BOSSHARD 1966a) und dort zur Thyllenbildung führt, wo die Tüpfel zwischen Gefäss- und Markstrahlzellen dafür gross genug sind; bei kleinen Tüpfeln werden gummiartige Stoffe von den Markstrahlzellen in die Gefässe ausgesondert. Auch in dieser Art des Zellverschlusses sind artspezifische Unterschiede bekannt, die zum Teil auf Feinstrukturverschiedenheiten und/oder auf Unterschiede im Zellmetabolismus zurückzuführen sind. – In allen Holzartentypen ist der Zellverschluss im Wasserleitgewebe ein strukturelles Merkmal, das mit der Funktion in direktem Zusammenhang steht. Die mit der Kernholzbildung einhergehenden Inkrustationen der Zellwände mit Kernholzsubstanzen, die bald stärker, bald minder auftreten, sind sekundäre Veränderungen der Zellwandmorphologie und als solche Folgeerscheinungen der Nekrobiose im parenchymatischen Gewebe.

Die Splintholz-Kernholz-Umwandlung ist ein physiologischer Vorgang; dieser Umstand muss immer wieder in Erinnerung gerufen werden. Die augenfälligsten physiologischen Unterschiede zwischen Splintholz und Kernholz sind durch Wassergehaltsmessungen zu ermitteln (Abbildungen 89 und 90), obwohl gerade dem Wasserhaushalt in diesem Zusammenhang nur geringe Signifikanz zukommt. Mit den Angaben über Wassergehaltsveränderungen werden bestenfalls sekundäre Vorgänge bei der Umwandlung von Splint- in Kernholz beschrieben, es sind hierbei Ursache und Wirkung oft zu wenig klar erkannt und voneinander getrennt worden. Wesentlich bedeutungsvoller sind Änderungen im Zellstoffwechsel der parenchymatischen Gewebe (H. ZIEGLER 1968). Das Markstrahlparenchym und das Strangparenchym unterliegt einer langsameren qualitativen Alterung als das Festigungs- und das Wasserleitgewebe (H. H. BOSSHARD 1966a): Die parenchymatischen Zellen leben über den ganzen Splintbereich hin fort, und erst an der Splintholz-Kernholz-Grenze sterben sie. Und diese Nekrobiose ist auch in ihrer letzten Phase graduell, so dass keine unmittelbare und scharfe Grenze zwischen lebendem und totem Parenchym gezogen werden kann. In ein und demselben Markstrahl verzahnen sich die Zonen des Lebens in das fixierte Markstrahlgewebe hinein oder bilden gar eine Zeitspanne lang noch isolierte Nachposten. Daher mag auch die Unregelmässigkeit in der Abgrenzung des Kernholzes rühren, das wohl nur zufällig und scheinbar mit einem Jahrring abschliesst. Im Stoffwechselgeschehen der langsam absterbenden Zellen kann die Veränderung im Stärkehaushalt schon mittels mikroskopischer Methoden untersucht werden. Dabei ist festzustellen, dass die kambiumnahen Splintbereiche erheblich mehr Stärke aufweisen als gegen die innere Splintgrenze hin; im Kernholz fehlt Stärke vollständig, die spärlichen Ausnahmen sind dafür noch Bestätigung. In seiner aufschlussreichen Arbeit *Physiologische und biochemische Gradienten in den Jahrringen von Stämmen und Wurzeln von Gymnospermen, ring- und zerstreutporigen Angiospermen* kommt W. HÖLL (1970) zu folgenden Ergebnissen: «Die Verteilung der Stärke im Stamm und der Wurzel von *Robinia* zeigt ähnliche Verhältnisse: Während im peripheren Teil relativ viel Stärke nachweisbar ist, sinkt der Gehalt dieser Reservesubstanz zum Kern hin rasch ab. Zwischen dem äusseren und inneren Splintbereich des Stammes von *Robinia* scheinen qualitative Unterschiede in der Zusammensetzung der Stärke vorzuliegen dergestalt, dass in jüngeren Zonen vorwiegend Amylose, in der Splint-Kern-Übergangszone Amylopektin gespeichert wird. Bei *Larix* kulminiert der Stärkegehalt im mittleren Splintbereich. Bei beiden Arten ist das Kernholz stärkefrei. Die Messung der Aktivitäten der stärkeauf- und -abbauenden Enzyme im Stamm von *Robinia* ergibt im jüngsten Splintjahrring eine Synthese der Stärke, in der Übergangszone dagegen deren Abbau.» Und weiter: «Die Stammjahrringe von *Larix* werden mit zunehmendem Alter, abgesehen von einem leichten Anstieg im mittleren Splintbereich, ärmer an Glukose und Fruktose. Die Saccharose und die Raffinose zeigen unmittelbar vor der Splint-Kern-Grenze einen Konzentrationsanstieg. Die Saccharose scheint bei der Umwandlung von Splint- in Kernholz eine besondere Bedeutung zu haben. Die Nichtnachweisbarkeit der Saccharosesynthetase in diesem Übergangsbereich deutet darauf, dass dieses Disacharid aus anderen Teilen der Pflanze stammt.» – Die Kurven der Stärkekonzentration für Stamm- und Wurzelholz der *Robinie* verlaufen sozusagen parallel (Abbildung 96), so dass es sich beim Abbau oder Umbau der Stärke vom äusseren gegen den inneren Splint zu um eine allgemeingültige Erscheinung handeln muss. Die Speicherung in den Holzarten ist qualitativ verschieden, entsprechend dem für die einzelnen Arten

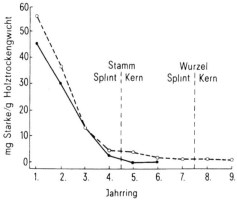

Abbildung 96   Konzentration der löslichen Stärke in den einzelnen Jahrringen des Stammes und der Wurzel von *Robinia pseudacacia* L. (nach W. HÖLL 1972). ---- Wurzel, ⎯⎯ Stamm.

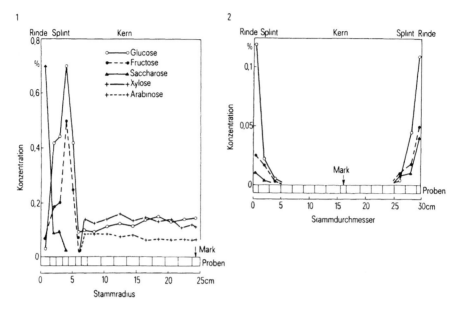

Abbildung 97   Zuckerverteilung in einer lufttrockenen Eichen- (1) bzw. Birkenstammscheibe (2) (nach H. H. DIETRICHS 1964).

spezifischen Fermentsystem (W. HÖLL 1970). Darauf hat schon H. H. DIETRICHS (1964) in Zuckeranalysen von Splint- und Kernholz hingewiesen: So sind beispielsweise in Birkenholz keine niedrigmolekularen, freien Zucker zu finden, im Gegensatz zu beispielsweise Eichenholz, wo Glukose, Arabinose und Xylose chromatographiert werden konnten (Abbildung 97). In Markstrahlparenchym konnte sodann Shikimisäure nachgewiesen werden (H. H. DIETRICHS 1964, T. HIGUCHI, K. FUKAZAWA und M. SHIMADA 1967), die als wichtige Zwischenstufe vom aliphatischen (lineare Ketten) zum aromatischen (zyklische Ketten) Kohlenhydratstoffwechsel von der Biogenese des Lignins her bekannt und beim Aufbau der phenolischen Kernholzsubstanzen von Bedeutung ist. – Die Nekrobiose der Speicherzelle ist von A. FREY-WYSSLING und H. H. BOSSHARD (1959) beschrieben worden: «Es wird eine schrittweise Degeneration der Kerne und der Mitochondrien des Strahlenparenchyms mit zunehmender Tiefe des Splintholzes festgestellt. Da parallel hierzu steigende Schwierigkeiten der Sauerstoffversorgung auftreten, darf angenommen werden, dass in der Übergangszone zwischen Splint- und Kernholz ein semianaerobiontischer Stoffwechsel stattfindet. In jener Zone macht sich eine gesteigerte Stärkehydrolyse geltend. Nachdem alle Stärkekörner verschwunden sind und der entstandene Zucker aufgebraucht ist, bricht offenbar das respiratorische Enzymsystem zusammen, und die oxydative Polymerisation der in den Zellwänden adsorbierten Phenole wird ermöglicht, indem das vorher durch die Gegenwart von Zucker tiefgehaltene Redoxpotential ansteigt. Der spärlich vorhandene Sauerstoff wird nicht mehr als Akzeptor für den Wasserstoff der Dehydrierungsvorgänge des Atmungszyklus verwendet, sondern er geht trotz seiner sehr geringen Dampfspannung dazu über, die anwesenden Phenole zu oxydieren, wenn hierfür genügend Zeit zur Verfügung steht. Dies erklärt, warum die Bildung eines Farbkerns im Holz ein langsamer, zeitraubender Vorgang ist.» T. HIGUCHI, K. FUKAZAWA und M. SHIMADA (1967) haben in Nadel- und Laubholz im Kambium intensivste Atmung gefunden und einen starken Atmungsabfall schon im Aussensplint (Abbildung 98). Das in Abbildung 99 dargestellte Schema der wichtigsten Vorgänge in der Splintholz-Kernholz-Umwandlung dürfte somit noch immer die Akzente richtig setzen.

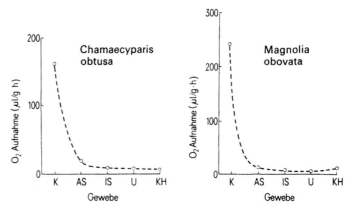

Abbildung 98 Atmung in verschiedenen Gewebezonen von *Chamaecyparis obtusa* und *Magnolia obovata* (nach T. HIGUCHI, K. FUKAZAWA und M. SHIMADA 1967). *K* Kambium, *AS* Aussensplint, *IS* Innensplint, *U* Übergangszone, *KH* Kernholz.

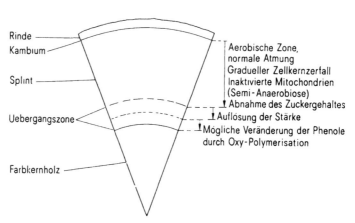

Abbildung 99 Schematische Darstellung der zytologischen und physiologischen Charakteristik der Kernholzbildung (nach A. FREY-WYSSLING und H.H. BOSSHARD 1959).

1.333 Farbkernholzbildung

Farbkernholz tritt in allen Baumartengruppen auf: in Nadelholzarten, in zerstreutporigen Laubholzarten ebenso wie in ringporigen. Und Farbkernholzbildung ist auch in Baumgewächsen aller Klimagebiete zu beobachten. In diese Universalität ist auf Grund des verschiedenen physiologischen Verhaltens in der Splintholz-Kernholz-Umwandlung eine Grenze zu legen, die Bäume mit obligatorischer Farbkernbildung abtrennt von Bäumen mit fakultativer Farbkernbildung (H. H. BOSSHARD 1953). Die beiden Gruppen sind vor allem gekennzeichnet durch Unterschiede im Verlauf der Nekrobiose im Speichergewebe und durch die differenzierte Art im Aufbau der Farbkernsubstanzen.

Als *obligatorische Farbkernbildner* sind unter anderen bekannt: die Föhren und Lärchen, der Nussbaum und der Kirschbaum, die Eiche und die Ulme. Das Splintholz ist in diesen Holzarten hellgelb, verschieden breit, je nachdem wie das Wasserleitgewebe entwickelt ist, und in der Regel wenig dauerhaft. Die Farbe des Kernholzes kann gelbbraun, braun oder rotbraun sein, gelegentlich dunkle Streifen aufweisen und in der Intensität stark variieren. Die Flächenanteile der Farbkernholzzonen ändern ebenfalls: von Art zu Art und innerhalb einer Baumart mit der Stammhöhe. – Über die Bildung und den chemischen Aufbau von Farbkernsubstanzen liegen viele, übereinstimmende und sich widersprechende Informationen vor (zusammengefasst unter anderen von W. E. HILLIS 1962 und von H. ZIEGLER 1968). Die Farbkernsubstanzen haben darnach phenolischen Grundcharakter, sie sollen in den parenchymatischen Zellen an Ort und Stelle entstehen und nicht aus der Kambialzone radial vom Splint gegen die Kernholzgrenze hin verfrachtet werden, und ihr Aufbau aus Speicherstoffen und zugeführten Kohlenhydraten wird durch ein vielfältiges Enzymsystem gesteuert. Die in den Umwandlungszellen auftretende Shikimisäure (H. H. DIETRICHS 1964, T. HIGUCHI, M. SHIMADA, F. NAKATSUBO und T. YAMASAKI 1973) gibt Anlass zur Vermutung, die biochemischen Vorgänge bei der Bildung von Farbkernsubstanzen seien den Stoffumlagerungsprozessen bei der Ligninbildung ähnlich. H. ZIEGLER (1968) umschreibt die zytologischen, physiologischen und biochemischen Vorgänge bei der Umwandlung von Splint- zu Kernholz: «Es erscheint denkbar, dass sich die Verkernung etwa auf folgende Weise abspielt: Es kommt zunächst zu einer Steigerung der Konzentration freier Polyphenole (oder ähnlicher Verbindungen) im Plasma der lebenden Holzzellen. Dies kann durch laufende Zufuhr von den peripheren Splintbezirken im Sinne einer Entschlackung dieser Zonen (P. RUDMAN 1966, CH. M. STEWART 1960, 1965, 1966) durch Übertritt aus den Vakuolen in das Plasma nach Zusammenbruch des Tonoplasten und schliesslich auch durch Hydrolyse der Glykoside dieser Verbindung zustande kommen... Da Polyphenole die Aktivität von Mitochondrien beeinträchtigen (A. C. HULME und J. O. JONES 1963), könnten sie für die Zerstörung dieser Organellen verantwortlich sein (CH. M. STEWART 1965); hierfür wäre eine bestimmte Mindestkonzentration notwendig, die erst von einem bestimmten Alter an erreicht würde und deren Überschreiten eine ganze Kette von Folgereaktionen auslösen würde... Durch den Ausfall der biochemischen Aktivität der Mitochondrien – wie sie etwa die Befunde mit der Malatdehydrogenase anzeigen – käme es durch den beschriebenen Rückstau (und evtl. durch Substratinduktion von Enzymsynthesen) zu vermehrter Bildung der Kernstoffe – das wären dann die dramatischen Umsetzungen in der Übergangszone. Schliesslich kann nach völliger Desorganisation der Zelle und Aufhebung der Semipermeabilität eine Ausdiffusion der gebildeten Produkte stattfinden. – Die Absorption der Kernstoffe im sichtbaren Bereich des Spektrums, ihre Färbung also, ist zwar wirtschaftlich ausserordentlich bedeutsam, physiologisch aber belanglos. – Folgt man dem skizzierten Bild, so wäre die eingangs gestellte Frage nach den unmittelbaren Ursachen des Alterns und schliesslichen Absterbens der Zellen dahin zu beantworten, dass entweder eine zunehmende Anhäufung von Stoffwechselschlacken oder aber ein Zusammenbruch des Tonoplasten (oder beides) der entscheidende Faktor sein könnte. – Wie könnte es zu einer Schädigung der Plasmagrenzschichten kommen? Es gibt eine Reihe von Indizien dafür, dass der Ersatz der Wasserfüllung der Wasserleitungselemente im Holz durch Luft ein auslösendes Agens für die Verkernung ist (z.B. H. ZYCHA 1948). Dies mag auch der Grund dafür sein, dass die – besser mit Wasser versorgte – Wurzel ganz allgemein eine geringere Kernentwicklung zeigt als der Stamm und der Splint im Stamm unten

Tafel 15   Obligatorische und fakultative Farbkernbildung

1 *Quercus robur*, Stammscheibe mit schmaler Splintzone und mit kräftigbraunem, obligatorischem Farbkern (Aufnahme M. DICKENMANN).

2 *Quercus robur*, Radialschnitt. In der Splintholz-Kernholz-Umwandlungszone lassen sich Kernholzsubstanzen im Markstrahlparenchym mit Osmiumtetroxyd kontrastieren (Vergr. 130:1, Aufnahme U.H. HUGENTOBLER).

3 *Quercus robur*, Radialschnitt. Im Kernholz sind weder Stärke noch Farbkernstoffe im Speichergewebe nachzuweisen. Die abgebildeten Markstrahlzellen mit dunklem Inhalt sind aus dem unmittelbaren Grenzbereich des Splintholz-Kernholz-Übergangs und deuten darauf hin, dass sich die zellphysiologischen Vorgänge im Markstrahl nicht schlagartig abspielen. – Die Farbkernstoffe in den obligatorischen Farbkernholzarten inkrustieren die Zellwände (Vergr. 165:1, Aufnahme U.H. HUGENTOBLER).

4 *Fraxinus excelsior*, Stammscheibe mit breiter Splintzone und mit rötlichbraunem fakultativem Farbkern (Aufnahme Photographisches Institut ETHZ).

5 *Fraxinus excelsior*, Querschnitt. Im fakultativen Farbkernholz werden im Speichergewebe hochmolekulare, pigmentierte Kernholzsubstanzen aufgebaut (Vergr. 210:1, Aufnahme H.H. BOSSHARD).

6 *Fraxinus excelsior*, Radialschnitt. Die Farbkernholzsubstanzen bleiben im Braunkern der Esche als kugelige Einschlüsse oder als Wandbeläge in den Speicherzellen. Die Zellwände werden nicht inkrustiert (Vergr. 200:1, Aufnahme H.H. BOSSHARD).

Tafel 15: Obligatorische und fakultative Farbkernbildung

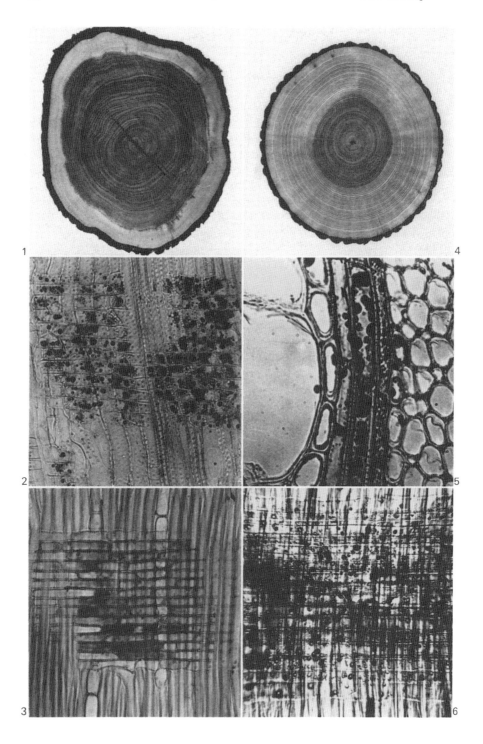

breiter ist als oben... Es ist naheliegend, das Altern und schliessliche Sterben der Zellen auch mit dem Wuchsstoffhaushalt in Verbindung zu bringen. Es ist durchaus denkbar, dass Zellen in weiterer Entfernung vom Phloem und Kambium Schwierigkeiten in der Wuchsstoffversorgung haben, die durch Aussenfaktoren (etwa Sauerstoffzutritt, Wassermangel u.ä.) noch verstärkt werden können. Für einen Zusammenhang von Verkernung und Wuchsstoffmangel spricht z.B. die bekannte Tatsache, dass die Unterseite von Kiefernästen (die vermutlich mehr Wuchsstoff besitzt) langsamer verkernt (einen höheren Splintanteil aufweist), ferner der Befund, dass wüchsige Kiefern langsamer verkernen (R. TRENDELENBURG und H. MAYER-WEGELIN 1955).» – In dieser Arbeitshypothese, wie ZIEGLER seine zusammenfassenden Erörterungen bezeichnet, wird auf den Zusammenbruch der Semipermeabilität der Plasmagrenzschichten und den nachfolgenden Austritt der in der Zelle zurückgehaltenen Kernholzsubstanzen in die umliegenden Gewebe aufmerksam gemacht. In der Gruppe der obligatorischen Farbkernholzbildnern ist das der Fall: Die Nekrobiose der Speicherzelle führt zu einem Zeitpunkt zum Zelltod, in dem die Polymerisation der Kernholzsubstanzen erst wenig fortgeschritten ist. Die niedermolekularen Kernholzstoffe können das Zellwandfilter passieren (Tafel 15/1–3) und die Zellmembranen des Festigungs- und des Wasserleitgewebes inkrustieren. Diese *zeitliche und örtliche Koinzidenz von Nekrobiose und niedriger Molekularität der Farbkernstoffe* ist das wesentliche zytologisch-biochemische Merkmal der obligatorischen Farbkernholzbildner.

In *fakultativen Farbkernbildnern* (H.H. BOSSHARD 1953, 1955 und 1967) sind die Farbkernholzzonen unregelmässig: in bezug auf den Zeitpunkt ihrer Entstehung ebenso wie auf ihre Form und ihr Ausmass. In Baumarten mit fakultativer Farbkernholzbildung ist die Holzverfärbung deshalb qualitätsmindernd, so etwa im Braunkernholz der Esche oder im Rotkernholz der Buche. In diesen beiden Holzarten hat man die unregelmässigen Kernholzverfärbungen zudem noch mit Reaktionen des Baumes auf Pilzbefall in Zusammenhang gebracht, oder man hat die technologischen Eigenschaften des Braunkerns oder Rotkerns in Frage gestellt. Diese Vorstellungen mögen bis heute noch nachwirken. Es muss deshalb mit Nachdruck hervorgehoben werden, dass in der Buche und der Esche und den vielen anderen fakultativen Farbkernholzarten die Umwandlung von Splint- in Kernholz ebenfalls ein physiologischer Vorgang ist, der entsprechend den biogenetisch fixierten Artmerkmalen und den herrschenden physiologischen Bedingungen zu Holzverfärbungen führt. Die bedeutendsten Merkmale von fakultativem Farbkernholz sind in den Bildern 4 bis 6 der Tafel 15 festgehalten: Die Farbkernsubstanzen bilden in den Zellen des Speichergewebes Wandbeläge oder liegen als kugelförmige Einschlüsse im Zellinnern. Sie sind hochmolekular im Zeitpunkt des Zelltodes und werden so von den Zellmembranen zurückgehalten. In den fakultativen Farbkernhölzern verläuft die Polymerisation der Kernsubstanzen rasch, die Nekrobiose des Speichergewebes langsam, im Gegensatz zu den Holzarten mit obligatorischem Farbkern, in denen diese beiden Vorgänge koinzidieren. Die Farbkernbildung in fakultativen Farbkernholzarten ist vielfach in Zusammenhang mit dem Wasserhaushalt der Bäume gebracht worden (H. ZYCHA 1948, H. H. BOSSHARD 1953 und 1955) mit dem Hinweis auf besondere Wassergehaltsgrenzen, die nicht unterschritten bzw. überschritten werden dürfen, wenn es zur Kernholzverfärbung kommen soll. Der Wassergehalt an sich mag aber nur von indirekter Bedeutung sein, indem dadurch der Anteil des stamminneren Luftkörpers bestimmt wird (H. ZIEGLER 1957, H. H. DIETRICHS 1964). Besonders wichtig hierbei sind die hohe CO_2-Spannung und die geringe O_2-Spannung der Stamminnenluft verglichen mit der Aussenluft (Tabelle 24); W. W. CHASE (1934) hat das Gasgemisch in fünf Holzarten untersucht und auch die jahreszeitlich bedingten Veränderungen festgestellt: "A study of the composition of gases drawn from the trunks of four Angiosperm trees and one Gymnosperm tree has resulted in the following relationships: 1. The percentage of carbon dioxide is highest during the growing season. It fluctuates somewhat during the autumn and spring and is lowest in winter. 2. The percentage of oxygen is lowest in summer and highest in winter. It varies inversely with the percentage of carbon dioxide throughout the year. 3. The sum of carbon dioxide and oxygen is less than the total of these gases in the atmosphere. This relationship is present throughout the year, but is less pronounced during the dormant season. 4. The percentage of carbon dioxide is very low during the growing season for the Angiospermous species which produce narrow annual rings, and higher for those which grow more rapidly. 5. Gases drawn from the outer rings of the sapwood are lower in carbon dioxide and higher in oxygen than those drawn from the heartwood. 6. There is no apparent relationship between the percentage of carbon dioxide and oxygen at different heights above the ground." – Der ausgeprägte Sauerstoffgradient von Aussenluft zu Stamminnenluft bewirkt eine unmittelbare Sauerstoffdiffusion nach jeder auch noch so geringen Verletzung des Rindenperiderms, das für den Gasaustausch als Barriere wirkt. Einstiche von Insekten in die Rinde, Haarrisse, hervorgerufen durch starke Temperaturschwankungen oder jede andere Art von Verletzungen führen im Stamm zu bedeutenden physiologischen Ver-

Tabelle 24	Prozentualer Anteil von Kohlendioxid und Sauerstoff im stamminneren Luftkörper (nach W. W. CHASE 1934).			
Holzart	CO_2-%		O_2-%	
	Vegetationszeit 1.4.–30.9.	Vegetationsruhe 1.10.–31.3.	Vegetationszeit 1.4.–30.9.	Vegetationsruhe 1.10.–31.3.
Pinus strobus	9,56	4,71	3,62	10,55
Ulmus americana	11,72	4,78	2,75	6,61
Quercus borealis	4,17	2,29	12,0	14,53
Quercus macrocarpus	21,9	1,06	14,01	17,78
Populus deltoides	13,59	9,56	0,79	6,5
Aussenluft	0,03		21,0	

änderungen, die in fakultativen Farbkernholzarten unmittelbar Anlass sein können zur Stammholzverfärbung.

Der *Mosaikfarbkern* der Buche ist auf Rindenverletzungen zurückzuführen. Die von aussen sichtbaren Rindennarben und die im Holz lokalisiert auftretenden Verfärbungen haben Anlass gegeben zu den beiden Bezeichnungen ‹Buchengallen› und ‹Buchenflecken›. Diese Begriffe machen aber vor allem aufmerksam auf Fehlerhaftes; sie sind ungenau und auch deshalb nicht geeignet, weil nichts in ihnen auf die Eigenart der Erscheinung hinweist. C. JACQUIOT (1961) hat es deshalb vorgezogen, in seinen vorläufigen Hinweisen auf derartige Phänomene in Vogesenbuchen den von französischen Forstleuten geprägten Ausdruck ‹maladie du T› anzuwenden. Es wird berichtet, die Holzverfärbungen könnten möglicherweise von *Cryptococcus fagi* verursacht werden. In den Beständen, in denen die Rindennarben an Buchen selbst gehäuft vorkommen, konnte die Buchenwollaus nicht nachgewiesen werden. JACQUIOT argumentiert: «...que ces lésions sont une maladie physiologique provoquée par des conditions climatiques exceptionnelles.» Als Krankheitsursachen sind extreme Temperaturschwankungen während der Wintermonate erkannt worden; ihnen entsprechen die feinen, senkrecht verlaufenden Rindenrisse als unmittelbares Krankheitsbild. Die als Folgeerscheinungen eintretenden Überwallungen und Rindennarben sowie noch ausgeprägter die Holzverfärbungen haben überhaupt nichts Krankhaftes an sich. Die mosaikartig verteilten Farbzonen im Holz entstehen – wie es noch eingehender zu beschreiben ist –, nachdem die Sauerstoffspannung im Gewebe örtlich angestiegen ist. Ihr mikroskopischer Untersu-

Tafel 16   *Fagus silvatica*, Rindenquerschnitt (nach H. H. BOSSHARD 1965; Aufnahmen H. H. BOSSHARD)

Im mikroskopischen Querschnittbild lassen sich ausserhalb des Xylems und des Kambiums die innere und äussere Rinde in der Übersicht darstellen:

$R-B_1$ = äussere Rinde mit: *P* Periderm, *Ph* Phellogen, *Pe* Phelloderm; *Sk* Sklereiden. Das Periderm, ursprünglich zusammenhängend, wird mit dem Weitenwachstum zerrissen und von Steinzellengruppen unterbrochen.

B_1-B_2 = innere Rinde oder Bast mit: *S* Siebröhren und *Pa* Parenchym, die, in tangentialen Bändern angeordnet, eigentlichen Jahrringen entsprechen. Nur die Siebröhren kollabieren und werden mit den rundlichen oder ovalen Parenchymzellen zusammengedrängt. Da die Buchenrinde keine Borke bildet und abstösst, wird das ganze Rindengewebe mit dem Dickenwachstum des Stammes stark zusammengepresst. (Nach W. HOLDHEIDE sind in einer Rinde von 15 mm Breite bis 200 und mehr Jahrringe vorhanden.) Zwischen Rinde und Holz (*X*) liegt das Kambium (*K*). Es verläuft innerhalb der schmalen Markstrahlen (*Ms*) wie gewohnt, in den breiten Markstrahlen (*MS*) hingegen wird es als gut ausgebildetes Markstrahlkambium (*MK*) keilförmig in das Xylem gezogen; es liegt somit an diesen Stellen zwischen dem harten Holzgewebe und dem ebenso harten Sklereidenkeil (*Sk*) des breiten Markstrahls (Vergr. 75:1).

Tafel 16: Buchenrinde im Querschnitt

chungsbefund entspricht in allen Teilen einer fakultativen Farbkernbildung, so dass der Begriff ‹Mosaikfarbkern› geprägt werden konnte (H. H. BOSSHARD 1965). Der früher von V. NEČESANÝ (1958a) verwendete Ausdruck ‹Mosaikkernholz› stand für die Beschreibung einer besonderen Spielart der Rotkernbildung. Seitdem die Physiologie des Buchenrotkerns besser bekanntgeworden ist, kennt man auch die Zufälligkeit seiner Entstehung und die Variabilität seiner Erscheinungsformen. Es erübrigt sich, derartige Modifikationen, von denen viele mit Namen bedacht worden sind, weiterhin namentlich auszuzeichnen. – Aus Beobachtungen in grösseren Buchenbeständen ist bekannt, dass Rindennarben an Bäumen in allen Schichten des Bestandes vorkommen, und zwar in Mischbeständen von Buchen mit Föhren oder Fichten ebenso wie in reinen Buchenbeständen. Auch die Exposition der Bestände scheint nicht von Bedeutung zu sein (U. HUGENTOBLER 1960). Die Rindennarben sind in der Regel über den ganzen Stamm verteilt, das heisst im Astwerk der Krone in derselben Häufigkeit anzutreffen wie im Stamm. Gelegentlich sind Buchen mit ganzen Narbenbändern zu finden, in denen die Rindennarben in einer oder in mehreren bevorzugten Richtungen liegen (B. MEIER 1962). Dies mag damit zusammenhängen, dass die Buchenrinde in der Nachbarschaft älterer Risse leichter aufbricht. Hinter den zuerst recht feinen Haarrissen verfärben sich im Xylem Gewebezonen von mehreren Millimetern Breite braunrot; die Risse klaffen im Verlauf des weiteren Wachstums auf und überwallen zu ovalen Rindennarben (Tafel 8 in *Holzkunde 1*). Kontrolliert man die Abmessungen der Narben und der ihnen entsprechenden Verfärbungen im Holz (Abbildung 100), so zeigt sich, wie die Narbenweite b mit dem Alter ändert, während die Weite b' des T-Balkens in der verfärbten Zone konstant bleibt. Die Verfärbung kommt also direkt nach der Rissbildung auf Anhieb zustande und bleibt stationär. – Im T-Bereich ist Wundgewebe zu finden, das sich im Querschnitt durch eine gefässarme Zone markwärts

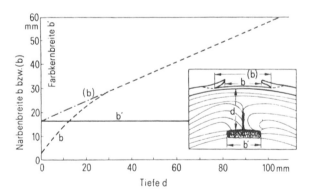

Abbildung 100 Abhängigkeit der Rindennarbenbreite b und der Farbkernbreite b' vom Alter des Mosaikfarbkerns (repräsentative Stichprobe mehrerer Stammabschnitte eines Einzelbaums; nach H. H. BOSSHARD 1965). Mit der Dilatation der Buchenrinde verändern sich die Dimensionen b und (b) der Narben, während die Breite des Farbkerns b' konstant bleibt.

des T-Balkens auszeichnet; die vorhandenen Gefässe sind stark verthyllt. Vor und hinter der Farbzone gegen das Kambium und bis ins Mark können im Speichergewebe mikroskopisch feinverteilte Pigmente gefunden werden. Die durch das Aufreissen der Rinde verursachte Erhöhung der Sauerstoffspannung hat somit doch auch Fern- und Nachwirkung. Die fakultative Farbkernbildung ist an sich ein langsam verlaufender Prozess, zytologische Anzeichen sind daher lange vor dem intensiven Farbumschlag im Holz zu erkennen. – Die Bildung von Mosaikfarbkern in Buche kann mit der Rindenstruktur in Zusammenhang gebracht werden. Schon J. MÖLLER (1882) ist während seiner Arbeit über die Anatomie der Baumrinden die Buche mit ihren eigenartigen Sklerenchymgeweben der Rinde aufgefallen: «Die breiten Markstrahlen bieten noch die Eigenthümlichkeit, dass die mittleren Partien sklerotisieren und dass die Sklerosierung eine Strecke weit in den Holzkörper vordringt, der infolgedessen mittels Sklerenchymzapfen gewissermassen an die Rinde genietet ist.» W. HOLDHEIDE (1950) übernimmt diese Beobachtung und vermerkt, dass wegen der keilförmig in den Holzteil greifenden Rindenkämme das Kambium einen V-förmigen Verlauf nehme: man kann ihn als Keilwuchs taxieren und in Analogie setzen zum Wimmerwuchs und der Spannrückigkeit (Tafeln 1 und 16). Das Kambium liegt in den Rindenkämmen der breiten Buchenmarkstrahlen zwischen dem lignifizierten Xylem und dem ebenfalls ligninkrustierten Strahlensklerenchym. In der äusseren Rinde sind weitere Sklerenchymgewebe zu finden, in die das Strahlensklerenchym in der Regel ausmündet. In der Buche ist dieses Merkmal vereinigt mit dem dünnborkigen Aufbau, der ein Zusammenstauchen der älteren Gewebepartien bedingt, weil mangels neuer Peridermbildung keine Rindenpartien abgestossen werden. In älteren Buchen wird das Rindengewebe immer fester zusammengepresst und durch die zusätzliche Sklerotisierung noch stärker verdichtet. Damit werden aber auch die technologischen Kenngrössen wie Schwinden und Quellen sowie thermische Ausdehnung und Kontraktion der Rinde verändert. Grosse Temperaturdifferenzen, besonders in der kalten Jahreszeit, sind der äussere Anlass für Dehnungs- und Kontraktionsrisse. Im frühen Stadium klaffen die feinen Risse nur wenig auf und sind wahrscheinlich auf Spannungen im äusseren Sklerenchymring der Rinde zurückzuführen. Erfolgt nach diesem Stadium ein Überwallen, so wird der Rindenschaden im Holz keine Marke hinterlassen. Hängen die peripheren Sklerenchympartien aber derart mit sklerotisierten, breiten Markstrahlen zusammen, dass die Dehnungen und Kontraktionen auch das radiale Element erfassen, so zerreisst die schmale Kambiumzone zwischen Xylem und Markstrahlsklerenchym, und es entsteht ein Kambiumschaden. – Als erste Reaktion wird die von aussen eindringende Luft Sauerstoff an das junge Xylem herantragen, in ihm Verfärbungen verursachen und es gleichzeitig etwas austrocknen. Dadurch entsteht der tangentiale, rotbraune T-Balken. Die Diffusion von Luftsauerstoff durch die Markstrahlen ins Innere des Holzes bewirkt die Veränderungen im Speichergewebe vom Kambium bis hinein in das Mark. Das zerrissene Kambium wird sodann zur Überwallung der Wunde angeregt. Dabei entsteht zunächst eine gefässarme Holzpartie, was auf die Bildung und Einwirkung von Wundhormonen hindeutet.

Später bildet sich der radiale T-Balken aus, wobei nicht selten auch Rinde miteingeschlossen wird.

Der Mosaikfarbkern der Buche kann erzeugt werden, wenn durch geeignete Massnahmen die Sauerstoffspannung im Gewebe örtlich erhöht wird. Anhand derartiger Experimente sind weitere Aufschlüsse über die fakultative Farbkernbildung zu gewinnen. – Mosaikfarbkern kommt erfahrungsgemäss vorwiegend in älteren Buchen vor, offenbar dann, wenn durch anhaltendes Dickenwachstum des Stammes die Spannungen im Rindenkörper genügend gross geworden sind. Die Experimente zur künstlichen Erzeugung von Farbkern sind aus diesen Gründen an etwa 15jährigen Buchenstämmchen durchgeführt worden (H. H. BOSSHARD 1967), so dass von vornherein jede andere Ursache als die experimentelle für die zu erwartenden Modifikationen ausgeschlossen wird. Das Pflanzenmaterial wurde in der Abteilung Buchrain des Lehrwaldes der ETH ausgesucht und markiert. Am 1. Mai 1963, das heisst noch vor Beginn der Vegetationszeit, sind die Pflanzen in unterschiedlichen Höhen mit Sauerstoff injiziert worden. Um eine gute Sauerstoffinjektion zu gewährleisten, müssen die Stämmchen mit einem feinen Bohrer angebohrt werden. In die entstandene Öffnung kann dann eine in der Medizin gebräuchliche Injektionsnadel eingeführt werden. Der Sauer-

Tafel 17   Fakultative Farbkernbildung in *Fagus* und *Beilschmiedia* (nach H. H. BOSSHARD 1967; Aufnahmen H. H. BOSSHARD)

1   *Fagus silvatica*, Querschnitt. Wundgewebe an der Einstichstelle, die zur Injektion von O_2 mit einer Injektionsnadel geöffnet worden ist (Vergr. 40:1).

2   *Fagus silvatica*, Radialschnitt. Oberhalb der Einstichstelle im jungen Buchenstämmchen sind starke Farbkernstoffeinlagerungen nach der O_2-Injektion zu beobachten. Ebenso hat heftige Thyllenbildung stattgefunden (Vergr. 60:1).

3   *Fagus silvatica*, Radialschnitt. Nach der O_2-Injektion sind in den Markstrahlzellen auf der Höhe der Einstichstelle und kambiumwärts Farbkernstoffe aufgebaut worden. Die Speicherstärke ist stellenweise noch nicht abgebaut (Vergr. 1000:1).

4   *Beilschmiedia tawa*, Radialschnitt. Markstrahlzelle mit Farbkernstoffen. Die tropfenförmigen Einlagerungen lassen den Schluss zu, dass die hellgelb pigmentierten Stoffe in den Kleinvakuolen gebildet worden sind (Vergr. 1000:1).

5   *Beilschmiedia tawa*, Radialschnitt. In marginalen Markstrahlzellen werden die hellgelben Kleinvakuolen vom kirschroten Untergrund der Hauptvakuolen kontrastiert, so dass kommunizierende Brücken zwischen den Kleinvakuolen sichtbar werden. Die Farbkernstoffe inkrustieren die Zellwände nicht (Vergr. 1000:1).

6   *Beilschmiedia tawa*, Radialschnitt. In dieser fakultativen Farbkernholzart werden die Farbkernsubstanzen hochmolekular und härten aus, so dass sie beim Mikrotomieren als Replikaformen der Markstrahlzellen aus den Zellen selbst geschoben werden (Vergr. 315:1).

Tafel 17: Fakultative Farbkernbildung

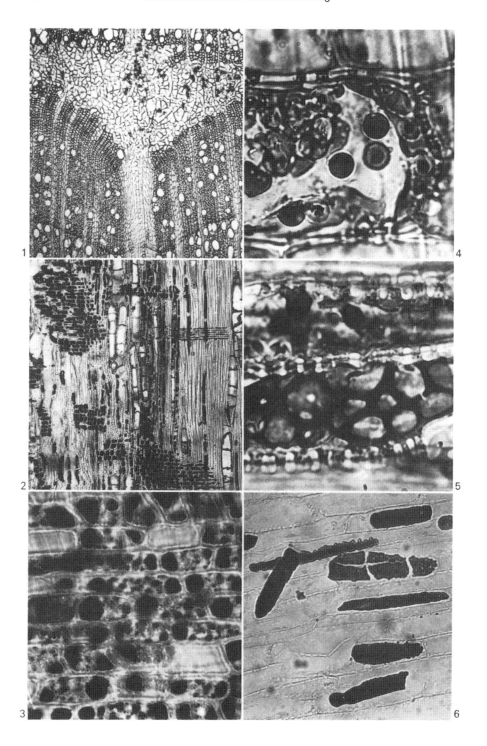

stoff wird unter Druck von 1,5 atü von einem Druckbehälter aus über ein Reduzierventil an das System abgegeben. In den darauffolgenden zweieinhalb Jahren sind lediglich Wachstum und Gedeihen der Buchenheister verfolgt und in allen Fällen als durchaus ungestört und normal registriert worden. Ende September 1965 wurden zwei Stämmchen gefällt und ein Teil ihres Holzes in Navaschinlösung fixiert. Makroskopisch betrachtet haben sich im Versuchsmaterial über- und unterhalb der Einstichstellen entlang des Stämmchens dem früher beschriebenen Mosaikfarbkern ähnliche Verfärbungen ergeben. Die mikroskopische Struktur des Gewebes hinter der Einstichstelle gleicht ebenfalls auffallend dem Gewebetyp in der T-Zone des Mosaikfarbkerns: In tangentialer Richtung im Wundgewebe und in der Fortsetzung dieser Zone radial gegen das Kambium hin (Tafel 17/1-3) treten starke Verfärbungen auf zufolge von Farbstoffeinlagerungen. Im direkten Einflussbereich des Einstichs hat sich über den ganzen Jahrring hinweg auffallend wenig Wasserleitgewebe gebildet, eine Beobachtung, die auch für die entsprechende Schadstelle im Mosaikfarbkern zutrifft. An der Einstichstelle selbst hat sich sodann das Kambium vom Xylem stellenweise losgelöst, offenbar unter der Einwirkung des 1,5 atü hohen Druckes, mit dem das Sauerstoffgas auf das Meristem einwirkte. Das Wundgewebe steht in dieser Zone in keinem unmittelbaren Zusammenhang mit dem früher gebildeten Xylem. Das markwärts von der Einstichstelle gelegene Holz zeigt intensive Thyllenbildung in den Gefässen sowie Farbkerneinlagerungen im Speichergewebe. In grösserem Abstand von der Einstichstelle, aber immer noch auf derselben Stammhöhe, ist die Bildung von Farbkernstoffen sowie von Thyllen ebenfalls noch recht ausgeprägt. Dabei ist zu beachten, dass die Thyllen gelegentlich mit Stärkekörnern ausgefüllt sind oder an ihren Wänden Beläge von Farbkernstoffen aufweisen. Das kann weiter nicht erstaunen, da die Thyllenbildung selbst vom Speichergewebe ausgeht. Die Speicherzellen 5 cm oberhalb der Einstichstelle, aber auch in 100 cm Abstand davon, sind unterschiedlich stark mit Farbkernstoffen belegt, was auch an den Zellkernformen ersichtlich ist. Zellen, in denen keine Farbkernstoffe oder doch nur erste Anfänge davon vorkommen, lassen einen langgezogenen, spindelförmigen Zellkern erkennen, auf dem nicht selten eine grössere Zahl von Nukleolen zu beobachten ist. Die Stärkekörner zeigen vielfach Korrosionsfiguren als Hinweis auf ihren allmählichen Abbau. In Zonen mit intensiver Zugholzbildung sind auffallend wenig Zellinhaltsstoffe im Speichergewebe nachzuweisen, was die Annahme nahelegt, dass der höhere Stoffumsatz beim Aufbau der gelatinösen Wandschichten die Bildung von Farbkernphenolen zurückzuhalten vermag. Bei der Durchsicht von vielen mikroskopischen Präparaten aus allen Stammzonen wird deutlich, dass die Speicherung der Stärke und ihre Mobilisierung recht unterschiedlich erfolgt: Noch 310 cm über der Einstichstelle sind Markstrahlen mit grossen Stärkereserven zu finden, obwohl auch hier schon Korrosionsfiguren in den Stärkekörnern nachweisbar sind und Farbkernstoffe vorliegen. Auf derselben Stammhöhe ist schliesslich festzustellen, dass im gleichen Markstrahl in den Frühholzzonen die beschriebenen Stoffumsetzungen später erfolgen, so dass hier geringere Farbkernstoffbildung vorliegt als im Spätholz. – Die beschriebenen Experimente sollen die Übereinstimmung darlegen im physiologischen Status von Mosaikfarbkernholz und Holz, das künstlich unter erhöhte Sauerstoffspannung versetzt worden ist. Darin kann einerseits eine Bestätigung für die früher dargelegte Konzeption der Bildung von Mosaikfarbkernholz abgelesen werden. Ferner ist daraus ersichtlich, dass die fakultative Farbkernbildung an sich auch von dem im Stamminnern verfügbaren Sauerstoff abhängig ist. Schliesslich haben spezifische Farbkernstofffärbungen, zum Beispiel mit Osmiumtetroxid, frühere Ergebnisse bestätigt, wonach in den einheimischen fakultativen Farbkernholzarten die Zellwände selbst nicht von Farbkernstoffen durchsetzt werden. Inwieweit gerade dieses zweite, wichtige Merkmal der fakultativen Farbkernholzbildung auch für andere Holzarten zutrifft, soll anhand von Untersuchungen an *Beilschmiedia tawa* erörtert werden.

Von den in Mitteleuropa heimischen Nutzholzarten sind *Fagus silvatica* und *Fraxinus excelsior* die beiden wichtigsten Vertreter der Holzarten mit fakultativer Farbkernbildung. Es ist deshalb notwendig, dass die in den zwei Beispielen beschriebenen Merkmale an Material aus anderen Klimazonen untersucht werden können. Dazu eignet sich zum Beispiel Tawa, die im nördlichen Teil der Nordinsel von Neuseeland vorkommende *Beilschmiedia tawa* (H. H. BOSSHARD 1967 und 1968), eine Baumart aus der Familie der *Lauraceae*. J. MADDERN HARRIS, Rotorua, hat dem Verfasser freundlicherweise in Navaschinlösung fixiertes sowie lufttrockenes Material von Tawa überlassen und dazu auch die nachfolgenden Bemerkungen verfasst: «Der sogenannte ‹Schwarzkern› wird selten in Bäumen mit weniger als 45 cm Durchmesser gefunden. Er kann deshalb als Charakteristikum für Bäume angesehen werden, die über 100 Jahre alt sind und normalerweise viele tote Zweige und unverheilte Wunden aufweisen, die zu Infektionen der Bäume führen können. Die Verfärbung ist nicht einheitlich, auf Querschnitten sieht man überlappende Sektoren mit schwarzen, grünlichschwarzen, grauen oder graubraunen Rändern, zwischen denen etwas heller getönte Zonen liegen. Der Schwarzkern ist nicht dichter als das normale Kern- oder Splintholz, und obgleich seine Abgrenzung sehr unregelmässig ist, erreicht er selten das Splintholz... Die unregelmässige, gestreifte dunkle Färbung im Schnittholz ist der Hauptnachteil bei der Verwendung zu dekorativen Zwecken; dennoch wird es gelegentlich für zusammengesetzte Messerfurniere verwendet.»

– In mit Navaschinlösung fixiertem Holz wurden zunächst Veränderungen von Zellkernformen festgestellt; die relativ grossen Zellkerne von Tawa sind in ihrem Mittelteil spindelförmig (Abbildung 101) und beidseitig durch fädige Ausläufer verlängert, die anfänglich noch stark kontrastieren und dann in Plasmastränge übergehen. Zieht man die beiden kontrastierten Ausläufer in Betracht, so kann in manchen Fällen die Gesamtlänge der Zellkerne nahezu das Dreifache des Mittelteils ausmachen. Sodann lässt sich feststellen, dass die Zellkerne in den marginalen stehenden Markstrahlzellen kleiner sind als in den inneren liegenden, was erkennen lässt, dass den marginalen Zellen eine andere Funktion zufallen dürfte als den Innenzellen (H. J. BRAUN 1967). Ferner ist zu beachten, dass die Grössenzunahme der Zellkerne vom Splint gegen die Kerngrenze zu im sogenannten Übergangsholz in den liegenden Markstrahlzellen bedeutender ist als in den stehenden. Aus derartigen Beobachtungen darf geschlossen werden, dass die Aktivierung der Kernholzbildung vor allem von den inneren Markstrahlzellen ausgeht, was der physiologischen Funktion der Speicherung, die den Innenzellen zufällt, durchaus entspricht. Über den Hinweis, dass besonders grosse Zellkerne auf eine hohe Zellaktivität schliessen lassen, dürften kaum mehr Zweifel bestehen, nachdem im *Beilschmiedia*-Material die kambiumnahen Xylemzonen sowie Zonen mit aktiver Thyllenbildung dieses Merkmal ausgesprochen deutlich zeigen. Zellkerne können nur in Speicherzellen gefunden werden, welche intakt sind und noch nicht starke Farbkernstoffbildung aufweisen. Dabei ist zu beachten, dass schon in der äussersten Splintzone in Markstrahl- und Parenchymzellen Vorläufer von Farbkernsubstanzen aufgebaut werden, so dass auch hier die Speicherstärke deutliche Merkmale des Abbaus aufweist und die Zellkerne in einzelnen Zellen von Markstrahlen oder Parenchymbändern fehlen. Im Stadium der fortschreitenden Nekrobiose können Zellen beobachtet werden

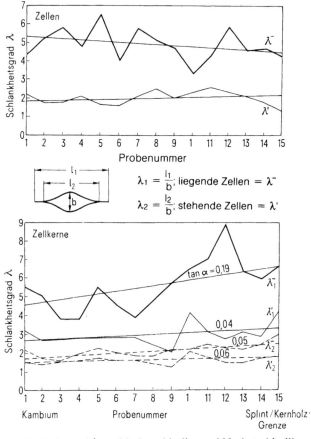

Abbildung 101 Schlankheitsgrad λ von Markstrahlzellen und Markstrahlzellkernen in *Beilschmiedia tawa* in Abhängigkeit von der Distanz der Probe vom Kambium (nach H. H. BOSSHARD 1968).

mit scheinbar lamellierten Zellkernen, wobei die Lamellen in Längsrichtung der Zellkerne verlaufen. Bei richtiger Fokussierung wird deutlich, dass der Eindruck der lamellaren Struktur durch eine Vakuolisierung in den Zellkernen hervorgerufen wird. Dabei liegen die sehr kleinen, meist in Hauptachse des Zellkerns gestreckten Vakuolen in Linien nebeneinander. Es lässt sich anhand von Vergleichen mit absterbenden Zellen zeigen, dass die lamellare Zellkernstruktur das Anfangsstadium der Zellkernauflösung darstellen muss. Damit unterscheidet sich diese Holzart von den früher untersuchten Koniferen (A. FREY-WYSSLING und H. H. BOSSHARD 1959) darin, dass absterbende Zellkerne nicht pyknotisch werden, sondern vakuolisieren. – Die Farbkernstofte werden in *Beilschmiedia tawa*, wie in anderen fakultativen Farbkernholzarten, lediglich im Speichergewebe aufgebaut und auch vorwiegend dort zurückgehalten. Beim Aufbau dieser Stoffe spielen kleine, meist kreisrunde Vakuolen in den Markstrahlzellen eine eminente Rolle: Sie können als eigentliche Synthesestellen für Farbkernstoffe in den Speicherzellen bezeichnet werden. Häufig sind sie in den Markstrahlzellen endständig gruppiert und lassen eine deutliche Vakuolenhaut erkennen, die vielfach unregelmässig gelappt (Tafel 17/4-6) und offensichtlich durch Materialanlagerungen verdickt worden ist. Es ist leicht einzusehen, dass die im Speichergewebe der Farbkernzone auftretenden Farbkernstofftröpfchen oder -kügelchen weiter kondensierte Kleinvakuoleninhalte sind. Ausser diesen Kleinvakuolen werden Farbkernstoffe auch in der zentralen, unregelmässig geformten Hauptvakuole ausgeschieden. Die Kleinvakuolen, welche in der Regel von hellgelber Farbe sind, werden gut kontrastiert durch den kirschrot gefärbten Inhalt der Hauptvakuolen. – Als wichtiges Merkmal von fakultativen Farbkernholzarten ist auf das im Ablauf der allgemeinen Zellnekrobiose frühzeitige Kondensieren der Farbkernsubstanzen zu hochmolekularen Stoffen hingewiesen worden, und zwar mit der Bemerkung, dass die hochmolekularen Einheiten selbst nach dem Zusammenbruch der Plasmasemipermeabilität nicht aus den Speicherzellen in die Zellwände eindringen können, weil die Zellmembranen zu engmaschig verwoben seien. Diese Feststellung lässt sich im Holz von *Beilschmiedia tawa* recht eindrücklich erkennen, wenn zwei benachbarte Markstrahlzellen unterschiedlich stark mit Farbkernsubstanzen angereichert sind. Die Farbkernstoffe sind an ihren gelben oder kirschroten Farben gut erkennbar; dank dieser intensiven Pigmentierung ist an den Kontaktstellen der benachbarten Zellen ebensoleicht nachzuweisen, dass die Schliessmembranen der einfachen Tüpfel die Farbkernphenole der beiden Zellen voneinander trennen, ohne dass die Farbkernsubstanzen weder von der einen noch von der andern Seite in die Membranen hätten eindringen können. Die Schliessmembranen sind aber weit durchlässiger als die vollständigen Zellwände. Dass die Farbkernstoffe trotzdem nicht in diese Membranen einzudringen vermögen, lässt auf ihren hochmolekularen Zustand schliessen. Dies geht auch aus Tafel 17, Bild 5, hervor, wo helle Zellwände von Speicherzellen deren dunkelgefärbte Inhalte voneinander trennen. Die Zellinhalte verdichten sich zu Pfropfen, die beim Schneiden des Materials im Mikrotom aus den Zellen herausgeschoben werden. Sie behalten dabei die Form der Zelle vollständig bei, was beweist, dass die Farbkernstoffe in den Speicherzellen wie in Giessformen vollständig ausgehärtet sind. – Der Nachweis über das Vorhandensein oder Fehlen von Farbkernsubstanzen in Zellmembranen gelingt mit spezifischen Farbreaktionen nicht einwandfrei, weil immer mit der Gegenwart von membraneigenen Stoffen gerechnet werden muss, welche ebenfalls auf die Färbungen ansprechen. Aus diesen Gründen sind Untersuchungen der Schwind- und Sorptionseigenschaften des Materials vorzuziehen. Aus früheren Untersuchungen, besonders auch von H. BURGER (1945 u. f.), ist bekannt, dass in obligatorischen Farbkernholzarten das Splintholz höhere Schwindwerte aufweist als das Farbkernholz. H. BURGER hat in seinen Arbeiten über *Holz, Blattmenge und Zuwachs* unter anderem auch die Raumschwindung in einheimischen Hölzern gemessen und dabei die in Tabelle 25 zusammengestellten Ergebnisse erhalten. In den Holzarten mit obligatorischer Farbkernbildung (Föhre, Lärche, Eiche) liegen in allen Raumdichtegruppen die Schwindwerte im Farbkernholz tiefer als im Splint, während dies in der Holzart mit fakultativer Farbkernbildung (Buche) nicht zutrifft. Dies lässt den Schluss zu, dass die Farbkernstoffe, welche in obligatorischen Farbkernholzarten die Zellwände imprägnieren, die Wasseraufnahme behindern, indem sie die molekularen Bindekräfte teilweise blockieren. Die Zellwand nimmt weniger Wasser auf und gibt dieses auch leichter wieder ab. Die Buche verhält sich in dieser Beziehung ganz anders: Im hellfarbigen Buchenholz schwindet das Kernholz etwas mehr als das Splintholz, was unter Umständen mit Strukturunterschieden im marknahen juvenilen Holz verglichen mit dem adulten Holz zusammenhängen mag. – Die Messung der Schwindung in *Beilschmiedia tawa* hat nun mit der Buche übereinstimmende Ergebnisse gebracht: Mit zunehmendem Abstand der Proben vom Kambium steigt die Schwindung in tangentialer und radialer Richtung leicht an. Die auf der Abszisse vermerkte Lokalisierung von Splint, Übergangszone und Farbkernzone bestätigt, dass diese unterschiedlichen physiologischen Zustände des Holzes sein Schwindverhalten nicht

Tabelle 25 Raumschwindung β_v in Splint- und Farbkernholz von Eiche, Föhre, Buche und Lärche bei verschiedenen Raumdichtewerten r_0 (nach H. BURGER 1945, 1947, 1948).

Holzart		Raumdichte r_0 (g/cm³)			
		0,55	0,60	0,65	0,70
		Raumschwindung β_v (%)			
Föhre	Splint	14,0	15,0	15,8	–
	Farbkern	12,4	12,9	13,2	–
Lärche	Splint	14,6	15,2	15,7	16,0
	Farbkern	13,0	13,5	14,0	14,1
Eiche	Splint	13,8	14,8	15,8	16,6
	Farbkern	12,2	12,9	13,8	14,4
Buche	Splint	–	16,0	16,8	17,5
	Farbkern	–	16,6	17,0	18,5

beeinflussen. Diese experimentell ermittelten Werte stimmen mit den Messungen von H. BURGER überein und deuten somit deutlicher als jede spezifische Färbereaktion auf den Umstand hin, dass in der fakultativen Farbkernholzart Tawa die Farbkernphenole tatsächlich nicht in die Zellwände eindringen können. Farbkernhölzer sind in der Regel dauerhaft; die Farbkernstoffe verleihen dem Holz eine erhöhte natürliche Pilzresistenz (A. B. ANDERSON, T. C. SCHEFFER und CATHERINE G. DUNCAN 1963). Besonders die niedermolekularen Kernsubstanzen der obligatorischen Farbkernholzbildner, die in die Zellwände inkrustiert werden, verbreiten eine allgemeine Schutzwirkung. Die hochmolekularen Kernsubstanzen in fakultativen Farbkernhölzern hingegen schützen das Holz nicht. Ihrer besonderen chemischen Struktur entsprechend sind sie kaum reaktionsfähig und wegen ihrer Lokalisation im Zellinnern des Speichergewebes von geringem Einfluss. Im Holz von fakultativen Farbkernbäumen sind daher nicht selten Pilzinfektionen festzustellen. Lange Zeit hat man die Farbkernholzbildung deshalb mit dem Pilzbefall in einen kausalen Zusammenhang gebracht, man weiss aber heute, dass es sich in diesen Fällen um einen Sekundäreffekt handelt.

1.334   Modifikationen in der Kernholzbildung
          und Kernholzanalogien

Die physiologischen Vorgänge, die zur Umwandlung des Splintholzes in Kernholz führen, vollziehen sich nur im unverletzten Baum und nur unter den üblichen äusseren Bedingungen ungestört. Im anderen Falle treten *Modifikationen* in der Kernholzbildung auf, die meistens entsprechend der okularen Manifestation mit traditionellen Namen benannt sind: Mondring (zum Beispiel in der Eiche), Frostkern (zum Beispiel in der Buche) oder Grünstreifigkeit (zum Beispiel in der Ulme). *Mondringe* sind im Kernholz eingeschlossene helle Zonen, die insofern dem Splintholz gleichen, als im Speichergewebe weder Reservestoffe noch zugeführte Assimilate in Kernsubstanzen umgebaut worden sind. Zu harte Kälteeinwirkungen haben in diesen Fällen im Mondringholz, als es noch Splintholz war, das für die Umsetzung von Kohlenhydraten und Fetten zu Kernholzsubstanzen notwendige Fermentsystem blockiert. Durch das Dickenwachstum des Stammes gelangen solche hellfarbenen Holzzonen in den Kernholzbereich. Und indem die gewöhnliche Splintholz-Kernholz-Umwandlung später ihren Fortgang nimmt, werden die Mondringe im Farbkernholz (wo man den Farbunterschied am ehesten achtet) eingeschlossen. Der Ausdruck ‹eingeschlossenes Splintholz› ist aber nicht am Platz und somit falsch, denn das Mondringholz ist wie das Kernholz den Splintfunktionen enthoben. – Die Bildung von *Frostkern*, besonders bekannt von der Buche und in Mitteleuropa seit dem aussergewöhnlich kalten Winter 1928/29 beschrieben (E. JAHN 1931, TH. ROHDE 1933), ist eine andere Modifikation von Kernholz. Auch hervorgerufen durch langanhaltende Kälte werden selbst in jüngeren Buchenstämmen die Innenzonen rötlichgrau pigmentiert. Solche Frostkerne sind unregelmässig in der Form, unterschiedlich in der Farbe und in der Ausdehnung im Stamm verschieden. – Die *Grünstreifigkeit* in der Ulme oder der Hagebuche (H. LEIBUNDGUT 1973) muss nach den Untersuchungen von M. PLACHTA (1972) ebenfalls als Kernholzmodifikation aufgefasst werden: «Des examens microscopiques, microchimiques et chimiques ont montré que les stries verdâtres du bois d'orme sont accompagnées de cristaux jaunâtres et d'une présence inhabituelle d'amidon, ceci dans une zone où la duraminisation a déjà commencé. Il est probable qu'une interdépendance entre la présence d'amidon et la progression de la duraminisation soit à l'origine de cette modification de la couleur, la présence de sucres étant susceptible d'abaisser le potentiel rédox et d'empêcher ainsi une oxy-polymerisation complète des substances du bois de cœur, qui présentent alors une couleur verdâtre. La présence d'amidon dans une zone duraminisée est probablement due à des influences de l'environnement (climat, régime hydro-

Tabelle 26 Anteile an Polysacchariden und Extraktstoffen im gewöhnlichen Eibenholz und im Wundgewebe (nach L. KUČERA 1973).

Fraktion	Gewicht (g)	Anteil (%) an Ausgangsmaterial	extraktfreiem Holz
1. Splintholz			
Benzol-Äthanol-extrahierbare Stoffe	0,0022	0,22	–
Heisswasserextrahierbare Stoffe	0,0525	5,34	–
Anteil der Polysaccharide an der Zellwand	0,6609	67,18	71,13
Unlöslicher Rest (Lignin u. a.)	0,2682	27,26	28,87
Ausgangsmaterial	0,9838	100,00	100,00
2. Gewöhnliches Holz			
Benzol-Äthanol-extrahierbare Stoffe	0,0333	3,36	–
Heisswasserextrahierbare Stoffe	0,0763	7,71	–
Anteil der Polysaccharide an der Zellwand	0,5458	55,14	62,01
Unlöslicher Rest (Lignin u. a.)	0,3344	33,79	37,99
Ausgangsmaterial	0,9898	100,00	100,00
3. Kernholz			
Benzol-Äthanol-extrahierbare Stoffe	0,0341	3,40	–
Heisswasserextrahierbare Stoffe	0,0843	8,40	–
Anteil der Polysaccharide an der Zellwand	0,5298	52,77	59,83
Unlöslicher Rest (Lignin u. a.)	0,3557	35,43	40,17
Ausgangsmaterial	1,0039	100,00	100,00
4. Wundgewebe			
Benzol-Äthanol-extrahierbare Stoffe	0,0664	7,08	–
Heisswasserextrahierbare Stoffe	0,1452	15,49	–
Anteil der Polysaccharide an der Zellwand	0,3838	40,93	52,87
Unlöslicher Rest (Lignin u. a.)	0,3422	36,50	47,13
Ausgangsmaterial	0,9376	100,00	100,00

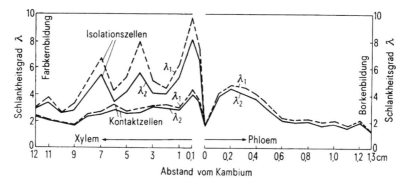

Abbildung 102   Schlankheitsgrad λ der Markstrahlzellkerne im Xylem und Phloem von *Populus x euramericana* (nach J. STAHEL 1968). Die λ_1- und λ_2-Werte sind nach dem in Abbildung 101 enthaltenen Meßschema ermittelt worden.

logique); elle peut éventuellement être mise en relation avec la croissance de l'arbre et la vitalité des cellules parenchymateuses.»
Verletzungen des Kambiums haben die Bildung von Wundgewebe zur Folge (L. KUČERA 1971). Störungen dieser Art ziehen aber ausser den Gewebeveränderungen auch Modifikationen von physiologischen Vorgängen mit sich. So findet L. KUČERA (1973) in chemischen Untersuchungen an Wundgewebe bei der Eibe anhand von Extraktionen (Tabelle 26) im Wundgewebe aus dem Splintholz einen noch höheren Extraktstoffgehalt als im Farbkernholz. Und auf Grund von histochemischen Reaktionen (L. KUČERA 1971) kann die Vermutung aufgestellt werden, es handle sich bei diesen Extraktstoffen um eigentliche Kernholzsubstanzen. Aus diesen Beobachtungen kommt L. KUČERA (1973) zur Feststellung: «Das Wundgewebe ist offenbar in der Lage, Gewebe aufzubauen, die zu analogen zytologischen und biochemischen Veränderungen befähigt sind wie normales Splintholz in der Übergangszone zum Kernholz. Daraus geht hervor, dass die Vorgänge, die zur Umwandlung vom Splint- zum Kernholz führen, nicht örtlich an die Splintholz-Kernholz-Grenze gebunden sind, was für die Erforschung dieser Phänomene neue, wesentliche Aspekte bringt.» – Nichts wäre besser geeignet, die hier ausführlich erörterte Konzeption zur Splintholz-Kernholz-Bildung als rein physiologischen Vorgang zu ergänzen, als es die massgebenden Beobachtungen und Interpretationen KUČERA'S zur Wundgewebebildung vermögen. Nach Stammverletzungen wird das unstabile System des Wassertransports unmittelbar durch Funktionsenthebung des Wasserleitgewebes im betroffenen Bereich vor Lufteinbrüchen und Embolien geschützt in der Formation von Wundgewebe. Benachbart dazu, aber noch immer in der Splintholzzone, setzen örtlich begrenzte Kernholzbildungen ein, vergleichbar zu der Bildung von Rotkernholz in jungen Buchenheistern nach Sauerstoffinjektionen (H. H. BOSSHARD 1967). Die funktionelle Bedeutung der Splintholz-Kernholz-Umwandlung kommt somit durch deren Modifikationen noch deutlicher zum Ausdruck.

Kernholzanalogien im Phloem sind an der Funktionsenthebung der Siebelemente und an der Nekrobiose (Abbildung 102) zu erkennen. Die Zusammenhänge zwischen Struktur und Funktion lassen sich im Phloem noch eindrücklicher feststellen: Das Phloemgewebe ist funktionell feiner differenziert als das Xylem, und die Funktionen selbst sind hier komplexer. Die physiologischen Veränderungen im Phloem mit der Gewebealterung sind aber noch zu wenig erforscht, als dass sie im einzelnen dargestellt werden könnten; die Hinweise auf Kernholzanalogien im Phloem geben aber vielleicht den Anstoss, sich diesem Forschungsgebiet zuzuwenden.

Kapitel 2
Zur Physik des Holzes

2.1 Einleitung

In der Physik lassen sich verschiedene Gebiete unterscheiden, in denen entweder mit besonderen Begriffen und Methoden gearbeitet wird oder in denen ausgesuchte Anwendungsbereiche im Vordergrund stehen. Die Holzphysik ist eines dieser Teilgebiete der Physik, die auf bestimmte Anwendungen ausgerichtet sind: Sie befasst sich mit der Ergründung und Darstellung von physikalischen Eigenschaften des Naturstoffes Holz. Und dabei wird das Holz als Material, als tote Materie, untersucht. Die Physik des Holzes ist somit echter Bestandteil der *Holzkunde* und nicht der Holztechnologie. Das soll hier besonders zum Ausdruck kommen. Die physikalischen Eigenschaften werden nicht nur als solche beschrieben, sondern wo immer möglich in engeren oder weiteren Zusammenhang mit den Lebensvorgängen im stehenden Baum gebracht. – Es ist richtig, hier daran zu erinnern, dass sich die *Holzkunde* in erster Linie an Studierende der Forstwissenschaften und an praktisch tätige Forstingenieure richtet. Im Beitrag zur Physik des Holzes werden deshalb Sachgebiete, die dieser Zielsetzung entsprechen, ausführlicher behandelt als solche Sachgebiete, die enger mit der Holztechnologie und der Verfahrenstechnik verbunden sind. Es ist ja ohnehin ein Wesenszug der Holzphysik als ‹Anwendungsphysik›, dass sie in verschiedenem Sinne zweckgerichtet sein kann.

2.2 Die Gewicht-Volumen-Relation im Holz

Die Ermittlung der Gewicht-Volumen-Relation im Holz hat die Holzphysik eigentlich begründet. Schon der in allen Belangen der Forst- und Holzwirtschaft versierte M. DUHAMEL DU MONCEAU hat 1758 in seinem in Paris erschienenen Werk *Du transport, de la conservation et de la force des bois* von entsprechenden Untersuchungen berichtet. Seither sind sie in allen Abwandlungen immer wiederholt worden und haben ausgestrahlt auf die verschiedensten Gebiete der Holztechnologie. Sie sind nicht nur Mittel zur physikalischen Charakterisierung eines Holzes, sondern kennzeichnen ebenso die mechanisch-technologischen Eigenschaften und bilden auch die nötigen Zusammenhänge mit der Holzbiologie.

Als poriger Mischkörper kann das Holz allerdings nicht durch eine universelle Kenngrösse allein in jeder Beziehung hinreichend charakterisiert werden. Es muss vielmehr in näheren Spezifikationen festgehalten werden, ob es sich in der untersuchten Relation um das Gewicht von trockenem Holz bezogen auf dessen Trockenvolumen handelt, ob es Holz von einer bestimmten Feuchtigkeit betrifft oder ob anstelle des porigen Mischkörpers Holz nur die reine Zellwandsubstanz in Betracht gezogen wird. – Gewicht und Masse verhalten sich proportional ($G = m \cdot g$); die Gewicht-Volumen-Relation wird damit zum Verhältnis der in den Volumeneinheiten enthaltenen Holzmassen.

2.21 Reindichte, Raumdichte und Raumdichtezahl

2.211 Die Reindichte

Die Reindichte γ ist das Mass für den Anteil Zellwandsubstanz im Holzvolumen; sie wird in g/cm³ geschrieben. Man ermittelt sie an dünnen Holzschnitten, entweder mittels der *Schwebemethode*, nach der die Dichte des Einschlussmittels so lange variiert wird, bis das eingetauchte Objekt schwebt, oder nach der *Verdrängungsmethode*, in der das Volumen durch Verdrängung in Alkohol, Tetrachlorkohlenstoff, Wasser oder Helium gemessen und die Masse im Gewichtsvergleich bestimmt wird. Die Holzzellwand ist chemisch gesehen ein Mischkörper und besteht zur Hauptsache aus Zellulose, aus Hemizellulose und aus Lignin. Für diese drei Stoffgruppen sind folgende Angaben über die Reindichte bekannt:
Zellulose: Nach Untersuchungen von P. H. HERMANS (1949) unterscheidet man:
1. Die *mittlere Dichte:* Es ist die Dichte von Zellulose mit einer mittleren Verteilung von kristallinen und parakristallinen Bereichen, zum Beispiel Zellulose einer Sekundärwand von Ramie: $\gamma_Z = 1{,}553$ g/cm³.
2. Die *Dichte der Zellulose I:* Die Zellulose I besitzt einen sehr hohen Kristallinitätsgrad. Ihre Dichte wird vermessen mit $\gamma_Z = 1{,}592$ g/cm³.
3. Die *scheinbare Dichte:* Bei Messungen nach der Verdrängungsmethode in Wasser wird ein $\gamma_Z = 1{,}611$ g/cm³ erzielt. Man erreicht mit dieser Methode den höchsten Wert, weil bei der Wasserverdrängung die freien Hydroxylgruppen der Zelluloseketten hydratisiert werden. Dadurch ergibt sich eine dichtere Packung der Wassermoleküle an den Zelluloserandstellen. Ferner ist es möglich, dass sich die kleinen Wassermoleküle mit Durchmessern von etwa 0,25 nm in den feinen submikroskopischen Kapillaren der parakristallinen Zellulose enger anordnen, so dass im parakristallinen Teil eine höhere Raumausnützung möglich wird als in reiner Zellulose. – Als Mittelwert für die Zellwandzellulose gilt $\gamma_Z = 1{,}55$ g/cm³ (= der Wert, der in Sekundärwänden der Ramiefasern gemessen worden ist).
Lignin ist spezifisch leichter als Zellulose. A. J. STAMM und L. A. HANSEN (1937) geben für die Dichte des Lignins γ_L-Werte an, die zwischen 1,38 und 1,41 g/cm³ liegen.
Hemizellulose: Ihre Reindichte ist im Mittel mit $\gamma_{HZ} = 1{,}50$ g/cm³ ausgewiesen. Mit Hilfe dieser Werte und mittels Angaben über die Werte intakter Zellwände selbst kann die Dichte der Holzzellwand ausgerechnet werden. A. FREY-WYSS-

LING (1959) nennt als Mittelwert hierfür $\gamma_H = 1{,}48\text{--}1{,}51$ g/cm³, F. KOLLMANN (1951) rechnet durchwegs mit $\gamma_H = 1{,}50$ g/cm³. Da sich die chemische Zusammensetzung in den verschiedenen Holzarten an und für sich nur wenig ändert, darf allgemein mit einem Mittelwert von $\gamma_H = 1{,}50$ g/cm³ gerechnet werden. Die Reindichtewerte für ligninreiches Holz liegen etwas tiefer, für ligninarmes Holz hingegen etwas höher als der Mittelwert. Die Reindichtewerte für Kernholz können ebenfalls höher sein als der Mittelwert, wenn zusätzlich Farbkernsubstanzen in die Zellwand eingelagert werden. Nach R. HARTIG (1901) steigen die γ-Werte in diesem Falle bis 1,62 g/cm³.

2.212   Die Raumdichte

Unter der Raumdichte r versteht man die in der Volumeneinheit enthaltene Holzmasse, wobei im Gegensatz zur Reindichte γ die Porensysteme der submikroskopischen und der mikroskopischen Grössenordnung einbezogen sind. Da das Holz stark hygroskopisch ist, hängt die Raumdichte von der Holzfeuchtigkeit u ab, wobei gelten muss:

$$r_u = \frac{G_u}{V_u} \; [\text{g/cm}^3]. \tag{1}$$

Es sind also, um die Raumdichte r_u zu bestimmen, sowohl Gewicht als auch Volumen bei einer bestimmten Holzfeuchtigkeit u zu ermitteln. Da das in der Regel unpraktisch ist, hat man sich auf bestimmte Konventionen geeinigt, beispielsweise auf die Raumdichte bei $u = 0\%$:

$$r_0 = \frac{G_0}{V_0} \; [\text{g/cm}^3]. \tag{1a}$$

Für Untersuchungen von Festigkeitseigenschaften bezieht man sich meist auf eine Holzfeuchtigkeit von $u = 12\%$ und dementsprechend auch auf die Raumdichte r_{12}. Anderseits wird in der Praxis sehr oft mit dem Lufttrockengewicht gearbeitet bzw. mit der Raumdichte r_l von lufttrockenem Holz. In unserem Klima wird lufttrockenes Holz etwa einen Wassergehalt von 15% aufweisen. – Die genau ermittelte Raumdichte r_0 kann nach folgenden Zusammenhängen auf r_{12}, r_{15} oder allgemein auf r_u umgerechnet werden:
Der Wassergehalt eines Holzes wird berechnet nach der Formel

$$u = \frac{G_u - G_0}{G_0} \; [\text{g/g}] \quad \text{bzw.} \quad u = \frac{G_u - G_0}{G_0} \cdot 100 \, [\%] \tag{2}$$

oder umgerechnet das Holzgewicht bei einem Wassergehalt u

$$G_u = G_0 \cdot (1 + u) \; [\text{g}]. \tag{2a}$$

Für das Volumen gilt folgende Überlegung: Bei der Wasseraufnahme wird eine räumliche Quellung α_v messbar, und zwar im Bereich von 0 bis u % im Betrage von α_{vu}. Bei Berücksichtigung dieser Quellung gilt:

$$V_u = V_0 \cdot (1 + \alpha_{vu}) \ [\text{cm}^3]. \tag{3}$$

Setzt man die Gleichungen (2a) und (3) in die Beziehung (1), so gilt:

$$r_u = \frac{G_u}{V_u} = \frac{G_0 \cdot (1 + u)}{V_0 \cdot (1 + \alpha_{vu})} = r_0 \frac{1 + u}{1 + \alpha_{vu}} \ [\text{g/cm}^3]. \tag{4}$$

Allerdings ist die räumliche Quellung nicht immer eindeutig bestimmt. Nach Näherungsformeln darf man annehmen (F. KOLLMANN 1951), dass die Volumenquellung α_v ungefähr in einem Verhältnis von $28 \cdot r_0$ zur Raumdichte steht. Diese Näherung geht aus Messungen über die Zusammenhänge der Fasersättigungsfeuchtigkeit und der Raumquellung hervor. So ist auch bekannt, dass die Raumquellung α_v im Bereich von 0 bis 25% geradlinig verläuft und dass bei einer Holzfeuchtigkeit $u = 25\%$ ungefähr 75% der Raumquellung erreicht sind, so dass sich daraus die Beziehung ergibt:

$$\alpha_v = 28 \cdot r_0. \tag{5}$$
$$\alpha_v \ [\text{bei } u = 25\%] = 0{,}75 \cdot 28 \, r_0. \tag{5a}$$

Im Bereich $u = 0\text{–}25\%$ (pro 1% Holzfeuchtigkeit)

$$\alpha_v = \frac{0{,}75 \cdot 28 \cdot r_0}{25} = 0{,}84 \cdot r_0. \tag{5b}$$

Diese Annäherungsformel ist von R. KEYLWERTH (1943) in ihren Grenzwerten untersucht worden. Es zeigt sich daraus, dass die Beziehung (5b) gute Werte liefert. Setzt man die Abhängigkeit (5b) in die Formel (4) ein, so kann von der Raumdichte r_0 ausgehend innerhalb der Feuchtigkeitsgrenzen $u = 0\text{–}25\%$ irgendeine beliebige Raumdichte r_u bestimmt werden.

2.213 Die Raumdichtezahl

Definitionsgemäss beschreibt die Raumdichte das Verhältnis von Gewicht und Volumen bei einer bestimmten Feuchtigkeit. In der Praxis wird nun oft gewünscht, den Anteil der Trockensubstanz bezogen auf das Frischvolumen zu kennen, was mit dem Ausdruck der *Raumdichtezahl R* erfasst werden kann. Unter der Raumdichtezahl R versteht man den Anteil wasserfreier Holzsubstanz bezogen auf die Raumeinheit im gequollenen Zustand. R. TRENDELENBURG (1939) hat vorgeschlagen, dass, um Verwechslungen vorzubeugen, die Raumdichtezahl R nicht in g/cm³ ausgedrückt werde, sondern in kg/fm, was bedingt, dass noch ein Faktor 1000 eingeführt werden muss. Für die Umrechnung der Raumdichte in die Raumdichtezahl müssen die Raumschwindung (β_v

in %) und die Raumquellung (α_v in %) bekannt sein; F. KOLLMANN (1951) rechnet:

$$r_0 = R \cdot \frac{100}{100 - \beta_v} \text{ oder } R = r_0 \cdot \frac{100 - \beta_v}{100}. \quad (6)$$

Geht man vom Quellungsmass α_v(%), bezogen auf die Abmessungen des gedarrten Holzes, aus, so lässt sich unter Benutzung der Beziehungen

$$\beta = \frac{\alpha}{1 + \alpha} \text{ und } \alpha = \frac{\beta}{1 - \beta}$$

ableiten:

$$r_0 = R \cdot \frac{100 + \alpha_v}{100} \text{ oder } R = r_0 \cdot \frac{100}{100 + \alpha_v}. \quad (6a)$$

Die schon erwähnte Beziehung $\alpha_v = 28 \cdot r_0$ kann in Gleichung (6a), die sinngemässe Beziehung $\beta_v = 28 \cdot R$ in Gleichung (6) eingefügt werden. – Die Gewicht-Volumen-Relation ist als wichtiges Merkmal für die Charakterisierung von Holz dargestellt worden, weil sie von inneren und äusseren Faktoren bestimmt wird. – In Tabelle 27 sind die r_0-, r_{15}- und R-Werte für einige ausgewählte Holzarten dargestellt. Es ist in diesem Zusammenhang auf die Streuung aufmerksam zu machen, die innerhalb einer Art in bezug auf die Raumdichte vorkommt. Bei der Fichte umspannen die beiden Grenzen $r_0 = 0{,}30$–$0{,}64$ g/cm³ ein recht breites Streuungsfeld. Die angegebenen Mittelwerte sind auf Grund von Häufigkeitsuntersuchungen ermittelt worden. Dies ist notwendig, da in einer Holzart innere und äussere Einflüsse die Raumdichte bestimmen können. Einflüsse

Tabelle 27 Übersicht der Gewicht-Volumen-Relation in ausgewählten Nadel- und Laubholzarten (nach F. KOLLMANN 1951).

Holzart	Raumdichte r		Raumdichtezahl R
	r_0 bei u = 0% g/cm³	r_{15} bei u = 15% g/cm³	kg/fm
Picea abies	0,30–0,43–0,64	0,33–0,47–0,68	380
Larix decidua	0,40–0,55–0,82	0,44–0,59–0,85	480
Pinus silvestris	0,30–0,49–0,86	0,33–0,52–0,89	430
Populus nigra	0,37–0,41–0,52	0,41–0,45–0,56	370
Fraxinus excelsior	0,41–0,65–0,82	0,45–0,69–0,86	550
Buxus sempervirens	0,79–0,92–0,97	0,83–0,95–1,00	730
Ochroma lagopus	0,05–0,13–0,41	0,07–0,16–0,44	130
Terminalia superba	0,36–0,54–0,61	0,46–0,58–0,66	470
Guaiacum officinale	0,95–1,23–1,31	0,97–1,23–1,30	910

wie zum Beispiel Merkmale der Art, Verteilung der verschiedenen Gewebetypen, aber auch Druckholz-Zugholz-Bildung bewirken Schwankungen in der Raumdichte innerhalb eines Stammes. In Abbildung 103 wird anhand von Verteilungsdiagrammen der Raumdichten und Raumdichtezahlen der Nachweis erbracht, dass nicht nur die Maxima unterschiedlich ausfallen in den verschiedenen Holzarten, sondern die ganze Verteilungs-Charakteristik an sich. Mit derartigen Darstellungen kann eine Holzart besser erfasst werden. Das wird vor allem aus Abbildung 104 deutlich, wo Häufigkeitsverteilungen der

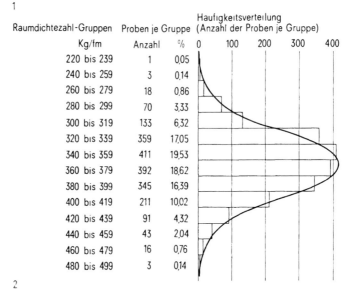

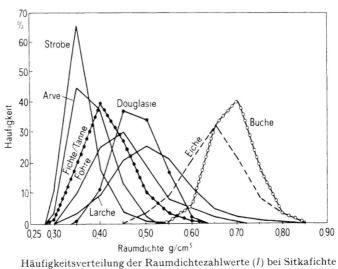

Abbildung 103   Häufigkeitsverteilung der Raumdichtezahlwerte (*1*) bei Sitkafichte (nach F. Kollmann 1951) und der Raumdichte (*2*) in einheimischen Holzarten (nach H. Burger 1945).

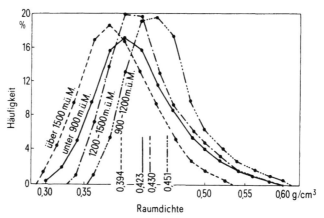

Abbildung 104 — Häufigkeitsverteilung der Raumdichte r_0 von Fichten aus verschiedenen Höhenlagen (nach H. BURGER 1953). Die Angaben der Mittelwerte auf der Abszisse ergänzen die Kurvenbilder; der Einfluss der Höhenlage auf die Holzqualität wird damit noch hervorgehoben.

Raumdichten derselben Holzart (Fichte), aber aus verschiedenen Höhenlagen, miteinander verglichen werden. Diesen Kurven ist zu entnehmen, dass die Fichte auf optimalem Standort das schwerste Holz liefert, in höheren und tieferen Wuchslagen dagegen leichteres Holz aufbaut. Schliesslich sei anhand von Tabelle 27 noch auf die extremen Raumdichten von in- und ausländischen Holzarten hingewiesen, besonders auf das leichteste Holz: *Ochroma* sp. (Balsa) und das schwerste: *Guaiacum* sp. (Pockholz). Somit erstreckt sich die Spanne der tatsächlich messbaren Raumdichte von $r_0 = 0{,}05$ g/cm³ bis $r_0 = 1{,}31$ g/cm³. Wesentlich ist wohl, dass auch im schwersten Holz der Höchstwert der Reindichte $\gamma_H = 1{,}50$ g/cm³ nicht erreicht wird.

2.214   Das Porenvolumen des Holzes

Die Unterschiede zwischen Balsa- und Pockholz können dann richtig verstanden werden, wenn man sich Rechenschaft gibt über die Anordnung und die Verteilung von Poren im Holz. Gemeint sind dabei die Poren von mikroskopischer und nicht von submikroskopischer Grössenordnung. Es ist gezeigt worden, dass sowohl die chemische Zusammensetzung als auch die physikalische Struktur der Zellwand verschiedener Holzarten ungefähr dieselbe bleibt. Grössenunterschiede der Raumdichte können somit nicht auf die Zellwandstruktur zurückgeführt werden, sondern ihre Ursache muss in Unterschieden des mikroskopischen Porenraums gesucht werden. Da es keine Holzart ohne Mikroporen gibt, erreicht auch das schwerste Holz nie den Wert der Reindichte von 1,50 g/cm³.

Porenvolumen und Wandraum sind die beiden wichtigsten Variablen der Raum-

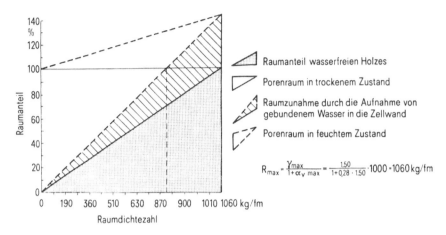

Abbildung 105   Zusammenhang zwischen Wandraum und Porenvolumen im trockenen und feuchten Zustand (nach R. TRENDELENBURG 1939).

dichte, wie es von F. KOLLMANN (1951) formuliert wird: «Die für porige Körper geltende Beziehung zwischen Porenvolumen c und Wandanteil m lässt sich für darrtrockenes Holz schreiben:

$$c = 1 - m = 1 - \frac{r_0}{\gamma} = 1 - \frac{r_0}{1{,}50} = 1 - 0{,}667\, r_0. \tag{7}$$

In Abbildung 105 ist die zeichnerische Lösung dieser Gleichung dargestellt; sie zeigt, dass die leichtesten Hölzer volumenmässig bis über 93%, die schwersten nur noch etwa 6% Poren enthalten. Die Veränderungen der Raumanteile durch die Quellung sind in Abbildung 105 ebenfalls eingezeichnet, wobei wieder die vereinfachte Annahme $\alpha_v = 28 \cdot r_0$ [%] gilt. Im Quellungsmaximum errechnet sich für porenfreies Holz die höchstmögliche Raumdichtezahl R_{max} aus dem Verhältnis Darrgewicht–Frischvolumen zu

Tabelle 28   Porenraum und Wandanteil in frischem Holz von Koniferen (nach E. VINTILA 1939).

Holzart	Frühholz		Spätholz	
	Wand-raum-%	Poren-volumen-%	Wand-raum-%	Poren-volumen-%
Douglasie	26,0	74,0	62,4	37,6
Föhre	30,8	69,2	63,8	36,2
Lärche	36,1	63,9	77,8	22,2
Tanne	25,6	74,4	50,6	49,4

$$R_{\max} = \frac{\gamma_{\max}}{1 + \alpha_{v_{\max}}} = \frac{1{,}50}{1 + 0{,}28 \cdot 1{,}50} = 1{,}056 \ [\text{g/cm}^3].\text{»}$$

(8)

Diese Beispiele für den Poren- und Wandraumanteil sind in Tabelle 28 notiert, wobei der bedeutende Unterschied zwischen Frühholz und Spätholz besonders hervortritt.

2.22   Variabilität der Raumdichte

2.221   Einfluss des Früh- und Spätholzanteils auf die Raumdichte

Für die Grösse der Raumdichte von Früh- und Spätholz ist der Anteil an Holzsubstanz pro Volumeneinheit massgebend. Aus Hinweisen über die unterschiedlichen Porenvolumina in der Früh- und Spätholzzone desselben Jahrringes sind die in Tabelle 29 vermerkten Raumdichteunterschiede zu erwarten. In der Zahlentafel zeigt der Quotient der r_0-Werte von Spät- und Frühholz, dass diese Unterschiede das 2- bis 3fache ausmachen können. Damit kommt deutlich zum Ausdruck, dass in ein und demselben Jahrring qualitativ ganz verschiedenes Holz vorliegt. Im Vergleich der absoluten Werte mit Raumdichten von Laubholz stimmt etwa das Frühholz von Nadelbäumen (0,32 g/cm³) mit dem leichtesten inländischen Laubholz überein, das Spätholz (0,85 g/cm³) hingegen mit einem der schwersten. Wenn dazu in Betracht gezogen wird, dass

Tabelle 29   Mittelwerte der Raumdichte für Früh- und Spätholz einiger Nadelhölzer (nach F. KOLLMANN 1951).

Holzart	Raumdichte r_0 g/cm³		$\dfrac{r_0 \ \text{SH}}{r_0 \ \text{FH}}$
	Frühholz (FH)	Spätholz (SH)	
Pinus silvestris			
Splint	0,36	0,90	2,5
Kern	0,34	0,81	2,4
Gesamt	0,34	0,83	2,4
Picea abies			
Leichtes Holz	0,29	0,82	2,8
Schweres Holz	0,38	0,91	2,4
Druckholz	0,41	0,67	1,6
Abies alba	0,28	0,63	2,3
Pseudotsuga taxifolia	0,29	0,83	2,8
Larix decidua	0,35	0,88	2,8
Splint	0,35	0,88	2,8
Kern	0,44	0,91	2,1
Gesamt	0,36	1,04	2,9

zum Beispiel die Festigkeiten des Holzes und die Schwind- und Quellwerte mit steigender Raumdichte zunehmen, so wird der Zusammenhang zwischen Holzqualität und Raumdichte einerseits und Frühholz-Spätholz-Anteil anderseits offensichtlich. – Ähnlich wie für die einzelne Holzart eine Häufigkeitsverteilung der Raumdichte erst genügend Aufschluss zu geben vermag, müssen auch die Unterschiede zwischen den r_0-Werten von Früh- und Spätholz an einem repräsentativen Material geprüft werden. In Abbildung 106 wird deutlich, dass die Variationsbreite der Raumdichte im Frühholz von *Pseudotsuga taxifolia* und *Pinus palustris* geringer ist als im Spätholz. Dass sich die beiden Kurven nicht überschneiden, ist ein weiteres wesentliches Merkmal. – Die Variabilität der Raumdichte wird weitgehend bestimmt durch den Anteil an Spätholz. Wie Abbildung 107 darlegt, steigen mit zunehmendem Spätholzanteil die Raumdichten beträchtlich. Die Kurven für Nadelhölzer zeigen, dass dies in einigen Fällen zutrifft, in anderen hingegen nicht, und aus dem Kurvenbild für Eschenholz ist abzulesen, dass auch der Streubereich ganz erheblich ist. Ohne Zweifel spielen hier die Differenzierungen mit eine Rolle, die juveniles Holz von adultem auseinanderhalten lassen, das heisst die Wachstumscharakteristik des Kambiums bestimmt im wesentlichen die anteilmässigen Unterschiede in der Spätholzbildung. Ferner sind auch die Schwierigkeiten bei der Abgrenzung von

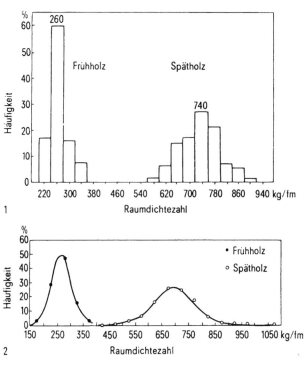

Abbildung 106   Häufigkeitsverteilung der Raumdichtezahlwerte von Früh- und Spätholz in breitringigen Douglasien (*1*) (nach DIANA M. SMITH 1955) und in *Pinus palustris* (*2*) (nach B. H. PAUL 1939).

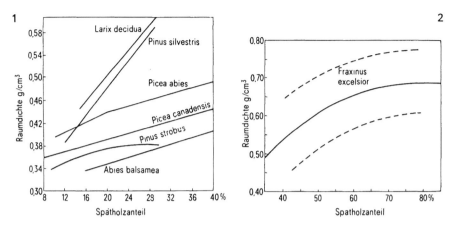

Abbildung 107 Zusammenhang zwischen Raumdichte und Spätholzanteil in einigen Nadelhölzern (1) und in Esche (2) (nach F. KOLLMANN 1951).

Früh- und Spätholz zu beachten (H. H. BOSSHARD und L. KUČERA 1973a); als indirekter Hinweis darauf kommt die Steigung der in Abbildung 107 dargestellten Geraden in Betracht: Ein steiler Verlauf deutet auf einen erheblichen Unterschied zwischen Früh- und Spätholz hin, in Holzarten mit flachem Kurvenverlauf ist der Unterschied weniger gross. – Der Verlauf der Eschenholzkurve kann nun allerdings nicht mit derartigen Relationen zusammenhängen: Der anfänglich gekrümmte Kurvenverlauf nähert sich asymptotisch einer Parallelen zur Abszisse, was bedeutet, dass bei hohen Spätholzanteilen in der Esche die Raumdichte des Spätholzes selbst geringer ist als in Jahrringen mit einem niedrigeren Spätholzanteil, offenbar weil in dieser Holzart direkt auf das Frühholz sehr dichtes und schweres Spätholz gebildet wird.

2.222 Abhängigkeit der Raumdichte von der Jahrringbreite

Die Jahrringstruktur, insbesondere ihre Zonierung in Früh- und Spätholz, ist in den Nadelhölzern und den ringporigen Laubhölzern von der Ringbreite abhängig. In den zerstreutporigen Laubhölzern hingegen besteht keine solche Abhängigkeit. Es müssen aus diesen Gründen für die drei Holzartengruppen unterschiedliche Beziehungen zwischen Jahrringbreite und Raumdichte bestehen. In Abbildung 108 werden zunächst die Nadelhölzer diskutiert. Es zeigt sich hier die allgemeine Tendenz, dass mit Zunahme der Jahrringbreite die Raumdichte abnimmt. In den Föhrenarten, der Lärche und in *Pseudotsuga* steigen die Kurven in den unteren Ringbreiten allerdings zunächst an, bis zu einem maximalen Wert bei 1–2 mm Jahrringbreite, um erst von da an zu fallen. Offenbar wird in diesen Holzarten bei Jahrringen unter 1 mm das Spätholz nicht voll ausgebildet, so dass in etwas breiteren Ringen die Zunahme vorwiegend auf die Spätholzzone entfällt, was ein Ansteigen der Raumdichtekurve zur Folge hat. Die nachfol-

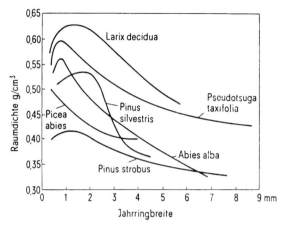

Abbildung 108 Zusammenhang zwischen der Raumdichte und der Jahrringbreite in einheimischen Nadelhölzern (nach F. KOLLMANN 1951).

gende Abnahme der Raumdichte ist darin begründet, dass in engen und breiten Ringen etwa gleich viel Spätholz angelegt wird. In engringigem Holz entfällt somit auf die Volumeneinheit mehr Spätholz als im weitringigen. Damit ist zu erklären, weshalb engringiges Nadelholz schwer, weitringiges Nadelholz dagegen leicht ist. – Im Laubholz sind bei den Zerstreutporigen die Raumdichten mehr oder weniger unabhängig von der Jahrringbreite, im Gegensatz zu den Ringporigen, wo mit zunehmender Ringbreite die Raumdichtezahl-Kurven stark ansteigen (Abbildung 109). Eine Strukturanalyse von weitringigen und

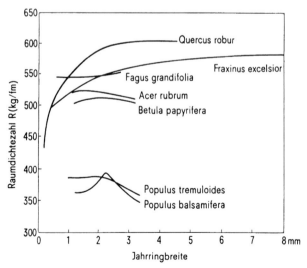

Abbildung 109 Zusammenhang zwischen Raumdichtezahlwerten und der Jahrringbreite in ring- und zerstreutporigen Laubhölzern (nach F. KOLLMANN 1951).

Tabelle 30			Vergleich der Raumdichtezahlen in Douglasien im Holz gleicher Ringbreite, aber aus verschiedenen Zonen des Stammes (nach B. J. Rendle und E. W. J. Phillips 1958).	
Ring- breite mm	Juveniles Holz		Adultes Holz	
	Ring- nummer vom Mark	Raum- dichtezahl kg/fm	Ring- nummer vom Mark	Raum- dichtezahl kg/fm
3,8	9–14	390	26–28	500
4,3	10–14	410	27–32	490
5,1	3– 5	370	34–38	460
5,8	3– 7	400	28–33	460
7,6	3– 6	360	22–25	490

engringigen ringporigen Holzarten zeigt, dass in beiden Fällen etwa gleich viel Frühholz gebildet wird, so dass die Zunahme in breiten Ringen vorwiegend auf das schwere Spätholz entfällt. – Der Einfluss der Jahrringbreite auf die Raumdichte muss allerdings zusammen mit den Unterschieden im juvenilen Holz und im adulten untersucht werden. In Tabelle 30 sind entsprechende Messungen aus marknahen und kambiumnahen Zonen und von Material verschiedener Jahrringbreite einander gegenübergestellt. Es zeigt sich deutlich, dass im juvenilen Stammbereich leichteres Holz gebildet wird als im adulten. Unterschiede in der Raumdichte von Holz verschiedener Ringbreite fallen dabei nicht ausgesprochen ins Gewicht; immerhin ist selbst das Holz aus engringigen juvenilen Zonen noch leichter als dasjenige aus dem adulten Holz mit den breitesten Jahrringen.

2.223   Raumdichteschwankungen im Stamm

Entsprechend den Raumdichteänderungen längs einer Horizontalen vom Mark zum Kambium sind auch Unterschiede bekannt längs der vertikalen Stammhauptachse. Die in Abbildung 110 festgehaltenen Diagramme weisen auf die recht bedeutenden Verschiedenheiten in den einzelnen Holzarten hin: Während die Raumdichtewerte in Fichte mehr oder weniger gleichmässig um einen Mittelwert pendeln, ist in Föhrenholz eine beträchtliche Raumdichteabnahme vom Stammfuss bis in die Krone zu verzeichnen, ebenso bei Lärche, während in Erle, Buche und Eiche nach einer ersten Abnahme in der Krone wieder ähnliche Raumdichtewerte erreicht werden wie im Stammfuss. – In Abbildung 111 sind in einem Stammwuchsbild schliesslich alle Regionen mit gleicher Raumdichte zusammengefasst dargestellt. Aus derartigen Stammanalysen geht hervor, dass das Holz, welches im direkten Einflussbereich der grünen Krone gewachsen ist (= kronenbürtiges Holz), sich vom übrigen Schaftteil (= stammbürtiges Holz) in der Raumdichte deutlich unterscheidet: das kronenbürtige Holz ist leichter als das stammbürtige und weist weniger Schwankungen auf in den Raumdichtewerten. – Diese Zusammenhänge führen dazu, den Einfluss der

Kronenform auf die Raumdichte oder die Raumdichtezahl näher zu untersuchen. Die Kronenform wird zunächst indirekt auf diese Grösse einwirken über die Jahrringbreite; sie wird aber auch direkt einen Einfluss ausüben in bezug auf die Gewebeausbildung. Die Zellwände werden verschieden stark und verschieden dicht verwoben, je nach dem Assimilationsorgan, das zur Verfügung steht. Der Einfluss der Kronenformen auf die Raumdichte kann anhand von Untersuchungen von M.Y. PILLOW (1954) gezeigt werden.

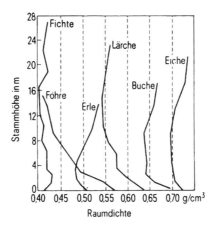

Abbildung 110   Unterschiede in der Raumdichte einzelner Holzarten vom Stammfuss bis zur Krone (nach R. TRENDELENBURG 1939).

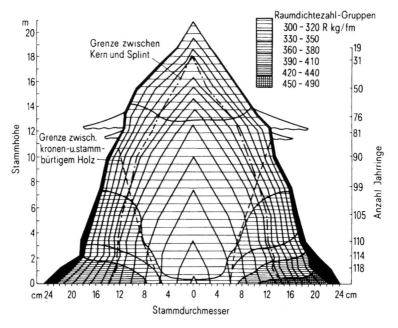

Abbildung 111   Stammwuchsbild einer Föhre (nach R. TRENDELENBURG 1939).

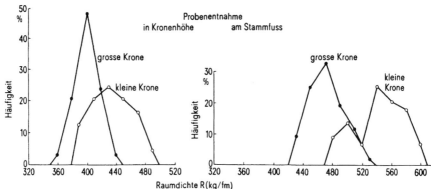

Abbildung 112 Häufigkeitsverteilung der Raumdichtezahl R in Stämmen mit kleinen und grossen Kronen von *Pinus taeda* (nach M. Y. PILLOW 1954).

In Abbildung 112 sind Häufigkeitsverteilungen der Raumdichtezahl von Stämmen mit kleinen und grossen Kronen von *Pinus taeda* aufgezeichnet, und zwar nach Messungen im Stammfuss und auf Kronenhöhe. In beiden Fällen, also in Kronenhöhe wie im Stammfuss, werden kleine Kronen im Durchschnitt schwereres Holz bilden als grosse Kronen. Ferner tendieren kleine Kronen zu grösseren Streuungen in der Raumdichte oder in der Raumdichtezahl als grosse Kronen. Es ist zu beachten, dass sich die Kurven überschneiden; immerhin sind ihre Maximalwerte deutlich voneinander getrennt. In diesem Zusammenhang ist zu bemerken, dass Nadelbäume mit kleinen Kronen, das heisst nach ihrer soziologischen Stellung gesehen beherrschte Exemplare, engere Jahrringe, aber auch dichteres Spätholz bilden. Vom holzkundlichen Standort aus kann die Bedeutung aller waldbaulichen Massnahmen auf die Qualität des Holzes nicht genügend unterstrichen werden. Es sei in diesem Zusammenhang besonders auf die wegleitenden Arbeiten H. LEIBUNDGUTS sowie H. VON PECHMANNS hingewiesen.

2.224 Raumdichte von Wurzel- und Astholz

Auf Grund von morphologischen Unterschieden im Wurzelholz sind Raumdichteunterschiede zu erwarten gegenüber dem Stamm. Nach Messungen von H. RIEDL (1937) ist Wurzelholz leichter als Stammholz (Tabelle 31). Messungen der radialen Zellwanddicken im Stamm- und Wurzelholz ergeben zunächst charakteristische Unterschiede und weisen darauf hin, dass Raumdichteuntersuchungen an bestimmten und vergleichbaren Holzregionen durchgeführt werden müssen. Parallel mit Veränderungen der Raumdichte sind auch Festigkeitsunterschiede zu registrieren. Die Messung von Festigkeiten in Wurzelholz ist ausserordentlich schwierig, zunächst wegen des unregelmässigen Jahrringbaus und ferner wegen der Gewebeverdrillung. Anderseits wären Angaben über höchstzulässige Beanspruchungen des Wurzelholzes von grossem praktischem Interesse, weil damit Hinweise auf mögliche Beanspruchungen von Stämmen

Physik des Holzes

Tabelle 31   Raumdichte von Wurzel- und Stammholz (nach H. Riedl 1937).

Holzart	Wurzelholz (g/cm³) r_0	Stammholz (g/cm³) r_0
Eiche	0,53	0,86
Buche	0,51	0,74
Ulme	0,42	0,66
Birke	0,35	0,61
Fichte	0,33	0,47
Föhre	0,30	0,47
Weide	0,23	0,43

in Lawinenhängen oder Windschutzstreifen gewonnen werden könnten. Es ist versucht worden, mit Hilfe von Mikroprobekörpern Zugfestigkeiten in Längsrichtung zu ermitteln. Die in Tabelle 32 zusammengestellten Resultate weisen zunächst darauf hin, dass die Festigkeitswerte der Pfahlwurzeln grössenordnungsmässig dem Stammholz entsprechen, während in den Seitenwurzeln in

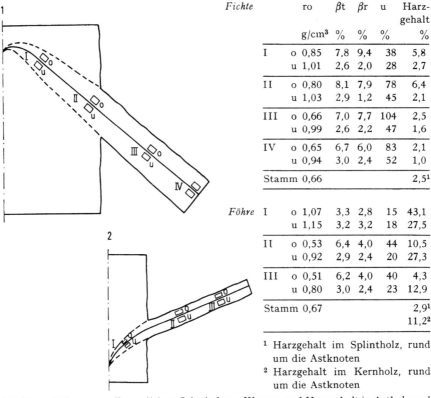

			r_0 g/cm³	β_t %	β_r %	u %	Harzgehalt %
Fichte	I	o	0,85	7,8	9,4	38	5,8
		u	1,01	2,6	2,0	28	2,7
	II	o	0,80	8,1	7,9	78	6,4
		u	1,03	2,9	1,2	45	2,1
	III	o	0,66	7,0	7,7	104	2,5
		u	0,99	2,6	2,2	47	1,6
	IV	o	0,65	6,7	6,0	83	2,1
		u	0,94	3,0	2,4	52	1,0
	Stamm		0,66				2,5[1]
Föhre	I	o	1,07	3,3	2,8	15	43,1
		u	1,15	3,2	3,2	18	27,5
	II	o	0,53	6,4	4,0	44	10,5
		u	0,92	2,9	2,4	20	27,3
	III	o	0,51	6,2	4,0	40	4,3
		u	0,80	3,0	2,4	23	12,9
	Stamm		0,67				2,9[1]
							11,2[2]

[1] Harzgehalt im Splintholz, rund um die Astknoten
[2] Harzgehalt im Kernholz, rund um die Astknoten

Abbildung 113   Raumdichte, Schwindung, Wasser- und Harzgehalt in Astholz und Astknotenholz von Fichten (*1*) und Föhren (*2*) (nach J. B. Boutelje 1966).

Tabelle 32   Unterschiede in der Zugfestigkeit im Stamm- und Wurzelholz, gemessen an Mikroprobekörpern; Belastungsgeschwindigkeit = 1 cm/min, freie Einspannlänge 2 cm (nach J. POLIQUIN 1966). Die an Mikroprobekörpern ermittelten Werte können nicht übertragen werden auf Normprüfungen.

Abstand vom Stammfuss	Zugfestigkeit σ_{zB} in Radialschnitten N/mm²	Abstand vom Stammfuss	Zugfestigkeit σ_{zB} in Radialschnitten N/mm²
Pfahlwurzel		*Seitenwurzel*, Splint	
0,15 m Splint	48,15	0,30 m	69,63
Kern	49,72	0,60 m	69,14
0,35 m Splint	46,29	1,20 m	54,52
Kern	53,74		
Stammfuss			
Splint	62,96		
Kern	73,06		

stammnahen Regionen hohe Werte, in stammfernen niedrige gemessen werden können.

Das Astholz ist, ähnlich wie das Wurzelholz, noch wenig auf seine physikalischen Eigenschaften hin überprüft worden. Bemerkenswerte Angaben über Astknotenholz (= Astholz, das mit dem Stammholz verwachsen ist) verdanken wir J.B. BOUTELJE (1966). Es ist aus der Praxis der Zelluloseherstellung schon lange bekannt, dass das Astknotenholz und auch das ihm unmittelbar benachbarte Stammholz von gewöhnlichem Stammholz verschieden sein kann. BOUTELJE zeigt mit seinen Arbeiten an sägefähigem Material von Föhren und Fichten, dass die Astigkeit, insbesondere die im Stammholz verwachsenen Astpartien, besonderer Beachtung wert sind. Aus seinen in Abbildung 113 zusammengefassten Resultaten geht hervor: 1. Das Astknotenholz ist wesentlich schwerer pro Raumeinheit als das Astholz und sein Harzgehalt in Fichte und Föhre höher. 2. Das Holz der Astoberseite hat eine geringere Raumdichte und trotzdem eine höhere Schwindung als das Holz der Astunterseite. 3. Die Astoberseite ist feuchter als das Holz der Astunterseite.
Die Erklärungen für diese Ergebnisse sind mit dem Hinweis auf die ausgeprägte Reaktionsholzbildung auf der Astunterseite und die damit verbundene höhere Lignineinlagerung gegeben.

2.3 Vorgänge im Holz bei Berührung mit Wasser

2.31 Sorption, Fasersättigung und maximaler Wassergehalt

Bei physiologischen Betrachtungen über den Wasserhaushalt wird das Holz im stehenden Baum als Teil eines lebenden Organismus betrachtet. In physikalischen Belangen hingegen wird Holz als tote Materie behandelt. In den Wechselbeziehungen zwischen Holz und Wasser geht man davon aus, dass das Holz als poröses, chemisch zwar uneinheitliches, aber durch die Zellulose weitgehend bestimmtes Material in hohem Masse hygroskopisch ist; es steht wegen dieser Eigenschaft mit seiner Umgebung derart in Abhängigkeit, dass es entweder Wasser aus der es umhüllenden Atmosphäre aufnimmt oder Wasser an sie abgibt. In seiner Darstellung *Water in Wood* hat CH. SKAAR (1972) diese Wechselwirkungen einzigartig klar und bis in alle Einzelheiten beschrieben; hier wird versucht, die ungemein verwickelten Zusammenhänge in den wesentlichen Linien aufzuzeichnen.

2.311   Bestimmung der Holzfeuchtigkeit

Die Holzfeuchtigkeit u wird berechnet nach der Formel (2). In der Regel bezieht man die Holzfeuchtigkeit auf das Trockengewicht G_0. Nur in Ausnahmen wird die Feuchtigkeit als Anteil des Frischgewichtes G_u berechnet, zum Beispiel in der Feuerungstechnik oder in bestimmten fasertechnischen Untersuchungen. Experimentell ist die Bestimmung der Holzfeuchtigkeit einfach mittels Differenzwägungen, wobei die Gewichte der frischen und der gedarrten Proben ermittelt werden. Gedarrt wird bei einer Temperatur von $103 \pm 2°C$, wobei die Manipulation der Holzstücke besonders sorgfältig geschehen soll, weil sie in trockenem Zustand leicht Feuchtigkeit aus der Atmosphäre aufnehmen. Da die Luft im Darrofen nie vollständig trocken ist und die Handhabung im Klimaraum eine zusätzliche Fehlerquelle bedeutet, wird mit Ungenauigkeiten bis zu 0,5% Holzfeuchtigkeit gerechnet. Ferner können in einzelnen Holzarten durch das Darren Gewichtsverluste vorkommen, wenn leicht flüchtige Substanzen verdampfen. Der gravimetrischen Methode haften noch weitere Mängel an, so dass man für exaktestes Arbeiten gerne auf andere Bestimmungsarten ausweicht. – Für genaue Wassergehaltsbestimmungen kann nach K. FISCHER (1935) eine modifizierte, jodometrische Titration verwendet werden. In der Reaktion

$$SO_2 + J_2 + 2\,H_2O \rightarrow H_2SO_4 + 2\,HJ \qquad (9)$$

muss Wasser zur Verfügung sein, damit Schwefelsäure und Jodwasserstoff entstehen; bei Anwesenheit von Wasser wird das Schwefeldioxid durch Jod oxydiert. Auf Grund stöchiometrischer Gesetzmässigkeiten in dieser Gleichung werden nur definierte Mengen Jod mit bestimmten Mengen Schwefeldioxid reagieren, so dass der Wasseranteil quantitativ zu ermitteln ist. Praktisch geht man so vor, dass man dem zerkleinerten Probekörper das Wasser mit Methanol entzieht und das Methanol-Wasser-Gemisch mit Schwefeldioxid und Jod durchsetzt, dabei tritt ein Farbumschlag ein, wenn Jod zu Jodwasserstoff reduziert wird. Man verwendet dazu die gewöhnliche Farbtitration, oder, da es sich um Redoxvorgänge handelt, auch die elektrometrische Redoxtitration. Für Hölzer, die leicht Farbstoffe abgeben, oder aber für imprägniertes Holz eignen sich nur elektrometrische Methoden. In diesem Sinne ist die KARL-FISCHER-Methode zur Wasserbestimmung von teerölimprägniertem Holz mit Erfolg eingeführt worden (H. H. BOSSHARD 1961b). Als handliche, rasche, dafür aber weniger genau arbeitende Methoden sei noch auf die beiden elektrischen Wassergehaltsbestimmungen hingewiesen, die entweder als Widerstandsmessungen oder als Messungen der dielektrischen Konstanten funktionieren. Der Ohmsche Widerstand von feuchtem Holz folgt innerhalb der Wassergehaltsgrenzen von $u = 7\%$ bis $u = 25\%$ einer linearen Abhängigkeit: In diesem Bereich können Ohmmeter, deren Skalenausschlag direkt in Wassergehaltsprozente umgeeicht ist, mit dem nötigen Vorbehalt verwendet werden. Ungenauigkeiten werden sich nämlich auch im zulässigen Feuchtigkeitsbereich einstellen, wenn die Elektroden ungleich tief ins Holz eingeschlagen (Nagelelektroden) oder mit verschiedener Kraft auf das Holz gepresst werden (Plattenelektroden). Die Messungen der dielektrischen Konstanten sind abhängig von der Frequenz, von der Raumdichte des Holzes und von der Temperatur. Man muss die Geräte auf eine mittlere Raumdichte einstellen und bei gleicher Frequenz (meistens 10 Megahertz) und üblicher Temperatur arbeiten. Die Fehlergrenzen der elektrischen Messmethoden werden mit $\pm 1{,}5\%$ bis $\pm 3{,}0\%$ Holzfeuchtigkeit angegeben (CH. SKAAR 1972).

2.312   Die Wasserdampfsorption

Vor der Beschreibung von Vorgängen, die sich bei der Berührung von Wasser mit Holz einstellen, ist ein knapper Hinweis auf massgebende Eigenschaften dieser beiden Stoffe angezeigt. Das *Wasser* kommt in der Natur vor, als an andere Stoffe durch molekulare Kräfte gebundenes Konstitutionswasser, als Festkörper (Eis), als Flüssigkeit und als Dampf. Jede Zustandsform besitzt eine bestimmte potentielle Energie. CH. SKAAR (1972) hat dies in der Abbildung 114 veranschaulicht; er schreibt dazu, und zwar im Hinblick auf die Berührung von Wasser mit Holz: "[Abbildung 114] shows schematically how the potential energy levels of water in the various states compare. It is apparent from the figure

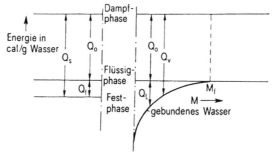

Abbildung 114   Schematische Darstellung der verschiedenen Inhalte potentieller Energie Q (cal/g Wasser) von Wasserdampf, von Wasser in flüssiger und fester Form sowie von molekulargebundenem Wasser in Holz bei steigendem Wassergehalt u ($= M$, vgl. Text Seite 211; nach CH. SKAAR 1972).

that the potential energy level at the vapor state or ordinary water vapor is the same as that of water vapor in the wood and that this is the highest energy level. It is also clear that the potential energies of the liquid states are essentially the same inside as well as outside the wood; that is, capillary water in the cell cavity has nearly the same energy level as ordinary free liquid water. For this reason it is referred to as free water to distinguish it from bound or hygroscopic water in the cell walls. Furthermore, the lowest potential energy state for ordinary water is in the ice state while for water in wood the lowest energy state is in the hygroscopic or bound state which is the state of water in the cell wall. It is also clear from [Abbildung 114] that the energy level for bound water is lowest near zero percent moisture content and highest at the fiber-saturation point M_f where it is essentially equal to that of liquid water." Den unterschiedlich grossen potentiellen Energien des Wassers in den vier verschiedenen Zustandsformen entspricht die Interaktion des Wassers an den Grenzflächen mit der Luft. Hierin spielen der relative Wasserdampfdruck in der Luft und die Temperatur t eine entscheidende Rolle. Unter dem relativen Wasserdampfdruck φ versteht man das Verhältnis p/p_0 des vorhandenen Wasserdampfteildrucks p in der Luft bezogen auf den Sättigungsdruck p_0 ($\varphi = p/p_0 \cdot 100$ [%] = relative Luftfeuchtigkeit). In Abbildung 115 ist dieser Zusammenhang graphisch aufgezeichnet. Eine andere wichtige Eigenschaft des Wassers ist seine Oberflächenspannung σ, definiert als Arbeit W, die nötig ist, um das Areal A der Oberfläche zu vergrössern ($\sigma = dW/dA$), ferner der daraus zu errechnende Kapillardruck $P_0 - P = 2\sigma/r$, wobei P den Druck des Wassers bezeichnet, P_0 den totalen Gasdruck und r den Kapillarradius. Die für die Kondensation von Wasserdampf der Kapillaren gültigen Zusammenhänge zwischen relativem Wasserdampfdruck φ und den Kapillarradien gehen aus Tabelle 33 hervor. – Das *Holz* ist ein poröser Mischkörper mit Mikroporen von der Grössenordnung von 1 μm bis 500 μm; es ist vorwiegend aufgebaut aus Zellulose, Hemizellulose und Lignin, mit Pektin in den Mittellamellen und pigmentierten oder farblosen Kernstoffen als Inkrusten in den Zellwänden der Kernholzpartien. Die Zellwände selbst sind durchsetzt von einem weitverzweigten Porensystem, das

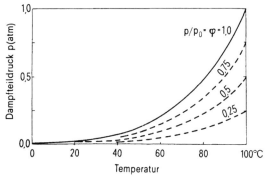

Abbildung 115　Wasserdampfteildruck p als Funktion der Temperatur für verschiedene relative Wasserdampfdrücke φ (nach Ch. Skaar 1972).

Tabelle 33 Zusammenhänge zwischen dem relativen Dampfdruck p/p_0 bei 23 °C und dem Kapillarradius r (nach F. KOLLMANN 1951).

Rel. Dampfdruck $\frac{p}{p_0}$ (%)	Kapillarradius (cm)	Rel. Dampfdruck $\frac{p}{p_0}$ (%)	Kapillarradius (cm)
100	∞	80	$4{,}78 \cdot 10^{-7}$
99,9	$1{,}06 \cdot 10^{-4}$	70	$3{,}05 \cdot 10^{-7}$
99,5	$2{,}12 \cdot 10^{-5}$	60	$2{,}08 \cdot 10^{-7}$
99,0	$1{,}06 \cdot 10^{-5}$	50	$1{,}54 \cdot 10^{-7}$
95,0	$2{,}06 \cdot 10^{-6}$	40	$1{,}16 \cdot 10^{-7}$
90	$1{,}01 \cdot 10^{-6}$	30	$8{,}85 \cdot 10^{-8}$

Kapillaren von der Grössenordnung von 1 nm bis 10 nm einschliesst. Diese strukturellen Feinheiten bedingen eine enorm grosse innere Oberfläche, die nach F. F. P. KOLLMANN und W. A. CÔTÉ jr. (1968) für Zellulose mit $6 \cdot 10^6$ cm²/cm³ angegeben wird. Studiert man die Vorgänge bei der Berührung von Holz mit Wasser, so kann nach CH. SKAAR (1972) gesagt werden: "The wood can be thought of as being partially dissolved in the water which is sorbed in the cell walls... In fact wood is a material of the general class called gels which are similar to solutions in some respects but different in others." SKAAR erweitert die Vorstellung über den Gelcharakter des Holzes mit einer entsprechenden Umschreibung, in der W. W. BARKAS (1949) sechs Eigenarten von Gelen hervorhebt: "1. Gels are hygroscopic. They hold moisture at a vapor pressure p at equilibrium with their surrounding atmosphere. 2. Gels swell when they take up water, to a greater or lesser extent than the volume of water taken up. Swelling may be anisotropic. 3. Gels exert forces if restrained from swelling when exposed to vapor pressures higher than their equilibrium vapor pressures. These forces may be different in different directions. Gels also sorb less moisture at a given vapor pressure when so restrained. 4. Gels possess some rigidity and can therefore withstand static shear stresses, unlike solutions which cannot withstand static shear stresses. 5. Gels show limited sorption and swelling in a saturated atmosphere. Thus they differ again from solutions which swell to infinite dilution in a water-vapor saturated atmosphere. 6. Gels show sorption hysteresis and thus differ from solutions which do not exhibit hysteresis. Thus we see that gels are similar to solutions in their first three characteristics, except for the fact that they may be anisotropic; that is, they may have different properties in different directions, in which case they differ from solutions, which are isotropic. However, they differ from solutions in the last three characteristics since they have some rigidity, limited sorption, and swelling and show sorption hysteresis."

Bei der *Sorption von Wasser* handelt es sich um die Aufnahme von Wasserdampf durch das Holz. In Holz wird sich demzufolge mit der Zeit ein Feuchtigkeits-

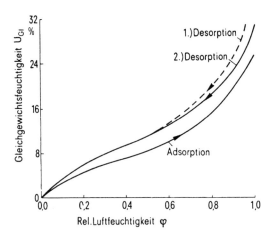

Abbildung 116   Sorptionsisothermen für die 1. Desorption (1. Des.), die Adsorption (Ads.) und die 2. Desorption (2. Des.) (nach H. A. SPALT 1958).

wert einstellen, der mit der relativen Luftfeuchtigkeit im Gleichgewicht steht (= Gleichgewichtsfeuchtigkeit), wobei die Temperatur, die mechanische Beanspruchung durch äussere und innere Kräfte sowie die Trocknungs-Befeuchtungs-Zyklen des Holzes nach dem Einschlag eine entscheidende Rolle spielen. In Abbildung 116 verläuft die Kurve der ersten Trocknung des Holzes vom waldfrischen Zustand bis zur Darrtrockenheit (erste Desorption) stark verschieden von der Wiederbefeuchtungskurve (Adsorption); sie weicht auch ab von der Kurve der nachfolgenden Trocknung (zweite Desorption). Diese Hysteresis (= Zurückbleiben einer Wirkung hinter der sie verursachenden veränderlichen physikalischen Grösse) ist schon erklärt worden mit der Annahme von Seitengruppenverschiebungen im Zellulosekettenmolekül und den damit verbundenen Unterschieden in der Bereitschaft, Wassermoleküle zu binden. Wahrscheinlicher ist die Vorstellung von W. W. BARKAS (1945): Die mit der Desorption verbundene Volumenschwindung und die mit der Adsorption verknüpfte Volumenquellung verursachen zusätzliche Spannungen im Holz, die besonders im mittleren und oberen Bereich der Sorption zu plastischen Veränderungen führen können. In quellbaren Gelen haben plastische Veränderungen allgemein eine Verschiebung des Sorptionsgleichgewichts zur Folge. Die Sorptionscharakteristik wird unter anderem wesentlich mitbestimmt durch die Temperatur (Abbildung 117): Mit steigender Temperatur sinkt die Sorptionsisotherme nach A. J. STAMM und W. K. LOUGHBOROUGH (1935) etwa um 0,1% bei 1 °C Temperaturerhöhung. Äussere Zug- oder Druckbeanspruchungen haben ebenso eine deutliche Veränderung der Sorptionsisothermen zur Folge (Abbildung 118), wobei Zugbeanspruchung die Sorption gegenüber der neutralen Probe erhöht, Druckbelastung hingegen vermindert. Die Hysterese des Holzes in der Sorption wird ebenfalls verursacht durch andere Merkmale wie zum Beispiel die Porenstruktur der Zellwände, die Oberflächenrauhigkeit oder den inhomogenen chemischen Aufbau. Die das Holz aufbauenden Grundstoffe besitzen unterschied-

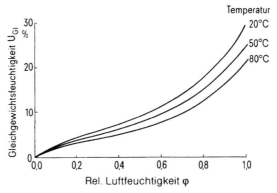

Abbildung 117   Sorptionsisothermen bei drei verschiedenen Temperaturen (nach CH. SKAAR 1972).

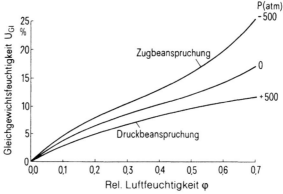

Abbildung 118   Sorptionsisothermen für Sitkafichte bei verschiedenen hydrostatischen Drücken, berechnet nach Messungen von W.W. BARKAS 1949 (nach CH. SKAAR 1972).

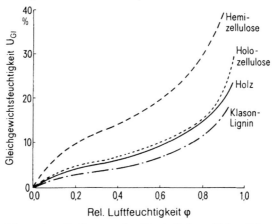

Abbildung 119   Adsorptions-Isothermen für Hemizellulose, Holozellulose, Klason-Lignin und Vollholz (Holz) von *Eucalyptus regnans* (nach G.W. CHRISTENSEN und K.E. KELSEY 1959).

Tabelle 34 Gleichgewichtsfeuchtigkeiten u (bei $t = 23\,°C$ und $\varphi = 21{,}7\%$) für verschiedene Adsorptive (nach L. M. PIDGEON und O. MAAS 1930).

Adsorptive	Gleichgewichtsfeuchtigkeit u bei $t = 23\,°C$ und $\varphi = 21{,}7\%$
Holzzellstoff	5,4%
Fichtenholz	4,7%
Baumwollzellulose	2,7%
Lignin	2,1%

liche Affinitäten zum Wasser: L.M. PIDGEON und O. MAAS (1930) haben die in Tabelle 34 genannten Gleichgewichtsfeuchtigkeiten u für verschiedene Adsorptive gefunden und G.N. CHRISTENSEN und K.E. KELSEY (1959) die in Abbildung 119 dargestellten Sorptionsisothermen für Zellulose, Hemizellulose, Holozellulose, Lignin und Vollholz in *Eucalyptus regnans* gemessen. Nach ihren Berechnungen entfällt in dieser Holzart von der gesamten Sorption 47% auf die Zellulose, 37% auf die Hemizellulose und 16% auf das Lignin. Die chemische Feinstruktur der Zellwand bestimmt somit deren Affinität zum Wasser und bestimmt auch das Ausmass der inneren Oberfläche. Man fasst diese beiden Grössen (Affinität zum Wasser mal innere Oberfläche) im Produkt zusammen zur Grösse des *hygroskopischen Potentials* einer Zellwand oder, integriert, einer Holzprobe. – Im stehenden Baum werden die neuen Zellwände während und nach den Zellteilungen in einem wässerigen Medium aufgebaut und sind entsprechend wassergesättigt. Sie verbleiben in der Regel in diesem Zustand der Wassersättigung bis zum Einschlag des Baumes; seltene Ausnahmen können bei hohem Wasserdefizit des stehenden Stammes eintreten und sich in inneren Schwindkavernen manifestieren. Abgesehen von diesen Ausnahmefällen setzt die Wasserabgabe der Holzzellwand erst nach dem Fällungsschnitt ein. Dabei stellen sich im molekularen Bereich erste irreversible Veränderungen ein, so dass dem Holzphysiker für das Studium der Sorptionsvorgänge am toten Holz der Zugang zum nativen Material verwehrt ist. Diese Zusammenhänge dürfen bei der folgenden Beschreibung des Sorptionsmechanismus nicht vernachlässigt werden, denn aus ihnen lassen sich gerade verwickelte Verhaltensweisen des toten Holzes bei der Berührung mit Wasser besser verstehen.

Die Aufnahme von Wasser durch das Holz ist dem Wesen nach eine Hydratation der freien Hydroxylgruppen (OH-Gruppen) der Zellulose und Hemizellulose sowie des Lignins. Das Wassermolekül ist dipolar, weil die beiden Wasserstoffatome im Vergleich zum Sauerstoffatom viel kleiner sind, ihre Kerne rücken dadurch nahe an den Sauerstoff und binden die gemeinsamen Elektronen stärker, so dass die positive Restladung der Wasserstoffatome eine negative des Sauerstoffatoms bedingt (Abbildung 120). Mit der Hydratation der Hydroxylgruppen, die als Zuordnung von einem oder mehreren Wassermolekülen zu einer OH-Gruppe verstanden werden kann, geht ein Verlust an freier Energie der vorher ungeordneten Wassermoleküle einher; die Hydratation verläuft exotherm. Als Modell für die Wärmetönung kann man sich die Reaktion von kristallwasserfreiem Kupfersulfat mit Wasser zu Hilfe nehmen: Der Vorgang $CuSO_4 + 5\,H_2O \xrightarrow{exotherm} CuSO_4 \cdot 5\,H_2O$, bei dem freies Wasser zu Konstitutionswasser gebunden wird, ist mit einer starken Wärmetönung verbunden. Bezugnehmend auf die Abbildung 114, beschreibt CH. SKAAR (1972) die grundlegenden energetischen Zusammenhänge: "The difference, $Q_v - Q_0$, where Q_v is the energy required to evaporate one gram of water from the cell wall and Q_0 is the energy required to evaporate one gram of water from the liquid state, is designated as Q_l, the differential heat of sorption of liquid water by wood. Q_l therefore is the additional heat energy, over and above the heat of vaporization Q_0 of free water, which must be supplied to evaporate one gram of water. It is analogous to the heat of fusion Q_f required to melt ice. At 50 °C the value of Q_0 is 569 calories per gram of water, and the value of Q_l varies from 260 calories per gram of water for ovendry wood to zero at the fiber-saturation point. Thus, since $Q_v = Q_0 + Q_l$, it varies from 569 + 260 = 829 at zero moisture content to 569 + 0 = 569 calories per gram of water at M_f." – Die bei der Hydratation von Holz auftretende Wärmetönung wird als differentielle Sorptionswärme Q_l bestimmt. Sie ist ein Mass für die Energiemenge, die notwendig ist, um die sich bei der Hydratation bildenden Wasserstoffbindungen wieder aufzubrechen; es ist auch die Wärmemenge, die entstehen würde, wenn zu einer unendlich grossen Menge Holz von bestimmter Feuchtigkeit 1 g Wasser zugegeben wird. Man nimmt an, dass diese Energiemenge zu einem Teil auf die freie Energie ΔG entfällt, die noch in reversible Arbeit umgesetzt werden kann, und zu einem Teil auf die Entropie $T\Delta S$ (Entropie = innere Energie die nach aussen nicht mehr in Arbeit umgesetzt werden kann). In Abbildung 121 ist dargelegt, dass die differentielle Sorptionswärme in darrtrockenem Holz am grössten ist; mit zunehmender Holzfeuchtigkeit fällt die Q_l-Kurve gegen die Abszisse zu und erreicht bei $u = 30\%$ den Wert 0. Die Abnahme der freien Energie ΔG muss

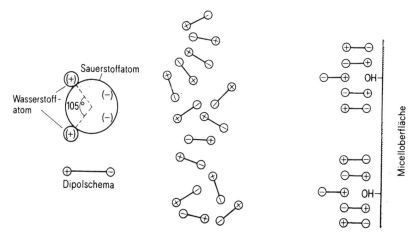

Abbildung 120   Wasserdipolmolekül und Hydratation von OH-Gruppen an der Oberfläche von Elementarfibrillen (nach A. FREY-WYSSLING 1935).

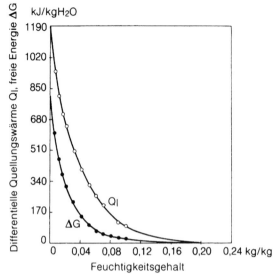

Abbildung 121   Kurven der differentiellen Sorptionswärme Ql (kJ/kg Wasser) und der freien Energie ΔG (kJ/kg Wasser) bei Wasseraufnahme in Abhängigkeit von der Holzfeuchtigkeit u (nach A. J. STAMM und W. K. LOUGHBOROUGH 1921).

zusammenhängen mit der Arbeit, die erforderlich ist, durch Quellung des Holzes neue Sorptionsstellen zugänglich zu machen. – Für das weitere Verständnis der Sorptionsvorgänge kann man von der Annahme ausgehen, dass die innere Oberfläche des Holzes an den zugänglichen Sorptionsstellen zunächst durch eine monomolekulare Wasserschicht belegt (I. LANGMUIR 1918) und bei höherer Sättigung durch weitere Wassermolekülschichten überlagert wird (S. BRUNAUER, P. H. EMMETT und E. TELLER 1938). Die Kapillarkondensation des Wassers hängt vom Wasserdampfteildruck und vom Kapillarradius ab. Aus den Angaben in Tabelle 33 wird ersichtlich, dass schon bei einem relativen Wasserdampfdruck von $\varphi = 30\%$ in den feinsten Kapillaren der Holzzellwand von der Grössenordnung 1 nm Kondensation eintreten kann. CH. SKAAR (1972) macht allerdings darauf aufmerksam, dass die für die Berechnung der Kapillarkondensation massgebende KELVINgleichung

$$\frac{2\sigma}{r} = -\frac{\varrho RT}{18} [\ln(p/p_0)] \tag{10}$$

r = Radius des Kapillarmeniskus (cm)
σ = Oberflächenspannung an der Wasser-Luft-Grenzfläche (N/m)
18 = Molekulargewicht des Wassers (g/Mol)
R = Universelle Gaskonstante ($= 8{,}32$ J/Mol · Grad)
T = Absolute Temperatur (°Kelvin)
ϱ = Dichte des Wassers ($= 1{,}0$ g/cm³)
p/p_0 = rel. Dampfdruck

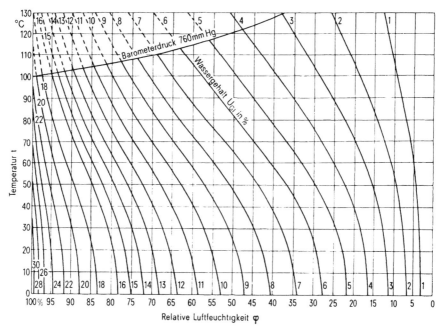

Abbildung 122   Hygroskopische Isothermen für Sitkafichte nach Angaben von W. K. LOUGHBOROUGH (1921) und Berechnungen von R. KEYLWERTH (1949) (nach F. F. P. KOLLMANN und W. A. CÔTÉ jr. 1968.)

für Kapillarradien unter 10 nm fraglich ist, weil die Konzeption der Oberflächenspannung ihren Sinn verliert, wenn das Areal A sich der Grössenordnung des einzelnen Wassermoleküls von 0,3 nm nähert: Es sind dann nur noch wenige Wassermoleküle im Areal A plaziert. – Das Holz als hygroskopischer Stoff strebt in der Sorption Gleichgewichtsfeuchtigkeiten an, die für einen weiten Temperaturbereich und für die ganze Skala der relativen Wasserdampfspannungen φ von R. KEYLWERTH (1949) nach Angaben von LOUGHBOROUGH berechnet worden sind (Abbildung 122). Bei der Anwendung dieses Diagramms ist zu beachten, dass die für Sitkafichte ausgewerteten Resultate auf dieses bestimmte Adsorptiv zugemessen sind und nur mit der nötigen Sorgfalt (Kontrollmessungen) auf andere Holzarten übertragen werden können.

2.313   Fasersättigung und maximaler Wassergehalt

Die Fasersättigungsfeuchtigkeit u_F ist erreicht, wenn alle chemischen und physikalischen Rückhaltekräfte für Wasser in der Holzzellwand abgesättigt sind. Bedingt durch strukturelle Unterschiede im Feinbau der Zellmembranen und

214   Physik des Holzes

Tabelle 35   Fasersättigungsfeuchtigkeiten u_F von einheimischen Holzarten (nach R. TRENDELENBURG 1939).

$u_F = 32\text{--}35\%$	Zerstreutporige Laubhölzer ohne Farbkern Linde, Weide, Pappel, Erle, Buche, Hagebuche
$u_F = 30\text{--}34\%$	Nadelhölzer ohne Farbkern Tanne, Fichte, Splint von Farbkernhölzern
$u_F = 26\text{--}28\%$	Nadelhölzer mit Farbkern Föhre, Lärche, Douglasie
$u_F = 22\text{--}24\%$	Nadelhölzer mit Farbkern und hohem Harzgehalt Weymouthsföhre, Arve, besonders harzreiche Föhre, Lärche, Douglasie (und Eibe)
$u_F = 23\text{--}25\%$	Ringporige und halbringporige Laubhölzer meist mit Farbkern Robinie, Kastanie, Eiche, Esche, Nussbaum, Kirschbaum

durch Unterschiede im Zellwandchemismus, ist die Fasersättigungsfeuchtigkeit unterschiedlich hoch in verschiedenen Holzarten. Sie variiert im Bereich von $u_F = 22\%$ bis $u_F = 35\%$ (Tabelle 35). Als Näherungswert wird in Berechnungen $u_F = 28\%$ als mittlere Fasersättigungsfeuchtigkeit eingesetzt. Das Wasser, das bei Fasersättigung in den Zellwänden durch chemische oder physikalische Kräfte zurückgehalten wird, bezeichnet man als *gebundenes Wasser*, im Gegensatz zu dem *frei tropfbaren Wasser* in den mikroskopischen und makroskopischen

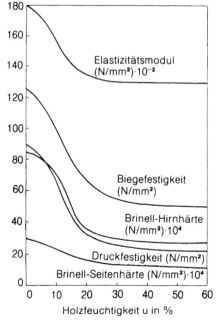

Abbildung 123   Abhängigkeit der Festigkeitseigenschaften, des Formänderungsverhaltens und der Härte von der Holzfeuchtigkeit (nach F. KOLLMANN 1951).

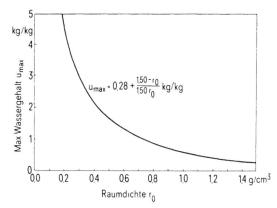

Abbildung 124   Maximaler Wassergehalt von Holz in Abhängigkeit von der Raumdichte r_0 (nach F. KOLLMANN 1951).

Hohlräumen. Bei Fasersättigungsfeuchtigkeit sind markante Grenzwerte einer Reihe von physikalischen Holzeigenschaften zu bestimmen: Die Holzquellung erreicht hier den maximalen Wert und Festigkeiten, Härte und elastische Eigenschaften verändern sich, wie in Abbildung 123 dargelegt, oberhalb der Fasersättigung nur noch unbedeutend. – Der Wasseraufnahme über die Fasersättigung hinaus sind aus leicht überschaubaren Gründen Grenzen gesetzt: F. KOLLMANN (1951) hat auf Grund der Zusammenhänge von Porenvolumen und Raumdichte des Holzes die in Abbildung 124 dargestellte Abhängigkeit des maximalen Wassergehalts von der Raumdichte errechnet, wobei der Näherungswert $u_F = 28\%$ gehandhabt worden ist.

2.32   Quellung und Schwindung

2.321   Räumliche und lineare Quellung

Die Wärmetönung bei der Wasseraufnahme von darrtrockenem Holz, die mit dem Begriff der differentiellen Sorptionswärme Q_l umschrieben wird, ist nicht der einzige Energieeffekt, der sich bei der Berührung von Wasser mit Holz einstellt: Die Wasseraufnahme bewirkt auch eine Volumenvergrösserung und damit einen messbaren Quellungsdruck. So wie der osmotische Druck einer Lösung hoher Konzentration erst messbar wird, wenn sie durch eine semipermeable Membran von einer Lösung niedriger Konzentration getrennt ist, manifestiert sich der potentielle Quellungsdruck des Holzes erst, wenn die Holzfeuchtigkeit niedriger ist als die den atmosphärischen Bedingungen entsprechende Gleichgewichtsfeuchtigkeit und wenn die mit dem einsetzenden Feuchteausgleich verbundene Quellung behindert wird. Ein Stück darrtrockenes Holz, gegen das man von aussen zwei Platten presst, wird bei Wasseraufnahme quellen und auf die beiden Messplatten einen Quellungsdruck ausüben, der nach den in der Ta-

Tabelle 36　　　　Zusammenhang zwischen Quellungsdruck und relativem Dampfdruck bei 23 °C (nach F. KOLLMANN 1951).

Rel. Dampfdruck $\frac{p}{p_0} \cdot 100$ (%)	Quellungsdruck N/mm²	Rel. Dampfdruck $\frac{p}{p_0} \cdot 100$ (%)	Quellungsdruck N/mm²
100	0	50	98
95	7	40	125
90	14	30	164
80	31	20	220
70	49	10	315
60	70	5	410

belle 36 enthaltenen Angaben bei einem relativen Dampfdruck von 5% maximal ist und auf über 400 N/mm² steigt, bei einem relativen Dampfdruck von 95% noch 7 N/mm² beträgt und im Zustand maximaler Raumquellung, das heisst bei einem relativen Dampfdruck von 100%, entfällt. Dieser Energieeffekt ist schon in frühgeschichtlicher Zeit empirisch bekannt gewesen und ausgenützt worden, um Steinquadern auseinanderzusprengen.

Die Kurve der durch Wasseraufnahme bedingten Raumquellung α_v (Abbildung 125) verläuft im mittleren Bereich linear, hier ist die Volumenzunahme der steigenden Holzfeuchtigkeit direkt proportional zugeordnet. Im unteren Kurvenast kommt zum Ausdruck, dass das in darrtrockenes Holz eingelagerte Wasser zunächst nur eine geringe Raumquellung einleitet. Aus dieser Beobachtung kann man schliessen, dass im unteren Bereich der Sorption die Wassermoleküle sehr dicht in die Zellulose und Hemizellulose eingepackt sind. Mit dem Erreichen der Fasersättigung wird auch die maximale Raumquellung $\alpha_{v_{max}}$ erreicht, wobei der obere Kurvenast S-förmig abbiegt, weil hier vorwiegend Kondensation in den mikroskopischen Kapillaren stattfindet, die keine grosse Volumenzunahme zur Folge hat. Aus empirisch gewonnener Erfahrung gelangt man zur

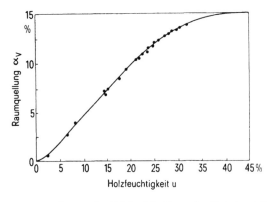

Abbildung 125　　　　Raumquellung α_v in Abhängigkeit von der Holzfeuchtigkeit u (nach F. KOLLMANN 1951).

Auffassung, dass die maximale Raumquellung aus der für die entsprechende Holzart gültigen Fasersättigungsfeuchtigkeit in guter Annäherung berechnet werden kann als:

$$\alpha_{v\max} = u_F \cdot r_0 \, [\%] \text{ oder } \alpha_{v\max} = 28 \cdot r_0 \, [\%]. \tag{11}$$

Die Raumquellung kann ermittelt werden an einem nach den Hauptrichtungen orientierten Würfel mit der Kantenlänge l. Bezeichnet man die Längsquellung als α_l, die Quellung in tangentialer Richtung als α_t und in radialer Richtung als α_r, so gilt:

$$V_u = (1 + \alpha_l) \cdot (1 + \alpha_r) \cdot (1 + \alpha_t). \tag{12}$$

Die Raumquellung wird dann $\alpha_v = (V_u - 1)$, wobei vereinfacht geschrieben werden darf:

$$\alpha_v = \alpha_l + \alpha_t + \alpha_r. \tag{13}$$

Es gilt: $\alpha_t > \alpha_r > \alpha_l$, was von E. MÖRATH (1931) für Buchen- und Fichtenholz ermittelt worden ist (Abbildung 126) und für andere Holzarten verallgemeinert werden darf.

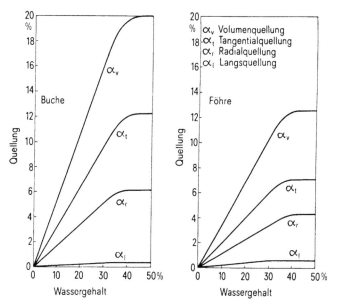

Abbildung 126   Quellungskurven für Buchen- und Föhrenholz (nach E. MÖRATH 1931).

2.322   Das Schwindmass und die Schwindungsanisotropie

Das Schwinden beginnt schon im aufgeschnittenen Stamm, sobald ihm Wasser entzogen wird und die Holzfeuchtigkeit unter die Fasersättigung sinkt. In Abbildung 127 sind Verformungen von Holzquerschnitten dargestellt, die mit der

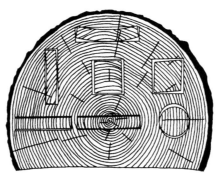

Abbildung 127 Schwindungseffekte in Holzproben verschiedener Form und aus unterschiedlichen Stammzonen entnommen (nach U. S. Forest Products Laboratory 1955).

Schwindung einhergehen und unterschiedlich ausfallen, je nach der Probenform und dem Entnahmeort im Stamm. Die Schwindung wird gemessen im räumlichen oder im linearen Mass, wobei analog zur Quellung gilt:

$$\beta_v = \beta_l + \beta_r + \beta_t \text{ und } \beta_t > \beta_r > \beta_l. \tag{14}$$

Man berechnet die Schwindung auf die Abmessungen im grünen Zustand und kann so einen Zusammenhang finden mit der Quellung nach der Formel

$$\beta_v = \frac{\alpha_v}{1 + \alpha_v}. \tag{15}$$

Die Schwindung ist eine Volumenverminderung des Holzes zufolge Wasseraustritt aus der Zellwand. Sie ist direkt abhängig von der Raumdichte: Mit steigender Raumdichte nimmt auch das Schwindmass zu (Abbildung 128).

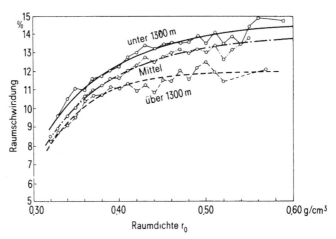

Abbildung 128 Abhängigkeit der Raumschwindung von der Raumdichte r_0 in Fichtenholz aus verschiedenen Höhenlagen (nach H. Burger 1952).

Tabelle 37 Schwindwerte von isolierten Früh- und Spätholzzonen (1: zusammengestellt von CH. SKAAR 1972, 2: nach H. H. BOSSHARD 1956).

1)
Autor	Holzart	Frühholz			Spätholz		
		β_t	β_r	β_t/β_r	β_t	β_r	β_t/β_r
VINTILA (1939)	Douglasie	0,057	0,029	2,0	0,109	0,098	1,1
	Föhre	0,080	0,029	2,8	0,113	0,082	1,4
	Lärche	0,071	0,032	2,2	0,122	0,102	1,2
	Tanne	0,050	0,024	2,1	0,088	0,062	1,4
PENTONEY (1953)	Douglasie	0,050	0,024	2,1	0,078	0,098	0,8
BROWNE (1957)	Douglasie	0,067	0,056	1,2	0,086	0,123	0,7

2)
		$\beta_l\%$	$\beta_r\%$	$\beta_t\%$	$\beta_v\%$	β_t/β_r
Föhre	Frühholz	0,19	2,9	8,1	10,9	2,8
	Spätholz	0,10	8,2	11,3	18,9	1,4
Lärche	Frühholz	0,27	3,2	7,1	10,3	2,2
	Spätholz	0,13	10,2	12,3	21,0	1,2
Douglasie	Frühholz	0,26	2,9	5,7	8,8	2,0
	Spätholz	0,16	9,9	10,9	20,0	1,1
Tanne	Frühholz	0,19	2,4	5,8	8,4	2,4
	Spätholz	0,14	6,3	8,8	14,6	1,4

H. BURGER (1952) lenkt mit seinen Messresultaten die Aufmerksamkeit aber noch auf die Abhängigkeit der Raumschwindung von der Höhenlage der Fichtenstandorte. Das Holz aus Höhen über 1300 m schwindet gesamthaft weniger als Fichtenholz von tiefer gelegenen Standorten. Man erinnert sich in diesem Zusammenhang an die intensivere Ligninbildung bei starker UV-Einstrahlung. – Nach der in Abbildung 128 dargestellten engen Abhängigkeit zwischen Raumdichte und Schwindung ist es naheliegend, die Schwindwerte von Frühholz und Spätholz getrennt zu untersuchen. In Tabelle 37 sind entsprechende Angaben enthalten: sie zeigen deutlich genug, dass mit Ausnahme der Längenschwindung alle andern Schwindwerte im Spätholz grösser sind als im Frühholz. Der Grund für die geringere Längenschwindung im Spätholz mag in der unterschiedlichen Fibrillenrichtung der längeren Spätholztracheiden liegen. Die Längenschwindung spielt an sich eine eher untergeordnete Rolle und kann für die folgenden Betrachtungen mehr oder weniger vernachlässigt werden. Wesentlich bedeutsamer sind die Schwindwerte in tangentialer und radialer Richtung bzw. ihre gegenseitigen Abhängigkeiten. In Tabelle 37 kommt dies in der Berechnung des Koeffizienten $\varepsilon = \beta_t/\beta_r$ zum Ausdruck. In allen vier Nadelholzarten ist dieser Zahlenwert im Frühholz grösser als im Spätholz. Die beiden Holzzonen innerhalb des Jahrrings unterscheiden sich somit sehr klar voneinander. – Die

Schwindung in tangentialer Richtung β_t ist in der Grössenordnung etwa doppelt so gross wie die Radialschwindung β_r und etwa das Zwanzigfache der Längenschwindung β_l, so dass man verallgemeinernd schreiben darf: $\beta_t:\beta_r:\beta_l = 2:1:0,1$. Die Schwindung ist somit eine nach Richtungen verschiedene Grösse, sie ist *anisotrop*. Für die technische Verarbeitung des Holzes spielt die Schwindungsanisotropie ε eine ausschlaggebende Rolle. Während die linearen Schwindmasse β_t und β_r mit zunehmender Raumdichte ebenfalls grösser werden, nehmen die ε-Werte im gleichen Sinne ab. Schweres Holz weist somit eine grosse absolute Schwindung, aber eine geringe Schwindungsanisotropie auf, während es in leichten Hölzern gerade umgekehrt ist. Es gibt aber keine Holzart mit vollständig ausgeglichener Schwindung $\varepsilon = 1$. Innerhalb der Raumdichtegrenzen von $r_0 = 0,3$ bis $r_0 = 1,1$ g/cm³ variieren die ε-Werte von 3,68 bis 1,23.

Anisotropien, die *nach Richtungen* verschiedenen Eigenschaften, sind im Holz vom strukturellen Aufbau her von vornherein begründet. Sein Bauplan ist in allen Teilen und in sämtlichen Dimensionen geradezu auf die Anisotropie hin angelegt. Es beginnt im molekularen Bereich und dort in den nach Richtungen unterschiedlichen Kräfteebenen im Elementarbereich der Zellulose oder im Makromolekularen der Lignin-Inkrusten. Anisotropes Verhalten wird ferner bestimmt durch den nach Richtungen verschiedenen fibrillaren Zellwandaufbau und die im selben Sinne differenzierende Gewebeordnung. Das Holz verhält sich im grossen anisotrop, weil es in den kleinen und kleinsten Bereichen dem *Gesetz der Anisotropie* unterliegt, einer Gesetzmässigkeit in der Organisation des Lebens, die auf allen Entwicklungsstufen im Pflanzenreich dominiert. Wie grundlegend das Strukturelle des Holzes sein anisotropes Verhalten bestimmt, das kann in der Erörterung der Schwindungsanisotropie dargetan werden. Und solche Überlegungen sind durchaus übertragbar auf das Studium weiterer anisotroper Holzeigenschaften; sie sollen aus diesem Grunde genügend Raum einnehmen und mit Sorgfalt nachgedacht, reflektiert werden.

Für die physiologischen Funktionen des Stammes, denen der Holzkörper zu genügen hat, sind Quellungs- und Schwindungsphänomene irrelevant. Sie treten im Baum höchstens bei prekärer Wasserversorgung auf und manifestieren sich dann im Kernholz, wenn der Wassergehalt unter die Fasersättigung sinkt. Die in der Dendrometrie festzustellenden tageszeitlichen Schwankungen der Stammdurchmesser spielen sich in einem höheren Wassergehaltsbereich ab und stehen

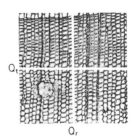 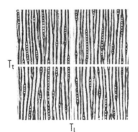 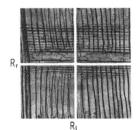

Abbildung 129   Messrichtungen der Schwindung an Mikrotomschnitten (nach H. H. BOSSHARD 1956).

Turgeszenzänderungen näher als der Quellung und Schwindung. Diese sind nach der Fällung im Schnittholz wahrzunehmen, wobei die Schnittholzabmessungen massgebend sind. Die Abhängigkeit der Schwindung von der Dimension der Probekörper entspricht nicht einzig dem Kumulativen, das Grosses dem Kleinen voraus hat, sondern ist begründet in Unterschieden der *Wachstumsspannungen* (M. R. JACOBS 1965; H. H. BOSSHARD 1974a). Während der Zelldifferenzierung unmittelbar nach den kambialen Teilungen werden im schichtweisen Ausbau der Zellwände und im Einordnen von Zellelementen in den Gewebeverband Spannungen erzeugt, die das Baumwachstum ebenso bestimmen wie das Offensichtliche der Höhen- und der Durchmesserzunahme. Die Wachstumsspannungen können so gross werden, dass der Stamm beim Fällen ihretwegen aufreisst. Aber selbst unter solchen Umständen werden nur die Spannungsspitzen abgebaut. Ein spannungsfreier Zustand kann eigentlich erst in der isolierten Zellwandschicht gefunden werden, wenn überhaupt. Je geringer also die Abmessungen der zur Verfügung stehenden Probekörper sind, desto ausgeglichener wird ihr Spannungszustand. Das kann in Schwindungsmessungen an Dünnschnitten gezeigt werden, wenn die Schnittdicke immer mehr verkleinert wird (M. BARISKA 1966). Schwindungsmessungen an Holzschnitten sind aber nicht allein deshalb aufschlussreich, weil die Wachstumsspannungen des Untersuchungsmaterials klein sind, sondern weil sie zusätzlich die richtige Relation des Schwindverhaltens zur *Gewebestruktur* herstellen (H. H. BOSSHARD 1956). Schwindungsresultate, die an Makro- oder Mikroschnitten ermittelt werden, sind nicht übertragbar auf Holzproben grösserer Abmessungen und orientieren nicht über die in der Praxis feststellbaren Schwindwerte. Sie lassen aber *die eminente Abhängigkeit der Schwindung von der Gewebeordnung und von den Wachstumsspannungen* erkennen, und diese Erkenntnis ist auch für Schnittholz grosser Abmessungen gültig. Dem methodischen Arbeiten mit Schnitten werden die in Abbildung 129 vorgeschlagenen sechs Schwindwerte zugrunde gelegt, wobei die Längsschwindung nur gelegentlich diskutiert wird: im Querschnitt β_{Qt} und β_{Qr}, im Radialschnitt β_{Rr} und β_{Rl} und im Tangentialschnitt β_{Tt} und β_{Tl}. Von diesen sechs Messwerten können zwei Anisotropiekoeffizienten ε_Q = Queranisotropie = β_{Qt}/β_{Qr} und ε_L = Längsanisotropie = β_{Tt}/β_{Rr} berechnet werden. Setzt man zudem die Schwindwerte *gleicher Richtung* in Quer- und Längsschnitten miteinander in Beziehung, so erhält man den *Quotienten der Tangentialschwindung* $\eta_T = \beta_{Qt}/\beta_{Tt}$ und den *Quotienten der Radialschwindung* $\eta_R = \beta_{Qr}/\beta_{Rr}$. Die Schwindmessungen an Dünnschnitten können nach konventioneller Trocknung im Darrofen vorgenommen werden, was allerdings mit grossen Ungenauigkeiten verbunden ist. Besser lässt sich mit einem eigens zu diesem Zwecke entwickelten HF-Mikroskopheiztisch (H. H. BOSSHARD 1956a), oder dem Trocknungsmikroskop (L. P. FUTÓ 1974) arbeiten. Die Schnitte müssen dabei während der Trocknung nicht mehr berührt werden; zudem ist es möglich, den Trocknungsvorgang im Mikroskop dauernd zu beobachten und seine Zeitabhängigkeit festzustellen. Schon eine kurze Durchsicht der Schwindungsresultate an Dünnschnitten von *Pinus silvestris*, *Tsuga canadensis*, *Quercus robur* und *Tilia platyphyllos* (Tabelle 38) lässt erkennen, dass die Werte im all-

Tabelle 38 β-, ε- und η-Werte von chemisch unveränderten Holzschnitten (nach H. H. BOSSHARD 1956).

Holzart	Pinus	Tsuga	Quercus	Tilia
r_0	0,37	0,43	0,60	0,49
$\beta_{Qt}\%$	9,9	6,4	8,6	6,7
$\beta_{Qr}\%$	4,7	2,3	4,8	5,2
$\beta_{Tt}\%$	7,8	4,9	9,6[1]	6,7
$\beta_{Rr}\%$	4,0	1,6	3,2	5,0
ε_Q	2,11	2,78	1,78	1,29
ε_L	1,95	3,06	3,02	1,34
η_T	1,27	1,31	0,90[1]	1,00
η_R	1,18	1,44	1,50	1,04

[1] Nur Spätholz

gemeinen höher ausfallen als in konventionellen Messungen. Dem Zahlenmaterial ist weiter zu entnehmen, dass die Anisotropie ε zwischen tangentialer und radialer Richtung in allen Fällen eindrücklich aufzuzeigen ist. Es ergibt sich aber auch, dass sowohl der Quotient η der Tangentialschwindung als auch derjenige der Radialschwindung grösser ist als 1. Die tangentiale Schwindung im Querschnitt dominiert somit diejenige im Tangentialschnitt, und die radiale Schwindung im Querschnitt ist grösser als im Radialschnitt. Das kommt in Holzarten mit möglichst ausgeglichenem Gewebe, also in *Pinus* und *Tsuga*, besser zum Ausdruck als in denjenigen Arten mit einer unruhigen Struktur. Zur Interpretation dieser Ergebnisse, die in den beiden Nadelhölzern und an markstrahlfreien Gewebeausschnitten reproduziert werden können, werden die früher eingeführten Messrichtungen auf die zwei senkrecht stehenden Röhrensysteme im Holz, die Längselemente und die Markstrahlen, konsequent übertragen (Abbildung 130). Im Querschnitt schwinden die Tracheiden in Richtung Q_t, die Markstrahlen in Richtung T_t, im Tangentialschnitt hingegen gerade umgekehrt, und im Radialschnitt schwinden die Tracheiden in Richtung R_r, die Markstrahlen in Richtung R_l. Daraus ergibt sich, dass die gesamte Schwindung des Tangentialschnitts wie folgt geschrieben werden muss:

β_{Tt} des Tangentialschnitts = β_{Tt} der Fasern + β_{Qt} der Markstrahlen (16)

und entsprechend die Radialschwindung des Radialschnitts:

β_{Rr} des Radialschnitts = β_{Rr} der Fasern + β_{Rl} der Markstrahlen. (17)

Aus diesen Zusammenhängen lässt sich die Bedeutung der Markstrahlen für die Schwindung in Tangential- und Radialrichtung besser überblicken. Es gilt: $\beta_{Qt} > \beta_{Tt}$ und $\beta_{Rr} > \beta_{Rl}$ (die Längsschwindung ist sehr klein), so dass der

Markstrahlanteil die Tangentialschwindung erhöht, die Radialschwindung hingegen vermindert. Der Einfluss der Mikrostruktur auf die Schwindungsanisotropie kann dann besser verstanden werden, wenn man einzusehen vermag, dass die eben erläuterten Zusammenhänge an Tangential- oder Radialschnitten auch dann gelten, wenn man sich den Tangentialschnitt in radialer Richtung oder den Radialschnitt in tangentialer Richtung zum Block erweitert denkt. Die Auswirkungen der Gewebeordnung im Block werden allerdings durch die hier vorhandenen Wachstumsspannungen in der Regel weniger deutlich zum Ausdruck kommen.

Ausser der Gewebestruktur sind noch andere Elemente massgebend für das Phänomen der Schwindungsanisotropie, die vor allem in der submikroskopischen Feinstruktur zu suchen sind. A. FREY-WYSSLING (1940) hat die Abhängigkeit der Schwindung vom *Steigungswinkel der Mikrofibrillen* untersucht. Die Tracheiden quellen senkrecht zur Fibrillenrichtung. Da die Fibrillen in der Tracheidenzellwand unter einem bestimmten Winkel zur Zellachse verlaufen, kann der Hauptschwindwert senkrecht zur Fibrillenrichtung in zwei Komponenten zerlegt werden. Da ferner die Steigungswinkel in tangentialen und radialen Zellwänden verschieden gross sind (nach R. D. PRESTON 1934 sind in tangentialen Wänden die Fibrillenrichtungen bis zu 15° steiler als in radialen), könnte daraus ein unterschiedliches tangentiales und radiales Schwindmass resultieren. Es ist von R. E. PENTONEY (1953) rechnerisch dargelegt worden, dass Unterschiede im Steigungswinkel der Fibrillen in der Grössenordnung von 15°, wenn sie allein massgebend wären, eine Schwindungsanisotropie von $\varepsilon = 1{,}11$ ergeben würden. Der Fibrillenrichtung fällt somit eine gewisse Bedeutung zu für die Schwindungsanisotropie. Es ist sodann von A. FREY-WYSSLING (1940 und 1943) darauf hingewiesen worden, dass das Mittellamellensystem mit dem hohen Anteil an Pektin und Hemizellulose sehr quellungsfähig und darum auch schwindungsbereit ist. Unterschiede im Anteil an Mittellamellensubstanz in tangen-

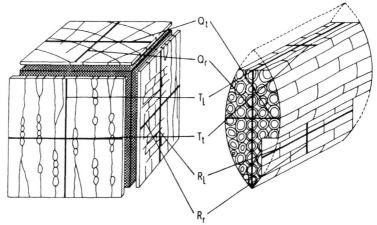

Abbildung 130   Übertragung der Schwindrichtungen der Schnitte (Abbildung 129) entsprechend dem Gewebeverlauf vom Grundgewebe der Schnitte auf die Markstrahlen (nach H. H. BOSSHARD 1956).

tialer und radialer Richtung könnten somit die Schwindungsanisotropie beeinflussen. Diese Erklärungsmöglichkeit bietet sich aber nur im Nadelholz mit der streng radial und tangential geordneten Gewebestruktur an. – Zieht man im Mittellamellensystem nicht diesen quantitativen Aspekt heran, sondern den qualitativen Unterschied im Chemismus, so ergeben sich neue Gesichtspunkte. P. W. LANGE (1954) hat mit Hilfe von UV-Absorption nachgewiesen (Abbildung 131), dass der grösste Anteil des Lignins in der zusammengesetzten Mittellamelle sitzt. In den anschliessenden Wandschichten nimmt der Ligningehalt rasch ab (F. RUCH und HELEN HENGARTNER 1960). Geht man davon aus, dass die quellungsfähige Mittellamelle durch das Lignin an der Quellung gehindert wird, so sollte eine teilweise Delignifizierung die Schwindung erhöhen. Die Messresultate von Schnittschwindungen nach zehnminütiger Peressigsäurebehandlung sind in Tabelle 39 aufgeführt (H. H. BOSSHARD 1956). Aus den elektronenmikroskopischen Bildern in Tafel 18 soll ersichtlich werden, dass diese teilweise Delignifizierung an sich schonend ist. Trotzdem zeigt es sich, dass in allen Schwindrichtungen der teilweise entlignifizierten Schnitte grössere Schwindungen gemessen werden können. Es ist ferner festzustellen, dass die ε-Werte geringer sind nach der Entlignifizierung, dass also die Anisotropie kleiner wird. Es interessiert nun, ob diese Schwächung der Anisotropie zustande kommt auf Grund einer geringeren tangentialen oder einer höheren radialen Schwindung. Aus Zahlenangaben in Tabelle 39 kann entnommen werden, dass die prozentuale Zunahme der radialen Schwindwerte β_{Qr} und β_{Rr} grösser ist als in den β_{Qt}- und β_{Tt}-Richtungen: Durch die Entlignifizierung hat somit die radiale Schwindung mehr zugenommen als die tangentiale. Dabei ist den Bildern in Tafel 18 mit Sicherheit zu entnehmen, dass die Zellwände kaum berührt worden sind in der Peressigsäurebehandlung. Das Lignin muss somit aus dem Mittellamellensystem stammen. – Da die Schwindung der behandelten Schnitte in radialer Richtung mehr zunimmt als in tangentialer, darf ferner gefolgert werden, dass

Tafel 18	Delignifizierung von *Tsuga*-Tracheiden (nach H. H. BOSSHARD 1956)
	Dünnschnitte von *Tsuga canadensis* sind in Peressigsäure mazeriert und delignifiziert worden. Die Kontrolle über den Fortgang der chemischen Behandlung erfolgte im Elektronenmikroskop (Vergr. 18 000:1, Aufnahmen H. H. BOSSHARD).
	1 Tertiärwand einer Längstracheide mit Warzenschicht: unbehandelte Probe.
	2 Geringfügige Veränderungen in der Warzenschicht nach zehnminütigem Kochen.
	3 Korrosionsbeginn in der Warzenschicht nach zwanzigminütigem Kochen.
	4 Nach dreissigminütigem Kochen bleiben nur noch Reste der Warzenschicht, und die innerste Sekundärwandschicht der Längstracheide wird freigelegt.

Tafel 18: Zellwand-Delignifizierung

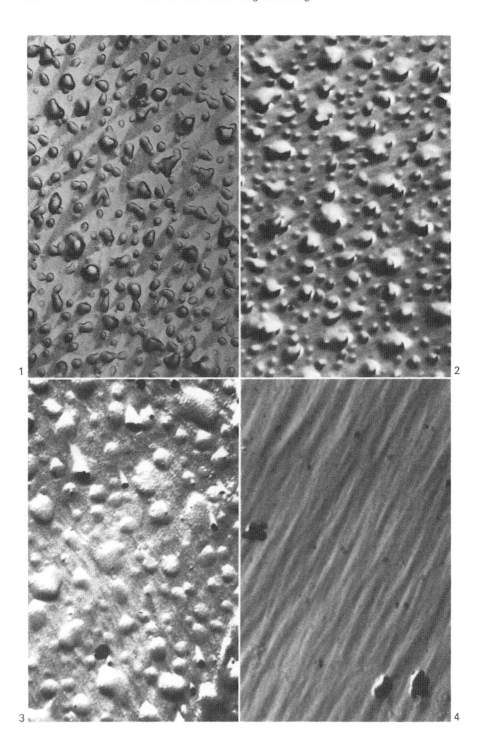

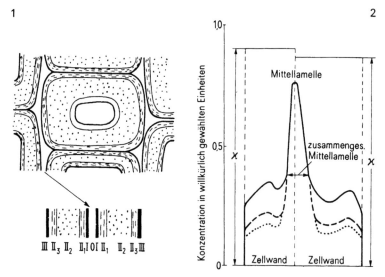

Abbildung 131   1 Zellwandschema (nach A. FREY-WYSSLING 1959) und 2 Ligninverteilung in der Zellwand (nach P. W. LANGE 1954).

die radiale Mittellamelle mehr Lignin enthalten muss als die tangentiale. Es ist schon früher von J. KISSER und K. LOHWAG (1937) auf diesen Punkt hingewiesen worden. Sie haben auf Grund von histochemischen Untersuchungen in verholzten Zellwänden festgestellt, dass wahrscheinlich die radiale Mittellamelle stärker lignifiziert sei als die tangentiale. H. BUCHER (1960) hat die gleichen Resultate mit Hilfe von Färbungen mittels Reaktivfarbstoffen erhalten. Als weiteres Indiz kann die Messung des zeitlichen Verlaufs der Schwindung herangezogen werden. Die Darstellung in Abbildung 132 erlaubt, die Summe der Schwindung in radialer oder tangentialer Richtung nach einer bestimmten Zeit zu ermitteln. So zeigt es sich, dass beispielsweise nach 40 Minuten in radialer Richtung die Schwindung zu 80%, in tangentialer zu 65% abgeschlossen ist. Derartige Unterschiede werden begreiflich, wenn man annimmt, dass zufolge des tieferen Ligningehalts aus der tangentialen Wand mehr Wasser entfernt werden muss als aus der radialen.

Aus den beschriebenen Schwindungsuntersuchungen geht hervor, dass die Schwindungsanisotropie auf die Gewebestruktur, die Zellwandfeinstruktur und bis zu einem gewissen Grade auch auf Unterschiede in der chemischen Struktur der tangentialen und radialen Zellwände zurückgeführt werden kann. Allgemein werden stark lignifizierte Holzarten weniger schwinden als schwach lignifizierte; ferner wird die Schwindungsanisotropie um so grösser sein, je deutlicher der Unterschied in der Lignifizierung von radialen und tangentialen Zellwänden ausfällt. – Das Phänomen der anisotropen Schwindung ist aber noch nicht in allen Einzelwirkungen zu erklären. Die Erläuterungsversuche sind mannigfaltig und in neuerer Zeit gesichtet worden (CH. SKAAR 1972, J. B. BOUTELJE 1972). Die Schwierigkeiten, die in allen Arbeiten in der einen oder

Tabelle 39 Schwindwerte von teilweise delignifizierten Dünnschnitten (nach H. H. BOSSHARD 1956).

	Pinus 26% Lingin		Tsuga 30 % Lignin		Tilia 19% Lignin	
	Messung, Berechnung	Rel. Zunahme bezogen auf unbehandeltes Holz (%)	Messung, Berechnung	Rel. Zunahme bezogen auf unbehandeltes Holz (%)	Messung, Berechnung	Rel. Zunahme bezogen auf unbehandeltes Holz (%)
β_{Qt}	14,3	144	13,0	203	10,6	158
β_{Qr}	6,8	145	5,7	248	9,5	184
β_{Tt}	9,1	116	7,1	145	9,7	145
β_{Rr}	5,4	135	2,9	180	6,5	130
ε_Q	2,1	99	2,28	82	1,12	87
ε_L	1,69	87	2,45	80	1,49	111
η_T	1,57	124	1,83	140	1,09	109
η_R	1,26	107	1,96	136	1,46	108

anderen Art zum Ausdruck kommen, sind zunächst auf die Unmöglichkeit zurückzuführen, Holz im nativen Zustand zu untersuchen. Die Veränderungen im Holzzustand bei der experimentellen Arbeit sind zeitabhängig und teilweise irreversibel: Die Vorgeschichte der zur Untersuchung gelangenden Holzprobe kann aber ausschlaggebend sein.

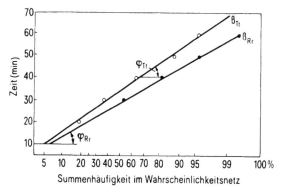

Abbildung 132 Verlauf der Schwindung in tangentialer und radialer Richtung in Abhängigkeit von der Zeit (nach H. H. BOSSHARD 1957).

2.4 Über thermische, elektrische und akustische Eigenschaften des Holzes

2.41 Thermische Holzeigenschaften

2.411 Die Wärmeausdehnung

Im allgemeinen dehnen sich Stäbe aus festen Stoffen bei der Erwärmung aus, wobei lineare und räumliche Änderungen beobachtet werden. In allen Holzarten ist die lineare Wärmedehnung anisotrop, indem senkrecht zur Faserrichtung die Ausdehnung ungefähr 5- bis 10mal grösser ist als parallel dazu (Abbildung 133). Aus Untersuchungen der Wärmeausdehnung im Temperaturbereich von −55 °C bis +55 °C von R. C. WEATHERWAX und A. J. STAMM (1956) wird deutlich, dass die Längenausdehnung beträchtlich geringer ist als die Querausdehnung und dass in der Querrichtung eine Anisotropie in bezug auf radiale und tangentiale Richtung zu messen ist. Allgemein gesehen sind im Holz Volumenänderungen zufolge von Wärmeausdehnung nahezu vernachlässigbar verglichen mit den Volumenbewegungen in den Quellungs- und Schwindungsvorgängen. Im stehenden Stamm sind in diesem Zusammenhang die Volumenänderungen von Temperaturen unter 0° C von besonderer Bedeutung. Oberhalb des Gefrierpunkts haben Ausdehnung und Kontraktion verhältnismässig geringen Einfluss. Hingegen ist die Kontraktion unterhalb von 0° C gefährlich, besonders in Holzarten, die für Frostrisse anfällig sind, weil von der Borke ins Stamminnere Temperaturgradienten auftreten, die zu entsprechenden Spannungen Anlass geben.

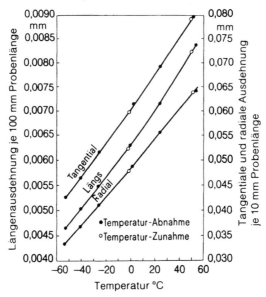

Abbildung 133   Lineare Wärmeausdehnung in Holz von *Betula lutea* ($r_0 = 0{,}59$ g/cm³), längs und quer (tangential und radial) zur Faserrichtung (nach R. C. WEATHERWAX und A. J. STAMM 1956).

2.412   Die Wärmeleitfähigkeit

Die Wärmeleitfähigkeit spielt eine wichtige Rolle für die Verwendung des Holzes als Baumaterial. Es ist landläufig bekannt, dass Holz ein guter Wärmeisolator ist. In einem Holzbau fühlt man sich wohl, da die Einstrahlung und die Ausstrahlung in einem guten Verhältnis stehen und der ‹Winter› nicht zu kalt, der ‹Sommer› nicht zu warm wird. In einer praxisnahen Untersuchung der EMPA von Versuchshäusern aus verschiedenen Baustoffen wie Holzzement, Backsteinen, reinem Beton und Holz sind die Wärme- und Feuchtigkeitsdurchgangszahlen durch die Aussenwände gemessen worden; in der Charakterisierung des Holzhauses schreibt P. HALLER 1957: «Die beiden für das Holzhaus typischen Eigenschaften, kleines Speichervermögen und Luftdurchlässigkeit, geben neben der guten Isolierfähigkeit dem Verhalten beim Auskühlen infolge Heizunterbruchs, beim Wiederaufheizen, beim nächtlichen Auskühlen und bei der Sonneneinstrahlung dem Holzhaus das Gepräge: Zunächst langsamstes, dann aber steilstes und tiefstes Absinken der Raumtemperatur bei Heizunterbruch; kurzfristiges Wiedererreichen der angestrebten Raumtemperatur; geringster Effekt der nächtlichen Auskühlung; auch ist die Sonneneinstrahlung im Holzhaus am wenigsten spürbar.» – Die Wärmeleitfähigkeit wird mit dem Begriff der Wärmeleitzahl umschrieben. Die Wärmeleitzahl λ ist gleich derjenigen Energiemenge in Watt gemessen, die stündlich in einem Würfel von 1 m Kantenlänge von einer Fläche zur gegenüberliegenden fliesst, wenn die beiden Flächen einen Temperaturunterschied von 1°C aufweisen; die Wärmeleitzahl λ hat somit die Dimension $W/m^2\ °C$. R. C. WEATHERWAX und A. J. STAMM (1956) haben in ihren Messungen (Abbildung 134) zunächst den Nachweis erbracht, dass die Wärmeleitfähigkeit eine anisotrope Eigenschaft des Holzes ist: Parallel zur Faserrichtung ist die Wärmeleitzahl λ wesentlich grösser als senkrecht zur

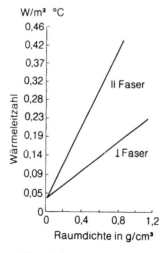

Abbildung 134   Abhängigkeit der Wärmeleitzahl von der Raumdichte (nach R.C. WEATHERWAX und A.J. STAMM 1956).

230   Physik des Holzes

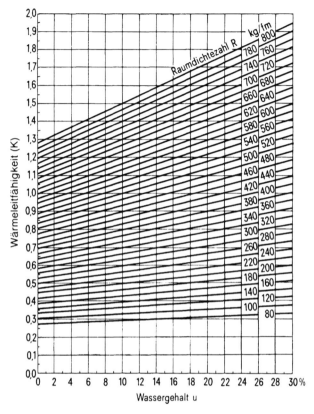

Abbildung 135   Abhängigkeit der Wärmeleitfähigkeit K (in cal/h inch sqft °F) von der Raumdichtezahl und der Holzfeuchtigkeit u (nach U. S. Forest Products Laboratory 1955).

Faserrichtung. Ferner besteht eine lineare Abhängigkeit von der Raumdichte des Holzes. Es ist verständlich, dass die Wärmeleitzahl λ mit zunehmender Raumdichte ansteigen muss, das heisst, dass die Wärmeleitfähigkeit in schwerem Holz grösser ist als in leichtem, da das leichte Holz mehr durchlüftete Poren besitzt. Luft als idealer Wärmeisolator mit einem λ-Wert von nur 0,0232 W/m² °C (gegenüber beispielsweise Kupfer von λ = 478 W/m² °C oder Holz von durchschnittlich λ = 0,232 W/m² °C) erhöht somit die Isolierkraft von leichtem Holz beträchtlich. – Die Abhängigkeit von der Raumdichte ist rechnerisch nicht sehr einfach zu erfassen. Es sind Versuche gemacht worden auf Grund von statistischen Beobachtungen; bei u = 12% und t = 23°C kann danach die Gleichung gelten:

$$\lambda = 0{,}195 \cdot r_{12} + 0{,}026 \; [\text{W/m}^2 \, °\text{C}]. \tag{18}$$

Damit ist ausgesagt, dass λ ausser der Raumdichte von der Holzfeuchtigkeit und der Temperatur abhängig ist, wie dies aus dem Diagramm in Abbildung 135 hervorgeht, wobei in diesen Messungen aus dem U. S. Forest Products Laboratory die Wärmeleitfähigkeit K in englischen Einheiten (K = Wärmeeinheit, die in einer Stunde durch ein Materialstück von 1 inch Dicke und 1 Quadratfuss Fläche fliesst, wenn zwischen den zwei Flächen ein Temperaturgradient von 1°F besteht) angegeben ist und die Gewicht-Volumen-Relation des Holzes als Raumdichtezahl R.

2.42 Elektrische Eigenschaften des Holzes

2.421 Elektrischer Widerstand und Leitfähigkeit

Besteht zwischen zwei Endflächen eines Körpers beliebiger Form und aus beliebigem Material mit dem Querschnitt q und der Länge l eine Potentialdifferenz U (beispielsweise verwirklicht durch Anlegen einer äusseren Spannungsquelle), so fliesst in ihm ein Strom I. Man bezeichnet den Quotienten aus der Spannung U und dem Strom I als elektrischen Widerstand R des Körpers. Oft wird auch mit dem Reziprokwert des elektrischen Widerstandes, mit der elektrischen Leitfähigkeit G, gerechnet. Es gelten also die Beziehungen:

$$R = \frac{U}{I} \left[\Omega\right]; G = \frac{I}{U} \left[\frac{1}{\Omega}\right]; G = \frac{1}{R} \left[\frac{1}{\Omega}\right]. \tag{19}$$

Widerstand und Leitfähigkeit sind dimensionsabhängige Grössen. Um vergleichbare Werte zu erhalten, geht man zu Grössen über, die sich auf Einheitsabmessungen beziehen, zum spezifischen Widerstand ϱ (= Widerstand eines Körpers von 1 cm² Fläche und 1 cm Länge) und der spezifischen Leitfähigkeit $\varkappa$. Man schreibt:

$$\varrho = \frac{R \cdot q}{l} \left[\Omega\,\text{cm}\right] \quad \varkappa = \frac{G \cdot l}{q} \left[\frac{1}{\Omega\,\text{cm}}\right]. \tag{20}$$

Abbildung 136 gibt einen Überblick über die ϱ- und $\varkappa$-Werte verschiedener Materialien und soll vor allem die Stellung des Holzes in bezug auf seinen elektrischen Widerstand zu verschiedenen anderen Materialien zeigen. Es fällt die ausserordentliche Breite der Variation für Holz auf; sie ist vor allem auf verschiedene Feuchtigkeitsgehalte zurückzuführen: Die elektrischen Widerstandswerte von Holz variieren zwischen $u = 0\%$ und Fasersättigung um einen Faktor 10^6, während eine weitere Wasseraufnahme bis zur absoluten Sättigung nur noch eine Änderung um etwa einen Faktor 100 ausmacht. Das lässt darauf schliessen, dass für den elektrischen Widerstand des Holzes die Benetzung der inneren Oberfläche ausschlaggebend ist. – Oberhalb der Fasersättigung geht der spezifische Widerstand des Holz-Wasser-Gemisches asymptotisch gegen denjenigen von Leitungswasser. Dieser Zusammenhang lässt sich für das Gebiet unterhalb des Fasersättigungspunkts durch eine Exponentialfunktion von der Form $\log \varrho = C - a \cdot u$ beschreiben. E. NUSSER (1938) fand für die Konstanten $a = 0{,}32$,

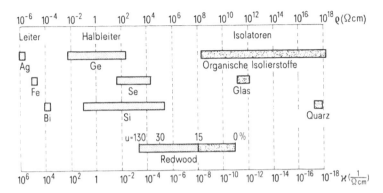

Abbildung 136   Spezifischer Widerstand ϱ und spezifische Leitfähigkeit $\varkappa$ verschiedener Materialien (nach Zahlenwerten aus F. KOLLMANN 1951).

$C = 13,25$. Mit diesen Werten wird ϱ in Ωcm erhalten, wenn u in % eingesetzt wird. Aufgelöst ergibt das die Gleichung:

$$\varrho = 1{,}78 \cdot 10^{13} \cdot l^{-0{,}736\,u}\ [\Omega\text{cm}]. \qquad (21)$$

Die Formel gilt für das Gebiet $7\% < u < 30\%$ und den spezifischen Widerstand senkrecht zur Faserrichtung. Abbildung 137 zeigt die Verhältnisse graphisch dargestellt für die spezifische Leitfähigkeit. Durch Auftragen des Logarithmus

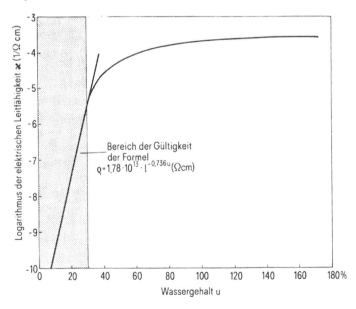

Abbildung 137   Spezifische Leitfähigkeit $\varkappa$ in Redwood, senkrecht zur Faser, in Funktion der Holzfeuchtigkeit u (nach A. STAMM 1927).

von $\varkappa$ geht das Bild der Exponentialfunktion in eine Gerade über. Der Bereich des linearen Verlaufs in der Abbildung 137 entspricht gerade dem Gültigkeitsbereich der Formel. Neben dieser starken Abhängigkeit der elektrischen Werte von der Holzfeuchtigkeit haben alle anderen Einflussfaktoren nur sekundäre Bedeutung. Wie bei allen Materialien hängt der elektrische Widerstand bei Holz auch von der Temperatur ab. Ausserdem machen sich zwischen den einzelnen Holzarten geringfügige Unterschiede bemerkbar, die jedoch mit der Raumdichte in keinen eindeutigen Zusammenhang gebracht werden können. Einzig die Pappel liefert Werte, die über den Rahmen der Streuung der übrigen Holzarten hinausgehen. Bedeutender ist der Anisotropieeffekt. Er äussert sich darin, dass die Leitfähigkeit in der Faserrichtung doppelt so gross ist wie quer zu den Fasern. Das lässt sich durch den besseren Ionen- und Elektronenaustausch in Richtung der Kettenmoleküle erklären. – Die Durchschlagefestigkeit schliesslich ist ein Mass für die elektrische Spannung, bei der zwischen 2 und 5 mm (Normung) voneinander entfernten und durch Holz getrennten Elektroden ein Durchschlag stattfindet. Für unpräpariertes Holz wird sie mit etwa 10 kV/5 mm angegeben, für ölgetränktes Holz steigt sie bis 30 kV/5 mm. Die Werte sind im Zusammenhang mit der Verwendung von ölgetränktem Holz als Trennschichten in Akkumulatoren wichtig.

2.422 Blitzgefährdung von Bäumen

S. Szpor (1945) hat eine grosse Anzahl von Bäumen auf ihre Blitzgefährdung hin untersucht. Man ist davon ausgegangen, dass die Unterschiede zwischen den einzelnen Baumarten in der Blitzschadenstatistik auf eine verschiedene Blitzanziehung zurückzuführen seien, und hat zunächst angenommen, dass die Blitzanziehung ausser von der Höhe der Bäume auch stark von deren Leitfähigkeit und dem Wurzel-Erde-Kontaktwiderstand abhänge. In entsprechenden Messungen ist aber festgestellt worden, dass der Widerstand von stehenden Bäumen im allgemeinen zu klein ist, als dass seine Unterschiede eine verschiedene Blitzanziehung verursachen könnten. Mit andern Worten: Ein Baum ist so gut leitend, dass die kleinen Unterschiede in dieser guten Leitfähigkeit innerhalb der verschiedenen Holzarten zu keiner besonderen Blitzanziehung Anlass geben. So ist man zum Schluss gekommen, dass die Blitzschadenstatistik eher eine verschiedene Blitzschlagempfindlichkeit der Holzarten widerspiegelt. – Es werden drei Arten von Blitzen unterschieden. Alle entstehen durch Ladungsausgleich zwischen zwei Orten mit einem grossen Potentialunterschied in der Atmosphäre. Eine erste Art kommt zustande durch Ladungsausgleich zwischen einer Wolke und einem Raumladungsgebiet irgendwo in der Luft; es sind dann bis zu 60 km lange, horizontale Blitze zu registrieren. Durch Ladungsausgleich innerhalb einer Wolke entsteht eine zweite Art von Blitzen. Sichtbar ist nur ein bläuliches Aufleuchten der Wolkenränder. Eine dritte Art verdankt ihre Entstehung einem Ladungsausgleich zwischen einer Wolke und der Erde. Dabei geht zuerst eine Vorentladung von der Wolke zur Erde. Sie ist sehr stromschwach (1–10 A), von negativer Polarität und bewegt sich ruckweise vorwärts. Sobald sie die Erde erreicht hat, steigt die Hauptentladung (eventuell mehrere nacheinander) zur Wolke. Sie ist positiv und führt Stromstärken von 10^4 bis 10^5 A. – Wird ein Baum durch die Vorentladung getroffen, so fliesst auch die Hauptentladung durch ihn. Hat er einen Widerstand von 10^4 Ω/m, so ergeben sich längs des Stammes Spannungen von 10^5 bis 10^6 V/m. Das führt zu Überschlägen längs des Stammes. Nun haben aber gewisse Bäume mit grober, geschichteter Borke eine ähnliche Oberfläche wie ein Hochspannungsisolator. Ein Überschlag längs des Stammes wird dadurch erschwert. Er wird dennoch erfolgen, aber im Innern, durch das Holz. Die grossen Stromstärken bewirken eine plötzliche Erwärmung der Luft im Holz, die Luft dehnt sich dabei rasch aus und sprengt den Stamm. Bäume mit glatter Rinde können also ohne grossen Schaden einen Blitzschlag erleiden. Sie werden höchstens am Stamme etwas angesengt sein, während solche mit grober Rinde meist zerstört werden. Grobe Rinde haben: Eichen, Pappeln, Weiden, Eschen, Robinien und die Nadelhölzer; glatte Rinde haben: Buche, Erle, Ahorn. In der forstlichen Praxis ist die Blitzbeanspruchung von Waldbäumen sehr gut bekannt. Neben den Schadenwirkungen an Einzelbäumen wird auch die Einwirkung von sogenannten ‹Flächenblitzen› auf Baumgruppen erwähnt, welche als Ursache von ‹Blitzlöchern› oder ‹Blitznestern› vorwiegend in Nadelholzbeständen angenommen werden. Untersuchungen über die Einwirkung von sogenannten ‹Flächenblitzen› sind keine bekannt, obwohl in der forstlichen Praxis immer wieder ursächliche Zusammenhänge zwischen ‹Flächenblitzen› und ‹Blitzlöchern› vermutet werden. Was ist ein ‹Flächenblitz›? Der Blitzfachmann versteht darunter ein flächenhaftes Aufleuchten von hohen Zirrusschleiern als Reflexwirkung von sehr weit von der Beobachtungsstation entfernten Linienblitzen (K. BERGER 1966). Ein Flächenblitz in diesem Sinn kann Erdobjekte nicht beeinträchtigen. Eine andere Art von flächenhaften Blitzentladungen wird gelegentlich im Schneetreiben beob-

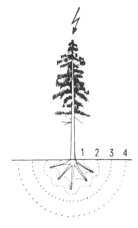

Abbildung 138   Schematische Darstellung des Erdungstrichters im Boden nach Blitzeinschlag (nach K. BERGER, aus H.H. BOSSHARD und B.A. MEIER 1969).

achtet. Es wäre in diesem Zusammenhang am Rande noch auf die Kugelblitze zu verweisen, deren Existenz aber fraglich ist (es ist noch nie eine wissenschaftlich schlüssige photographische Aufnahme eines Kugelblitzes gelungen) und deren mögliche Entstehung in den USA noch studiert wird. Als Ursachen für die ‹Blitzlöcher› in Nadelholzbeständen kommen sie nicht in Frage. Nach Angaben von K. BERGER (1966) erzeugt ein Blitzeinschlag im Boden einen Spannungs- oder Erdungstrichter (Abbildung 138). Der radiale Spannungsabfall im Erdungstrichter bewirkt Spannungsdifferenzen, die zum Beispiel gross genug sind, um Mensch und Tier zu gefährden und sicher auch das Wurzelwerk der Bäume zu beeinflussen. Die Grösse des Spannungstrichters ist neben der in den Boden eindringenden Strommenge von der Bodenstruktur und der Leitfähigkeit des Bodens abhängig. Auf Grund dieser Auskünfte muss angenommen werden, dass nach einem Blitzeinschlag in einem Nadelholzbestand die Grösse des Spannungsabfalls und der Durchmesser des Erdungstrichters die Fläche des ‹Blitzlochs› bestimmen, indem in diesem Bereich das Wurzelwerk nicht nur des vom Blitz getroffenen Baumes, sondern auch der benachbarten Bäume stark geschwächt wird. Diese Reduktion der Vitalität disponiert die betroffenen Bäume für den Befall durch Hallimasch (*Armillaria mellea*) oder Borkenkäfer. Zu ähnlichen Schlussfolgerungen gelangt E. GÄUMANN (1951).

2.423 Dielektrische Eigenschaften des Holzes

Ein Raum kann durch Leiter abgeschirmt werden (Faradaykäfig). Stoffe, die von einem elektrischen Feld durchdrungen werden und dabei Energie verbrauchen, nennt man Dielektrika. In einem solchen Stoff erscheint das ursprüngliche elektrische Feld reduziert. Diese Reduktion entsteht durch die Ausrichtung der im Material vorhandenen Dipolmoleküle durch das äussere Feld. Dadurch bauen die Dipolmoleküle ein inneres Feld auf, das dem äusseren entgegenwirkt. Das äussert sich zum Beispiel in einer Erhöhung der Kapazität eines Kondensators, wenn zwischen seine Platten ein dielektrischer Stoff gebracht wird. Die Kapazität eines Kondensators ohne Dielektrikum zwischen den Platten (Vakuum oder, was ungefähr gleichbedeutend ist, Luft) berechnet sich zu:

$$C = \varepsilon_0 \cdot \frac{A}{d} \text{ [Farad]}. \qquad \begin{aligned} A &= \text{Plattenfläche (cm}^2\text{)} \\ d &= \text{Plattenabstand (cm)} \\ \varepsilon_0 &= \text{Dielektrizitätskonstante} \\ &\quad \text{des Vakuums} \\ &= 8{,}85 \text{ pF/m} \end{aligned} \qquad (22)$$

Durch Einlegen eines Dielektrikums vergrössert sich die Kapazität um den Faktor ε_r, also

$$C = \varepsilon_0 \cdot \varepsilon_r \cdot \frac{A}{d} \text{ [Farad]}. \qquad (23)$$

Man nennt ε_r die relative Dielektrizitätskonstante des Materials (DK), sie beschreibt seine Polarisierbarkeit. Der ε_r-Wert ist somit ein Mass für den Polarisierungseffekt eines Materials pro Volumeneinheit. Die Polarisierung des Materials im Wechselstromfeld hängt ihrerseits ab von der Wechselstromfrequenz (f); damit ändert sich auch der ε_r-Wert in Funktion der Frequenz (Abbildung 139). Das dielektrische Verhalten eines Stoffes ist noch durch eine zweite Grösse, den Verlustfaktor, bestimmt. Ein Kondensator ist für Gleichstrom undurchlässig. Hingegen besitzt er für Wechselstrom eine gewisse Leitfähigkeit. Sein Widerstand ist:

Für einen idealen Kondensator gilt $$(R) = \frac{1}{\omega \cdot C} [\Omega] \qquad (24)$$

$\omega = 2\pi f$, Kreisfrequenz
f = Frequenz des Wechselstroms

Der Strom eilt in einem Kondensator der Spannung um den Winkel $\varphi = 90°$ voraus. Es fliesst deshalb auch keine Energie in den Kondensator, sondern es wird lediglich sogenannte Blindleistung umgesetzt. Ein Dielektrikum zwischen den Platten hat nun folgende Wirkung: Das äussere Feld ändert bei Wechselstrom ständig seine Richtung. Dadurch werden die Dipolmoleküle umgepolt, was wegen ihrer Trägheit und gegenseitigen Behinderung weder verzögerungsfrei noch leistungsfrei vor sich geht. Die Phasenverschiebung zwischen Spannung und Strom ist nicht mehr 90°, sondern nur noch 90° − δ. Der kleine Winkel δ wird *Verlustwinkel* des Stoffes genannt. Der Verlustwinkel ist ein Mass für den Teil der Energie, die vor allem in Reibung umgesetzt wird; er ist abhängig von der Frequenz des Wechselstroms f und der Temperatur t (Abbildung 140). Es fliesst nun auch Energie in den Kondensator; sie manifestiert sich als Wärme im Dielektrikum. Diese Erscheinung ist in der HF-Technik sehr unerwünscht,

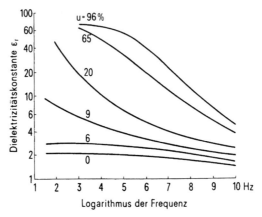

Abbildung 139   Dielektrizitätskonstante ε_r als Funktion der Wechselstromfrequenz bei 20 °C, gemessen für Weisstannenholz bei verschiedenen Feuchtigkeiten (nach W. TRAPP und L. PUNGS 1956).

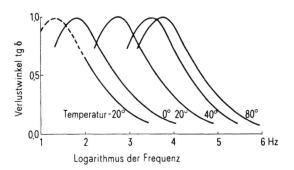

Abbildung 140   Verlustwinkel tg δ als Funktion der Wechselstromfrequenz für Holz von 15% Holzfeuchtigkeit, gemessen bei verschiedenen Temperaturen (nach J. Tsutsumi und H. Watanabe 1965).

bildet aber die Grundlage für die hochfrequente Erwärmung von Holz und anderen Materialien.

Für die Wirkleistung P eines Dielektrikums ist das Produkt $\varepsilon_r \cdot \mathrm{tg}\delta$ ausschlaggebend:

$$P = U^2 \cdot \omega \cdot C \cdot \mathrm{tg}\delta = U^2 \cdot \varepsilon_0 \frac{A}{d} \cdot 2\pi f \cdot \varepsilon_r \cdot \mathrm{tg}\delta \,[\text{Watt}] \quad (25)$$

In Tabelle 40 sind die beiden Werte ε und tgδ für einige Materialien angegeben. Daraus geht vor allem hervor, dass der Verlustfaktor mit zunehmender Feuchtigkeit stark ansteigt. Feuchtes Holz ist ein Mischdielektrikum. Der Anstieg der ε_r- und tgδ-Werte mit zunehmender Feuchtigkeit könnte der starken Polarisierbarkeit des Wassers zugeschrieben werden. Für freies Wasser trifft diese Annahme zu, so dass man von einer *selektiven* Erwärmung sprechen kann. Innerhalb des Fasersättigungsbereichs ist die ausserordentlich starke Zunahme des Verlustfaktors mit zunehmender Feuchtigkeit schwer zu erklären, denn die Verlustfaktoren der beiden Komponenten trockenes Holz und Wasser liegen unterhalb desjenigen des Gemisches. Man nimmt an, dass bei Resonanzfrequenzen in den Randgebieten der submikroskopischen Poren bei der Wassersorption neue, schwingungsfähige Gebilde entstehen, die diesen Effekt hervorrufen können. Den Zahlenangaben in der Tabelle 40 ist noch zu entnehmen, dass das

Tabelle 40   Dielektrizitätskonstante ε_r und Verlustfaktor tgδ für einige Materialien (nach H. Landolt und R. Börnstein 1923).

Material	ε_r	tgδ
Luft	1	0
Wasser (25 °C, 10 MHz)	78	$46 \cdot 10^{-4}$
Fensterglas	8	$90 \cdot 10^{-4}$
Buchenholz $u = 0\%$ ⊥ zur Faserrichtung	2,4	$320 \cdot 10^{-4}$
Buchenholz $u = 0\%$ ∥ zur Faserrichtung	3,2	$590 \cdot 10^{-4}$
Buchenholz $u = 10\%$ ⊥ zur Faserrichtung	5	$3800 \cdot 10^{-4}$

Holz auch als Dielektrikum anisotrop ist. Dieses Phänomen kann zur Lokalisierung von freien und besetzten Sorptionsstellen herangezogen werden, sobald die methodischen Schwierigkeiten zur Feinmessung der ε_r- und tgδ-Werte überwunden sind.

In Abbildung 141 wird noch einmal auf die Frequenzabhängigkeit der Dielektrizitätskonstanten und des Verlustfaktors aufmerksam gemacht (K. KRÖNER 1943). Wegen des zunehmenden Hintendreinhinkens der sich umorientierenden Dipolmoleküle steigt vorerst der Verlustfaktor mit zunehmender Frequenz. Er erreicht bei einer bestimmten Frequenz sein Maximum und sinkt dann aber wieder ab. Dies beruht auf einer Resonanzerscheinung. Nachher fallen die Moleküle in zunehmendem Masse ausser Tritt, und die Verluste werden wieder geringer. Das Mass der optimalen Resonanz hängt von der Zahl der verschiedenen Arten der beteiligten Dipolmoleküle ab. Bei Holz schwingen vor allem die Wassermoleküle und die OH-Gruppen der Zellulose. Der Verlustfaktor hat sein Maximum bei etwa 10 MHz. – K. KRÖNER (1943) zeigt in seinen Untersuchungen zudem, dass die einzelnen Holzsubstanzen (Zellulose, Lignin, Harz) sich als Dielektrika verschieden verhalten. Ein solches Ergebnis ist von vornherein in die Definition einer Materialkonstante miteinbezogen. Es ist aber doch wichtig, darauf aufmerksam zu machen, dass auch trockenes Holz ein Mischdielektrikum ist. Das zeigt sich in der Praxis der Hochfrequenz-Holztrocknung an dem unterschiedlichen Verhalten von Holzarten, besonders wenn es sich um Farbkernhölzer handelt.

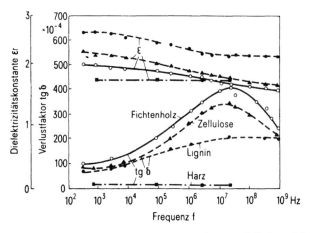

Abbildung 141 Dielektrische Kennwerte von Fichtenholz, von Zellulose, Lignin und Harz und ihre Abhängigkeit von der Wechselstromfrequenz (nach K. KRÖNER 1943).

2.43 Akustische Eigenschaften des Holzes

Die Akustik, im weiten Wortsinn verstanden, befasst sich mit dem Wesen von Schwingungen und Wellen in elastischen Medien; im engeren Sprachgebrauch ist sie die Lehre vom Schall mit seinen Wirkungen. Die Akustik gehört zu den ältesten wissenschaftlichen Betätigungen des Menschen, hat mit ihren Ablegern die verschiedensten Lebensbereiche durchwurzelt und bestockt heute, in unserer gehörbelasteten Zeit, jede Handbreite des Alltagbodens. Dabei treiben in der musikalischen Akustik die blühenden Sprosse, in der technischen Akustik (Elektroakustik, Bau- und Raumakustik) eher die blütenlosen. Das elastische Medium Holz wird sozusagen in alle Betrachtungsweisen der Akustik miteinbezogen, wobei es in der Raum- und Bauakustik in unmittelbarem und vielbetreffendem Interesse steht. Diese bauphysikalischen Aspekte sind zwar für die moderne Verwendung des Holzes als Baustoff eminent, sie sind aber derart weitläufig und so eng verbunden mit dem Konstruktiven, das auch andere Baumaterialien ausser Holz betrifft, dass sie hier nicht behandelt werden können. Es sei einzig verwiesen auf die Spezialliteratur, zu der auch die Arbeit von W. FURRER und A. LAUBER (1972), *Raum- und Bauakustik, Lärmabwehr*, gehört. Die akustischen Eigenschaften des Holzes sind in physikalisch formulierbaren Gesetzmässigkeiten zu fassen. So wird die Schallausbreitung im Holz und vor allem die *Schallgeschwindigkeit C* untersucht. Es sind dabei Abhängigkeiten zu finden: in geringem Masse von der Raumdichte, etwas ausgeprägter von der Holzfeuchtigkeit (F. KOLLMANN und H. KRECH 1960) und auffallend von der Faserrichtung. Die Schallgeschwindigkeits-Anisotropie $\varkappa = C_\| / C_\perp$ wird mit 1,5 bis 5,0 angegeben, die Einzelwerte bei einer Holzfeuchtigkeit $u = 5-7\%$ mit $C_\| = 3200-5200$ m/s und $C_\perp = 500-1500$ m/s (W. KNIGGE und H. SCHULZ 1966), wobei nicht vernachlässigt wird, dass diese Grössen auch frequenzabhängig sind. – Der Schallausbreitung in einem Material setzt sich ein *Schallwiderstand w* entgegen, der im Holz nur gering ist und von H. BRILLIÉ (1919) mit $w = 2$ N·s/cm angegeben wird im Gegensatz zu Stahl: $w = 39,5$ N·s/cm (Wasser: $w = 1,4$ N·s/cm, Luft: $w = 0,0004$ N·s/cm). – Die *Schalldämpfung*, verursacht durch innere Reibung bei Bewegungen im molekularen Bereich und durch Schallstrahlung, beschreibt die Herabminderung der Schallstärke durch einen Stoff. Die Reibungsdämpfung im Holz ist gross; sie ist in Zusammenhang zu setzen mit dem Wassergehalt des Holzes, mit der Temperatur und mit seinen elastischen Eigenschaften. Die durch Schallstrahlung bedingte Dämpfung, eine von der Schallgeschwindigkeit und der Raumdichte abhängige Grösse, liegt im Holz mit seinem geringen Schallwiderstand sehr günstig. Diese Zusammenhänge sind von D. HOLZ (1966 ff.) und D. HOLZ und J. SCHMIDT (1968) in ihren Untersuchungen der *Akustische(n) Eigenschaften von Resonanzholz* besonders eingehend erörtert worden.

Die akustischen Eigenschaften des Holzes haben ihre besondere Bedeutung für die Herstellung von Musikinstrumenten. Hier sind allerdings auch noch solche Bezüge von Belang, die kaum gemessen und mathematisiert werden können. Die Berichte und Beschreibungen des *Klangholzes* (syn.: Resonanzholz) sind mit wenigen Ausnahmen durchzogen von Empirie, von tradiertem Wissen und nicht selten auch von Geheimnisvollem. ADALBERT STIFTER schreibt 1857 im *Nachsommer* «von den Orten im ganzen Gebirge, wo die besten und schönsten Zithern gemacht würden», und weiter: «(deren) Bretter ... könnten von keiner singreicheren Tanne sein; sie ist von dem Meister gesucht und in guten Zeichen und Jahren eingebracht worden.» ARMIN LUTZ (1972) leitet seine *Betrachtungen eines Geigers und Amateurgeigenbauers* mit einer Zargeninschrift ein, die beim Öffnen einer Meistergeige, in deren Seitenwand eingebrannt, gefunden wurde: «*Viva in silvis – fui dura occisa securi; dum vixi tacui – mortua dulce cano.* / Ich lebte im Walde, bis das harte Beil mich fällte; im Leben schwieg ich, im Tode singe ich süss.» Und über seinen Besuch beim berühmten Geigenbauer GIUSEPPE FIORINI schreibt A. LUTZ weiter: «Er schilderte uns, wie kurz vor der Vollendung einer Geige ein Moment komme, wo er genau spüre, wie das Instrument zu atmen beginne, ein Moment, wo es lebendig werde; dann wisse er, dass sein Werk gelungen sei. Wir gingen still, seltsam berührt nach Hause, und ich glaube, dass dieses Erlebnis dazu beigetragen hat, meine später immer wachsende Überzeugung zu bestätigen, dass alle Probleme, die mit dem Bau, dem Holz, dem Lack der Geige zusammenhängen, nie ausschliesslich vom rein Handwerklichen zu lösen sind.» – Überblickbar sind die augenfälligen Anforderungen an Klangholz: Die geringe Raumdichte, der gleichmässig enge Jahrringbau mit hoher Regelmässigkeit im Wechsel von Früh- und Spätholz, wobei das Grundgewebe von möglichst wenig Harzkanälen durchsetzt sein soll; das Holz soll auch astfrei sein und keine oder nur wenig auskristallisierte Substanzen im Speichergewebe enthalten.

2.5 Festigkeitseigenschaften und Formänderungsverhalten des Holzes

Für die technische Verwendung des Holzes sind seine Festigkeitseigenschaften massgebend. Obwohl schon seit langer Zeit versucht wird, Normen für die Holzprüfung und Klassierung der Holzfestigkeiten auszuarbeiten, mangelt es in dieser Hinsicht immer noch an Einheitlichkeit. Für die Holzverarbeitung ist das Fehlen von international anerkannten Normen besonders wegen der Konkurrenz des Holzes als Baustoff mit anderen Materialien hinderlich: Stahl- oder Betonelemente können vom Konstrukteur viel bequemer in die Berechnungen einbezogen werden, weil die genormten Teile festigkeitsmässig besser charakterisiert sind als Holz. In alten Zimmermannsarbeiten im Haus- oder Brückenbau wird eindrücklich, wie in diesen Konstruktionen die Unsicherheiten in bezug auf die Festigkeit umgangen worden sind durch empirische Überdimensionierung. Dieser empirische Weg ist heute wegen der Materialknappheit und der preislichen Konkurrenz zu anderen Materialien nicht mehr gangbar. Mit dem Einsetzen der Methoden der mechanischen Holztechnologie sind deshalb besonders in Deutschland, in den USA, England und in den meisten holzproduzierenden Ländern Anstrengungen gemacht worden, um die Festigkeitseigenschaften zu untersuchen und aus dem Holz einen Ingenieurbaustoff zu machen, den man berechnen und dessen Dimensionen man äusserst knapp halten darf. – Es kann nicht Aufgabe dieser *Holzkunde* sein, auf die vielen theoretischen und experimentellen Arbeiten im einzelnen einzutreten. Aus dem Wissensgebiet der Mechanik des Holzes werden einzig einige Grundlinien aufgezeigt, um so ein eingehenderes Spezialstudium vorzubereiten.

2.51 Ermittlung von mechanischen Eigenschaften des Holzes

Einfluss von Temperatur und Feuchtigkeit. Die Abhängigkeit der Holzfestigkeit von der Temperatur kann zunächst aus Kenntnissen der Temperatureinflüsse auf die Holzsubstanz abgeleitet werden. Es ist anzunehmen, dass schon relativ geringe Temperaturen die Mittellamellensubstanz erweichen. Bei hohen Temperaturen beginnt dieses Material plastische Veränderungen einzugehen. Durch das Weichwerden der Mittellamellensubstanz werden die Festigkeiten gehörig beeinträchtigt. Besonders im Nadelholz spielt dies eine Rolle, wo ausser der Mittellamellensubstanz auch noch das Harz, und zwar schon bei niedrigen Temperaturen zu fliessen beginnt. Harz kann schon unterhalb 60 °C dünnflüssig werden, die Harzkanäle durchbrechen, in das umgebende Gewebe eindringen und so die Festigkeiten der Zellwände verändern. – Die Festigkeitseigenschaften hängen sodann auch von der Holzfeuchtigkeit ab. Oberhalb der Fasersättigung sind die Festigkeitseigenschaften mehr oder weniger unabhängig vom Wassergehalt des Holzes, unterhalb der kritischen Schwelle werden die Festigkeiten immer grösser, je trockener das Holz ist. Das hängt mit der Volumenschwindung zusammen: Bei maximaler Raumschwindung sind die Abstände zwischen den Elementarfibrillen und den Mizellen am kleinsten und somit auch die intermolekularen Kräfte am grössten.

Einfluss der Raumdichte und des Spätholzanteils. Es ist leicht nachzuweisen, dass mit steigender Raumdichte die Holzfestigkeiten zunehmen, denn je dichter die Zellwand verwoben ist und je dicker sie angelegt wird, um so beträchtlicher müssen ihre Festigkeiten sein. In Abbildung 142 ist aus verschiedenen Angaben von F. KOLLMANN (1951) die Abhängigkeit Raumdichte–Festigkeiten darge-

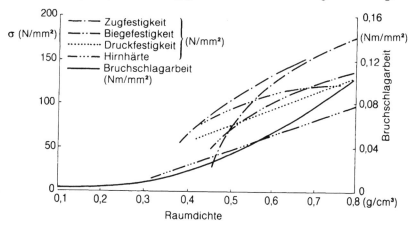

Abbildung 142 Abhängigkeit der Festigkeitseigenschaften, Härte und Bruchschlagarbeit des Holzes von der Raumdichte (nach F. KOLLMANN 1951).

stellt. Es zeigt sich dabei, dass die Festigkeitseigenschaften ganz klar mit zunehmender Raumdichte ansteigen. Diese eindeutigen Zusammenhänge der Festigkeitseigenschaften mit der Raumdichte treten auch dann hervor, wenn die Raumdichte durch irgendwelche Einflüsse reduziert wird; es ist in diesem Falle auch eine Reduktion der Festigkeiten zu messen. Die Raumdichte kann reduziert werden durch Verblauung des Holzes, vor allem aber durch effektiven Pilzbefall der Holzsubstanz, wobei immer eine Einbusse an Festigkeit einhergeht. Aus den eindeutigen Zusammenhängen zwischen Raumdichte und Festigkeiten ist anzunehmen, dass von den inneren Strukturmerkmalen am ehesten die Jahrringbreite und der Spätholzanteil bedeutsam sind. Tatsächlich kann der Abbildung 142 entnommen werden, dass die r_0-Kontraste zwischen Spätholz und Frühholz, die in unseren Nadelbäumen ungefähr 2–3 betragen können, zu erheblichen Festigkeitsunterschieden führen. Das Frühholz der Fichte mit einem r_0-Wert von 0,3 g/cm³ wird eine Druckfestigkeit von etwa 50 N/mm² aufweisen gegenüber dem Spätholz mit r_0 = 0,9 g/cm³ und einer Druckfestigkeit von 150 N/mm². Die Forderungen nach einem einheitlichen Holzmaterial mit gleichmässigen Jahrringen und ausgeglichenen Spätholzanteilen werden dadurch erneut begründet.

Druckfestigkeit. Von allen Festigkeitseigenschaften ist die Druckfestigkeit am einfachsten zu ermitteln. Sie wird gemessen als

$$\sigma_{dB} = \frac{P_{max}}{F} \left[\text{N/mm}^2 \right]. \tag{26}$$

P_{max} = Bruchbelastung (N)
F = beanspruchte Fläche (mm²)

Die Prüfmethoden sind charakterisiert in Abbildung 143. Es sind sehr einfache Anordnungen, welche die Druckprüfung parallel oder senkrecht zum Faserverlauf ermöglichen. Meistens, besonders nach schweizerischen Normen, werden die Querschnitte quadratisch gehalten mit Seitenlängen von 2,5 cm, 5 cm oder

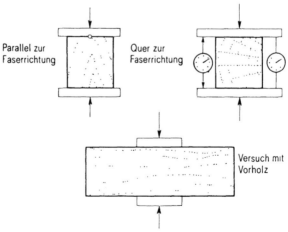

Abbildung 143 Anordnungen für den Druckversuch (nach EMPA-Richtlinien 1948/49).

10 cm. Die Stellung der Jahrringe ist ausschlaggebend. Die Prüfung längs zur Faser wird am häufigsten durchgeführt, meist an kubischen, aber auch an prismatischen Probekörpern. Die Druckfestigkeitsprüfung kann noch ausgeweitet werden, indem Stäbe als Probekörper auf *Knickfestigkeit* untersucht werden. Man stellt dann mit Messuhren die Verformung des Materials fest. Quer zur Faserrichtung prüft man die Druckfestigkeit mit oder ohne Vorholz, unter sorgfältiger Beachtung der Jahrringstellung. Es ist notwendig, dass diese Jahrringstellung genau festgestellt wird, entweder parallel zur Kraftebene oder in einem Winkel von 45° oder von 90° dazu. Zwischenstellungen sind nicht erwünscht. Durch die Druckbeanspruchung wird die Zellwand deformiert. In dieser Deformation können Mikrostauchlinien auftreten. Mikrostauchlinien im druckbeanspruchten Holz sind nur im Mikroskop zu entdecken. Es sind eigentliche Verwerfungen im Fibrillengeflecht der Sekundärwände; sie verlaufen in der Steigrichtung der Fibrillen. Es ist somit möglich, aus den Mikrostauchlinien auf die Fibrillenanordnung in der Sekundärwand zu schliessen. Die Druckfestigkeit gibt einen relativ guten Einblick in das anatomische Gefüge des Holzes. Sie ist zum Beispiel eindeutig determiniert durch Raumdichte und Spätholzanteil. Allgemein wird festgestellt, dass die Druckfestigkeit parallel zur Faserrichtung rund halb so gross ist wie die Zugfestigkeit.

Zugfestigkeit: Die Zugfestigkeit σ_{zB} wird gemessen als

$$\sigma_{zB} = \frac{P_{max}}{F} \left[N/mm^2 \right] \quad (27)$$

Längs der Faser muss das Holz eine sehr hohe Zugfestigkeit aufweisen dank dem in dieser Richtung orientierten Feinbau des zellulosischen Materials. Die Zugfestigkeit der Zellulose ist äusserst gross. Nach A. FREY-WYSSLING (1959) kann aus Messungen in Baumwollhaaren, die zu 90% aus Zellulose bestehen, berechnet werden, dass bei exakter Paralleltextur der Mikrofibrillen, die genau achsenparallel zum Baumwollhaar verlaufen, Zugfestigkeiten von 1400 N/mm² auftreten können. Es ist bekannt, dass diese Zugfestigkeit in Baumwollhaaren sehr stark vom Steigungswinkel θ der Fibrillen abhängt. Bei $\theta = 25°$ misst man ungefähre Zugfestigkeiten σ_z von 800 N/mm², bei $\theta = 45°$ hingegen beträgt die Zugfestigkeit lediglich noch etwa 350 N/mm². Die vorzüglichen Eigenschaften der Zellulose in bezug auf die Zugfestigkeit können noch in ein besonders günstiges Licht gestellt werden, wenn man die Reisslänge untersucht. Darunter versteht man diejenige Länge eines Stabes, bei welcher der Stab unter der Last seines Eigengewichts zerreisst. In Tabelle 41 sind Zugfestigkeit und Reisslänge verschiedener Materialien angeschrieben. Ein Stab aus Stahl würde, wäre er an einem Ende frei aufgehängt, erst bei einer Länge von 32 km zerreissen; bei Baumwolle hingegen wäre dies bei einer Länge von 18 bis 28 km der Fall. Zellulose ist ein grossartiges Material in bezug auf seine Zugfestigkeit. – Die Prüfung auf Zugfestigkeit betrifft vorwiegend die Beanspruchung längs zum Faserverlauf, da in der Holzverwendung zu Konstruktionen jede Zugbeanspruchung quer zum Faserverlauf sorgfältig vermieden wird. In Querrichtung

Tabelle 41 Zugfestigkeit und Reisslängen verschiedener Materialien (nach F. KOLLMANN 1951).

Material	σ_z N/mm²	Reisslänge m
Tiegelstahldraht	1 000–2 500	12 000–32 000
Baustahl	400– 600	3 800– 7 700
Flachs	600–1 100	40 000–75 000
Acetatkunstseide	bis 1 000	bis 75 000
Kupferdraht	200– 350	2 250– 4 000
Seide	350	25 000
Baumwolle	280– 420	18 600–28 000
Nadelhölzer	50– 150	11 000–30 000
Laubhölzer	20– 260	7 000–30 000

ist nämlich die Zugfestigkeit viel kleiner als in Längsrichtung. Trotzdem werden beide Grössen geprüft. Die Anordnungen für Längs- und Querzug sind schematisch in Abbildung 144 angedeutet. Für die Längszugprobe wird der Probekörper hantelförmig angefertigt, damit im Einspannbereich durch die Umklammerung mit metallischen Teilen kein Schaden entsteht, der die Zugfestigkeit in der Mitte beeinträchtigen könnte. Die Versuchsanordnung ist so gebaut, dass bei Zug sich die beiden Klammern um den Mantelkopf schliessen, so dass die Festigkeiten im mittleren Teil überprüft werden können. In der Querrichtung wird nicht sehr häufig geprüft. Man könnte den Test nach der in Abbildung 144 angedeuteten Weise vornehmen. Der Prüfkörper wird mit zwei seitlichen Kerben versehen und so zwischen zwei Klemmen eingespannt, dass die Belastung in den Kerben einsetzt. – Die Zugfestigkeit ist ebenfalls wie die Druckfestigkeit direkt abhängig von der Raumdichte, wie dies zum Beispiel aus Untersuchungen an Fichten- und Eschenholz hervorgeht (Abbildung 145), wenn für Fichtenholz ein mittlerer r_0-Wert von 0,43 g/cm³ eingesetzt wird und für Eschenholz 0,65 g/cm³.

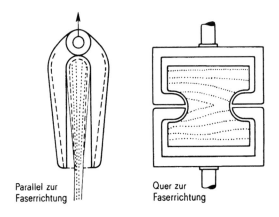

Abbildung 144 Anordnung für den Zugversuch (nach EMPA-Richtlinien 1948/49).

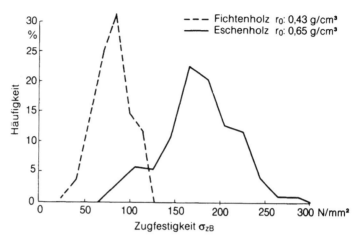

Abbildung 145   Aus der Häufigkeitsverteilung der Zugfestigkeit von Fichten- und Eschenholz ist die Abhängigkeit der Zugfestigkeit von der Raumdichte abzulesen (nach F. KOLLMANN 1951).

Biegefestigkeit. Sie spielt in der Praxis eine grosse Rolle, da viele Konstruktionselemente in dieser Weise beansprucht werden. Sie wird gemessen als σ_{bB} in N/mm², und zwar kann man aus der NAVIERschen Gleichung errechnen

$$\sigma_{bB} = \frac{3 \cdot P \cdot l}{2 \cdot b \cdot h^2} \left[\text{N/mm}^2 \right], \tag{28}$$

wobei P die Last (N), l die Länge (mm) zwischen den seitlichen Auflagen, b die Breite (mm) und h die Höhe (mm) des rechteckigen Querschnitts bedeuten. Die Biegefestigkeit steht zur Druckfestigkeit grössenordnungsmässig in einem Verhältnis von 1,8:1. In der Biegebeanspruchung von Stäben wird die Innenseite verkürzt und die Aussenseite verlängert, und nur in der spannungsfreien Zone bleibt der Stab in seiner ursprünglichen Dimension. In Holz werden durch Biegebeanspruchungen elastische Verformungen bis zu einem gewissen Grad möglich sein. Oberhalb der Grenze des elastischen Verhaltens wird der Stab brechen. Da im Holz die Zugfestigkeit etwa doppelt so gross ist wie die Druckfestigkeit, sind mikroskopische Veränderungen zuerst auf der Druckseite zu erkennen. Im feuchten oder im warmen Zustand ist Holz viel stärker auf Biegung beanspruchbar, weil die Elastizitätsgrenze verschoben wird. Wenn beispielsweise gedämpftes Holz über die Belastungsgrenze hinaus auf Biegung beansprucht wird, so werden sich anstelle des Bruches plastische Veränderungen einstellen. Die Biegefestigkeit ist in hohem Masse von der Form und der Grösse der Stäbe abhängig, wobei neben dem Querschnitt der Stäbe auch die Stablänge und vor allem die Entfernung der Auflagen eine wesentliche Rolle spielen. – Ein anderer wichtiger Einfluss muss der Astigkeit des Holzes zugeschrieben werden. Es ist abzusehen, dass astiges Holz jede Festigkeit beeinflussen wird, weil im Ast die Fasern ungeordnet vom Stammholz ins Astholz übergehen und weil das Astholz dichter, meistens auch höher lignifiziert und damit spröder ist als das Stammholz. Bei der Biegebeanspruchung sind die Einflüsse der Äste offensichtlich, da die Biegebeanspruchung als Zusammenfassung der Druck- und der Zugbeanspruchung gelten kann. Es ist von F. E. SIIMES (1944) untersucht worden, was von grösserer Bedeutung sei, ob eine Anzahl von kleinen Ästen über den ganzen Stab verteilt oder ein grosser Ast, der direkt in der Kraftwirkung der Last liegt. Es zeigt sich, dass der grosse Ast in Abhängigkeit vom Durchmesser ungünstiger ist.

Bruchschlagarbeit. In der Praxis tritt sehr oft anstelle der statischen Belastung eine dynamische Beanspruchung. Im Wald beispielsweise werden die Stämme durch Windstösse schlagartig beansprucht. Auch in der Holzverwendung ist die schlagartige Beanspruchung des Materials bekannt. Erfahrungsgemäss besitzt zähes Material eine hohe Schlagbiegefestigkeit, sprödes Material hingegen eine kleine. Im Prinzip handelt es sich bei der Bruchschlagarbeit um die Fähigkeit eines Körpers, die durch Schlag oder durch Fall auf ihn einwirkende Energie aufzunehmen und durch Formänderung zu vernichten. Methodisch wird dies geprüft mit dem Pendelhammer oder mit dem Fallhammer. Im Pendelhammerversuch wird der Probestab fest eingespannt. Das Pendel von exakt ermitteltem Gewicht wird auf eine bekannte Höhe gehoben und hierauf die Arretierung ruckartig gelöst. Der Aufprall zerstört das Holz und hindert das Pendel in seiner Aufwärtsbewegung. Man misst mit Hilfe eines Schleppzeigers die Höhe, die das Pendel von bekanntem Gewicht und bekannter Ausgangsenergie erreicht, nachdem es den Stab durchbrochen hat, und ermittelt daraus die Bruchschlagarbeit a: die aufgenommene Arbeit A in Nm dieses Stabs bezogen auf die Querschnittfläche. Die Formel für die Bruchschlagarbeit lautet:

$$a = \frac{A}{F} \left[\text{Nm/mm}^2 \right] \tag{29}$$

A = Arbeit (Nm)
F = beanspruchte Fläche (mm²)

Bei dieser Prüfung spielen die Textur des Stabs und die Struktur des Holzes eine bedeutende Rolle. Es ist wesentlich zu wissen, ob man in tangentialer Richtung den Stab aufschlägt oder in radialer Richtung. – Das andere Prinzip des

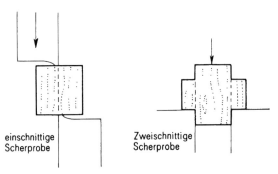

Abbildung 146   Prüfanordnung für die Scherfestigkeit (nach F. KOLLMANN 1951).

Fallhammers wird hauptsächlich in den USA angewendet. Dabei wird ein Rammbär mit bekanntem Energieinhalt auf das Probestück fallen gelassen. Dieses wird nicht zerbrochen, sondern deformiert, wobei die Durchbiegung des Probestücks gemessen wird. Die Probekörper sind in der Regel Stäbe mit quadratischem Querschnitt. Auch in diesem Falle ist das Verhältnis der Auflagerentfernung l zur Stabhöhe h wichtig, ähnlich wie bei der Biegefestigkeit. Die Schlagbiegefestigkeit hängt mit der Biegefestigkeit zusammen; der Unterschied besteht in der Art der Lastauflage: Schlagbiegeversuche prüfen das plastische Verhalten der Stoffe mittels dynamischer Lastaufbringung. In Biegeversuchen werden die Lasten statisch aufgebracht und dadurch die elastischen Eigenschaften ermittelt.

Scherfestigkeit. In der konstruktiven Verwendung des Holzes werden die Elemente vielfach auf Scherung beansprucht, so dass es erwünscht wäre, in diese Festigkeitsverhältnisse genauen Einblick zu erhalten. Es zeigt sich aber, dass keine Prüfmethoden für die Scherung entwickelt werden konnten, in der reine Scherspannungen auftreten. Die Prüfung dieser Grösse ist somit mehr noch als in anderen Fällen von inneren und äusseren Einflüssen abhängig, Einflüssen, die an sich meist sehr schwer überblickbar sind. Abbildung 146 zeigt im Schema zwei gebräuchliche Prüfmethoden. Die Scherspannung τ_s wird als Quotient der resultierenden Kraft, berechnet auf die Flächeneinheit, in N/mm² angegeben. Die unübersichtliche Belastung des Holzes bringt es mit sich, dass auf besonders regelmässigen Jahrringbau und auf fehlerfreie Proben geachtet werden muss. Feine Schwindrisse vermindern die Scherfestigkeit beträchtlich. Da die Spaltbarkeit des Holzes mit eine Rolle spielt, ist leicht einzusehen, dass die Scherfestigkeit quer zum Faserverlauf grösser ist als längs dazu. Das Verhältnis wird mit etwa 4:1 angegeben.

Härte. Als Härte bezeichnet man die Widerstandskraft eines Körpers gegen Formänderungen bei langsamem Eindringen von fremden Körpern. Im Holz ist es eigentlich umstritten, was zweckmässig als Härte ermittelt werden soll, und zwar deshalb, weil das Holz als poröser Körper ungleiche Gewebestrukturen aufweist, so dass unter Umständen falsche Resultate ermittelt werden. Es gibt ein Verfahren, die Härte zu prüfen, nach J.A. BRINELL (Brinellhärte). Nach diesem Verfahren wird eine Stahlkugel von bekanntem Durchmesser mit konstanter Kraft in das Holz eingepresst und die Fläche der entstehenden Kugelkalotte ausgemessen. Die Brinellhärte H_B ergibt sich dann in der Dimension als N/mm². Eine andere Methode ist von G. JANKA (1906) entwickelt worden. Er hat, in Anlehnung an die Brinellmethode, seine Messungen modifiziert und versucht, besonders den Verhältnissen im Holz gerecht zu werden. JANKA verwendet einen halbkugelförmigen Stempel von definierter Grösse, der bis zu seinem Äquator in das Holz eingepresst werden soll, und bezeichnet die hierzu nötige Kraft unmittelbar als Härteziffer. Die Härtemessung muss auf die Faserrichtung im Holz Rücksicht nehmen und hängt ab von der Raumdichte.

2.52 Formänderungsverhalten des Holzes

Reversible Formänderungen, welche ein fester Körper bei niedriger Beanspruchung eingeht, sind vom elastischen Verhalten dieses Körpers bestimmt. Solche Formänderungen sind bis zur elastischen Grenze möglich. Belastungen, die über diese Grenze hinausführen, bewirken entweder plastische Verformungen oder leiten den Bruch des Körpers ein. H. KÜHNE (1970) hat diese massgebenden Zusammenhänge in einer grundlegenden Darstellung aufgezeichnet (Abbildung 147). Nach C. BACH und R. BAUMANN (1923) sind die Verhältnisse unterhalb der elastischen Grenzbelastung zusammenzufassen in das Gesetz

$$\varepsilon = \alpha_d \cdot \sigma^n \tag{30}$$

wobei gilt:

$$\varepsilon = \frac{\text{Verlängerung}}{\text{ursprüngliche Länge}} = \frac{\Delta l}{l} = \text{Dehnung}.$$

σ ist die Spannung in N/mm², α_d und n sind Materialkonstanten, wobei geschrieben werden kann: für Kupfer und Granit $n > 1$, für Stahl, Aluminium und Holz $n = 1$ und für Leder, Hanfseile $n < 1$. Setzt man für Holz $n = 1$, so lautet die Gleichung (30): $\varepsilon = \alpha_d \cdot \sigma$, das heisst die Dehnung ε ist verhältnisgleich der Spannung σ. Daraus errechnet sich die Materialkonstante $\alpha_d = \varepsilon/\sigma$. Das ist gleich der *Dehnungszahl*, die die Änderung der Längeneinheit eines Stabs je Spannungseinheit angibt. α_d kann als Erfahrungswert aufgefasst und beispielsweise mit der Wärmeausdehnung verglichen werden. Im technischen Gebrauch wird nicht mit der Dehnungszahl α_d gerechnet, sondern mit dem reziproken Wert $1/\alpha_d = E = $ *Elastizitätsmodul*. Der Elastizitätsmodul gibt also diejenige Spannung in N/mm² an, unter der sich ein Prisma oder ein Zylinder (z. B. Querschnitt 1 mm²) bei Zug

Tabelle 42   Mechanische und elastische Eigenschaften lufttrockener Sekundärwände (nach A. FREY-WYSSLING 1959).

Objekt	Zellgrösse		Steigungswinkel der Fibrillen θ in °	Zugfestigkeit σ_{zB} N/mm²	Dehnbarkeit ε %	Elastizitätsmodul E N/mm²
	Länge mm	Breite μm				
Baumwollhaare	30–40	20	28–44	300–800	1,2–2,0	27 600
Ramie-Einzelfaser	120	50	6	850–950	1,7	80 000
Ramie-Faserstränge	–	–	–	–	–	92 000
Hanffaserstränge	15–25	22	2	920	1,7	87 000
Flachsfaserstränge	25–30	20–25	6	bis 1 100	1,8	108 000
Eschenfaser	0,5–1,5	20	–	165	1,2	13 400
Fichtentracheide	2–4	40	10–45	90	0,8	11 100

Festigkeitseigenschaften und Formänderungsverhalten

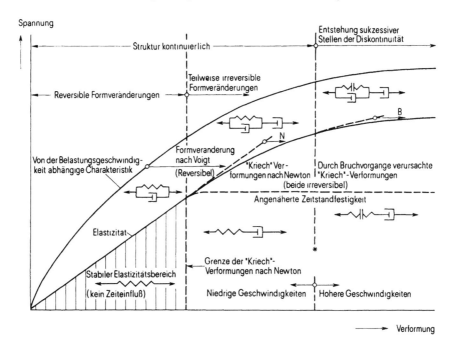

*Grenze der „Kriech"-Verformungen, die aus dem sukzessiven Bruchvorgang resultieren und nach der Belastungsgeschwindigkeit verschieblich sind

Abbildung 147   Darstellung der Formänderungsvorgänge im Spannungs-Verformungs-Diagramm (nach H. KÜHNE 1970). Feste Stoffe ändern bei niedriger Beanspruchung ihre Form, kehren aber dank dem elastischen Verhalten nach Wegnahme der Beanspruchung in ihre ursprüngliche Gestalt zurück: Es handelt sich um reversible Vorgänge, deren Charakteristik von der Geschwindigkeit der Lastaufbringung abhängt. Ausserhalb des stabilen Elastizitätsbereichs treten bei weiterer Belastung teilweise irreversible Formveränderungen ein, und oberhalb der Kriech-Verformungs-Grenze werden Bruchvorgänge eingeleitet.

um seine eigene Länge dehnen würde. Es handelt sich dabei um eine nichtreale Grösse, weil die Zugfestigkeit σ_{zB} weit unterhalb des E-Moduls liegt. Für trockenes Buchenholz parallel zur Faser wird beispielsweise ein Elastizitätsmodul von 18 000 N/mm² berechnet, die Zugfestigkeit in diesem Material ist aber höchstens mit 135 N/mm² angegeben. Der E-Modul ist zudem nicht anschaulich, weil er einen reziproken Wert der Dehnungszahl darstellt, das heisst je nachgiebiger ein Material ist, um so kleiner ist der E-Wert. Zur Berechnung des Elastizitätsmoduls für Holz müssen die Elastizitätsgesetze ausgedehnt werden auf anisotrope und asymmetrische Körper. – Zum Abschluss dieser Betrachtung seien in Tabelle 42 einige im Pflanzenreich vorkommende Elastizitätseigenschaften von Zellwänden dargestellt mit dem Hinweis, dass alle technischen Eigenschaften immer zurückzuführen sind auf die einzelne pflanzliche Zelle und ihre Zellwände.

Kapitel 3
Zur Chemie des Holzes

3.1   **Einleitung**

Die Holzchemie ist eine weitverzweigte Wissenschaft, die sich teilweise noch mit der Konstitutionsaufklärung und den biochemischen Aspekten der Holzsubstanzen befasst, zum hauptsächlichen Teil aber sich dem Studium der Gewinnung und Veredlung der verschiedenen Holzbestandteile zugewendet hat. Die chemische Verarbeitung des Holzes wird später in einer Übersicht darzustellen sein *(Holzkunde 3)*; in diesen Erörterungen über die Chemie der Holzsubstanzen sollen einige Grundlinien herausgezeichnet und dabei besonders die biologischen Gesichtspunkte anvisiert werden. Die phylogenetische Entwicklung im Pflanzenreich ist nicht nur an morphologischen und physiologischen Merkmalen zu erkennen, ihr kann auch im Grundsätzlichen der chemischen Konstitution der Pflanzenstoffe nachgespürt werden. In der Ontogenie der verholzten Zellwände werden die Zellulose und die Zellulosebegleiter als *Gerüstsubstanzen* in die Matrix eingelegt, die aus den *Grundsubstanzen* (Hemizellulosen und Pektine) besteht. Die anschliessende Lignifizierung ist der wichtigste Inkrustationsprozess; später werden noch andere *Inkrusten* wie Kernholzsubstanzen oder Mineralstoffe in die Zellwand eingelagert, und schliesslich können Harze, Fette oder Wachsstoffe als *Adkrusten* angelagert werden. Das biogenetische Grundgesetz, nach dem die Ontogenese eine Zeitraffung der Phylogenese darstellt, ist nicht der einzige Ansatz, um innerhalb der phylogenetischen Entwicklung die biochemische Reihe (A. FREY-WYSSLING 1959) Grundsubstanzen, Gerüstsubstanzen, Inkrusten und Adkrusten aufzustellen. Aus chemischen Untersuchungen von niederen, einzelligen Algen weiss man, dass diese Zellmembranen aus Grundsubstanzen aufgebaut sind; in höheren Algen findet man die Zellulose als gerüstbildende Substanz, und Lignin inkrustiert die Zellwände vom Zeitpunkt des Landlebens an.

Erste massgebende Arbeiten auf dem Gebiet der Holzchemie gehen in den Anfang des 19. Jahrhunderts zurück. Aus dieser Zeit sei der Name H. BRACONNOT genannt. Dem französischen Chemiker gelang es 1819, zu zeigen, dass sich Holz unter Einwirkung von starken Säuren zu einem erheblichen Teil zu Kohlenhydraten abbauen lässt. In Elementaranalysen ist später der Nachweis erbracht worden, dass sich die Holzarten in der elementaren Zusammensetzung nur geringfügig unterscheiden (Tabelle 43): Die Holztrockensubstanz enthält danach ungefähr 50% Kohlenstoff, etwa 44% Sauerstoff und 6% Wasserstoff; der Anteil an Stickstoff und Asche liegt innerhalb der Ungenauigkeitsgrenze dieser Richtwerte. Mit der raschen Entwicklung der chemischen Untersuchungsme-

Tabelle 43 Elementare Zusammensetzung des Holzes.
a) Analyse von Nadel- und Laubhölzern (nach E. GOTTLIEB 1883),
b) Analyse von Splint- und Kernholz (nach W. DAUBE 1883).

a)

Holzart	C %	H %	N %	O %	Asche %
Lärche	49,6	5,8	0,2	44,2	0,2
Föhre	50,2	6,1	0,2	43,3	0,2
Eiche	50,2	6,0	–	43,4	0,4
Esche	49,2	6,3	–	43,9	0,6
Hagebuche	49,0	6,2	–	44,3	0,5
Buche	49,0	6,1	0,1	44,3	0,5
Birke	48,9	6,1	0,1	44,6	0,3
Tanne	50,4	5,9	0,05	43,35	0,3
Fichte	50,3	6,2	0,04	43,06	0,4

b)

Holzart Stammteil	Lärche		Föhre		Fichte		Eiche		Buche	
	Splintholz	Kernholz	Splintholz	Kernholz	Splintholz	Kernholz	Splintholz	Kernholz	Splintholz	Kernholz
C %	49,57	49,86	50,18	54,38	50,03	49,55	49,15	50,28	48,92	49,06
H %	5,85	5,91	6,08	6,31	6,05	6,18	5,84	5,62	5,86	5,91
N %	0,17	0,12	0,17	–	0,19	0,18	0,35	0,28	0,24	0,22
Asche %	0,22	0,12	0,19	0,15	0,26	0,20	0,42	0,16	0,47	0,40

thoden, vor allem auf dem Gebiete der makromolekularen Chemie, sind zunächst die Kohlenhydrate, später das unzugänglichere Lignin beschrieben worden, die noch schwerer fassbaren Kern- und Farbkernholzsubstanzen sind bis heute Gegenstand intensiver Forschungsarbeiten geblieben.

3.2 Grundsubstanzen

A. FREY-WYSSLING (1959) hat die Grundsubstanzen begrifflich umschrieben: «Unter Grundsubstanzen sind die kohlenhydratartigen Zellwandstoffe, wie Pektinstoffe und die Hemizellulosen, zu verstehen, in welche die submikroskopischen Fibrillen der Gerüstsubstanzen eingebettet sind. In der Technologie werden diese Substanzen wie das Lignin als Inkrusten bezeichnet. Entwicklungsgeschichtlich treten jedoch die Grundsubstanzen vor den Gerüstsubstanzen auf, und wir kennen Zellwandlamellen oder sogar ganze Schichten, die nur aus Grundsubstanzen ohne besondere Verstärkung durch Gerüstfibrillen bestehen. Aus diesem Grunde sind vom biologischen Standpunkt aus die Grundsubstanzen von den Inkrusten, die erst später nach der mechanischen Wandverfestigung durch Mikrofibrillen entstehen, abzutrennen. Die Grundsubstanzen unterscheiden sich von den Gerüstsubstanzen durch fehlende oder nur schwach ausgeprägte Anisotropie.»

Tabelle 44. Einteilung der Polysaccharide von verholzten Zellwänden: Im allgemeinen enthalten Angiospermen 4-O-Methylglucuronoxylane und Glucomannane, Gymnospermen Arabino-4-O-Methylglucuronoxylane und Galactoglucomannane (nach CH. M. STEWART 1966).

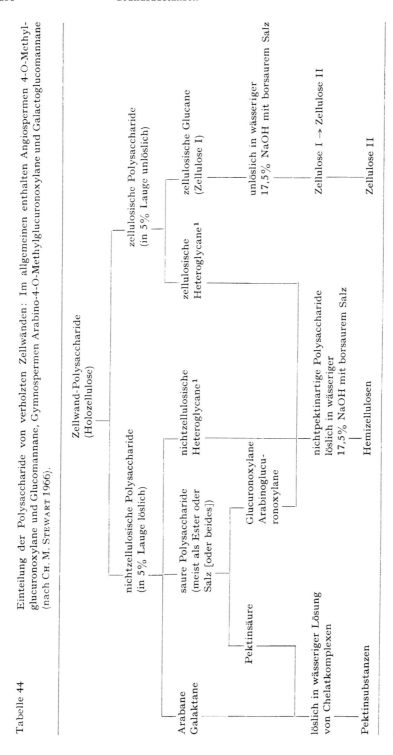

[1] Inkl. Glucomannane, Galactoglucomannane usw.

Tabelle 45 Einteilung der Hemizellulosen auf Grund ihrer physiologischen Bedeutung (nach P. KARRER 1925).

Physiologische Bedeutung	Hexosen				Pentosen		
	Glucan	Fructan	Mannan	Galaktan	Xylan	Araban	Araboxylan
Skelettsubstanz	Zellulose	Polyfructosane der Gräser	Mannane der Zellwand	Galaktane der Samenschalen	Struktur Xylan	Struktur Araban	(z. B. Eichenhemi)
Reservesubstanz	Stärke Glycogen Lichenin	Inulin Irisin Tricitin	(z. B. Steinnussmannan)	Galaktane der Reservestoffe der Samen	Reservexylan	Reservearaban	(Araboxylane in Getreidehülsen und Kleie)

3.21 Hemizellulosen

Die Hemizellulosen sind chemisch uneinheitlich: Es sind Kohlenhydrate; in die nächste Nachbarschaft gehören die Polyuronsäuren, die Pektine, die Gummi und Schleime. Nach K. KÜRSCHNER (1962) kann man die Hemizellulosen wie folgt definieren: «Hemizellulosen sind kurze Ketten glukosidisch verknüpfter Zuckerreste, die meist durch Säuren leichter hydrolysiert und durch Alkalien leichter gelöst werden als Zellulose.» Die Bemühungen nach einer zutreffenden Bezeichnung und Definition dieses wichtigen Bestandteils des Holzes mögen darauf hinweisen, dass es sich bei den Hemizellulosen um eine in den verschiedenen Hölzern stark wechselnde, uneinheitliche Gruppe von Polysacchariden handelt, die dazu noch in recht unzulänglicher Weise isolierbar sind. In Tabelle 44 ist die Einteilung der Polysaccharide von verholzten Zellwänden dargestellt nach einem Schema von CH. M. STEWART (1966). Ausgehend von den Zellwandpolysacchariden der Holzzellulose unterscheidet STEWART nichtzellulosische Polysaccharide neben zellulosischen Polysacchariden. Als Kriterium für diese Trennung benützt er die Löslichkeit in 5prozentiger Alkalilösung. Verfolgt man zuerst den alkaliunlöslichen Ast des Schemas, so gelangt man zu den Zellulosen I und II. Im linken Ast der Darstellung von Tabelle 44 sind die alkalilöslichen Substanzen enthalten, wobei zunächst die nichtzellulosischen Heteroglycane zu den nichtpektinhaltigen Polysacchariden führen, die in wässeriger 17,5prozentiger Natronlauge mit borsaurem Salz löslich sind. Man bezeichnet diese Substanzen als Hemizellulosen. Die dritte Gruppe führt über die Arabane und Galaktane zu den in wässeriger Lösung von Chelatkomplexen löslichen Substanzen, den Pektinen. Eine weitere Einteilung der Hemizellulosen ist in Tabelle 45 gegeben, nach Vorstellungen von P. KARRER (1925). Hier werden die Hemizellulosen einerseits nach ihrer physiologischen Funktion, anderseits nach ihrer Konfiguration in Hexosen oder Pentosen geteilt. Es geht aus dieser Zusammenstellung hervor, dass die als Skelettsubstanzen bezeichneten Verbindungen in die Reihe der Zellulose gehören, während die Reservesubstanzen mit der Stärke in Verbindung zu bringen sind; dies will nichts anderes heissen, als dass die Unterschiede zwischen zellulosischen und hemizellulosischen Stoffen nicht sehr gross sein können, wenn einzig ihre physiologische Funktion als Maßstab angelegt wird. In der Klassierung nach KARRER kommt die bedeutsame Doppelfunktion der Hemizellulosen zum Ausdruck: Als Grundsubstanzen üben sie durchaus auch Stützfunktionen aus, dort nämlich, wo die Beanspruchung der Zellmembranen noch nicht zu gross ist; ausserdem dienen sie als Reservesubstanzen, die wieder mobilisiert und in den Stoffwechsel zurückgenommen werden können. Dieser Zusammenhang ist schon länger bekannt, vor allem aus Untersuchungen von Samengeweben. Die Schule von HANS MEIER am Institut für botanische Biologie und Phytochemie der Universität Freiburg im Üechtland hat nun aber aufgezeigt, dass ein ähnlicher Metabolismus in sich differenzierenden Zellwänden zu finden ist (G. FRANZ 1971, J. S. GRANT REID 1971, J. S. GRANT REID und H. MEIER 1972). Auf Grund dieser Kenntnisse ist die Vorstellung zu revidieren, nach der die Zellwandsynthese ein Vorgang sei, der sich lediglich in einer Richtung abspiele. Damit gewinnt die qualitative Alterung der sich differenzierenden Zelle ein besonderes Gewicht in der Deutung von unterschiedlichen Zellwandqualitäten in Zellen, die zu verschiedenen Zeiten innerhalb der Vegetationsperiode gebildet worden sind (M. BARISKA und H. H. BOSSHARD 1974). – Eine exaktere Einteilung der Hemizellulosen offenbart die grundsätzlichen Unterschiede von fünf-C-atomigen und sechs-C-atomigen Bausteinen: Ausser Hexosen mit sechs C-Atomen findet man auch Pentosen mit fünf C-Atomen. In Abbildung 148 sind die Konfigurationsformeln einer Hexose (Mannan) und einer Pentose (Xylan) dargestellt. Es geht daraus hervor, dass relativ geringe Unterschiede zur Konfigurationsformel der Zellulose bestehen, besonders was das Mannan betrifft. Bei der Hydrolyse von Hemizellulosen werden verschiedene Kohlenhydratbausteine festgestellt: D-Glukose, D-Mannose, D-Galaktose und L-Rhamnose als Hexosen und L-Arabinose sowie D-Xylose als Pentosen (Abbildung 149). Im Gegensatz zur Zellulose beträgt bei den Hemizellulosen der kristalline Anteil nur wenige Prozent, er kommt vor allem

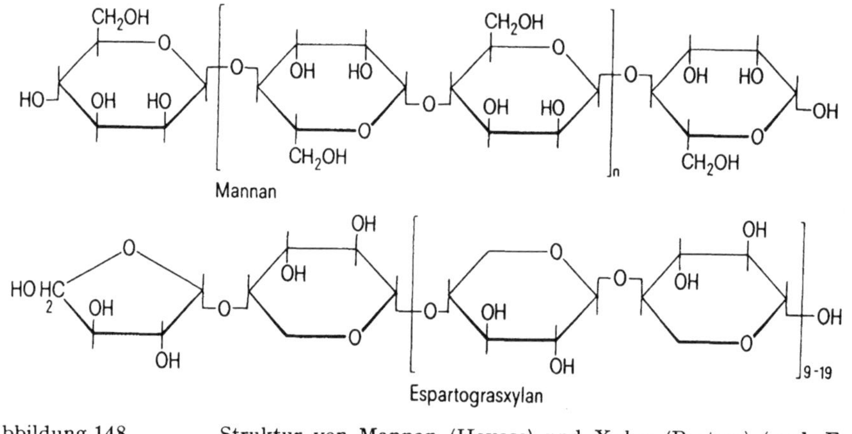

Abbildung 148   Struktur von Mannan (Hexose) und Xylan (Pentose) (nach E. TREIBER 1957).

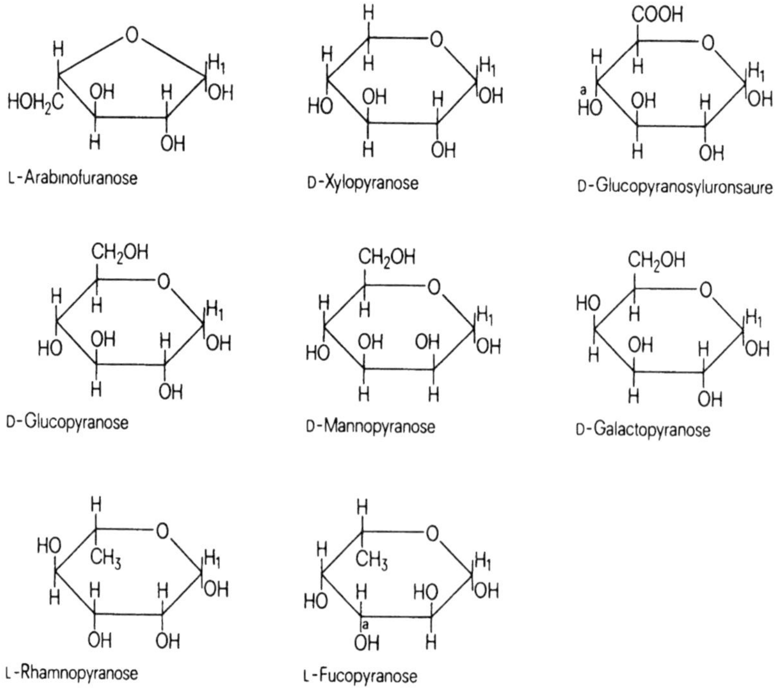

Abbildung 149 Wichtige Zuckerbausteine von Hemizellulosen (nach C. SCHUERCH 1963).

in der Form von Zellulosanen vor. Darunter versteht man jene Polyosen, die im kristallinen Teil der Zellulose als ein Bestandteil ihres Gitters eingebaut sind. Ihre Moleküle sind kurze gerade Ketten, die ziemlich steif und stäbchenartig sein dürften. Bezüglich ihres Ordnungszustands können völlig amorphe bis hochkristalline Hemizellulosen gefunden werden. Zu der Gruppe der Pentosane gehören als wichtigste Bestandteile die Xylane, die in Laubhölzern bis zu 30% vertreten sein können, während sie in Nadelhölzern weniger häufig vorkommen. Die Plastizität der Hölzer hängt weitgehend mit deren Pentosangehalt zusammen. In dieselbe Gruppe der Pentosane gehören auch die Arabane, die allerdings seltener sind als die Xylane. Sie kommen wieder hauptsächlich in Laubhölzern vor, während man in Koniferen, zum Beispiel in der Lärche, etwa 3–4% festgestellt hat. In die Gruppe der Hexosane gehören die Mannane, welche in den Nadelhölzern stark vertreten sind. So wird der Mannangehalt von Fichte zu 7,6–10,5%, der von Föhre zu 4,6–8,4% ermittelt. Der Galaktangehalt ist in Laub- und Nadelhölzern gering. Für Fichtenholz misst man 0,2–2,6% Galaktan, für Föhrenholz 0,5–4,3%, in Aspe etwa 0,5%. Exaktere Angaben über den Anteil der verschiedenen Zuckerkomponenten im Holz sind in den Tabellen 46 und 47 enthalten. Es fällt dabei sofort auf, dass der mittlere Anteil an Hexosen in den Nadelhölzern bedeutend höher ist als in den Laubhölzern, während anderseits der mittlere Anteil an Pentosen in den Laubhölzern überwiegt. Ferner ist in den Tabellen 47/1–3 der Anteil von Polysacchariden in Normalholz und Reaktionsholz sowie in verschiedenen Zellwandschichten oder in verschiedenen Zelltypen angegeben.

Tabelle 46 Anteil von verschiedenen Zuckern im Holz (nach CH. GUSTAFSSON, J. SUNDMAN, ST. PETTERSSON und TH. LINDH 1951).

Holzart	1 Galactose %	2 Glukose %	3 Mannose %	4 Arabinose %	5 Xylose %
Picea abies	6,0	65,6	16,0	3,5	9,0
Pinus silvestris	6,0	65,0	12,5	3,5	13,0
Larix sibirica	17,5	63,0	7,5	3,0	9,0
Mittlerer Anteil bei Nadelhölzern	9,8	64,5	12,0	3,3	10,3
Populus tremula	1,5	64,5	3,0	1,0	30,0
Alnus glutinosa	2,5	73,5	3,5	1,0	19,5
Betula pubescens	1,0	55,0	2,5	2,5	39,0
Corylus avellana	2,0	69,5	2,0	2,0	24,5
Tilia cordata	1,5	58,5	3,5	2,0	34,5
Acer platanoides	2,0	60,5	4,0	1,0	32,5
Fagus silvatica	4,0	65,0	1,5	1,5	28,0
Quercus robur	2,5	68,5	2,0	1,0	26,0
Fraxinus excelsior	3,0	60,0	2,5	2,5	32,0
Salix alba	3,0	74,0	2,5	1,0	19,5
Ulmus scabra	2,5	68,5	2,0	1,0	26,0
Mittlerer Anteil bei Laubhölzern	2,3	65,2	2,6	1,5	28,3

1–3 Hexosen
4–5 Pentosen

Tabelle 47 Anteile von Polysacchariden. a) in gewöhnlichem Holz und in Reaktionsholz, b) in verschiedenen Zelltypen, c) in verschiedenen Zellwandschichten (nach H. MEIER 1961 und 1964).

1 Anteil von Polysacchariden in normalem Holz und in Reaktionsholz

Prozentualer Anteil an Polysacchariden	*Picea abies*		*Betula verrucosa*	
	Normalholz	Druckholz	Normalholz	Zugholz
Zellulose (%)	62	50	50	62
Galactoglucomannan (%)[1]	22	14	4	1
Arabino-4-O-methylglucuronoxylan (%)[2]	13	17	44	24
Pectingruppe und andere (%)[3]	3	19	2	13

[1] Glucomannan in *Betula verrucosa*
[2] 4-O-methylglucuronoxylan in *Betula verrucosa*
[3] In Reaktionsholz zusätzlich noch hauptsächlich Galaktane

2 Anteil an Polysacchariden in verschiedenen Zelltypen

Polysaccharide	Pinus silvestris		Betula verrucosa		
	Vertikale Tracheiden	Markstrahlen	Libriformfasern	Gefässe	Parenchymzellen
Zellulose (%)	56	50	51	53	14
Galactoglucomannan (%)[1]	25	20	2	–	1
Arabino-4-O-methyl-glucuronoxylan (%)[2]	17	28	46	45	84
Andere (%)	2	2	1	2	1

[1] Glucomannan in *Betula verrucosa*
[2] 4-O-methylglucuronoxylan in *Betula verrucosa*

3 Anteil von Polysacchariden in verschiedenen Zellwandschichten

Prozentualer Anteil an Polysacchariden	Schichten M+P[1]	Schicht S1	Schicht S2 (äusserer Teil)	Schicht S2 (innerer Teil und S3)
Birke				
Galaktan %	16,9	1,2	0,7	0,0
Zellulose %	41,4	49,8	48,0	60,0
Glucomannan %	3,1	2,8	2,1	5,1
Arabinan %	13,4	1,9	1,5	0,0
Glucuronoxylan %	25,2	44,1	47,7	35,1
Fichte				
Galactose %	16,4	8,0	0,0	0,0
Zellulose %	33,4	55,2	64,3	63,6
Glucomannan %	7,9	18,1	24,4	23,7
Arabinan %	29,3	1,1	0,8	0,0
Arabinoglucuronoxylan %	13,0	17,6	10,7	12,7
Föhre				
Galaktan %	20,1	5,2	1,6	3,2
Zellulose %	35,5	61,5	66,5	47,5
Glucomannan %	7,7	16,9	24,6	27,2
Arabinan %	29,4	0,6	0,0	2,4
Arabinoglucuronoxylan %	7,3	15,7	7,4	19,4

[1] Enthält auch einen hohen Prozentsatz an Pektinsäure

3.22 Pektinstoffe

Die Entdeckung der Pektine geht auf H. BRACONNOT (1825) zurück; dieser Naturstoff ist aber erst seit 1935 und den richtungsweisenden Arbeiten von F. A. HENGLEIN und seinen Mitarbeitern (F. A. HENGLEIN 1955) in seinem verwickelten chemischen Aufbau besser bekanntgeworden. Massgebend beteiligt an der

Förderung der Pektinchemie ist auch die Schule unseres ehemaligen Kollegen HANS DEUEL (1916–1962). – F.A. HENGLEIN (1955) ordnet die Umschreibungen der Pektine (Tabelle 48) und charakterisiert deren Konstitution: «Gemäss der Nomenklatur in der Pektinchemie ist deutlich zwischen Pektinen, Pektinstoffen und Protopektin zu unterscheiden. Pektine können bis heute nicht synthetisiert werden; sie sind ausgesprochene Naturstoffe in der Pflanze und sind Bruchstücke des Protopektins bei seinem Abbau. Pektine haben die typische Eigenschaft, mit Wasser bei bestimmten Bedingungen feste Gallerten zu bilden, woher auch ihr Name stammt (pectos = erstarrt). Sie sind makromolekulare Stoffe, wie zum Beispiel die Zellulose (Polysaccharid); die Pektinmoleküle haben vorwiegend Fadenstruktur und sind Linearkolloide, da die Länge der Moleküle von der Grössenordnung 10^{-5} cm (wie bei Kolloiden) ist. Sie sind meist teilweise mit Methylalkohol verestert, so dass sie sich zunächst durch die Molekülgrösse und den Veresterungsgrad unterscheiden. Wenn Pektine aus dem Protopektin des Pflanzenmaterials gewonnen werden, so erhält man ein polymolekulares Gemisch, und nach der Wahrscheinlichkeitsrechnung gleicht kaum ein Molekül einem anderen. Pektine enthalten zwei OH-Gruppen, welche sich verestern lassen und auch in der Natur mit Essigsäure beziehungsweise geringen Mengen H_3PO_4 verestert vorkommen. Dadurch wird die Mannigfaltigkeit der Pektinmoleküle noch vermehrt. Wenn wir daher von einem bestimmten Essigsäure- oder Methoxylgehalt der Pektine sprechen, so können die Werte nur durchschnittlich sein, ebenso wie man auch infolge der Polymolekularität nur von einem Durch-

Tabelle 48   Nomenklatur der Pektine (nach F. A. HENGLEIN 1955).

Bezeichnung	Chemische Charakterisierung
Pektinsäure	besteht aus polymerhomologen Makromolekülen, die Ketten von Galakturonsäureresten darstellen
Pektate	sind die Salze von Pektinsäure (Polygalakturonsäure)
Pektin	ist teilweise oder voll methoxylierte Polygalakturonsäure; es gibt je nach dem Methoxylgehalt und dem Polymerisationsgrad verschiedene Pektine:
H-Pektin (hochverestertes Pektin)	hat einen Veresterungsgrad $> 50\%$
L-Pektin (leichtverestertes Pektin)	hat einen Veresterungsgrad $< 50\%$ (Veresterungsgrad % bezogen auf Pektinsäurezahl der veresterten Carboxylgruppen, die auf 100 Gesamtcarboxylgruppen kommen)
Pektinate	sind die Salze von Pektinen
Pektinstoffe	sind physikalische Gemische von Pektinen mit Begleitstoffen (z.B. Pentosanen, Hexosanen)
Protopektin	wasserunlösliches, natives Pektin in der Pflanze, im wesentlichen eine Vernetzung von Pektinketten durch mehrwertige Metallionen über die nichtveresterten COOH-Gruppen (Brückenbildung), in geringer Zahl auch Esterbrücken über H_3PO_4

schnittsmolekulargewicht sprechen kann. Die Pektine stehen zu anderen makromolekularen Stoffen wie Araban oder Galaktan in enger Beziehung, und diese Stoffe kommen als Begleit- bzw. Ballaststoffe häufig mit den Pektinen zusammen vor. Bei der Hydrolyse von Pektinen erhält man Galakturonsäure; daneben entsteht aus begleitenden Arabanen Arabinose und aus Galaktanen Galaktose. Ähnliche Begleitstoffe kennt man auch bei Zellulose, nämlich Xylan und andere Polyosen. Galaktose und Galakturonsäure unterscheiden sich dadurch, dass das sechste C-Atom mit der primären alkoholischen Hydroxylgruppe zur Carboxylgruppe oxydiert ist. Galakturonsäure geht beim Erhitzen mit Säure über die Zwischenstufe L-Arabinose (CO_2-Abspaltung) in Furfurol über. Begleitstoffe des Pektins sind häufig auch Zellulose und Stärke (Hexosane). Pentosane und Hexosane werden unter dem Begriff Polyosen zusammengefasst. Dem Pektin ähnlich ist die Alginsäure (Polymannuronsäure), und man bezeichnet diese Klasse von Verbindungen auch als Polyuronide, da sie bei der Hydrolyse Uronsäuren liefern. Diese Stoffe haben in ihrem Molekül folgende reaktionsfähige Gruppen beziehungsweise Bindungen: a) die α-1,4-glukosidische Bindung, b) die OH-Gruppen, c) die Carboxylgruppen, d) die Esterbindung.» In Abbildung 150 ist der Aufbau der Pektinsäure aus der D-Galakturonsäure dargestellt. – Über den Stoffwechselschritt, der während der Anlage der Mittellamellen in sich teilenden Zellen zur Bildung des Protopektins führt, ist noch wenig bekannt, obwohl das Mittellamellenpektin als stark quellbare Kittsubstanz zwischen den Zellen von grosser Bedeutung ist.

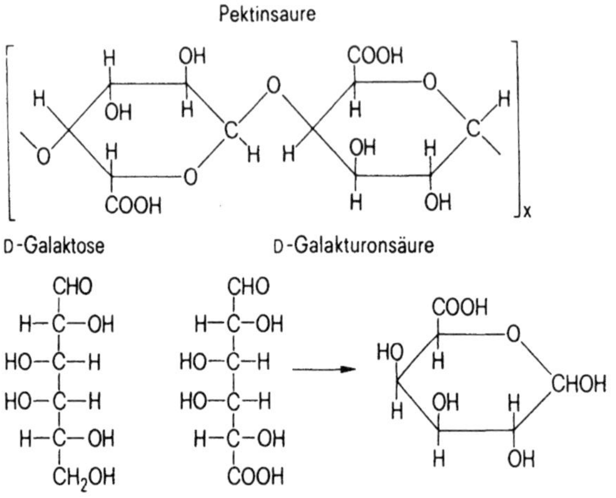

Abbildung 150   Aufbau der Pektinstoffe: Der Grundbaustein des Pektins ist die D-Galakturonsäure; sie leitet sich von der D-Galaktose ab. Durch Decarboxylierung kann die COOH-Gruppe abgetrennt werden; es entsteht dann eine Pentose (nach C. R. NOLLER 1958).

3.3 Gerüstsubstanzen

3.31 Zellulose
3.311 Chemismus der Zellulose

Nach Schätzungen enthält die gesamte Erdvegetation ein Äquivalent an Kohlenstoff von grössenordnungsmässig 10^{12} kg CO_2. Der weitaus grösste Teil des Kohlenstoffs ist in der Zellulose fixiert. Damit wird die Bedeutung dieser Gerüstsubstanz der pflanzlichen Zellwand genügend deutlich unterstrichen. Nicht alle Pflanzengewebe enthalten gleich viel Zellulose. Die Zellmembranen von jungen Blättern sind relativ zellulosearm, sie weisen nur etwa die Hälfte an Gerüstsubstanz auf wie die Gewebe von älteren Blättern. In verholzten Zellen wird etwa der halbe Zellwandanteil aus Gerüstsubstanzen gebildet, und in Baumwollfasern kann der Zelluloseanteil bis auf 90% ansteigen. Die Zellulose kommt vorwiegend in den höheren Pflanzen vor. Man kennt allerdings auch einen der Zellulose sehr ähnlichen Stoff in Vertretern niederer Pflanzentypen: das *Lichenin*, das aus Isländisch Moos (*Cetraria islandica*, Flechte mit vielteilig gelapptem Thallus) gewonnen werden kann. Lange Zeit war man davon überzeugt, dass es sich um eine echte Zellulose handle, und erst die hohe Wasserlöslichkeit des Lichenins hat es gegenüber der vollständig wasserunlöslichen Zellulose klar abgegrenzt. Heute reiht man das Lichenin zu den Grundsubstanzen, das heisst zu den Hemizellulosen. – Der Vollständigkeit halber sei auch erwähnt, dass man auch eine Art Zellulose in den Tunikaten, das heisst in niedrigen Meerestieren, gefunden hat, die man als *Tunicin* bezeichnet.

Die Zellulose ist ein Polysaccharid. Ihr Baustein ist die *Glukose*, die in der pflanzlichen Zellwand durch Verkettung zu hochpolymeren Glukosanen eine ausgezeichnete Gerüstsubstanz bilden kann. – Glukose kann als Hexoaldose ($C_6H_{12}O_6$) als Molekül in offener Sechserkette geschrieben werden (= aliphatische Schreibweise) entsprechend dem Schema in Abbildung 151/1. Von den sechs C-Atomen sind nur die äusseren geschrieben und die inneren vier mit Kreuzen bezeichnet worden, weil es sich bei ihnen um die asymmetrischen C-Atome der Glukose handelt. Alle vier enthalten nämlich je eine H- und eine OH-Gruppe, die seitenvertauscht werden können. Daraus entstehen die sechzehn bekannten Isomere der Zellulose (Isomere = chemische Verbindungen, die trotz der gleichen Anzahl gleichartiger Atome durch deren verschiedene Anordnung im Molekül unterschiedliches chemisches und physikalisches Verhalten zeigen). Die Beschreibung der sechzehn isomeren Stoffe wird erleichtert, wenn man in der Konstitutionsformel die C-Atome numeriert, wobei man beginnt mit der CH=O-Gruppe (Tabelle 49). Die asymmetrischen C-Atome erhalten dann die Nummern 2 bis 5. Alle Monosaccharide, in denen die OH-Gruppe am fünften C-Atom rechts der Kette liegt, gehören zur sogenannten D-Gruppe der Monosaccharide, im Gegensatz zu der L-Gruppe der Monosaccharide, in denen die OH-Gruppe am fünften C-Atom links der Kette liegt. Der Baustein der Zellulose ist eine D-*Glukose*, die in der Abbildung 151/1 genannte Schreibweise entspricht aber nicht der tatsächlichen Molekülform, weil die reaktionsfähige Carbonylgruppe ($>C=O$)

einen intermolekularen Ringschluss vollziehen kann. An sich ist die Glukose befähigt, solche Ringschlüsse zwischen dem ersten und dem vierten oder dem ersten und dem fünften C-Atom einzugehen. Nach Feststellung von W. N. HAWORTH und H. MACHEMER (1932) können die Monosaccharide am besten unterschieden werden, wenn man ihre Ringbildung ableitet von *Pyran* oder von *Furan*, wie das in der Abbildung 151/2 und 3 dargestellt ist. Dementsprechend wird man von den sogenannten Pyranosetypen und den Furanosetypen sprechen. Die Glukose gehört dem ersteren an, so dass der in Abbildung 151/4 gezeigte Ringschluss der Glukose als *Glukopyranose* bezeichnet werden kann, während zum Beispiel die Fruktose dem Furantyp entspricht und somit eine *Fruktofuranose* bildet. Wenn die Glukose normalerweise in Form von Pyranoseringen auftritt, so wird wahrscheinlich, dass ihr Ringschluss eine 1–5-Brücke darstellt, wie das in der Abbildung 151/4 gezeichnet worden ist. Für die Bildung

Tabelle 49   Begriffsumschreibungen.

Methylalkohol	CH_3OH
Äthylalkohol	C_2H_5OH
Aldehyde	$R-C{\lower.5ex\hbox{$<$}}^H_O$
Ketone	$\begin{smallmatrix}R\\R\end{smallmatrix}\!\!>\!C=O$
Formaldehyd	$CH_2O \longrightarrow \begin{smallmatrix}H\\H\end{smallmatrix}\!\!>\!C=O$
Acetaldehyd	$CH_3CHO \longrightarrow \begin{smallmatrix}H\\CH_3\end{smallmatrix}\!\!>\!C=O$
Aldehydgruppe in Glukose	$R\diagdown\underset{C}{\overset{H}{\mid}}\!\!\diagup O \xrightarrow{\text{Ringschluss}} R-CH\underset{OR}{\overset{OH}{\diagdown}}$

Aldehyd + Alkohol

$RCHO + R'OH \xrightarrow[\text{basischem Milieu}]{\text{in saurem oder}} \underset{\underset{OR'}{\mid}}{\overset{OH}{\underset{\mid}{RCH}}} \xrightarrow{\text{in saurem Milieu}} \underset{\underset{OR'}{\mid}}{\overset{OR}{\underset{\mid}{R'OH=RCH}}} + H_2O$

                                                     Halbacetalgruppe   Acetalgruppe

Drehsinn der Kohlenhydrate: dextro = + = rechts
                                      leva   = − = links

Konfiguration und Drehsinn stehen nicht in einem offensichtlichen Zusammenhang. Die Konfiguration wird mit den kleinen Kapitalen D oder L bezeichnet (dextro oder leva).

Primäre Alkoholgruppe	$-CH_2OH$
Sekundäre Alkoholgruppe	$>CHOH$
Reduzierende Halbacetalgruppe	$HO-\underset{\mid}{\overset{\mid}{C}}-H$

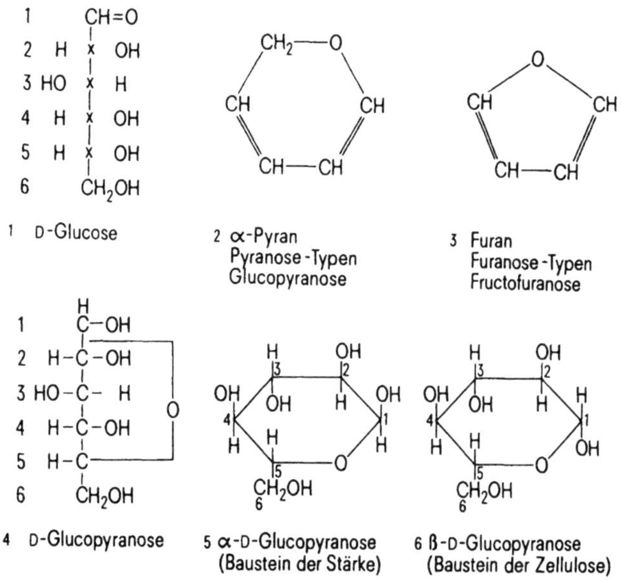

263   Grundsubstanzen

```
1     CH=O
2    H  ×  OH
3    HO ×  H
4    H  ×  OH
5    H  ×  OH
6     CH₂OH

1 D-Glucose          2 α-Pyran              3 Furan
                     Pyranose-Typen         Furanose-Typen
                     Glucopyranose          Fructofuranose

1     C-OH
      |
2    H-C-OH
      |
3   HO-C-H
      |
4    H-C-OH
      |
5    H-C
      |
6     CH₂OH

4 D-Glucopyranose    5 α-D-Glucopyranose    6 β-D-Glucopyranose
                     (Baustein der Stärke)  (Baustein der Zellulose)
```

Abbildung 151 — Darstellung der Glukosekonstitution. Die Carbonylgruppe am ersten C-Atom in *1* zeigt den Aldehydcharakter des Moleküls auf. Die D-Glucopyranose geht entsprechende Reaktionen aber nur in geringem Masse ein zufolge der Ringbildung, nach der am ersten C-Atom eine Halbacetalgruppe zurückbleibt. Die Ringformel der Glukose kann abgeleitet werden vom Pyran und führt zu der in *4* gezeigten Konfiguration (nach A. FREY-WYSSLING 1959).

dieser Brücke ist es notwendig, dass die Doppelbindung am ersten C-Atom aufgesprengt wird, so dass der Sauerstoff aus der OH-Gruppe des fünften C-Atoms sich sowohl dem ersten als auch dem fünften C-Atom zuordnen kann. Damit wird auch dieses erste C-Atom zu einem asymmetrischen Atom, dem eine H- und eine OH-Gruppe zugehören. Entsprechend der Stellung dieser beiden Gruppen sind wiederum zwei verschiedene Konfigurationen der Glukose möglich, die man als die α- und die β-Isomere der Glukose unterscheidet, so wie es in Abbildung 151/5 und 6 aufgezeichnet ist. Beide Isomere, die α-Glukose wie die β-Glukose, sind sehr wichtige Grundstoffe: die α-Glukose als Monomere der *Stärke*, die β-Glukose als Monomere der *Zellulose*. – Denkt man sich die in Abbildung 151 gezeichnete Ringebene horizontal, so wird deutlich, wie in der α-Glukose die OH-Gruppen der beiden ersten C-Atome 1 und 2 nach oben gerichtet sind, während in der β-Glukose die OH-Gruppe am ersten C-Atom abwärts und die übrigen alkoholischen OH-Gruppen abwechslungsweise nach oben und nach unten orientiert sind. Die β-Stellung der OH-Gruppe am ersten und zweiten C-Atom der Glukopyranose hat für den Verkettungsmechanismus, der die einzelnen Bausteine zur hochpolymeren Zellulose zusammenfügt, wichtige Konsequenzen: Kondensation tritt nämlich nur ein, wenn an benachbarten Glukopyranosemolekülen die OH-Gruppen am ersten und vierten C-Atom einander möglichst nahe gegenüberstehen. Dies ist dann der Fall, wenn in einer

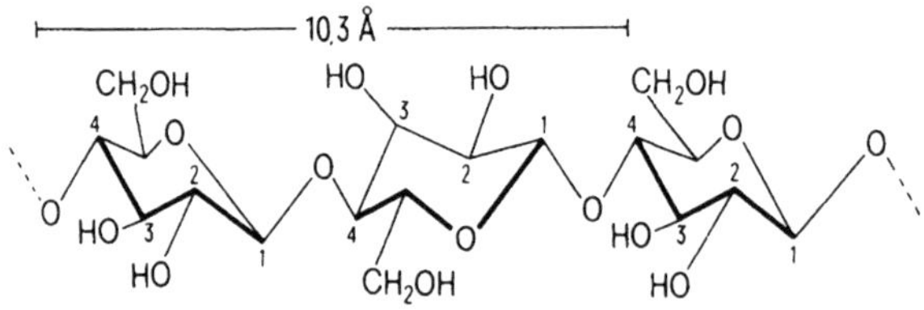

Abbildung 152   Darstellung der Zellobiose-Einheit (*1*) und der ‹Sesselform› (*2*) der Zellulose. Durch Verdrillung um 180° kommen in zwei benachbarten β-Glukosemolekülen am ersten und vierten C-Atom die OH-Gruppen in korrespondierende Stellung. Dadurch wird Polymerisation unter Wasseraustritt möglich (β-glukosidische Bindung unter Ätherbrückenbildung). – In der Zellobioseeinheit liegen die C-Atome in den beiden Glukoseresten nicht in der gleichen Ebene, wie dies im Schema *1* gezeichnet ist. Wahrscheinlich kommt die in *2* gezeigte Sesselform den wirklichen Verhältnissen am nächsten (nach E. TREIBER 1957).

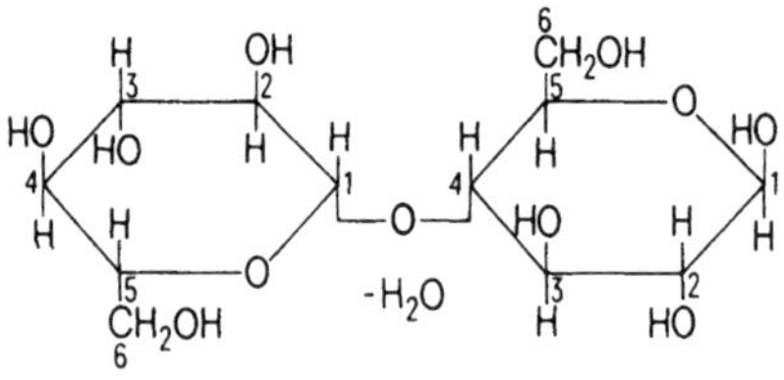

Kette jedes zweite Ringmolekül um 180° um die 1–4-Achse gedreht wird. Dann können die Monomeren sich zu einem polymeren Gebilde zusammenfügen, das heisst sie können polymerisieren. Diese Polymerisation erfolgt durch Kondensation von zwei Alkoholgruppen unter Wasseraustritt, so wie es schematisch in der Abbildung 152/1 angedeutet ist. Die Sauerstoffbrücke vom ersten zum vierten C-Atom zwei benachbarter Bausteine nennt man eine Ätherbrücke. Zwei Glukosereste, die sich durch Kondensation verkettet haben, ergeben die Zellobiose in β-glukosidischer Bindung. Die Stärke polymerisiert in α-glukosidischer Bindung: Zufolge der α-Stellung der OH-Gruppe am ersten und vierten C-Atom der α-Glukose kann die 1–4-Ätherbrückenbildung zwischen benachbarten Bausteinen geschlagen werden, ohne dass die Drehung um 180° eines Bausteins nötig wäre. Die Unterschiede in α- beziehungsweise β-glukosidischer Bindung der Kettenmoleküle bedingen veränderte Symmetrieverhältnisse. In Lösung werden die Kettenmoleküle der Zellulose gestreckt bleiben, gerade wegen der Verdrillung jedes zweiten Bausteins. Die Kettenmoleküle der Stärke hingegen haben die Tendenz, in Lösung sich schraubig aufzurollen (A. FREY-WYSSLING 1945).

Aus Feinstrukturuntersuchungen ist bekannt, dass sich in den Kettenmolekülen der Zellulose nicht eigentlich die einzelnen Glukosereste als Baumotiv wiederholen, sondern ihre Dimeren, also die *Zellobiose*. – Die Darstellungen der β-Glukopyranose in Abbildung 152/6 sowie der Zellobiose in Abbildung 151/1 sind stark schematisiert. In Wirklichkeit liegen die C-Atome der Glukopyranoseringe nicht alle in einer Ebene. Sie können vielmehr mannigfaltig verdrillt sein. Die

Zellobioseeinheiten sind ebenfalls nicht so schön gestreckt, wie es nach Abbildung 152/1 zum Ausdruck kommt. Am ehesten kann man sich eine Anordnung denken, wie sie in Abbildung 152/2 dargestellt ist. Diese Abbildung stellt die sogenannte ‹Sesselform› der Zellobiose dar. Es ist die Form, die für Bausteine von langgestreckten Kettenmolekülen am ehesten in Frage kommt. Ihre Länge wird mit 10,3 Å angegeben, gemessen zwischen zwei gleichsinnigen CH_2OH-Gruppen.

Um die Reaktionsweise der Zellulose besser zu verstehen, muss man sich vergegenwärtigen, welche End- und Seitengruppen in der Kette noch vorhanden sind. Den Abbildungen 151/5 und 6 ist zu entnehmen, dass die Glukosereste mit je einer primären Alkoholgruppe (Tabelle 49) am sechsten C-Atom ausgerüstet sind ($-CH_2OH$) und je zwei sekundäre Alkoholgruppen am zweiten und dritten C-Atom tragen ($>CHOH$). Die sekundären Alkoholgruppen am ersten und vierten C-Atom sind durch die Glukosidbrücke $>CH-O-CH<$ veräthert. Die Aldehydgruppe am ersten C-Atom (nach der aliphatischen Schreibweise) ist durch die Ringschlussbildung zur reduzierenden Halbacetalgruppe geworden (die in der Kondensation veräthert wird). Eine Ausnahme bildet die endständige Halbacetalgruppe am äussersten Glukoserest (Abbildung 153). Die Zelluloseketten sind sehr lang, so dass es nur wenig derartige Endgruppen gibt, was auch ihre Untersuchung erschwert. Da man bisher reduzierende Endgruppen in der Zellulose nicht mit Sicherheit nachweisen konnte, nimmt man an, dass die Kettenmoleküle ähnlich wie in anderen Polysacchariden auf andere Weise abgeschlossen werden, wahrscheinlich durch eine saure Endgruppe. Das gegenüberliegende Ende des Kettenmoleküls besitzt als viertes C-Atom eine zusätzliche OH-Gruppe. Die Existenz solcher OH-Gruppen an dem freien vierten C-Atom ist sehr wahrscheinlich.

Die Molekülgrösse der Kettenmoleküle ist umstritten, und die Messungen des Polymerisationsgrades DP sind äusserst schwierig. Zur Bestimmung arbeitet man nach H. STAUDINGER (1932) am besten mit der Relation zwischen der Viskosität von Zelluloselösungen und den Kettenlängen der Fadenmoleküle. Die auf diese Art gewonnenen Werte liegen aber eher zu tief, da auch bei den mil-

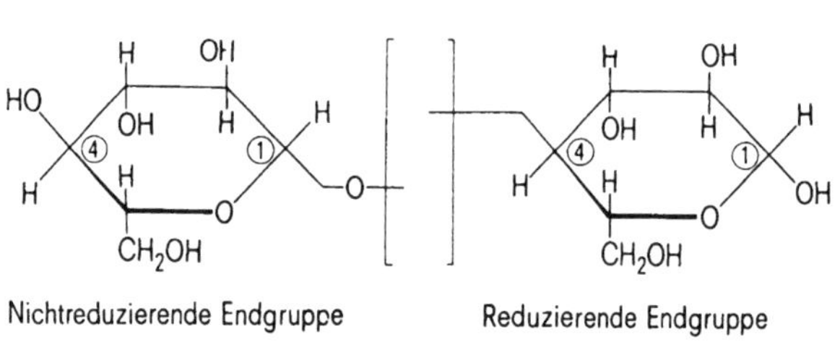

Nichtreduzierende Endgruppe   Reduzierende Endgruppe

Abbildung 153   Endgruppen der Zellulose (nach E. H. IMMERGUT 1963). Die in Abbildung 151 angegebene Zelluloseformel zeigt, dass sich die beiden endständigen Glukosereste eines Zellulosekettenmoleküls darin unterscheiden: An einer Seite der Kette sitzt eine nichtreduzierende Endgruppe (sekundäre Hydroxylgruppe), an der entgegengesetzten Seite hingegen eine reduzierende Endgruppe (Halbacetalgruppe).

Tabelle 50 Polymerhomologe Zellulosen: Die hier aufgeführten Zellulosen unterscheiden sich durch verschiedene Polymerisationsgrade und damit durch unterschiedliche Löslichkeiten und verschiedene technische Eigenschaften. Sie bilden zusammen eine polymerhomologe Reihe (nach H. STAUDINGER 1937).

	Polymerisationsgrad	Kettenlänge	Mechanische Eigenschaften	Fibrillenbildungsvermögen	Löslichkeit in NaOH
Oligosaccharide γ-Zellulose	1 – 10	bis 5 nm	Kristallpulver	fehlt	leicht löslich
Hemikolloide β-Zellulose	10 – 100	5 – 50 nm	kurzfaserig pulverisierbar	gering	ohne Quellung löslich
Mesokolloide α-Zellulose (Viskose-Seide)	100 – 500	50–250 nm	faserig, zugfest	gut	nach vorangehender Quellung zögernd löslich
Native α-Zellulose (Faserzellulose)	500–8000	0,25–4 μm	langfaserig, sehr zugfest	sehr gut	starke Quellung, unlöslich

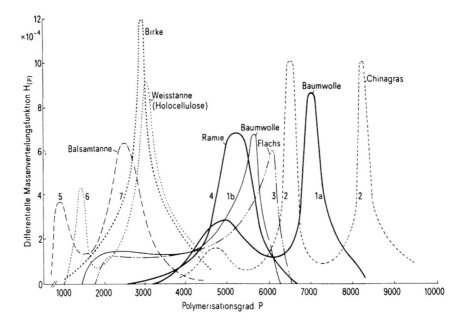

Abbildung 154   Kettenlängenverteilungsdiagramm (nach E. TREIBER 1957). Native Zellulose ist polydispers, das heisst, es sind Zelluloseketten verschiedenen Polymerisationsgrades am Aufbau beteiligt. Die Kurven geben als differenzielle Massenverteilungsfunktion $H_{(p)}$ an, wie viele Gramm Substanz vom Polymerisationsgrad P in einem Gramm Gemisch vorhanden sind.

desten Bedingungen der DP-Wert während der Bestimmung herabgesetzt wird. Nach M. MARX (1955) kann man in Faserzellulose mit einem Polymerisationsgrad von 6000 bis 8000 rechnen, in Primärwandzellulose mit einem Polymerisationsgrad von 1500 bis 3000 und in aufgeschlossener Holzzellulose mit einem Polymerisationsgrad von über 3000. Der Polymerisationsgrad beeinflusst die Löslichkeit der Zellulose. Es gelingt deshalb, verschiedene Zellulosen zu klassieren: je nach ihrem Lösungsgrad in Natronlauge in die sogenannten α-, β- und γ-Zellulosen. Auf diese Art ist es möglich, eine Reihe von polymerhomologen Zellulosen aufzustellen, wie sie in Tabelle 50 nach H. STAUDINGER (1937) abgebildet ist. Der Polymerisationsgrad der einzelnen Zellulosepräparate kann nach den Angaben in der Tabelle 50 in sehr weiten Grenzen wechseln. Native Faserzellulose wird als α-Zellulose bezeichnet, wenn sie keine Löslichkeit aufweist in 17,5prozentiger Natronlauge. Einzig die α-Zellulose als Mesokolloid der Viskoseseide ist nach vorangehender Quellung zögernd löslich. Die β-Zellulose ist löslich und die γ-Zellulose leicht löslich. In der Holozellulose sind alle drei Fraktionen vorhanden. Die Kettenlängen in der Zellulose sind in ein und demselben Präparat also verschieden, die Zellulose ist *polydispers*. Durch Polymerisationsgraduntersuchungen gelingt es, sogenannte Kettenlängenverteilungsdiagramme aufzuzeichnen (Abbildung 154). Diese Kurven zeigen als differentielle Massenverteilungsfunktion an, wie viele Gramm Substanz vom Polymerisationsgrad P in einem Gramm Gemisch vorhanden sind. Die verschiedenen Zellulosepräparate besitzen alle ein oder mehrere Maxima, so zum Beispiel bei einem Polymerisationsgrad von 5000. In der Darstellung von drei verschiedenen Holzholozellulosen zeigt sich, wie nahe deren Maxima zusammenliegen, auch wenn es sich um recht verschiedene Holzarten, wie Tannen und Birken, handelt. Die längsten Ketten werden im Chinagras gefunden mit Polymerisationsgraden von 8000 bis 8500.

3.312   Der kristalline Bau der Zellulose

Die Fadenmoleküle der Zellulose liegen in der Natur in kristallinen Ordnungen vor, und zwar in einem monoklinen Kristallgitter, dessen Hauptachse parallel zur Faserachse liegt. Aus Röntgenuntersuchungen ist der Elementarbereich der Zellulose bekanntgeworden, so wie er schematisch in Abbildung 155/1 dargestellt ist. Seine Abmessungen betragen in der Längsrichtung (= b-Achse) 1,03 nm, in der a-Achse 0,835 nm und in der c-Achse 0,79 nm. Die Länge entspricht also einer Zellobioseeinheit, die, wie schon früher gesagt, die eigentliche Struktureinheit der Zellulose bildet. Dem Elementarbereich sind zwei Fadenmoleküle zugeordnet, die um $1/4$ Faserperiode gegeneinander versetzt sind. Zudem verlaufen die beiden Molekülketten gegensinnig, das heisst, die eine Kette weist gegen oben, die andere gegen unten. Das Kristallgitter wird stabilisiert durch zwei verschiedene Kräftesysteme: In der Längsrichtung halten es Hauptvalenzkräfte zusammen, in der Querrichtung sind es Wasserstoffbindungen. Aus Projektionsbildern längs verschiedener Gitterebenen (Abbildung 155/2) kennt man die geringsten Abstände zwischen benachbarten Molekülen und kommt aus diesen

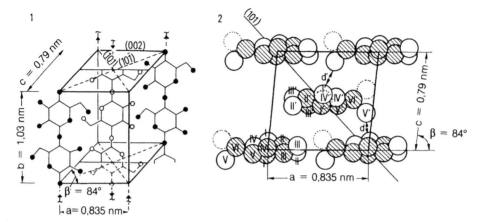

Abbildung 155 Elementarbereich der Zellulose *I*, räumlich (*1*) und in der Projektion (*2*) gesehen (nach K. H. MEYER und L. MISCH 1937). Der Elementarbereich wird von zwei Zellulosekettenmolekülen in gegenläufiger Richtung durchzogen. Die beiden Ketten haben zudem einen Gangunterschied von $1/4$ Faserperiode. – In der Projektion sind die gegenseitigen Atomabstände ersichtlich. In der 101-Ebene bilden die Wasserstoffbrücken (*d*) die stärkeren Bindungen (stärker als in der 101-Ebene (*d'*), so dass in dieser Richtung die stärksten physikalischen Bindungen des Zellulosekristalls vorkommen.

Beobachtungen zum Schluss, dass eigentlich zwei oder sogar drei grundsätzlich verschiedene Zellulosepräparate zu unterscheiden seien. Im *nativen* Zustand, das heisst in der gewachsenen Faser, liegt die Zellulose I vor, mit dem in Abbildung 155/2 angegebenen Projektionsbild des Elementarbereichs. Wird Zellulose mercerisiert (= mit 18–19prozentiger Natronlauge aufgequollen) oder aus Lösungen regeneriert, so treten Änderungen im Elementarbereich auf, die zur Hydratzellulose oder zur Zellulose II führen (E. TREIBER 1957). Die Abmessungen der Elementarbereiche in den Zellulosen I und II sind verschieden:

Zellulose I   a = 0,835 nm, b = 1,03 nm, c = 0,79 nm, $\beta = 84°$
              Volumen = 0,6755 nm³.
Zellulose II a = 0,814 nm, b = 1,03 nm, c = 0,914 nm, $\beta = 62°$
              Volumen = 0,6766 nm³.

Die Veränderung durch die Natronlaugebehandlung kommt durch die Einlagerung eines Natriumions in das Kristallgitter der Zellulose I zustande, indem sich dieses Gitter vorübergehend ausweitet. Wird nachher das Natriumion wieder ausgewaschen, findet sich der Elementarbereich nicht mehr in die genau gleiche Lage zurück.

Nicht alle Kettenmoleküle der Zellulose sind in so ideal kristallisierte Bereiche eingeordnet, wie das eben beschrieben worden ist. Die Mikrofibrillen bestehen aus kristallinen Kernen, den Mizellen, um die sich parakristalline Zellulose anlagert. Parakristallin nennt man einen Zustand, in dem Fadenmoleküle wohl parallel zueinander verlaufen, sich aber um ihre Längsachse noch drehen können.

Nach Untersuchungen von A. FREY-WYSSLING (1954) ist die kristalline und parakristalline Zellulose im Mikrofibrillenquerschnitt etwa entsprechend der Abbildung 156/2 geordnet. Die vier Rechtecke stellen Querschnitte durch Elementarfibrillen dar, von denen man weiss, dass es sich um flache Bändchen handelt mit den Abmessungen von etwa 3 × 7 nm. Ihre Länge ist unbekannt, sie erreicht sicher mikroskopische, vielleicht sogar makroskopische Dimensionen. H. MARK (1940) hat dies nach dem in Abbildung 156/1 dargestellten Längsverlauf versucht verständlich zu machen. Wichtig an diesen Darstellungen sind auch die amikroskopischen Klüfte, die sich zwischen den Mizellen oder Elementarfibrillen befinden müssen. Nur so kann man sich nämlich die engen Krümmungsradien der Mikrofibrillen erklären, die auf der Zugseite eine Dehnung erfordern, welche weit über die Dehnung der Zellulose hinausgeht (K. MÜHLETHALER 1960).

Für die Bestimmung des Kristallinitätsgrades in verschiedenen Fasern steht eine Reihe von Methoden zur Verfügung. Dementsprechend ist auch eine ganze Anzahl von zuverlässigen Resultaten vorhanden. Für die native Zellulose ergeben sich Kristallinitätsgrade zwischen 50 und 83%, nach der röntgenoptischen Methode vorzugsweise 71%. Niedrigere Werte findet man nur in der Primärwand, nämlich etwa 34–37%, sie weist auch kleinere Mizelldimensionen auf, ferner bei Bakterienzellulose, nämlich etwa 40%. Tabelle 51 enthält Angaben

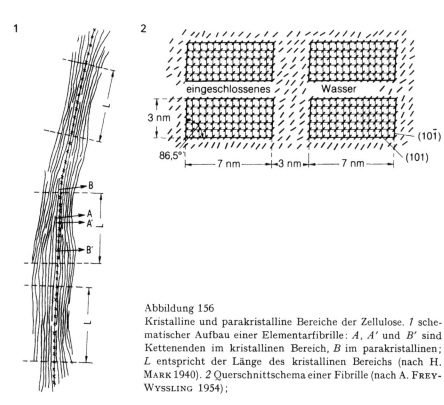

Abbildung 156
Kristalline und parakristalline Bereiche der Zellulose. *1* schematischer Aufbau einer Elementarfibrille: *A*, *A'* und *B'* sind Kettenenden im kristallinen Bereich, *B* im parakristallinen; *L* entspricht der Länge des kristallinen Bereichs (nach H. MARK 1940). *2* Querschnittschema einer Fibrille (nach A. FREY-WYSSLING 1954);

Chemie des Holzes

Tabelle 51   Kristalliner Anteil in nativen Zellulosen (nach E. TREIBER 1957).

Aus röntgenometrischen Messungen von PRESTON, HERMANS und WEIDINGER	%	Aus dem D$_2$O-Austausch nach FRILETTE, HANLE und MARK	%
Zellwand von *Valonia ventricosa* L.	65–70	Baumwolle	75–82
Holz von *Pinus radiata* 10. und 15. Jahrring	70 55–60	Linters Buchenzellstoff	54 64
Bambusfaser	50–64	Fichtenzellstoff	36–63
Ramie und Baumwolle	69	Holzzellstoff (Jodadsorptionsmethode)	51–67
Bakterienzellulose	40	Baumwolle (Jodadsorptionsmethode)	~68
Holzzellstoff	65	Zellulose I (volumetrische Methode)	64,5

über die kristalline Menge nativer Zellulosematerialien, nach verschiedenen Methoden bestimmt. Die verhältnismässig grossen Unterschiede, die vorkommen, sind zum Teil auf präparative Einflüsse bei der Herstellung der Ausgangssubstanzen zurückzuführen, weil durch sie eine Verschiebung der kristallinen und parakristallinen Phase nicht ausgeschlossen ist. Durch die Merzerisierung der Baumwollzellulose wird beispielsweise der Kristallinitätsgrad, der 75–82% betragen kann, erniedrigt auf etwa 53%. Es ist bekannt, dass mit dem Wachstum und dem Altern des Holzes die Kristallinität zunimmt. So soll in 300 bis 1300 Jahre altem Holz von Buddhatempeln eine höhere Kristallinität der Zellulose gefunden worden sein als im frischen Holz derselben Art.

Die Erörterung des übermolekularen Aufbaus der Zellulose ist eingeleitet worden mit Hinweisen auf die Mikrofibrillen. Es handelt sich dabei um fädige Be-

Tafel 19   Submikroskopische Zellwandtexturen
               (Aufnahmen H. H. BOSSHARD)

1 *Pinus silvestris*, Längstracheide. Geraffte Streutextur im Fibrillengeflecht einer Primärwand. Die über den Zellenrand ragenden Fibrillen sind im Geweberverband über die Mittellamellen hinweg mit der benachbarten Zelle verflochten zu denken (Vergr. 29500:1).

2 *Pinus silvestris*, Längstracheide. Parallelisierte Fibrillentextur im Sekundärwandbereich. Die Fibrillen sind zum Teil verbändert und formen eine Verwerfung. Auf dem Sekundärwandgeflecht liegen noch einzelne Primärwandfibrillen (Vergr. 21000:1).

3 *Fraxinus excelsior*, Faserzelle. Unter einer stark aufgelockerten Primärwand liegen zwei gekreuzte Paralleltextursysteme. Das rasche Aufeinanderfolgen verschiedener Fibrillenrichtungen kann als Analogon zum Wechseldrehwuchs verstanden werden (Vergr. 19600:1).

Tafel 19: Submikroskopische Zellwandtexturen

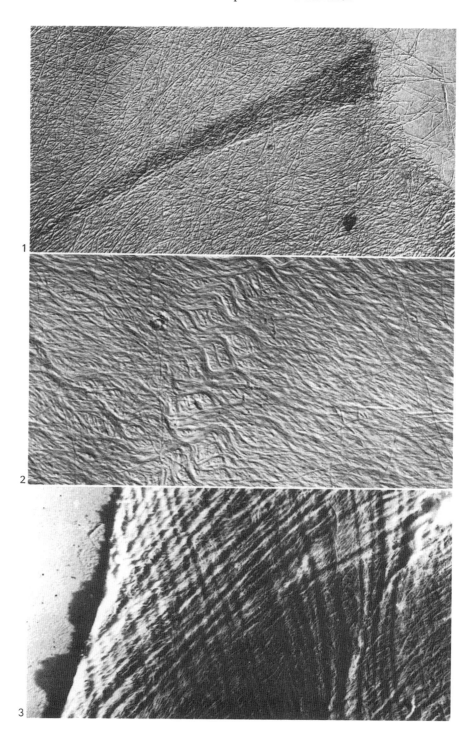

standteile der Zellwände, die sich in den verschiedenen Membranlamellen entsprechend charakteristischen Texturbildern verflechten (Tafel 19). Die Kenntnisse über diesen Aufbau der Zellwände sind besonders gefördert worden durch Beobachtungen im Elektronenmikroskop, nachdem der prinzipielle Unterschied zwischen Streuungs- und Fasertexturen in Primär- bzw. Sekundärwänden schon im Polarisationsmikroskop wahrscheinlich gemacht werden konnte (A. FREY-WYSSLING 1937 und 1974).

Zur Erklärung der verschiedenen Phänomene, die sich im Aufbau der Zellwand zeigen, wäre ein Modell sehr nützlich. Ein solches bietet sich an im Ferromagnetismus. Es ist bekannt, dass sich in einer Reihe von Metallen und Legierungen ohne Einwirkung eines äusseren Magnetfeldes in makroskopischen Kristallbereichen eine homogene und spontane Magnetisierung einstellt. Der Ferromagnetismus ist somit an ein Kristallgitter gebunden. Nach P. WEISS (1907) muss im unmagnetischen Zustand das Material in eine Vielzahl mikroskopisch kleiner Volumenbereiche unterteilt sein (Weißsche Bezirke). Die Magnetisierungsrichtungen der verschiedenen Bereiche sind jedoch statistisch verteilt, so dass sie sich gegenseitig aufheben. Dieser pauschal unmagnetische Zustand kann durch Einwirkung eines äusseren Magnetfeldes H je nach Einwirkungskraft zunächst die Weißschen Bezirke flächenmässig verändern und schliesslich die Magnetisierung im ganzen Quader parallel der Feldrichtung des äusseren Magnetfeldes H ausrichten (Abbildung 157/1). Man gelangt somit von einer ‹Streutextur› zu einer ‹Paralleltextur›, wenn genügend äussere Energie zuge-

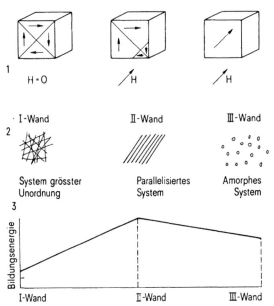

Abbildung 157   Texturunterschied als Energiefunktion: *1* Weißsche Bezirke (nach P. WEISS 1907), *2* Texturschematas der I-, II- und III-Wandschichten, *3* Bildungsenergiediagramm für die I-, II- und III-Zellwandschicht.

führt wird. Dieser Hinweis soll an die verschiedenen Zellwandtexturen erinnern (Abbildung 157/2) und darauf aufmerksam machen, dass die verschiedenen Zellwandtexturen ebenfalls ein Ausdruck für unterschiedliche Energien sein können, die sich während des Zellwandaufbaus in den sich differenzierenden Zellen einstellen. Man wird bestärkt in diesem Gedanken, wenn die qualitative Alterung der Zelle in der Differenzierungsphase berücksichtigt wird: Die Primärwand wird von Zellen gebildet, deren Zellkerne noch teilungsfähig sind, während die Sekundär- und die Tertiärwände durch Appositionswachstum angelegt wurden in Zellen, deren Zellkerne nicht mehr teilungsfähig sind. Die energetischen Unterschiede, die mit der qualitativen Zellalterung verbunden sind, können noch nicht direkt gemessen werden. Der Energieaufwand, der für den Aufbau einer bestimmten Membranschicht notwendig ist, lässt sich aber einschätzen an der Energiemenge, die zum Abbau derselben Zellwandschicht erforderlich ist. Daraus ergibt sich das in Abbildung 157/3 dargestellte Diagramm, in dem die Bildungsenergien für den Aufbau der Primär-, Sekundär- und Tertiärwandschichten eingeschätzt werden. Aufmerksam gemacht durch das Modell aus dem Gebiet des Ferromagnetismus und bestärkt durch die Vorstellungen von der zum Abbau der einzelnen Zellwandschichten notwendigen Energie, gelangt man zur Arbeitshypothese, dass die verschiedenen Zellwandtexturen ein Ausdruck der qualitativen Alterung der sich differenzierenden Zellen sind.

3.32   Zellulosebegleiter

Reinigt man die Faserzellwände von ihren Grundsubstanzen und den Inkrusten, so erhält man die sogenannte Holozellulose, die zusammengesetzt ist aus der Gerüstzellulose und den mittels Alkalien leichter extrahierbaren Hemizellulosen (A. FREY-WYSSLING 1959). Trennt man von der Holozellulose die Hemizellulosefraktion ab, so ist die α-Zellulose zu gewinnen. Diese ist indessen chemisch immer noch nicht einheitlich. Durch papierchromatographische Methoden können in ihrem Hydrolysat noch glukosefremde Zucker nachgewiesen werden, die von nahe verwandten Polysacchariden der Zellulose stammen. In Zellstoff von *Pseudotsuga douglasii* findet man beispielsweise 5,5% Xylan und 10,1% Mannan. Man bezeichnet diese Stoffe als Zellulosebegleiter. Sie können unter Umständen bei der Weiterverarbeitung der Zellulose Schwierigkeiten bereiten. – In Zellulose aus Stroh, Sisal oder Manilahanf steigt der Xylangehalt sogar auf 18–25%.

Die Zellulosebegleiter besitzen Fadenmoleküle von der Art der Zellulose, sind aber durch einen viel geringeren Polymerisationsgrad gekennzeichnet und wahrscheinlich durch Wasserstoffbindungen an die Oberfläche des Zellulosegitters gebunden. Das Mannan weist eine grössere Ähnlichkeit zur Zellulose auf; im Gegensatz zum Xylan, das aus dem Pentosezucker Xylose aufgebaut ist, liegt dem Mannan die Mannose, also eine Hexose, zugrunde, die sich von der Glukose lediglich durch die Vertauschung der OH-Gruppen am zweiten C-Atom unterscheidet.

3.4 Inkrusten

3.41 Lignin

Der Holzstoff Lignin tritt in der phylogenetischen Entwicklung im Pflanzenreich erstmals mit dem Wechsel der Pflanzen vom Wasser- zum Landleben auf. In der neuen Umgebung gelten andere Umwelteinflüsse, denen sich die Pflanze durch eine Versteifung der Zellmembranen anpassen muss. Lignin wird als Inkruste bezeichnet, weil es zwischen Zellulosefibrillen eingelagert wird und damit das zellulosische Gewebe wesentlich versteift. Nach E. ALDER und J. GIERER (1957) versteht man unter Lignin «die durch Säuren im wesentlichen nicht hydrolisierbare, polymere, amorphe, inkrustierende Substanz des Holzes, aufgebaut aus methoxylhaltigen Phenylpropan-Einheiten, die durch Ätherbindungen und C–C-Bindungen verknüpft sind». – Das Lignin kommt immer gemeinsam mit der Zellulose vor und ist neben ihr der bedeutendste Bestandteil der verholzten Zellwand.

3.411 Ligninpräparate

Die chemische Darstellung des Lignins ist schwierig, da es durch chemische und physikalische Bindungen so stark im Zellulosegerüst verankert ist, dass jedes Trennen der beiden Substanzen zwangsläufig Veränderungen des Lignins zur Folge hat. Es sind zwar verschiedene Isoliermethoden für Lignin bekannt; sie ergeben aber alle verschiedene Resultate, so dass quantitative Angaben über den Ligningehalt nur wertvoll sind, wenn gleichzeitig die Analysenmethoden bekannt sind. Vielfach benennt man deshalb die Ligninpräparate direkt nach dem Autor oder nach der Methode ihrer Gewinnung (E. ALDER und J. GIERER 1957): – 1. *Willstätter*-Lignin (R. WILLSTÄTTER und L. KOLB 1922), auch Salzsäurelignin genannt. – Das Salzsäurelignin entsteht bei der Holzverzuckerung mit hochkonzentrierter Salzsäure, indem der Kohlenhydratanteil der Zellwände vollständig abgebaut wird. Zurück bleibt ein Ligninprodukt, das allerdings dem nativen Lignin lange nicht in allen bekannten Merkmalen gleichzusetzen ist: Das Salzsäurelignin ist chemisch schon derart verändert, dass es seine thermoplastischen Eigenschaften vollständig verliert, das heisst es ist unschmelzbar. Es ist ferner auch in organischen Lösungsmitteln unlöslich, im Gegensatz zu anderen Ligninpräparaten. – 2. *Dioxan*-Lignin. Dioxan hat sich als ausgezeichnetes Isoliermittel für Lignin erwiesen. Nach den Chemikern W. STUMPF und K. FREUDENBERG (1950) ist bei einer zwanzigtägigen Behandlung von vorextrahiertem Holzmehl mit Dioxan (mit 3% H_2O und 2–2,5% HCl bei 20 °C) eine Ligninausbeute von etwa 15% des Gesamtlignins zu erwarten. – 3. *Brauns*-Lignin. Das Brauns-Lignin ist das sogenannte ‹lösliche Lignin›. Nach F. E. BRAUNS (1952) lassen sich geringe Mengen Lignin (etwa 1–2% der Gesamtmenge) mittels 96prozentigem Äthylalkohol aus Holzmehl extrahieren. Das Abtrennen von begleitenden Harzen und anderen Akzessorien geschieht durch mehrmaliges Umfällen des Lösungsmittels. – 4. *Björkman*-Lignin (Milled-Wood-Lignin). Es ist A. BJÖRKMAN (1956) gelungen, durch Feinstmahlungen von vorextrahiertem Holzmehl in der Schwingmühle Ligninanteile aus den Zellwandfragmenten mechanisch herauszubrechen. In derart vorbereitetem Material gelingt die Extraktion des Lignins mit Dioxanwasser (im Verhältnis 25:1) schon bei Zimmertemperatur. Dieses Präparat ist für alle weiteren Untersuchungen gut geeignet. Es ist anzunehmen, dass es dem nativen Zustand am ehesten gleicht, was mit einigen charakteristischen Reaktionen gezeigt werden kann. – 5. *Pew*-Lignin. Nach einer von J.C. PEW (1955) beschriebenen Methode zerkleinert man Holzschnitzel in Vibratormühlen; dadurch wird das Molekulargewicht des Lignins kleiner und das Lignin leichter löslich. Nach anschliessendem enzymatischem Abbau der Zellulose können Ligninpräparate gewonnen werden.

Während quantitative Unterschiede im Ligningehalt in ein und derselben Holzart auf die Gewinnungsmethoden zurückzuführen sind, gelingt es mit Hilfe eines ganz bestimmten Analysegangs, qualitative Verschiedenheiten festzustellen, besonders im Gehalt an Methoxylgruppen ($-OCH_3$). Am besten bekannt sind die Unterschiede zwischen *Laubholzlignin* mit einem Methoxylgehalt von mehr als 20 Gewichtsprozenten und dem *Nadelholzlignin* (untersucht an Fichte und Föhre), das nur etwa 15 Gewichtsprozente Methoxyl aufweist (K. FREUDENBERG, A.C. NEISH 1968).

3.412 Biosynthese des Koniferenlignins

Schon P. KLASON (1893) hat darauf hingewiesen, dass das *Coniferin* am ehesten als Vorstufe des Nadelholzlignins anzusehen sei. R. HARTIG (1861) hatte dieses Glukosid im Kambialsaft der Koniferen gefunden. In Abbildung 158/1 ist das Glukosid Coniferin und der aus ihm abzuleitende Coniferylalkohol dargestellt; in späteren Arbeiten (K. FREUDENBERG 1954) konnte im Sinapinalkohol, der auf das Glukosid *Syringin* zurückzuführen ist (Abbildung 158/2), eine weitere Vorläufer-Komponente des Lignins gefunden werden. Das Coniferin ist ein Bestandteil des Kambialsaftes; in seiner Synthese spielt die Shikimisäure eine wichtige Rolle. Nach A.C. NEISH (1968) kann man sich folgenden Weg vorstellen: $CO_2 \rightarrow$ Kohlenhydrate $\rightarrow$ Shikimisäure $\rightarrow$ Phenylalanine $\rightarrow$ Derivate der Cinnaminsäure $\rightarrow$ Derivate des Cinnamylalkohols $\rightarrow$ Lignin. Coniferin ist also nur eine Vorstufe des Lignins. Jahrzehntelange Forschungsarbeit war notwendig, um den Zusammenhang zwischen Coniferin einerseits und Lignin anderseits genau aufzudecken. Es ist besonders die Heidelberger Schule von K. FREUDENBERG, die Klarheit in diese Zusammenhänge gebracht hat. Der eindeutigste Beweis, den wir heute dafür haben, dass das Coniferin wirklich als Ausgangsstoff des Koniferenlignins zu betrachten ist, liefern Versuche mit radioaktivem Coniferin, das in kleinen Mengen jungen Fichtenpflanzen appliziert wird und in denen dann nach kurzer Zeit radioaktives Lignin festgestellt werden kann (K. FREUDENBERG, A.C. NEISH 1968). Als eigentlicher Baustein des Lignins kommt aber nicht das Glukosid Coniferin selber, sondern sein Spaltprodukt, der Coniferylalkohol, in Betracht.

Ein Vergleich von Coniferylalkohol und Lignin zeigt, dass der Coniferylalkohol beim Vernetzen zu Lignin etwa zwei Wasserstoffatome verlieren und Wasser addieren muss. Es ist somit zunächst nach einem System zu suchen, das dem Coniferylalkohol Wasserstoff entziehen kann. In vitro gelingt dies durch ein pflanzliches Enzym, die *Laccase*, die K. FREUDENBERG (1954) aus dem Preßsaft von Champignonpilzen gewonnen hat. Versetzt man Coniferylalkohol in Gegenwart von Luftsauerstoff mit Laccase, fällt eine krümelige Masse aus, die mit dem Coniferenlignin weitgehend identisch ist. Nachdem dieser zweite Schritt in der Ligninsynthese, das heisst das Polymerisieren der einzelnen Bausteine des Coniferylalkohols zum Lignin, geklärt werden konnte, galt es auch das erste System kennenzulernen, in dem das Coniferin zum Coniferylalkohol aufgespalten wird. Versuche haben gezeigt, dass die *Phenoldehydrase*, wie zum Beispiel die Laccase, zwar den Coniferylalkohol zu dehydrieren vermögen, das Coniferin selber aber nicht verändern. Soll von einem Glukosid Glukose abgetrennt wer-

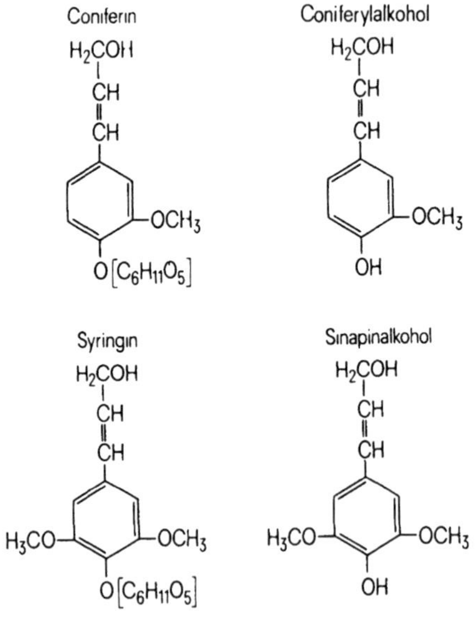

Abbildung 158

Bausteine des Lignins (nach K. FREUDENBERG 1954). Die beiden Glukoside Coniferin (*1*) und Syringin (*2*) werden im Kambium gebildet. Bei Gegenwart einer Glukosidase wird Glukose abgetrennt, und es entstehen der Coniferylalkohol aus dem Coniferin und der Sinapinalkohol aus dem Syringin. Die beiden Vorläuferkomponenten unterscheiden sich in der Anzahl phenolischer Methoxylgruppen. – Laubholzlignin hat einen höheren Methoxylgehalt als Koniferenlignin. – Während im Koniferenlignin der Coniferylalkohol als einziger Baustein auftritt, wird das Laubholzlignin aufgebaut aus Coniferylalkohol und Sinapinalkohol etwa im Verhältnis 1,0:0,9. Der Sinapinalkohol ist ein Spaltprodukt des Syringins. Syringin unterscheidet sich von Coniferin durch eine zweite phenolische Methoxylgruppe; damit ist die Erklärung für den höheren Methoxylgehalt des Laubholzlignins gegeben.

277   Inkrusten

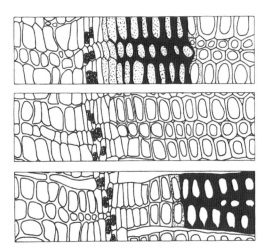

Abbildung 159   Schematische Darstellung des Lignifizierungsvorgangs (nach K. FREUDENBERG 1954). In den drei gleichen Abschnitten der erweiterten kambialen Zone einer Konifere wird im mittleren Bild das unberührte Gewebe gezeigt. Im oberen Bild wird die im Xylemmutterzellengewebe sowie im jungen Xylem vorkommende β-Glucosidase nachgewiesen, welche Coniferin in Coniferylalkohol spaltet. (Dargestellt am Glukosid Indican, aus dem nach der Spaltung der blau gefärbte Indigo hervorgeht.) Das untere Bild demonstriert die Phloroglucinreaktion des Lignins.

den, so muss eine *Glukosidase* zugegen sein. Tatsächlich gelingt es, in den kambiumnahen Geweben eine *β-Glukosidase* nachzuweisen, die allerdings nur in einzelnen Zellen oder Gewebegruppen vorkommt. Diese β-Glukosidase spaltet das Glukosid Coniferin auf in Glukose und in den für die Ligninbildung wichtigen Coniferylalkohol, der dann dehydriert wird und zu Lignin polymerisiert. K. FREUDENBERG (1954) hat eine eindrückliche Methode zum Nachweis der β-Glukosidase gefunden: Er verwendet dazu ein anderes Glukosid, das nahezu farblose *Indican*. In Gegenwart von β-Glukosidase wird das Indican ebenfalls aufgespalten in Glukose und in das wasserlösliche, kaum gefärbte *Indoxyl*. Bei Einwirkung von Luftsauerstoff verwandelt sich das Indoxyl in kurzer Zeit in den tiefblau gefärbten *Indigo*. Behandelt man frische Schnitte von Geweben, die sich in Verholzung befinden, mit Indicanlösung, so werden diejenigen Stellen, in denen β-Glukosidase zugegen ist, tiefblau gefärbt; damit gelingt ein schöner Nachweis für die Vorgänge im ersten System der Ligninbildung. Eine der bekanntesten spezifischen Ligninreaktionen ist das Anfärben von verholztem Gewebe mit Phloroglucinlösung und Salzsäure. Werden in Geweben, die in Verholzung begriffen sind, sowohl die Indican- als auch die Phloroglucinreaktion durchgeführt, so gewinnt man Ergebnisse, wie sie in Abbildung 159 schematisch dargestellt sind. Dieses Bild enthält drei nebeneinander liegende Gewebeausschnitte von Koniferenholz mit dem Kambium, das an den dünnwan-

digen Zellen und den Zellkernen zu erkennen ist und links und rechts davon
einige Zellreihen von Phloem- und Xylemgewebe: Im mittleren Bildausschnitt
ist unbehandeltes Gewebe dargestellt. Im unteren Bildabschnitt wird die Phloroglucinreaktion angedeutet. Sie zeigt an, welche Xylemzellen schon verholzt
sind. Die Zellwände sind in diesem Bereich kirschrot angefärbt. Im oberen
Bildabschnitt findet man Angaben über die Indicanreaktion; wie es schon erwähnt worden ist, lokalisiert die Indicanreaktion die Glukosidasenvorkommen
und damit den Ort, wo Coniferin in Coniferylalkohol aufgespalten wird. Der
Vorgang der Verholzung wird somit deutlich: Coniferin wird im Kambium erzeugt und dort sowie in den umliegenden Zellen angereichert; es diffundiert
vom Kambium weg und trifft in den noch wenig differenzierten Zellen, deren
Zellwände hauptsächlich aus Zellulose und Hemizellulose bestehen, auf die
Glukosidase; diese wandelt das Coniferin in Glukose und Coniferylalkohol um.
Der Coniferylalkohol wird von den wasserstoffentziehenden Enzymen in Lignin umgebaut, das nunmehr die Zwischenräume in den Fibrillen und zwischen
ihnen ausfüllt.

3.413   Konstitution des Lignins

Lignin ist nach den Darstellungen der Biosynthese ein hochpolymerer Stoff.
Die Analysenarbeiten K. FREUDENBERGS (1954) haben ergeben, dass die einzelnen Einheiten des ursprünglichen Coniferylalkohols im Lignin in verschiedenen
Abwandlungen vertreten sind und dass viele Ätherbindungen, aber auch Kohlenstoffverknüpfungen, vorkommen. Ein wirklicher Einblick in die Konstitution des Lignins konnte deshalb erst gewonnen werden, als sich zeigte, dass bei
vorzeitiger Unterbrechung der Ligninbildung in vitro eine grosse Anzahl von
Zwischenstufen auftreten. Es lassen sich papierchromatographisch etwa vierzig
individuelle Substanzen unterscheiden, die alle auf die unterschiedliche Dehydrierung des Coniferylalkohols zurückgeführt werden können. Die Veränderung
des Coniferylalkohols erfolgt durch Wasserstoffentzug am Phenolhydroxyl
(Phenole sind Verbindungen, deren OH-Gruppen direkt am Benzolring sitzen),
was entsprechend den drei verschiedenen Arten zu drei verschiedenen Radika-

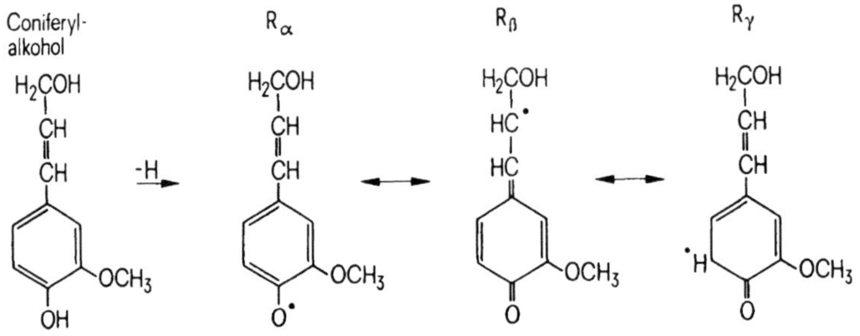

Abbildung 160   Coniferylalkohol und seine drei wichtigsten Radikale R_α, R_β und R_γ (nach K. FREUDENBERG 1960).

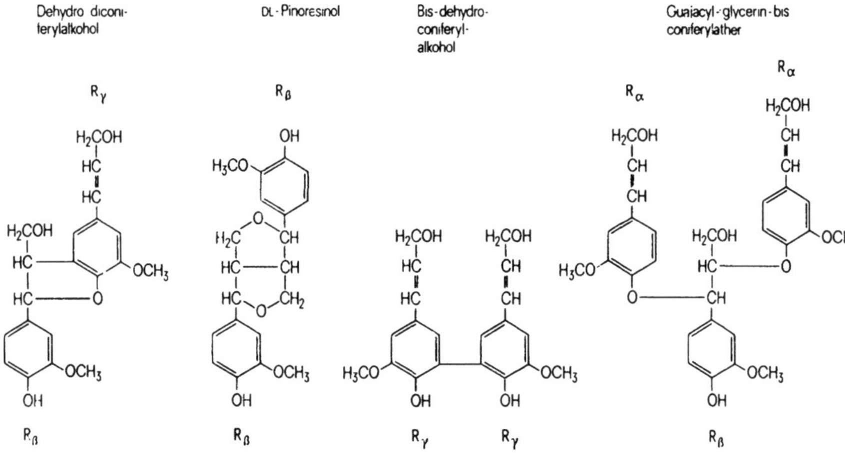

Abbildung 161 Zwischenstufen aus der Ligninsynthese (nach K. Freudenberg 1960). Nach Freudenberg entsteht das Ligninmolekül nicht allein aus einer fortwährenden Addition von einzelnen Coniferylalkohol-Bausteinen zum Ligninkomplex. Es bilden sich vielmehr eine Menge Zwischenstufen, die dem wachsenden Ligninmolekül als ganze Molekülgruppen zugefügt werden: Aus der Verbindung von $R\beta$ mit $R\gamma$ an den Radikalstellen entsteht durch eine weitere Umlagerung Dehydro-diconiferylalkohol. Verbinden sich zwei Radikale $R\beta$ miteinander, so entsteht das DL-Pinoresinol. Zwei Radikale $R\gamma$ miteinander verbunden ergeben den Bis-dehydroconiferylalkohol, und aus der Verbindung von $R\alpha$ mit $R\beta$ entsteht Guajacylglycerin-bis-coniferyläther.

len (Molekülgruppen mit ungerader Elektronenzahl) α, β und γ führt (Abbildung 160), die sich ihrerseits spezifisch umlagern können. Es sind alles Zwischenprodukte der Ligninsynthese, die vorerst höhere Aggregate bilden und schliesslich zum unlöslichen Lignin polymerisieren. Vier der wichtigsten Zwischenprodukte sind in Abbildung 161 dargestellt: Wenn sich ein Radikal R_β mit einem Radikal R_γ an den Radikalstellen verbindet, so entsteht eine wahrscheinlich sehr kurzlebige Verbindung aus zwei ursprünglichen Molekülen des Coniferylalkohols, die durch eine einfache Umlagerung den *Dehydrodiconiferylalkohol* ergibt. Es ist also eine Verbindung von zwei Einheiten Coniferylalkohol minus zwei Atomen Wasserstoff. Verbinden sich zwei Radikale R_β selber miteinander, so entsteht das DL-*Pinoresinol*. Anderseits ergeben zwei Radikale R_γ miteinander verbunden den *Bis-dehydroconiferylalkohol*. Die Verbindung zweier Radikale R_α mit einem Radikal R_β gibt Anlass zur Stabilisierung des Umwandlungsprodukts *Guajacyl-glycerin-bis-coniferyläther*, der durch Wasseranlagerung aus einem Zwischenprodukt entsteht. Alle diese Zwischenprodukte sind Phenole und können der weiteren Dehydrierung durch Laccase unterliegen und damit zu einer Molekülvergrösserung beitragen, die schliesslich zum Ligninmolekül führt. Die Molekülvergrösserung, das heisst die Polymerisation der verschiedenen Zwischenprodukte zum Endprodukt des Lignins, gehorcht

nach K. FREUDENBERG (1954) zwei verschiedenen Prinzipien. Das eine
Prinzip, das wichtigere, ist schon genannt worden: Es handelt sich um das
Prinzip der *Dehydrierungskondensation*, das heisst um eine Polykondensation
der einzelnen phenolischen Bausteine durch Wasserstoffverlust. Das zweite
Bildungsprinzip findet sich in denjenigen Zwischenprodukten, die deutlich als
Additionsprodukte von Coniferylalkohol an Polymolekülen zu verstehen sind.
Das Ligninmolekül wächst nicht sehr schnell, und die Vergrösserung besteht
auch nicht oder nicht allein darin, dass an die vorhandenen Aggregate einzelne
dehydrierte Coniferylalkohole anlagern; das Additionsprinzip zeigt sich vielmehr darin, dass schon vorgebildete grössere Komplexe am Ligninaufbau beteiligt sind. Die beiden Wachstumsprinzipien führen zu einer Verzweigung des
Lignins. Man muss annehmen, dass das Lignin, ähnlich wie etwa Graphit, einen
geschichteten Aufbau besitzt. Diese Bildungsprinzipien des Lignins erleichtern
auch die Vermutung, dass bestimmte phenolische Gruppen des Lignins mit
Gruppen von Kohlenhydraten zusammengekoppelt sind. Die Frage, inwieweit
Lignin chemisch mit der Zellulose oder der Hemizellulose verbunden ist, gehört
allerdings noch zu den umstrittensten Problemen der Holzchemie. Heute ist
man aber, besonders auf Grund der sichergestellten Inkrustierungstheorie des
Lignins, der Ansicht, dass zwar viele Reaktionen zwischen Zellulose und Lignin
allein durch die mechanische Fixierung des Lignins im Zellulosegerüst erklärt
werden können, dass es aber anderseits auch genügend gesicherte Hinweise gibt
für eine Kohlenhydrat-Lignin-Verbindung.
Es ist darauf hingewiesen worden, dass sich das Laubholzlignin vom Koniferenlignin durch den höheren Methoxylgehalt unterscheidet. Die Erklärung hiefür
findet man in der Tatsache, dass im Laubholzlignin neben dem Coniferin auch
das *Syringin* als Ausgangsstoff vorkommt, ein Glukosid, das man zuerst im
Flieder (*Syringa*) isoliert hat. In Abbildung 158 ist Syringin dem Coniferin gegenübergestellt und der vom Syringin abgeleitete Alkohol, der *Sinapinalkohol*,
ebenfalls mit dem Coniferylalkohol konfrontiert. Es ist leicht zu ersehen, dass
sich der Sinapinalkohol durch eine weitere Methoxylgruppe vom Coniferyl-
kohol unterscheidet, sonst aber die genau gleiche Konfiguration aufweist. Versuche, Lignin zu synthetisieren, gelingen eigenartigerweise nur mit Coniferylalkohol oder mit einem Gemisch von Coniferyl- und Sinapinalkohol. Reiner
Sinapinalkohol lässt sich nicht zu einer ligninartigen Substanz kondensieren.
Man ist deshalb der Ansicht, dass das Laubholzlignin ausser Sinapinalkohol
einen gewissen Anteil Coniferylalkohol aufweist. – Nach all diesen Kenntnissen
sollte man erwarten, dass es ein leichtes wäre, eine allgemeine Konstitutionsformel des Lignins zu entwerfen. In allen derartigen Versuchen ist man aber
immer noch stark auf Hypothesen angewiesen, so dass noch weitere Anstrengungen nötig sind, um den Holzstoff chemisch vollständig zu fassen. Aus diesem
Grunde liegen verschiedene Vorschläge für die Darstellung der Ligninkonsti-
tution vor; in Abbildung 162 ist der von FREUDENBERG erarbeitete berücksichtigt.
Im Gegensatz zur kristallinen Zellulose ist das Lignin vollständig amorph, als
aromatische Verbindung aber stark lichtbrechend. Seine hohe UV-Absorption

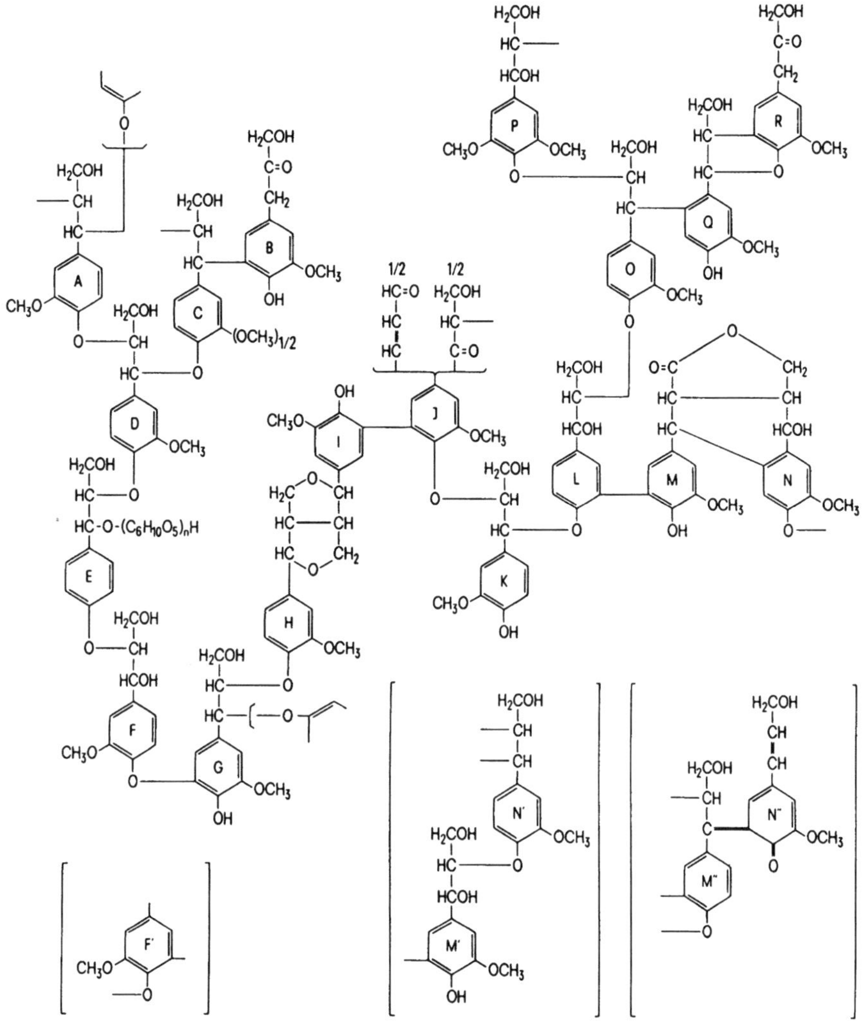

Abbildung 162   Modell der Konstitutionsform des Lignins (nach K. FREUDENBERG 1965). Im dargestellten Molekülausschnitt sind die Aspekte der Biosynthese vor allem berücksichtigt.

und die starke Eigenfluoreszenz sind wohl die wichtigsten Merkmale, die der Biologe zum Studium der Ligninverteilung in der verholzten Zellwand heranziehen kann. In ausgedehnten Untersuchungen konnte zum Beispiel P. W. LANGE (1945) nachweisen, dass das Lignin in der verholzten Zellwand in erster Linie in der Mittellamelle und der angrenzenden Primärwand vorkommt. Diese Mittelschicht wird meist etwa doppelt soviel Lignin enthalten als die angrenzende Sekundärwandschicht. P. W. LANGE (1945) hat aus seinen Untersuchungen gefolgert, dass der Ligningehalt in der sekundären Wandschicht gegen das Lumen hin dauernd abnehme, so dass die tertiäre Wandlamelle am ligninärmsten wäre. Neuere Untersuchungen von F. RUCH und HELEN HENGARTNER (1960) machen wahrscheinlich, dass der Ligningehalt über die ganze Sekundärwandbreite hinweg etwa gleich bleibt und erst in der tertiären Wand steil abfällt. Diese neue Ansicht ist leicht verständlich, weil die sekundäre Wand an sich über die ganze Breite etwa gleich dicht mit Zellulose belegt ist, so dass das Lignin ebenso gleichmässig in allen Wandteilen eingelagert werden kann.

3.42   Kernholzstoffe

In der Umwandlung von Splintholz in Kernholz (Kapitel 1.332) geht neben der Nekrobiose des Speichergewebes auch eine Umlagerung und Inkrustierung einher. Die Biosynthese der sekundären Metabolite (A.C. NEISH 1968) ist in weiten Bereichen vergleichbar mit der Biosynthese des Lignins. Die Beschreibung der chemischen Vorgänge liegt aber ausserhalb der uns hier gestellten Aufgabe, so dass wir auf die in der nachfolgenden Bibliographie genannte Spezialliteratur verweisen.

Abschliessend sollen einige Gedanken des Botanikers NEISH in seiner Formulierung hinzugefügt werden, die über das Chemische hinaus das Lebendige anvisieren und darin Anregung zum Nachdenken sind (A.C. NEISH 1968): "In discussing the origin of lignin, it is convenient to distinguish between primary and secondary metabolism of plants. The primary metabolites may be defined as substances which are common to all living cells and are necessary for such essential processes as the biosynthesis of nucleic acids, lipids, carbohydrates and proteins. On the other hand there are a great many naturally-occurring compounds which are not found in all organisms and which may be termed 'secondary metabolites'. Some of these, which are found only in a few species, include certain terpenes, alkaloids and phenolic compounds. Although these secondary metabolites may be of great value to the plant in which they are found, they are not essential for life. In considering the evolution of lignification, one must also consider the problem of excretion in plants. Even the simplest organisms accumulate unwanted substances which are excreted into the surrounding medium. This process is facilitated by the large surface of microorganisms, in relation to their volume. During evolution, however, as larger and larger organisms were formed, the surface-to-volume ratio became less and less favorable for excretion into the surrounding medium. Animals have solved this problem by development of a complex circulatory system and special organs for elimination of waste products; their waste products are frequently converted to more soluble or less toxic substances prior to excretion. However the higher plants do not have an efficient system for external excretion; they depend primarily on the chemical transformation of metabolic by-products to volatile, insoluble or non-toxic compounds. Excretion can occur from the roots or onto the surface of leaves but, in general, plants retain these secondary substances within their bodies and practise a type of local excretion (H. REZNIK 1960) into vacuoles and cell walls. This probably explains the wide variety of secondary metabolites found in higher plants. Water-soluble substances like anthocyanins may accumulate in vacuoles whereas insoluble phenolic compounds such as lignin may be deposited in the cell walls. It is rather satisfying for a botanist to speculate that the failure of plants to develop a complex system of organs for external excretion as was done by animals, instead of limiting the size of the plant body has actually made possible the evolution of trees, the tallest and most enduring of all living things. This evolution was possible since retention of cinnamic acid derivatives in the plant body set the stage for development of biosynthetic pathways leading to lignin."

Ein derart weites Wissensgebiet, wie es die Chemie des Holzes darstellt, kann in einer *Holzkunde* nur einen eng begrenzten Raum einnehmen. Und in der Darstellung muss die Raffung unwillkürlich darin zum Ausdruck kommen, dass zum Allgemeingut gehörende Erkenntnisse nicht im einzelnen an ihre bibliographischen Quellen gebunden werden. Die nachstehende Liste einiger neuerer Hauptwerke, Monographien und Handbücher, soll deshalb einerseits als pauschale Zitation Unterlassenes nachholen und anderseits dem Interessierten den Zugang zu der in diesen Werken genannten Spezialliteratur öffnen.

BROWNING, B. L. (1963), *The chemistry of wood.*
FREUDENBERG, K., und NEISH, A. C. (1968), *Constitution and biosynthesis of lignin.*
FREY-WYSSLING, A. (1959), *Die pflanzliche Zellwand.*
HÄGGLUND, E. (1951), *Chemistry of wood.*
HERMANS, P. H. (1949), *Physics and chemistry of cellulose fibres.*
HILLIS, W. E. (1962), *Wood extractives.*
HONEYMAN, J. (1959), *Recent advances in the chemistry of cellulose and starch.*
KRATZL, K., und BILLEK, G. (1959), *Biochemistry of wood.*
NOLLER, C. R. (1958), *Chemistry of organic compounds.*
OTT, E., SPURLIN, H. M., und GRAFFLIN, M. W. (1954/55), *Cellulose and cellulose derivatives, Part I, II and III.*
PAECH, K., und TRACEY, M. V. (1955), *Moderne Methoden der Pflanzenanalyse, 2. Band.*
PEARL, I. A. (1967), *The chemistry of lignin.*
SANDERMANN, W. (1956), *Grundlagen der Chemie und chemischen Technologie des Holzes.*
SARKANEN, K. V., und LUDWIG, C. H. (1971), *Lignins: occurrence, formation, structure and reactions.*
TREIBER, E. (1957), *Die Chemie der Pflanzenzellwand.*

4
Anmerkungen

Alles fliesst, ADOLF PORTMANN (1973) schreibt im *Rückblick und Ausblick eines Biologen* zu den Holzschnitten, die sein Buch schmücken: «Auf ihre Weise, in Farbe und Form sprechen auch sie vom stilleren Wandel der Natur, den der Untergrund mit seiner feinen Maserung symbolisiert, und vom Gegensatz des heftigeren Eingriffs, den der Menschengeist bewirkt.» Aus allen Arbeiten PORTMANNS tritt das Interdisziplinäre, das zwischen den Fachgebieten, mehr noch den Wesensgebieten Stehen-Bleibende, Ausschau-Haltende hervor, für den Holzkundler wird es in dieser Schrift am augenfälligsten und zum Erlebnis. Beim Schreiben des zweiten Bandes der *Holzkunde* mit seinem «Zur Biologie, Physik und Chemie des Holzes» Herbeigetragenen ist das Bedürfnis, in verschiedenen Wissens- und Erfahrungsgebieten aufzustöbern und auszukundschaften zur baren Notwendigkeit gewachsen. Es mag den Anschein erwecken, als sei ein eigensinniges Buch entstanden und dem Fachlichen, vor allem dem Technischen sei mit geringem Ernst begegnet worden. Das Gegenteil ist der Fall: Das Fachliche und Technische fordert den ernsthaften Naturwissenschafter von selber auf, und dies mit Nötigung und Drängen, sich auch mit den Geisteswissenschaften auseinanderzusetzen, soweit ihm der Zugang dafür offensteht. Es ist heute im wissenschaftlichen Arbeiten nicht mehr auszukommen, ohne den Auszug ins Fremde zu wagen, dem die Rückkehr ins Eigene folgen muss, um von dem neugewonnen eigenen Standort aus sich das Angeborene wirklich anzueignen. Das Bild des Auszugs und der Rückkehr hat WOLFGANG BINDER (1974) von der geisteswissenschaftlichen Warte aus und in deren Auftrag verwendet, um die Geisteshaltung HÖLDERLINS zu notieren; dass er damit den Naturwissenschafter in seiner Arbeit unmittelbar angesprochen und aufgerufen hat, ist in der Absichtslosigkeit echte Bestätigung.

Alles fliesst, die feine Maserung der Holzschnitte und die heftigeren Formen und Farben, beide Symbole sind Sinnbilder, die auch beim Nachdenken und Verarbeiten von wissenschaftlichem Gedankengut aus der Holzkunde zum Tragen kommen. Es müsste nicht von vornherein so sein, hat ADOLF PORTMANN seine Anschauung doch vorwiegend dem Tierreich zugewendet, die Holzkunde aber handelt von einer kleinen Region des Pflanzenreiches. Und darin ist mir der eine Gedanke wichtig, dass sich die beiden Reiche in den Grundprinzipien des Lebens nahestehen: Die Ehrfurcht vor der belebten Natur gilt der pflanzlichen Form gleichermassen wie der Tierform. Diese Erinnerung darf durchaus in den Alltag hineingenommen werden, in die Alltäglichkeit unserer Umwelt.

Alles fliesst. ADOLF PORTMANN führt den Leser unter dieser HERAKLIT-Erkenntnis in seinen weit über die Fachgebiete spannenden Betrachtungen immer wieder an den Rhein. Das interdisziplinäre Bild, das WOLFGANG BINDER angewendet hat, war seinerseits Einleitung und Grundton in der bearbeitenden Interpretation von HÖLDERLINS Hymne *Der Rhein*. – Und noch etwas freut mich: dass ALBERT GOMM im Birkhäuser Verlag den *Rückblick und Ausblick eines Biologen* und die *Holzkunde,* diesen voller Zögern erledigten Buchauftrag, gestaltet hat.

5
Literaturverzeichnis

ALDER, E., und GIERER, J. (1957), *Lignin*, in TREIBER, E., *Die Chemie der Pflanzenzellwand* (Springer-Verlag, Berlin).
ALVIM, P. DE T. (1964), *Tree growth periodicity in tropical climates*, in ZIMMERMANN, M. H., *The formation of wood in forest trees* (Academic Press, New York), S. 479.
ANDERSON, A. B., SCHEFFER, TH. C., und DUNCAN, CATHERINE G. (1963), *The chemistry of decay resistance and its decrease with heartwood aging in incense cedar (Libocedrus decurrens Torrey)*, Holzforschung *17*, 1–5.
Anonym (1955), *Wood Handbook*, Agriculture Handbook No. 72, U.S. Dept. of Agriculture, Forest Prod. Lab.
Anonymus (1952), *Richtlinien zur Untersuchung von Holz. 1. Teil: Allgemeine Bezeichnungen und Begriffe, 2. Teil: Untersuchungen zur materialtechnischen Charakterisierung von Rundholz und Schnittware*, EMPA, Zürich.
BACH, C., und BAUMANN, R. (1923), *Elastizität und Festigkeit*, 9. Aufl. (Springer-Verlag, Berlin), 432 S.
BAILEY, I. W. (1920), *The cambium and its derivative tissues. III. A reconnaissance of cytological phenomena in the cambium*, Am. J. Bot. *7*, 417–434.
BAILEY, I. W. (1923), *The cambium and its derivative tissues. IV. The increase in girth of the cambium*, Am J. Bot. *10*, 499–509.
BAILEY, I. W. (1930), *The cambium and its derivative tissues. V. A reconnaissance of the vacuole in living cells*, Z. Zellforsch. mikrosk. Anat. *10*, 651–682.
BAMBER, R. K. (1961), *Staining reaction of the pit membran of wood cells*, Nature *191*, 409–410.
BANNAN, M. W. (1941), *Variability in wood structure in roots of native Ontario conifers*, Bull. Torrey Bot. Club *68/3*, 173–194.
BANNAN, M. W. (1950), *The frequency of anticlinal divisions in the fusiform cambial cells of Chamaecyparis*, Am. J. Bot. *37*, 511–519.
BANNAN, M. W. (1951), *The reduction of fusiform cambial cells in Chamaecyparis and Thuja*, Can. J. Bot. *29*, 57–67.
BANNAN, M. W. (1955), *The vascular cambium and radial growth in Thuja occidentalis L.*, Can. J. Bot. *33*, 113–138.
BANNAN, M. W. (1957), *Girth increase in white cedar stems of irregular form*, Can. J. Bot. *35*, 425–434.
BANNAN, M. W. (1957a), *The relative frequency of the different types of anticlinal divisions in conifer cambium*, Can. J. Bot. *35*, 875–884.
BANNAN, M. W. (1964), *Tracheid size and anticlinal divisions in the cambium of Pseudotsuga*, Can. J. Bot. *42*, 603–631.
BANNAN, M. W. (1966), *Spiral grain and anticlinal divisions in the cambium of conifers*, Can. J. Bot. *44*, 1515–1538.
BANNAN, M. W., und BAYLY, ISABEL L. (1956), *Cell size and survival in conifer cambium*, Can. J. Bot. *34*, 769–776.
BARGHOORN, E. S. (1964), *Evolution of cambium in geologic time*, in ZIMMERMANN, M. H., *The formation of wood in forest trees* (Academic Press, New York), 562 S.
BARISKA, M. (1959), *Die Anatomie des Wurzelholzes von Fraxinus excelsior L. auf verschiedenen Standorten*, Diplomarbeit ETHZ (unveröffentlicht).
BARISKA, M. (1966), *Über den Einfluss der Teerölimprägnierung auf das Schwindverhalten von Buchenholz*, Holz Roh- u. Werkstoff *24*, 18–24.

BARISKA, M., und BOSSHARD, H. H. (1974), *Einfluss des Kambiumalters auf die Xylembildung, dargestellt an Merkmalen der Mikrozugfestigkeit von Buchenholz*, Holz Roh- u. Werkstoff *32*/1, 19–23.

BARKAS, W. W. (1938), *Recent work on the moisture in wood in relation to strength and shrinkage*, Forest Prod. Res. Lab. Spec. Rep. 4 (London).

BARKAS, W.W. (1945), *Swelling stresses in gels*, Gt. Brit. Dept. Sci. Ind. Res. For. Prod. Res. Spec. Rep. 6 (London).

BARKAS, W. W. (1949), *The swelling of wood under stress*, Gt. Br. Dep. Sci. Industr. Res. For. Prod. Res. (London).

BAUCH, J., LIESE, W., und ECKSTEIN, D. (1967), *Über die Altersbestimmung von Eichenholz in Norddeutschland mit Hilfe der Dendrochronologie*, Holz Roh- u. Werkstoff *25*, 285–291.

BERGER, K. (1966), mündliche Mitteilung.

BINDER, W. (1974), *Seminar zu Hölderlins Rhein-Hymne*, anlässlich der 13. Jahresversammlung der Hölderlin-Gesellschaft in Winterthur (Mündliche Mitteilung).

BISSET, I. J. W., und DADSWELL, H. E. (1949), *The variation of fibre length within one tree of Eucalyptus regnans F.v.U.*, Aust. For. *13*, 86–96.

BISSET, I. J. W., und DADSWELL, H. E. (1950), *The variation in cell length within one growth ring of certain angiosperms and gymnosperms*, Aust. For. *14*, 17–29.

BISSET, I. J. W., DADSWELL, H. E., und WARDROP, A. B. (1951), *Factors influencing tracheid length in conifer stems*, Aust. For. *15*, 17–30.

BJÖRKMAN, A. (1956), *Studies on finely divided wood. Part I. Extraction of lignin with solvents*, Svensk Papperstidning *59*/13, 477–485.

BLUM, W. (1970), *Über die experimentelle Beeinflussung der Reaktionsholzbildung bei Fichten und Pappeln*, Ber. Schweiz. Bot. Ges. *80*, 225–252.

BLUM, W., und MEIER, H. (1967), *Über die Reaktionsholzbildung bei Fichten*, Verh. Schweiz. Naturf. Ges., S. 136–139.

BÖHLMANN, D. (1970), *Anatomisch-histologische Untersuchungen im Bereich der Astabzweigungen bei Nadel- und Laubbäumen. I. Die Verhältnisse im Abzweigungsbereich der Langtriebe von Nadelbäumen*, Allg. Forst- u. Jagdztg *141*/7, 134–140. *II. Die Verhältnisse im Abzweigungsbereich der Kurztriebe von Larix und Pinus*, Allg. Forst- u. Jagdztg *141*/10, 189–193. *III. Die Abzweigungsverhältnisse bei Quercus robur L. und Populus Sektion Aigeiros*, Allg. Forst- u. Jagdztg *141*/11, 224–230. *IV. Die Abzweigungsverhältnisse bei Juglans, Betula und Fagus und ihre Zuordnung zu Abzweigungstypen*. Allg. Forst- u. Jagdztg *141*/12, 245–250.

BOLLARD, E. G. (1958), *Nitrogenous compounds in tree xylem sap*, in THIMANN, K. V., *The physiology of forest trees* (Ronald Press, New York), S. 83–93.

BOSSHARD, H. H. (1951), *Variabilität der Elemente des Eschenholzes in Funktion von der Kambiumtätigkeit*, Schweiz. Z. Forstw. *102*, 1–18.

BOSSHARD, H. H. (1952), *Elektronenmikroskopische Untersuchungen im Holz von Fraxinus excelsior L.*, Ber. Schweiz. Bot. Ges. *62*, 483–508.

BOSSHARD, H. H. (1953), *Der braune Kern der Esche*, Holz Roh- u. Werkstoff *11*, 349–353.

BOSSHARD, H. H. (1955), *Zur Physiologie des Eschenbraunkerns*, Schweiz. Z. Forstw. *106*, 592–612.

BOSSHARD, H. H. (1956), *Über die Anisotropie der Holzschwindung*, Holz Roh- u. Werkstoff *14*, 285–294.

BOSSHARD, H. H. (1956a), *Über eine neue Methode zur Messung der Schwindungsanisotropie im Holz*, Naturwissenschaften *43*, S. 54–55.

BOSSHARD, H. H. (1957), *The influence of the middle-lamella system on the shrinkage of wood*, Composite Wood *4*, 17–22.

BOSSHARD, H. H. (1961), *The influence of the microscopic and submicroscopic structure on the anisotropic shrinkage of wood*, Recent Advances in Botany, Univ. of Toronto Press, S. 1714–1720.

BOSSHARD, H. H. (1961a), *Strukturvergleich an Fichtenholz verschiedener Standorte*, Schweiz. Z. Forstw. *112*, 317–332.

BOSSHARD, H. H. (1965), *Mosaikfarbkernholz in Fagus silvatica L.*, Schweiz. Z. Forstw, *116*, 1–11.
BOSSHARD, H. H. (1965a), *Aspects of the aging process in cambium and xylem*, Holzforschung *19*, 65–69.
BOSSHARD, H. H. (1966), *Aspekte der Alterung in Waldbäumen*, Schweiz. Z. Forstw. *117*, 168–175.
BOSSHARD, H. H. (1966a), *Notes on the biology of heartwood formation*, IAWA-Bulletin, Heft 1, 11–14.
BOSSHARD, H. H. (1967), *Über die fakultative Farbkernbildung*, Holz Roh- u. Werkstoff *25*, 409–416.
BOSSHARD, H. H. (1968), *On the formation of facultatively coloured heartwood in Beilschmiedia tawa*, Wood Sci. Technol. 2, 1–12.
BOSSHARD, H. H. (1974), *Holzkunde, Bd. 1: Mikroskopie und Makroskopie des Holzes* (Birkhäuser-Verlag, Basel), 224 Seiten.
BOSSHARD, H. H. (1974a), *Gedanken zur mikrotechnologischen Holzforschung*, Holz Roh- u. Werkstoff *32*, 167–168.
BOSSHARD, H. H., KUČERA, L. (1973), *Über Anfangs- und Endzonen der Jahrringe*, Holz Roh- u. Werkstoff *31*, 484–486.
BOSSHARD, H. H., und KUČERA, L. (1973), *Die dreidimensionale Strukturanalyse des Holzes. 1. Mitt.: Die Vernetzung des Gefäßsystems in Fagus silvatica L.*, Holz Roh- u. Werkstoff *31*, 437–445.
BOSSHARD, H. H., und MEIER, B. (1969), *Über den Einfluss von Blitzeinwirkungen auf Fichten*, Schweiz. Z. Forstw. *120*, 476–485.
BOSSHARD, H. H., KUČERA, L. und STOCKER, URSULA (1978), *Gewebe-Verknüpfungen in Quercus robur L.*, Schweiz. Z. Forstw. *129*/3, 219–242.
BOSSHARD, H. H., KUČERA, L. J. und STOCKER, URSULA (1982), *Das Gefäss-System im präjuvenilen Holz von Fraxinus excelsior L.*, Vjschr. Naturf. Ges. Zürich *127*/1, 29–48.
BOUTELJE, J. B. (1966), *On the anatomical structure, moisture content, density, shrinkage, and resin content of the wood in and around knots in Swedish pine (Pinus silvestris L.) and in Swedish spruce (Picea abies Karst.)*, Svensk Papperstidning *69*, 1–10.
BOUTELJE, J. B. (1972), *On the relationship between structure and shrinkage and swelling of the wood in Swedish pine (Pinus silvestris) and spruce (Picea abies)*, Svensk Papperstidning *75*, 1–6.
BOYSEN-JENSEN, P. (1932), *Die Stoffproduktion der Pflanzen* (Gustav-Fischer-Verlag, Jena).
BRACONNOT, M. H. (1825), *Nouvelles observations sur l'acide pectique*, Ann. Chim. 2e sér. *30*, 96.
BRAUN, A. (1854), *Über den schiefen Verlauf der Holzfasern und die dadurch bedingte Drehung der Bäume*, Verh. Akad. Wiss.
BRAUN, H. J. (1967), *Entwicklung und Bau der Holzstrahlen unter dem Aspekt der Kontakt-Isolations-Differenzierung gegenüber dem Hydro-System. I. Das Prinzip der Kontakt-Isolations-Differenzierung*, Holzforschung *21*, 33–37.
BRAUNS, F. E. (1952), *The chemistry of lignin* (Acad. Press, New York).
BRILLIÉ, H. (1919; zit. nach KOLLMANN, F. F. P., und CÔTÉ, W. A., jr., 1968), *Principles of wood science and technology. I. Solid wood* (Springer-Verlag, Berlin–Heidelberg–New York), 592 S.
BRINELL, J. A. (1900), *Ein Verfahren zur Härtebestimmung nebst einigen Anwendungen desselben*. Zitiert nach KOLLMANN, F. (1951), *Technologie des Holzes und der Holzwerkstoffe*, Bd. 1, 2. Aufl. (Springer-Verlag, Berlin), 1048 S.
BROWN, C. L. (1971), *Secondary growth*, in ZIMMERMANN, M. H., und BROWN, C. L., *Trees structure and function* (Springer-Verlag, New York), 336 S.
BROWNE, F. L. (1957), *Swelling of spring wood and summer wood in softwood*, Forest Prod. J. *8*/11, 416–424.
BROWNING, B. L. (1963), *The chemistry of wood* (Interscience Publ., New York, London.)
BRUNAUER, S., EMMETT, P. H., und TELLER, E. (1938), *Adsorption of gases in multimolecular layers*, J. Am. Chem. Soc. *60*, 309–319.

BUCHER, H. (1960), *Über morphologische Untersuchungen in der Holzchemie und die Diffusion von Flüssigkeiten in Fichtenholz*, Schweiz. Z. Forstw. Beiheft 30, 21–31.
BURGER, H. (1941), *Der Drehwuchs bei den Holzarten. I. Mitteilung: Drehwuchs bei Fichte und Tanne*, Mitt. Schweiz. Anst. forstl. Versuchsw. 22, 142–163.
BURGER, H. (1945), *Holz, Blattmenge und Zuwachs. VII. Mitteilung: Blattgewicht und Zuwachs bei Lärche*, Mitt. Schweiz. Anst. forstl. Versuchsw. 24, 69–90.
BURGER, H. (1946), *Der Drehwuchs bei Birn- und Apfelbäumen*, Schweiz. Z. Forstw. 97, 1–6.
BURGER, H. (1947), *Holz, Blattmenge und Zuwachs. VIII. Mitteilung: Die Eiche*, Mitt. Schweiz. Anst. forstl. Versuchsw. 25, 211–279.
BURGER, H. (1948), *Holz, Blattmenge und Zuwachs. IX. Mitteilung: Die Föhre*, Mitt. Schweiz. Anst. forstl. Versuchsw. 25, 435–492.
BURGER, H. (1950), *Holz, Blattmenge und Zuwachs. X. Mitteilung: Die Buche*, Mitt. Schweiz. Anst. forstl. Versuchsw. 26, 419–467.
BURGER, H. (1951), *Holz, Blattmenge und Zuwachs. XI. Mitteilung: Die Tanne*, Mitt. Schweiz. Anst. forstl. Versuchsw. 27, 246–285.
BURGER, H. (1952), *Holz, Blattmenge und Zuwachs. XII. Mitteilung: Fichten im Plenterwald*, Mitt. Schweiz. Anst. forstl. Versuchsw. 28, 109–155.
BURGER, H. (1953), *Holz, Blattmenge und Zuwachs. XIII. Mitteilung: Fichten im gleichalterigen Hochwald*, Mitt. Schweiz. Anst. forstl. Versuchsw. 29, 41–129.
BÜSGEN, M., und MÜNCH, E. (1927), *Bau und Leben der Waldbäume*, 3. Aufl. (Gustav-Fischer-Verlag, Jena).
CATESSON, ANNE-MARIE (1964), *Origine, fonctionnement et variations cytologiques saisonnières du cambium de l'Acer pseudoplatanus L. (Acéracées)*, Ann. Sci. Nat. (Bot.) 12e sér. 5, 229–498.
CHALK, L. (1930), *The formation of spring- and summer-wood in ash and douglas fir.*, Oxford Forestry Memoirs 10, 15–19.
CHANG, Y. P. (1954), *Anatomy of common North American pulpwood barks*, Tappi Monogr. Ser.14.
CHASE, W. W. (1934), *The composition, quantity, and physiological significance of gases in tree stems*, Univ. of Minnesota, Agricult. Exp. Station, Technical Bull. 99, 51 S.
CHATTAWAY, MARGARET M. (1936), *Relation between fibre and cambial initial length in dicotyledonous woods*, Tropical Woods 46, 16–20.
CHATTAWAY, MARGARET M. (1949), *The development of tyloses and secretion of gum in heartwood-formation*, Aust. J. Sci. Res. Ser. B 2/3, 227–240.
CHATTAWAY, MARGARET M. (1952), *The sapwood-heartwood transition*, Aust. For. 16, 25–34.
CHOW, K. Y. (1947), *A comparative study of the structure and chemical composition of tension wood and normal wood in beech (Fagus silvatica L.)*, Forestry 20, 62–77.
CHRISTENSEN, G. W., und KELSEY, K. E. (1959), *Die Geschwindigkeit der Wasserdampfsorption durch Holz*, Holz Roh- u. Werkstoff 17, 189.
COSTER, CH. (1927), *Zur Anatomie und Physiologie der Zuwachszonen- und Jahrringbildung in den Tropen*, Ann. Jard. bot. Buitenz. 37, 49–160.
CÔTÉ, W. A., jr., SIMSON, B. W., und TIMELL, T. E. (1966), *Studies on compression wood*, Svensk Papperstidning 69, 547–558.
COURTOIS, H., ELLING, W., und BUSCH, A. (1964), *Einfluss von Jahrringbreite und Alter auf den mikroskopischen Bau von Trauben- und Stieleichenholz*, Forstwiss. ZentBl.83, 181–191.
CZANINSKI, YVETTE (1970), *Etude cytologique de la différenciation cellulaire du bois de Robinier. I. Différenciation des vaisseaux*, J. Microsc. 7, 1051–1068.
DADSWELL, H. E., und WARDROP, A. B. (1949), *What is reaction wood?* Aust. For. 13, 22–33.
DAUBE, W. (1883), *Elementare Zusammensetzung und Aschengehalt von Splint- und Kernholz*, Forstl. Blätter 20, 392.
DIETRICHS, H. H. (1964), *Das Verhalten von Kohlenhydraten bei der Holzverkernung*, Holzforschung 18, 13–24.
DINWOODIE, J. M. (1961), *Tracheid and fibre length in timber, a review of literature*, Forestry 34, 125–144.
DODD, J. D. (1948), *On the shape of cells in the cambial zone of Pinus silvestris L.*, Am. J. Bot. 35, 666–682.

DOUGLASS, A. E. (1919), *Climatic cycles and tree growth* (Carn. Inst. Washington).
DUFF, H. G., und NOLAN, NORAH J. (1953), *Growth and morphogenesis in the Canadian forest species. I. The controls of cambial and apical activity in Pinus resinosa Ait*, Can. J. Bot. *31*, 471–513.
DUHAMEL DU MONCEAU, M. (1758), *La physique des arbres* (Verlag H. L. Guerin et L. F. Delatour, Paris), 1. Teil: 306 S., 2. Teil: 432 S.
ECKSTEIN, D., und BAUCH, J. (1969), *Beitrag zur Rationalisierung eines dendrochronologischen Verfahrens und zur Analyse seiner Aussagesicherheit*, Forstwiss. ZentBl. *88*, 230–250.
ECKSTEIN, D., BAUCH, J., und LIESE, W. (1970), *Aufbau einer Jahrringchronologie von Eichenholz für die Datierung historischer Bauten in Norddeutschland*, Holzzentralblatt *96*/45.
ESAU, KATHERINE (1953), *Plant anatomy* (John Wiley & Sons Inc., New York), 735 S.
ESAU, KATHERINE (1960), *Anatomy of seed plants* (John Wiley & Sons, New York).
ESAU, KATHERINE (1969), *The phloem* (Gebr. Borntraeger, Berlin), 505 S.
ESAU, KATHERINE, CHEADLE, V. J., und GILL, R. H. (1966), *Cytology of differentiating tracheary elements. I. Organelles and membrane systems*, Am. J. Bot. *53*, 756–764.
FABRICIUS, L. (1932), *Ein merkwürdiger Fall von Rotholzbildung*, Forstw. ZentBl. *51*, 422.
FAHN, A. (1967), *Plant anatomy*. Pergamon Press, Oxford.
FENGEL, D., und STOLL, M. (1973), *Über die Veränderungen des Zellquerschnitts, der Dicke der Zellwand und der Wandschichten von Fichtenholz-Tracheiden innerhalb eines Jahrringes*, Holzforschung *27*, 1–7.
FISCHER, K. (1935): *Neues Verfahren zur massanalytischen Bestimmung des Wassergehaltes von Flüssigkeiten und festen Körpern*, Angew. Chem. *48*, 394.
FORD, J., und PEEL, A.J. (1966), *The contributory length of sieve tubes in isolated segments of willow, and the effect on it of low temperatures*, J. exp. Bot. *17*, 522–533.
FRANZ, G. (1972), *Polysaccharidmetabolismus in den Zellwänden wachsender Keimlinge von Phaseolus aureus*, Planta (Berl.) *102*, 334–347.
FREUDENBERG, K. (1954), *Neuere Ergebnisse auf dem Gebiete des Lignins und der Verholzung*, Fortschr. Chem. org. NatStoffe *11*/43.
FREUDENBERG, K. (1960), *Entstehung des Holzes und des Lignins*, Holz Roh- u. Werkstoff *18*, 282–287.
FREUDENBERG, K. (1967), zit. nach PEARL, I. A. (1967), *Annual review of lignin chemistry*, For. Prod. Journ. *17*/2, 23–32, 58–68.
FREUDENBERG, K., und NEISH, A. C. (1968), *Constitution and biosynthesis of lignin* (Springer-Verlag, Berlin–Heidelberg–New York), 129 S.
FREY-WYSSLING, A. (1935), *Die Stoffausscheidung der höheren Pflanzen* (Springer-Verlag, Berlin), 378 S.
FREY-WYSSLING, A. (1937), *Über die submikroskopische Morphologie der Zellwände*, Ber. dt. bot. Ges. *55*, 119.
FREY-WYSSLING, A. (1940), *Die Ursache der anisotropen Schwindung des Holzes*, Holz Roh- u. Werkstoff *3*, 349.
FREY-WYSSLING, A. (1943), *Weitere Untersuchungen über die Schwindungsanisotropie des Holzes*, Holz Roh- u. Werkstoff *6*, 197.
FREY-WYSSLING, A. (1945), *Ernährung und Stoffwechsel der Pflanzen* (Büchergilde Gutenberg, Zürich), 295 S.
FREY-WYSSLING, A. (1954), *The fine structure of cellulose microfibrils*, Science *119*, 80.
FREY-WYSSLING, A. (1959), *Die pflanzliche Zellwand* (Springer-Verlag, Berlin), 367 S.
FREY-WYSSLING, A. (1974), *Ultrastructure research in biology before the introduction of the electron microscope*. Journal of Microscopy *100*, Pt. 1, S. 21–34.
FREY-WYSSLING, A., und BOSSHARD, H. H. (1959), *Cytology of ray cells in sapwood and heartwood*, Holzforschung *13*, 128–137.
FREY-WYSSLING, A., und BOSSHARD, H. H. (1964), *Multilingual glossary of terms used in wood anatomy – German version* (Verlagsanst. Buchdruckerei Konkordia, Winterthur).
FRIEDRICH, J. (1897), *Über den Einfluss der Witterung auf den Baumzuwachs*, Mitt. forstl. VersWes. Öst. *22*, 359–482.

FRITZSCHE, R. (1948), *Untersuchungen über die Jugendformen des Apfel- und Birnbaumes und ihre Konsequenzen für die Unterlagen und Sortenzüchtung*, Ber. Schweiz. Bot. Ges. *58*, 207–267.
FURRER, W., und LAUBER, A. (1972), *Raum- und Bauakustik, Lärmabwehr* (Birkhäuser-Verlag, Basel und Stuttgart), 282 S.
FUTÓ, L. P. (1974), Trocknungsmikroskop: persönliche Mitteilung.
GÄUMANN, E. (1935), *Der Stoffhaushalt der Buche (Fagus silvatica L.) im Laufe eines Jahres*. Aus dem Institut für spezielle Botanik, ETH Zürich.
GÄUMANN, E. (1951), *Pflanzliche Infektionslehre* (Birkhäuser-Verlag, Basel), S. 550–551.
GAYER, K. (1888), *Die Forstbenutzung*, 7. Aufl. (Verlag von Paul Parey, Berlin), 614 S.
GIBBS, R. D. (1957), *Patterns in the seasonal water content of trees*, in THIMANN, K. V., *The physiology of forest trees* (The Ronald Press Comp., New York).
GOETHE, J. W. (1817), *Bildung und Umbildung organischer Naturen. Zur Morphologie, Bd. 1, Heft 2*, Gedenkausgabe der Werke, Briefe und Gespräche (hrsg. von ERNST BEUTLER; Artemis-Verlag, Zürich), Bd. 17, S. 11.
GOETHE, J. W. (1820), *«Freundlicher Zuruf» in Nacharbeiten und Sammlungen. Zur Morphologie. Bd. 1, Heft 2*, Gedenkausgabe der Werke, Briefe und Gespräche (hrsg. von ERNST BEUTLER, Artemis-Verlag, Zürich), Bd. 17, S. 107.
GOETHE, J. W. (1820a), *Gesichte botanischer Studien: Nacharbeiten und Sammlungen, Zur Morphologie Bd. 1, Heft 2*, Gedenkausgabe der Werke, Briefe und Gespräche (hrsg von ERNST BEUTLER; Artemis-Verlag, Zürich), Bd. 17, S. 102.
GOETHE, J. W. (1831), *Über die Spiraltendenz der Vegetation*, Gedenkausgabe der Werke, Briefe und Gespräche (hrsg. von ERNST BEUTLER; Artemis-Verlag, Zürich), Bd. 17, S. 153.
GÖHRE, K. (1958), *Die Douglasie und ihr Holz* (Akademie-Verlag, Berlin), 595 S.
GÖHRE, K., WAGENKNECHT, E. (1955), *Die Roteiche und ihr Holz* (Deutscher Bauernverlag, Berlin), 300 S.
GOTTLIEB, E. (1883), *Untersuchung über die elementare Zusammensetzung einiger Holzsorten in Verbindung mit calorimetrischen Versuchen über ihre Verbrennungsfähigkeit*, J. Prakt. Chemie *28/2*, 385–421.
GOUVENTAK, CORNELIA A., und MAAS, A. L. (1940), *Kambiumtätigkeit und Wuchsstoffe*, Med. Landbowhogeschool Wageningen *44/1*, 1–16.
GUSTAFSSON, CH., SUNDMAN, J., PETTERSSON, ST., LINDH, TH. (1951), *The carbohydrates in some species of wood*, Papper Trä *63*, 300–301.
HÄGGLUND, E. (1951), *Chemistry of wood* (Academic Press, New York), 631 S.
HALLER, P. (1957), *Thermische und Diffusionsvorgänge in Aussenwänden. Ergebnisse der Messungen an Versuchshäuschen auf dem EMPA-Areal in Schlieren in den Jahren 1953 bis 1957*, EMPA-Zürich, 14. Sept. 1957, S. 1–26.
HARRIS, J. M. (1952), *Discontinuous growth layers in Pinus radiata*, F. P. R. Notes New Zealand *7/4*.
HARRIS, J. M., persönliche Mitteilung (1966).
HARRIS, J. M. (1969), *On the cause of spiral grain in corewood of radiata pine*, New Zealand J. Bot. *7*, 189–213.
HARTIG, R. (1901), *Holzuntersuchungen, Altes und Neues* (Springer-Verlag, Berlin), 468 S.
HARTIG, R., und WEBER, R. (1888): *Das Holz der Rotbuche in anatomisch-physiologischer, chemischer und forstlicher Richtung* (Springer-Verlag, Berlin).
HARTIG, TH. (1837), *Vergleichende Untersuchungen über die Organisation des Stammes der einheimischen Waldbäume*, Jber. Fortschr. forstw. forstl. Naturk. *1*, 125–168.
HARTIG, TH. (1853), *Über die Entwicklung des Jahrringes der Holzpflanzen*, Bot. Ztg *11*, 553–579.
HARTMANN, F. (1935), *Untersuchungen über Ursachen und Gesetzmässigkeit exzentrischen Dickenwachstums bei Nadel- und Laubbäumen*, Forstwiss. ZentBl. *54*, 497–517, 547–566 und 622–634.
HARTMANN, F. (1942), *Das statische Wuchsgesetz bei Nadel- und Laubbäumen. Neue Erkenntnis über Ursache, Gesetzmässigkeit und Sinn des Reaktionsholzes* (Springer-Verlag, Wien), 111 S.

HASEGAWA, M., und SHIROYA, M. (1965), *The formation of phenolic compounds at the sapwood-heartwood boundary*, Proc. Meeting Sect. 41, IUFRO, Melbourne *I*.
HAWORTH, W. N., und MACHEMER, H. (1932), *Polysaccharids. Part X. Molecular structure of cellulose*, J. Chem. Soc. Part II, S. 2270–2277.
HEITLER, W. (1970), *Der Mensch und die naturwissenschaftliche Erkenntnis*, 1. Nachdruck (Friedr. Vieweg & Sohn GmbH, Braunschweig), 96 S.
HEJNOWICZ, Z. (1961), *Anticlinal divisions, intrusive growth and loss of fusiform initials in nonstoried cambium*, Acta Soc. Bot. Pol. *30*, 729–748.
HENGLEIN, F. A. (1955), *Pektine*, in *Moderne Methoden der Pflanzenanalysen*, 2. Bd. (hrsg. von K. PAECH und M. V. TRACEY; Springer-Verlag, Berlin–Göttingen–Heidelberg), S. 226–263.
HERMANS, P. H. (1949), *Physics and chemistry of cellulose fibres with particular reference of rayon* (Elsevier Publ. Co. Inc., New York), 534 S.
HIGUCHI, T., FUKAZAWA, K., und SHIMADA, M. (1967), *Biochemical studies on the heartwood formation*, Res. Bull. Coll. Exp. Forests, Hokkaido Univ. *25*, 167–194.
HIGUCHI, T., SHIMADA, M., NAKATSUBO, F., und YAMASAKI, T. (1973), *Biochemical aspects of lignification and heartwood formation*, IUFRO-Division 5, Proceedings, Pretoria.
HILLIS, W. E. (1962), *Wood extractives* (Academic Press, New York–London), 513 S.
HOLDHEIDE, W. (1950), *Anatomie mitteleuropäischer Gehölzrinden*, in FREUND, H., *Handbuch der Mikroskopie in der Technik*, Bd. 5, Teil 1, S. 193–369.
HÖLL, W. (1967), *Physiologische und biochemische Gradienten in den Jahrringen von Stämmen*, Staatsexamensarbeit, Darmstadt.
HÖLL, W. (1970), *Physiologische und biochemische Gradienten in den Jahrringen von Stämmen und Wurzeln von Gymnospermen, ring- und zerstreutporigen Angiospermen*, Diss. Techn. Hochschule Darmstadt (unveröffentlicht).
HÖLL, W. (1972), *Stärke und Stärkenzyme im Holz von Robinia pseudacacia L.*, Holzforschung *26*, 41–45.
HOLZ, D. (1966), *Untersuchungen an Resonanzhölzern, 1. Mitt.: Beurteilung von Fichtenresonanzhölzern auf der Grundlage der Rohdichteverteilung und der Jahrringbreite*, Arch. Forstw. *15*, H. 11/12, 1287–1300.
HOLZ, D. (1967), *Untersuchungen an Resonanzhölzern, 2. Mitt.: Beurteilung von Resonanzholz der Oregon pine (Pseudotsuga menziesii) auf der Grundlage der Rohdichteverteilung über dem Stammquerschnitt sowie des Harzgehaltes*, Arch. Forstw. *16*, H. 1, 37–50.
HOLZ, D. (1967a), *Untersuchungen an Resonanzholz, 3. Mitt.: Über die gleichzeitige Bestimmung des dynamischen Elastizitätsmoduls und der Dämpfung an Holzstäben im hörbaren Frequenzbereich*, Holztechnologie 8/4, 221–224.
HOLZ, D. (1973), *Untersuchungen an Resonanzholz, 5. Mitt.: Über bedeutsame Eigenschaften nativer Nadel- und Laubhölzer im Hinblick auf mechanische und akustische Parameter von Piano-Resonanzböden*, Holztechnologie 14/4, 195–202.
HOLZ, D. (1973), *Akustische Eigenschaften von Resonanzholz*, Holztechnologie 14/2, 113–114.
HOLZ, D., und SCHMIDT, J. (1968), *Untersuchungen an Resonanzholz, 4. Mitt.: Über den Zusammenhang zwischen statisch und dynamisch bestimmten Elastizitätsmoduln und die Beziehungen zur Rohdichte bei Fichtenholz*, Holztechnologie 9/4, 225–229.
HONEYMAN, J. (1959), *Recent advances in the chemistry of cellulose and starch* (Heywood & Company Ltd., London), 358 S.
HÖSTER, H. R., und LIESE, W. (1966), *Über das Vorkommen von Reaktionsgewebe in Wurzeln und Ästen der Dikotyledonen*, Holzforschung *20*/3, 80–90.
HUBER, B. (1941), *Aufbau einer mitteleuropäischen Jahrring-Chronologie*, Mitt. Herm. Göring Akad. dt. Forstwiss. *1*, 110–125.
HUBER, B. (1956), *Die Saftströme der Pflanzen* (Springer-Verlag, Berlin), 126 S.
HUBER, B. (1957), *Eine Fahrt zu den ältesten Bäumen der Erde*, Allg. Forstz. *35/36*.
HUBER, B. (1958), *Recording gaseous exchange under fixed conditions*, in THIMANN, K. V., *The physiology of forest trees* (The Ronald Press Comp., New York), S. 187–195.
HUBER, B., und SCHMIDT, E. (1937), *Eine Kompensationsmethode zur thermo-elektrischen Messung langsamer Saftströme*, Ber. dt. bot. Ges. *55*, 514–529.

HUGENTOBLER, U. (1959), *Die Struktur von Wurzel- und Astholz*, Semesterarbeit ETH, Zürich (unveröffentlicht).
HUGENTOBLER, U. (1960), Praktikumsarbeit (unveröffentlicht).
HUGENTOBLER, U. H. (1965), *Zur Cytologie der Kernholzbildung*, Vjschr. Naturf. Ges. Zürich *110*, 321–342.
HULME, A. C., und JONES, J. O. (1963), *Enzyme chemistry of phenolic compounds* (Pergamon Press, London).
IMMERGUT, E. H. (1963), *Cellulose*, in BROWNING, B. L., *The chemistry of wood* (Interscience Publishers, New York).
JACCARD, P. (1915), *Über die Verteilung der Markstrahlen bei Coniferen*, Ber. dt. bot. Ges. *33*, 492–498.
JACCARD, P., und FREY, A. (1928), *Einfluss von mechanischen Beanspruchungen auf die Zug- und Druckholzelemente*, Jb. wiss. Bot. *68*, 844.
JACOBS, M. R. (1965), *Stresses and strains in tree trunks as they grow in length and width* (Meeting IUFRO-Section 41, Melbourne), Commonwealth of Australia, Dept. of National Development, Forestry and Timber Bureau Leaflet No. 96, S. 3–15.
JACQUIOT, J. (1961), *Note préliminaire sur une maladie du bois de hêtre dans l'Est de la France*, Revue for. fr. *3*, 167–170.
JAHN, E. (1931), *Der Frostkern der Rotbuche*, Z. Forst- u. Jagdw. *63*, 429–443.
JALAVA, C. M. (1933), *Strength properties of Finnish pine (Pinus silvestris)*, Comm. Inst. For. Fenn. *18*.
JANKA, G. (1906), *Die Härte der Hölzer*, Mitt. forstl. VersWes. Öst. *39*.
JAZEWITSCH, WITA VON (1954), *Jahrringchronologie von Ziegenhainer Eichengebälken*, Z. Hess. Gesch. Landesk. *65/66*, 55–71.
KARRER, P. (1925), *Einführung in die Chemie der polymeren Kohlehydrate* (Akad. Verlagsgesellschaft, Leipzig).
KEYLWERTH, R. (1943), *Das Schwinden und seine Beziehung zu Rohwichte und Aufbau des Holzes*, Diss. T. H. Berlin.
KEYLWERTH, R. (1949), *Holztrocknung und Heizwert*, Holzzentralblatt *75/5*, 37.
KIENHOLZ, R. (1934), *Leader, needle, cambial and root growth of certain conifers and their relationships*, Bot. Gaz. *96*, 73–92.
KISSER, J., und LOHWAG, K. (1937), *Histochemische Untersuchungen an verholzten Zellwänden*, Mikrochemie *23*, 51–60.
KLASON, P. (1893), *Bidrag till kännedomen om de kemiska processerna vid sulfitcellulosatillverkningen*, Tek. Tidskr. *23/4*, 49–54.
KNIGGE, W., und SCHULZ, H. (1966), *Grundriss der Forstbenutzung* (Paul-Parey-Verlag, Hamburg und Berlin).
KNUCHEL, H. (1947), *Holzfehler* (Werner-Classen-Verlag, Zürich), 119 S.
KOCH, W. (1957), *Der Tagesgang der Produktivität der Transpiration*, Planta *48*, 418–452.
KOLLMANN, F. (1951), *Technologie des Holzes und der Holzwerkstoffe*, 1. Bd., 2. Aufl. (Springer-Verlag, Berlin), 1048 S.
KOLLMANN, F., und KRECH, H. (1960), *Dynamische Messung der elastischen Holzeigenschaften und der Dämpfung*, Holz Roh- u. Werkstoff *18*, 41–51.
KOLLMANN, F. (1966), *Über die Rohdichte von feuchtem Holz*, Int. Symp. Eberswalde.
KOLLMANN, F. F. P., und CÔTÉ, W. A., Jr. (1968), *Principles of wood science and technology. I. Solid wood* (Springer-Verlag, Berlin–Heidelberg–New York), 592 S.
KRAHMER, R. L., und CÔTÉ, W., A. (1963), *Changes in coniferous wood cells associated with heartwood formation*, Tappi *46*, 42–44.
KRAMER, P. J. (1958), *Photosynthesis of trees as affected by their environment*, in THIMANN, K. V., *The physiology of forest trees* (The Ronald Press Comp., New York), S. 157–186.
KRATZL, K., und BILLEK, G. (1959), *Biochemistry of wood* (Proc. 4th Int. Congress of Biochemistry, Vienna, 1.–6. Sept. 1958), Symposium II, Vol. II (Pergamon Press, London–Paris–New York–Los Angeles), 285 S.
KRÖNER, K. (1944), *Über dielektrische Untersuchungen an Naturhölzern und deren mechanischen und chemischen Aufbaustoffen im grossen Frequenzbereich*, Diss. T.H. Braunschweig.

KUČERA, L. (1971), *Wundgewebe in der Eibe (Taxus baccata L.)*, Vjschr. Naturf. Ges. Zürich *116*, 445–470.

KUČERA, L. (1973), *Chemische Untersuchungen an Wundgewebe bei der Eibe (Taxus baccata L.)*, Vjschr. Naturf. Ges. Zürich *118*, 193–200.

KUČERA, L., und BARISKA, M. (1972), *Einfluss der Dorsiventralität des Astes auf die Markstrahlbildung bei der Tanne (Abies alba Mill.)*, Vjschr. Naturf. Ges. Zürich *117*, 305–313.

KUČERA, L., und KUČERA, J. (1967), *Anatomische Studie über die Entwicklung und Verteilung der Markstrahlen bei der Tanne (Abies alba Mill.). I. Charakteristik der Anfangsentwicklung des Markstrahles*, Dřev. Výsk. *4*, 179–189.

KUČERA, L., und NEČESANÝ, V. (1970), *The effect of dorsiventrality on the amount of wood rays in the branch of fir (Abies alba Mill.) and poplar (Populus monilifera Henry). Part I. Some wood ray characteristics*, Dřev. Výsk. *15*, 1–6.

KÜRSCHNER, K. (1962), *Chemie des Holzes* (VEB Deutscher Verlag der Wissenschaften, Berlin).

KUHN, W. (1973), *Waldbau und Holzqualität*, Schweiz. Z. Forstw. *124*/10, 766–770.

KÜHNE, H. R. W. (1970), *The role of plastics in building*, Int. Symposiums-Bericht «Plastics in Building», Rotterdam.

LADEFOGED, K. (1952), *The periodicity of wood formation*, Dan. Biol. Skr. 7/3, 1–98.

LANDOLT, H., und BOERNSTEIN, R. (1923), *Physikalisch-chemische Tabellen*, Bd. 2, 5. Aufl. (Springer-Verlag, Berlin).

LANGE, P. W. (1945), *Ultravioletabsorption of fast lignin*, Svensk Papp-Tidn. *48*, 241–245.

LANGE, P. W. (1954), *The distribution of lignin in the cellwall of normal and reaction wood from spruce and a few hardwoods*, Svenska Träforsknings Inst. Medd. *157*.

LANGMUIR, I. (1918), J. Am. Chem. Soc. *40*, 1361 (original note not seen, referred to by KING in HEARLE and PETERS 1960).

LARSON, P. R. (1960), *A physiological consideration of the springwood summerwood transition in red pine*, For. Sci. 6/2, 110–112.

LARSON, P. R. (1956), *Discontinuous growth rings in suppressed slash pine*, Tropical Woods *104*, 80–99.

LEIBUNDGUT, H. (1966), *Die Waldpflege* (Verlag Paul Haupt, Bern), 192 S.

LEIBUNDGUT, H. (1970), *Der Wald – Eine Lebensgemeinschaft* (Verlag Huber & Co. AG, Frauenfeld), 197 S.

LEIBUNDGUT, H. (1973), mündliche Mitteilung.

LENZ, O. (1954), *Le bois de quelques peupliers de culture en suisse*, Mitt. Schweiz. Anst. forstl. VersWes. *30*, 9–61.

LENZ, O. (1957), *Utilisation de la radiographie pour l'examen des couches d'accroissement*, Mitt. Schweiz. Anst. forstl. VersWes. *33*/5, 125–134.

LIBBY, W. F. (1954), *Altersbestimmung mit radioaktivem Kohlenstoff*, Endeavour *13*/49.

LIESE, J. (1924), *Beiträge zur Anatomie und Physiologie des Wurzelholzes*, Ber. dt. bot. Ges. *42*, 91–97.

LIESE, W., und AMMER, U. (1962), *Anatomische Untersuchungen an extrem drehwüchsigem Kiefernholz*, Holz Roh- u. Werkstoff *20*, 339–346.

LIESE, W., und PARAMESWARAN, N. (1970), *On the variation of cell length within the bark of some tropical hardwood species*, in GHOUSE A. K. M., und YUNUS, MOHD., *Research trends in plant anatomy*, K. A. Chowdhury Commemoration Volume (Tata McGraw-Hill Publ. Co. Ltd., New Delhi), S. 83–89.

LUTZ, A. (1972/73), *Betrachtungen eines Geigers und Amateurgeigenbauers*, Musikkollegium Winterthur, Generalprogramm, S. 5–22.

LYFORD, W. H., und WILSON, B. F. (1964), *Development of the root system of Acer rubrum L.*, Harvard Forest Paper *10*, 1–17.

LYR, H., POLSTER, H., und FIEDLER, H.-J. (1967), *Gehölzphysiologie* (VEB Gustav-Fischer-Verlag, Jena), 444 S.

MAHMOOD, A. (1968), *Cell grouping and primary wall generation in the cambial zone, xylem and phloem in Pinus*, Aust. J. Bot. *16*, 177–195.

MALPIGHI, M. (1682), *Opera omnia, tomo duobus* (R. Scott, Londini).

Maniere, C. (1958), zitiert nach Alvim, P. de T. (1964).
Mark, H. (1932), *Physik und Chemie der Zellulose* (Springer-Verlag, Berlin).
Mark, H. (1940), *Intermicellar hole and tube system in fiber structure*, J. Phys. Chem. *44*, 764–788.
Marts, R. O. (1955), *Wood and fibre structure by incident fluorescence microscopy*, J. Biol. Phot. Assoc., S. 151–155.
Marx, M. (1955), *Viskosimetrische Molekulargewichtsbestimmung von Zellulose in Kupfer-Äthylendiamin*, Makromol. Chem. *16*, 157.
Mayer-Wegelin, H. (1956), *Die biologische, technologische und forstliche Bedeutung des Drehwuchses der Waldbäume*, Forstarchiv *27*, 265–271.
Meier, B. (1962), Diplomarbeit ETH (unveröffentlicht).
Meier, B. A. (1973), *Über Kambiumtätigkeit und Jahrringentwicklung in Picea abies Karst., Larix decidua Mill. und Pinus silvestris L. an der oberen alpinen Baumgrenze*, Vjschr. Naturf. Ges. Zürich *117*, 153–191.
Meier, H. (1961), *The distribution of polysaccharids in wood fibers*, J. Polym. Sci. *51*, 11–18,
Meier, H. (1964), *General chemistry of cell walls and distribution of the chemical constituents across the walls*, in Zimmermann, M. H., *The formation of wood in forest trees* (Academic Press, New York).
Meyer, K. H., und Mark, H. (1930), *Der Aufbau der hochpolymeren organischen Naturstoffe* (Akademische Verlagsgesellschaft, Leipzig).
Meyer, K. H., und Misch, L. (1937), *Position des atomes dans le nouveau model spacial de la cellulose*, Helv. Chim. Acta 20.
Meyer, R. W., und Muhammad, A. F. (1971), *Scalariform perforation-plate fine structure*, Wood Fiber *3*, 139–145.
Michels, P. (1943), *Der Nasskern der Weisstanne*, Holz Roh- u. Werkstoff *6*, 87–99.
Mittler, T. E. (1957), *Studies on the feeding and nutrition of Tuberolachnus salignus (Gmelin) (Homoptera, Aphididae). I. The uptake of phloem sap*, J. Exp. Biol. *34*, 334–341 *II. The nitrogen and sugar composition of ingested phloem sap and excreted honey dew*. J. Exp. Biol. *35*, 74–84.
Möller, C. M. (1954), *Grundflächenzuwachs und Massenzuwachs mit verschiedenen Definitionen*, Forstwiss. ZentBl. *73*, 329–384.
Möller, C. M., Müller, D., und Nielsen, J. (1954), *Respiration in stem and branches of beech*. Det forstlige Forsögsväsen i Danmark *21*, S. 273–301.
Möller, J. (1882), zit. nach Holdheide, W. (1950), in Freund, H. (1951), *Handbuch der Mikroskopie in der Technik*, Bd. V/1: *Mikroskopie des Holzes und des Papiers* (Umschau-Verlag, Frankfurt a. M.), 456 S.
Mörath, E. (1931), *Beiträge zur Kenntnis der Quellungserzeugung des Buchenholzes*, Kolloidchem. Beih. *33*, 131.
Mühlethaler, K. (1960), *Die Feinstruktur der Zellulosemikrofibrillen*, Schweiz. Z. Forstw. Beih. 30, 55–64.
Münch, E. (1930), *Die Stoffbewegungen in der Pflanze* (Verlag Gustav Fischer, Jena), 234 Seiten.
Murmanis, L. (1970), *Structural changes in the vascular cambium of Pinus strobus L. during an annual cycle*, Ann. Bot. *35*, 133–141.
Nägeli, W. (1935), *Aussetzende und auskeilende Jahrringe*, Schweiz. Z. Forstw. *86*, 209–215.
Nečesaný, V. (1955), *Occurrence of the reaction wood from the taxonomic point of view*, Sborn. Vys. Školy Zem. Ř. C. Spisy Lesn. *3*, 131–149.
Nečesaný, V. (1958), *The change of parenchymatic cells vitality and the physiological base for the formation of beech heart*, Dřev. Výsk. *3*, 15–26.
Nečesaný, V. (1958a), *Der Buchenkern, Struktur, Entstehung und Entwicklung* (Slovenská Akadémia Vied, Bratislava), S. 206–222.
Neish, C. A. (1968), *Monomeric intermediates in the biosynthesis of lignin*, in Freudenberg, K., und Neish, C. A., *Constitution and biosynthesis of lignin* (Springer-Verlag, New York), 129 S.

NEWMAN, J. V. (1956), *Pattern in meristems of vascular plants. I. Cell partition in living apices and in the cambial zone in relation to the concepts of initial cells and apical cells*, Phytomorphology 6, 1–19.

NOLLER, C. R. (1958), *Chemistry of organic compounds* (W. B. Saunders Comp. Philadelphia, London), 978 S.

NORBERG, P. H., und MEIER, H. (1966), *Physical and chemical properties of the gelatinous layer in tension wood fibres of aspen (Populus tremula L.)*, Holzforschung 20, 174–178.

NÖRDLINGER, H. (1860), *Die technischen Eigenschaften der Hölzer*. Stuttgart.

NUSSER, E. (1938), *Die Bestimmung der Holzfeuchtigkeit durch Messung des elektrischen Widerstandes*, Holz Roh- u. Werkstoff 1, 417–420.

OLESEN, P. O. (1973), *On transmission of age changes in woody plants by vegetative propagation*, K. Vet.- og Landbohøisk. Arsskr., S. 64–79.

ONAKA, F. (1949), *Studies on compression- and tension wood*, Wood, Res. Bull. Wood Res. Inst. 1, 1–88.

OTT, E., SPURLIN, H. M., und GRAFFLIN, M. W. (1954/55), *Cellulose and cellulose derivatives, Part I, II and III* (Interscience Publ., New York–London).

PAECH, K., und TRACEY, M. V. (1955), *Moderne Methoden der Pflanzenanalyse*, 2. Band (Springer-Verlag, Berlin–Göttingen–Heidelberg), 626 Seiten, 48 Abb.

PANSHIN, A. J., und DE ZEEUW, C. (1970), *Textbook of wood technology*, Vol. 1, 3. Aufl. (McGraw Hill Book Comp., New York), 705 S.

PARAMESWARAN, N., und LIESE, W. (1974), *Variation of cell length in bark and wood of tropical trees*, Wood Sci. Technology 8 (im Druck).

PARKER, M. L., HEGER, L., und KENNEDY, R. W. (1973), *X-ray densitometry – a technique and example of application*, Wood Fiber (im Druck).

PARTHASARATHY, M. V. (1966), *Studies on metaphloem in petioles and roots of Palmae*, Diss. Cornell Univ. (unveröffentlicht).

PAUL, B. H. (1939), *Variation in the specific gravity of the springwood and summerwood of four species of southern pines*, J. For. 37, 478–482.

PEARL, I. A. (1967), *The chemistry of lignin* (Marcel Dekker Inc., New York), 339 S.

PEARL, I. A. (1967), *Annual review of lignin chemistry*, For. Prod. J. 17/2, 23–32, 58–68.

PECHMANN, H. VON (1958), *Über die Heilungsaussichten bei nagelbeschädigten Waldbeständen*, Forstl. ZentBl. 77, 321–384.

PENTONEY, R. E. (1953), *Mechanisms affecting tangential vs. radial shrinkage*, J. For. Prod. Res. Soc. Madison, June, 1–7.

PEW, J. C. (1955), *Nitrobenzene oxidation of lignin model compounds, spruce wood and spruce 'native lignin'*, J. Am. Chem. Soc. 77, 2831–2833.

PHILIPSON, W. R., und WARD, JOSEPHINE M. (1965), *The ontogeny of the vascular cambium in the stem of seed plants*, Biol. Rev. 40, 534–579.

PHILIPSON, W. R., WARD, JOSEPHINE M. und BUTTERFIELD, B. G. (1971), *The vascular cambium: Its development and activity* (Chapmann and Hall, London), 182 S.

PIDGEON, L. M., und MAASS, O. (1930), *The adsorption of water by wood*, J. Am. Chem. Soc. 52, 1053.

PILLOW, M. Y. (1954), *Specific gravity relative to characteristics of annual rings in loblolly pine*, F. P. L. Madison, Nr. 1989.

PLACHTA, M. (1972), Diplomarbeit ETH (unveröffentlicht).

POLGE, H. (1969), *Vers la radiographie quantitative* (Kodak-Pathé, Division Rayons-X, Paris), 14 S.

POLIQUIN, J. (1966), *Changements morphologiques et physiologiques reliés à l'âge dans le bois de racines de Pinus silvestris L.*, Mitt. Schweiz. Anst. forstl. VersWes. 42, 73–107.

PORTMANN, A. (1973), *Alles fliesst, Rückblick und Ausblick eines Biologen*. Birkhäuser-Verlag, Basel, 46 Seiten.

PRESTON, R. D. (1934), *The organisation of the cell walls of the conifer tracheids*, Phil. Trans. Roy. Soc. 224, 131.

PRESTON, R. D., HERMANS, P. H., und WEIDINGER, A. (1950), *The crystalline-non-cristalline ratio in celluloses of biological interest*, J. Exp. Bot. 1, 344–352.

REID, J. S. G. (1971), *Reserve carbohydrate metabolism in germinating seeds of Trigonella foenum-graecum L. (Leguminosae)*, Planta (Berlin) *100*, 131–142.

REID, J. S. G., und MEIER, H. (1972), *The function of the aleurone layer during galactomannan mobilisation in germinating seeds of fenugreek (Trigonella foenum-graecum L.), crimson clover (Trifolium incarnatum L.) and lucerne (Medicago sativa L.): A correlative biochemical and ultrastructural study*, Planta (Berlin) *106*, 44–60.

RENDLE, B. J. (1959), *Fast-grown coniferous timber – some anatomical considerations*, Q. J. For., S. 1–7.

RENDLE, B. J. (1959a), *A note on juvenile and adult wood*, I.A.W.A. News Bull., S. 1–6.

RENDLE, B. J. (1960), *Juvenile and adult wood*, J. Inst. Wood Sci. *5*, 58–61.

RENDLE, B. J., und PHILLIPS, E. W. J. (1957), *The effect of rate of growth (ring-width) on the density of softwoods*, 7th Br. Commonw. For. Conf. Paper, S. 1–8.

REZNIK, H. (1960), *Vergleichende Biochemie der Phenylpropane*, Ergebn. Biol. *23*, 14–46.

RICHARDSON, S. D. (1959), *Bud dormancy and root development in Acer saccharinum*, 59th Communication of the Laboratory for Plant Physiological Research, Wageningen.

RIEDL, H. (1937), *Bau und Leistungen des Wurzelholzes*, Jb. wiss. Bot. *85*, 1–72.

ROHDE, TH. (1933), *Die Frostkernfrage. Eine kritische Gesamtdarstellung ihres heutigen Standes*, Mitt. Forstw. Forstwiss. *4*, 591–629.

ROHMEDER, E. (1956), *Das Problem der Alterung langfristig vegetativ vermehrter Pappelklone*, Forstwiss. ZentBl. *75*, 257–512.

ROUX, D. C. (1958), *Biogenesis of condensed tannins from leucoanthocyanins*, Nature *181*, 1454–1456.

RUCH, F., und HENGARTNER, HELEN (1960), *Quantitative Bestimmung der Ligninverteilung in der pflanzlichen Zellwand*, Schweiz. Z. Forstw. Beih. 30, 75–90.

RUDMAN, P. (1966), *Heartwood formation in trees*, Nature *210*, 608–610.

SANDERMANN, W. (1956), *Grundlagen der Chemie und chemischen Technologie des Holzes* (Akad. Verlagsges. Geest & Portig KG, Leipzig).

SANIO, K. (1860), *Einige Bemerkungen über den Bau des Holzes*, Bot. Ztg *18*, 216–217.

SANIO, K. (1872), *Über die Grösse der Holzzellen bei der gemeinen Kiefer (Pinus silvestris)*, Jb. wiss. Bot. *8*, 401–420.

SANIO, K. (1873), *Anatomie der gemeinen Kiefer (Pinus silvestris L.)*, Jb. wiss. Bot. *9*, 50–126.

SARKANEN, K. V., und LUDWIG, C. H. (1971), *Lignins, occurrence, formation, structure and reactions* (Wiley-Interscience, New York), 916 S.

SATOO, T. (1964), *Natural root grafting and growth of living stumps of Chamaecyparis obtusa*, Tokyo Univ. For. *15*, 54–60.

SIIMES, F. E. (1944), *Mitteilung über die Untersuchung über die Festigkeitseigenschaften der finnischen Schnittwaren*, Silvae Orbis *15*, 60.

SINNOTT, E. W. (1918), *Factors determining character and distribution of food reserves in woody plants*, Bot. Gaz. *66*, 162–175.

SKAAR, CH. (1972), *Water in wood* (Syracuse University Press), 218 S.

SMITH, D. M. (1955), *Relationship between specific gravity and percentage of summerwood in wide-ringed, second-growth douglas-fir*, For. Prod. Lab. Madison, Techn. Bull. *2045*.

SMITH, DIANA M., und WILSIE, MARY C. (1961), *Some anatomical responses of loblolly pine to soil-water deficiencies*, Tappi *44*, 179–185.

SPALT, H. A. (1958), *The fundamentals of water vapor sorption by wood*, For. Prod. J. 8/10, 288–295.

SPANNER, D. C. (1958), *The translocation of sugar in sieve tubes*, J. exp. Bot. *9*, 332–342.

SZPOR, S. (1945), *Elektrische Widerstände der Bäume und Blitzgefährdung*, Schweiz. Z. Forstw. *96*, 209–219.

SCHAFFALITZKY DE MUCKADELL, M. (1956), *Skovtaernes Udviklingsstadier og deres Betydning for Skovdyrkningen*, Dansk Skovforen. Tidsskr. *41*, 385–400.

SCHAFFALITZKY DE MUCKADELL, M. (1956a), *Experiments on development in Fagus silvatica by means of herbaceaous grafting*, Physiologia Pl. *9*, 396–400.

SCHNEPF, E. (1961), *Über Veränderungen der plasmatischen Feinstrukturen während des Welkens*, Planta *57*, 156–175.

SCHUBERT, A. (1939), *Untersuchungen über den Transpirationsstrom der Nadelhölzer und den Wasserbedarf von Fichte und Lärche*, Tharandt. forstl. Jb. *90*, 821–883.

SCHÜEPP, O. (1966), *Meristeme; Wachstum und Formbildung in den Teilungsgeweben höherer Pflanzen* (Birkhäuser-Verlag, Basel), 253 Seiten.

SCHUERCH, C. (1963), *The hemicelluloses*, in BROWNING, B. L., *The chemistry of wood* (Interscience Publishers, New York)

SCHULTZE-DEWITZ, G. (1958), *Einfluss der soziologischen Stellung auf den Jahrringbau*, Holzzentralblatt *65*, 849–851.

SCHWERDTFEGER, F. (1981), *Waldkrankheiten*, 4. Aufl. (Verlag Paul Parey, Hamburg–Berlin), 486 S.

STAHEL, J. (1968), *Quantitative und qualitative Alterungsphänomene in Pappeln (Populus euramericana (Dode) Guinier cv. «Robusta»)*, Holz Roh- u. Werkstoff *26*, 418–427.

STAHEL, J. (1971), *Unveröffentlicher Bericht zur Rindenanatomie*, Institut für Mikrotechnologische Holzforschung, ETH Zürich.

STAIGER, E. (1956), *Goethe, Bd. 2: 1786–1814* (Atlantis-Verlag, Zürich), S. 105.

STAMM, A. J. (1927), *The electrical resistance of wood as a measure of its moisture content*, Industry Engin. Chem. *19*, 1021–1025.

STAMM, A. J. (1930), *An electrical conductivity method for determining the moisture content of wood*, Industry Engin. Chem. Anal. Ed. *2*, 240–244.

STAMM, A. J., und HANSEN, L. A. (1937), *The bonding force of cellulose materials for water from specific volume and thermal data*, For. Prod. Lab. Madison, Techn. Bull. October.

STAMM, A. J., und LOUGHBOROUGH, W. K. (1935), *Thermodynamics of the swelling of wood*, J. Phys. Chem. *39*, 121–132.

STAUDINGER, H. (1932), *Die hochmolekularen organischen Verbindungen Kautschuk und Zellulose* (Springer-Verlag, Berlin), 540 S.

STAUDINGER, H. (1938), *Über die Konstitution der Cellulose*, Holz Roh- u. Werkstoff *1*, 259.

STEWART, CH. M. (1960), *Detoxication during secondary growth in plants*, Nature *186*, 374–375.

STEWART, CH. M. (1965), *The chemistry of secondary growth in trees*, Div. For. Prod. Technol. Paper No. 43, CSIRO, Australia.

STEWART, CH. M. (1966), *Excretion and heartwood formation in living trees*, Science *153*, 1068–1074.

STIFTER, A. (1857), *Nachsommer*, gesammelte Werke, Bd. 7 (hrsg. von K. STEFFEN; Birkhäuser-Verlag, Basel 1965).

STOCKER, O. (1960), *Die photosynthetischen Leistungen der Steppen- und Wüstenpflanzen*, Handb. PflPhysiol. 5/2 (Springer-Verlag, Berlin).

STREHLER, B. L. (1962), *Time, cells and aging* (Academic Press, New York), 270 S.

STUMPF, W., und FREUDENBERG, K. (1950), *Lösliches Lignin aus Fichten- und Buchenholz*, Angew. Chem. *62*/447, 537.

THIMANN, K. V. (1958), *The physiology of forest trees* (Ronald Press Company, New York).

THIMANN, K. V. (1964), *Diskussionsvotum*, in ZIMMERMANN, M. H., *The formation of wood in forest trees* (Academic Press New York), S. 452.

TIMELL, T. E. (1969), *The chemical composition of tension wood*, Svensk Papperstidning *72*, 173–181.

TOPCUOGLU, A. (1940), *Die Verteilung des Zuwachses auf die Schaftlänge der Bäume*, Tharandt. forstl. Jb. *91*, 485–554.

TRANQUILLINI, W. (1955), *Die Bedeutung des Lichtes und der Temperatur für die Kohlensäureassimilation von Pinus cembra-Jungwuchs auf einem hochalpinen Standort*, Planta *46*, 154–178.

TRAPP, W., und PUNGS, L. (1956), *Einfluss von Temperatur und Feuchte auf das dielektrische Verhalten von Naturholz im grossen Frequenzbereich*, Holzforschung *5*, 144–150.

TREIBER, E. (1957), *Die Chemie der Pflanzenzellwand* (Springer-Verlag, Berlin–Göttingen–Heidelberg).

TRENDELENBURG, R. (1937), *Wuchs- und Holzuntersuchungen an Japanischer Lärche (Larix leptolepis)*, Silva *25*, 403.

TRENDELENBURG, R. (1939), *Das Holz als Rohstoff* (J. F. Lehmanns Verlag, München), 435 S.

TRENDELENBURG, R., und MAYER-WEGELIN, H. (1955), *Das Holz als Rohstoff*, 2. Aufl. (Carl-Hanser-Verlag, München), 541 S.

TSCHESNOKOV, V., und BAZYRINA, K. (1930), *Die Ableitung der Assimilate aus dem Blatt*, Planta *11*, 473–484.

TSUTSUMI, J., und WATANABE, H. (1965), *Studies on dielectric behavior of wood. I. Effect of frequency and temperature on ε' and tan σ*, J. Japan Wood Res. Soc. *11*/6, 232–236.

VINTILA, E. (1939), *Untersuchungen über Raumgewicht und Schwindmass von Früh- und Spätholz bei Nadelhölzern*, Holz Roh- u. Werkstoff *2*, 345–357.

VITÉ, J. P. (1958), *Über die transpirationsphysiologische Bedeutung des Drehwuchses bei Nadelhölzern*, Forstwiss. ZentBl. *77*, 193–256.

VITÉ, J. P., und RUDINSKY, J. A. (1959), *The water-conducting systems in conifers and their importance to the distribution of trunk-injected chemicals*, Contrib. Boyce Thompson Inst. *20*, 27–38.

WAGENFÜHR, R. (1980), *Anatomie des Holzes*, 2. Aufl. (VEB Fachbuchverlag, Leipzig), 328 S.

WAGG, J. W. B. (1967), *Origin and development of white-spruce root forms*, For. Branch Dep. Pub. No. 1192, Ottawa, S. 1–45.

WANNER, H. (1952), *Die Zusammensetzung des Siebröhrensaftes: Kohlenhydrate*, Ber. Schweiz. bot. Ges. *63*, 162–168.

WARDROP, A. B. (1956), *The distribution and formation of tension wood in some species of Eucalyptus*, Aust. J. Bot. *4*, 152–166.

WARDROP, A. B. (1964), *The reaction anatomy of arborescent angiosperms*, in ZIMMERMANN, M. H., *The formation of wood in forest trees* (Academic Press, New York), S. 405.

WARDROP, A. B. (1965), *Cellular differentiation in xylem*, in CÔTÉ, W. A., Jr., *Cellular ultrastructure of woody plants* (Syracuse University Press), S. 61–97.

WARDROP, A. B., und BLAND, D. E. (1959), *The process of lignification in woody plants*, Proc. Intern. Congr. Biochem. 4th Wien *2*, 93–116 (Pergamon Press, London).

WARDROP, A. B., und DADSWELL, H. E. (1952), *The nature of reaction wood*, Aust. J. Sci. Res. Ser. B *5*, 385–398.

WARDROP, A. B., und FOSTER, R. C. (1964), *A cytological study of the oat coleoptile*, Aust. J. Bot. *12*, 135–141.

WARDROP, A. B., und HARADA, H. (1965), *The formation and structure of the cell wall in fibres and tracheids*, J. exp. Bot. *16*, 356–371.

WAREING, P. F., HANNEY, C. E. A., und DIGBY, J. (1964), *The role of endogenous hormones in cambial activity and xylem differentiation*, in ZIMMERMANN, M. H., *The formation of wood in forest trees* (Academic Press, New York–London), 562 S.

WEATHERLEY, P. E., PEEL, A. J., und HILL, G. P. (1959), *The physiology of the sieve tube*, J. Exp. Bot. *10*, 1–16.

WEATHERWAX, R. C., und STAMM, A. J. (1956), *The electrical resistivity of resin-treated wood (Impreg and Compreg) hydrolized wood sheed (Hydroxylin) and laminated resin-treated paper (Papreg)*, For. Prod. Lab. Madison, No. 1385.

WEISMANN, A. (1891), *Essays upon heredity and kindred biological problems* (Oxford Univ. Press [Clarendon], London and New York).

WEISS, P. (1907), *Champ moléculaire. L'hypothèse du champ moléculaire et la propriété fer-romagnétique*, J. Phys. Paris *6*, 661–690. Aus KNELLER, E. (1962), *Ferromagnetismus* (Springer-Verlag, Berlin).

WERSHING, H. F., und BAILEY, J. W. (1942), *Seedlings as experimental material in the study of 'redwood' in conifers*, J. For. *40*, 411–414.

WETMORE, R. H., DE MAGGIO, A. E., und RIER, J. P. (1964), *Contemporary outlook on the differentiation of vascular tissues*, Phytomorphology *14*, 203–217.

WIKSTÉN, A. (1945), *Methodik vid mätning of årsringens vårved och höstved*, Medd. Skogsfors. Inst. Stockholm *34*, 451–496.

WILLSTÄTTER, R., und KOLB, L. (1922), Ber. *55*, 2637, zit. nach OTT, E., SPURLIN, H. M., und GRAFFLIN, MILDRED W. (1954), *Cellulose and cellulose derivatives* (Interscience Publ. Inc., New York), 509 S.

WILSON, B. F. (1964), *A model for cell production by the cambium of conifers*, in ZIMMERMANN, M. H., *The formation of wood in forest trees* (Academic Press, New York), 562 S.

WILSON, B. F. (1964a), *Structure and growth of woody roots of Acer rubrum L.*, Harvard Forest Paper No. 11, S. 1–14.

ZAHUR, M. S. (1959), *Comparative study of secondary phloem of 423 species of woody dicotyledons belonging to 85 families*, Cornell Univ. Agr. Exp. St. Mun., S. 158.

ZIEGLER, H. (1956), *Untersuchungen über die Leitung und Sekretion der Assimilate*, Planta *47*, 447–500.

ZIEGLER, H. (1957), *Über den Gaswechsel verholzter Achsen*, Allg. bot. Ztg *144*, 230–250.

ZIEGLER, H. (1964), *Storage, mobilization and distribution of reserve materials in trees*, in ZIMMERMANN, M. H. (1964), *The formation of wood in forest trees* (Academic Press, New York), S. 303–320.

ZIEGLER, H. (1968), *Biologische Aspekte der Kernholzbildung*, Holz Roh- u. Werkstoff *26*, 61–68.

ZIMMERMANN, M. H. (1957), *Translocation of organic substances in trees. I. The nature of sugars in the sieve tube exudate of trees*, Plant Physiol. *32*, 288–291.

ZIMMERMANN, M. H. (1958), *Translocation of organic substances in the phloem of trees*, in THIMANN, K. V., *The physiology of forest trees* (The Ronald Press Comp., New York), 678 S.

ZIMMERMANN, M. H. (1960), *Longitudinal and tangential movement within the sieve-tube system of white ash (Fraxinus americana L.)*, Schweiz. Z. Forstw. Beih. 30, 289–300.

ZIMMERMANN, M. H. (1964), *Sap movements in trees*, Biorheology 2, 15–27.

ZIMMERMANN, M. H. (1964), *The formation of wood in forest trees* (Academic Press, New York).

ZIMMERMANN, M. H. (1969), *Translocation velocity and specific mass transfer in the sieve tubes of Fraxinus americana L.*, Planta *84*, 272–278.

ZIMMERMANN, M. H. (1971), *Dicotyledonous wood structure (made apparent by sequential sections)*, Encyclopaedia Cinematographica, Institut für den wissenschaftlichen Film, Göttingen, S. 11.

ZIMMERMANN, M. H., und BROWN, C. L. (1971), *Trees, structure and function*. (Springer Verlag, Berlin–Heidelberg–New York).

ZYCHA, H. (1948), *Über die Kernbildung und verwandte Vorgänge im Holz der Rotbuche*, Forstwiss. ZentBl. *67*, 80–109.

6 Autorenverzeichnis

Alder, E. 274
Alvim, P. de T. 46, 48
Ammer, U. 105, 108, 109
Anderson, A. B. 183

Bach, C. 248
Bailey, I. W. 20, 21, 22, 23, 27, 28, 32, 116, 150
Bamber, R. K. 39
Bannan, M. W. 14, 18, 24, 28, 29, 30, 31, 32, 50, 67, 86, 87, 108, 151
Barghoorn, E. S. 12
Bariska, M. 60, 88, 96, 100, 221, 255
Barkas, W. W. 207, 208
Bauch, J. 73, 74
Baumann, R. 248
Bayly, Isabel, L. 29, 32
Bazyrina, K. 130
Benic, R. 68
Berger, K. 234, 235
Billek, G. 283
Binder, W. 285
Bisset, I. J. W. 75, 76, 78, 79
Björkmann, A. 275
Bland, D. E. 39
Blum, W. 118
Böhlmann, D. 99, 100, 101
Bollard, E. G. 139
Börnstein, R. 237
Bosshard, H. H. 14, 16, 35, 36, 55, 56, 58, 60, 61, 62, 65, 77, 78, 118, 125, 135, 146, 147, 148, 149, 151, 152, 154, 156, 157, 158, 159, 161, 162, 163, 165, 166, 167, 170, 171, 172, 174, 176, 179, 180, 181, 185, 197, 205, 219, 220, 221, 222, 223, 224, 227, 234, 255, 270
Boutelje, J. B. 202, 203, 226
Boysen-Jensen, P. 120, 121
Braconnot, M. H. 251, 258
Braun, A. 108
Braun, H. J. 179
Brauns, F. E. 274
Brillié, H. 239
Brinell, J. A. 247
Brown, C. I. 15, 46
Browne, F. L. 219
Browning, B. L. 283

Brunauer, S. 212
Bucher, H. 226
Burger, H. 105, 106, 123, 146, 147, 182, 183, 192, 193, 218, 219
Busch, A. 60
Büsgen, M. 111
Butterfield, B. G. 14

Catesson, Anne-Marie 14, 20
Chalk, L. 35, 51, 62, 64
Chang, Y. P. 126
Chase, W. W. 171
Chattaway, Margaret M. 38, 80, 158, 163
Cheadle, V. J. 39
Chow, K. Y. 115
Christensen, G. W. 209, 210
Coster, Ch. 47, 48
Côté, W. A. jr. 118, 162, 207, 213
Courtois, H. 60
Czaninski, Yvette 35, 39, 42, 44

Dadswell, H. E. 75, 76, 78, 79, 114, 115
Daube, W. 252
De Maggio, A. E. 43
Dietrichs, H. H. 165, 167, 171
Digby, J. 43
Dinwoodie, J. M. 75
Dodd, J. D. 20
Douglass, A. E. 72
Duff, H. G. 81
Duhamel du Monceau, M. 187
Duncan, Catherine G. 183

Eckstein, D. 73, 74
Elling, W. 60
Emmett, P. H. 212
Esau, Katherine 39, 83, 84, 124, 125, 127

Fabricius, L. 114
Fahn, A. 56
Fengel, D. 58
Fiedler, H.-J. 110, 120, 122
Fischer, K. 204
Ford, J. 133
Foster, R. C. 36
Franz, G. 255

Freudenberg, K. 274, 275, 276, 277, 278, 279, 280, 281, 283
Frey-Wyssling, A. 56, 117, 118, 125, 149, 154, 156, 165, 166, 181, 188, 211, 223, 226, 243, 248, 251, 252, 263, 264, 269, 272, 273, 283
Friedrich, J. 50
Fritzsche, R. 149
Fukazawa, K. 165, 166
Furrer, W. 239
Futó, L. P. 221

Gäumann, E. 136, 137, 138, 235
Gayer, K. 160
Gibbs, R. D. 144, 145
Gierer, J. 274
Gill, R. H. 39
Goethe, J. W. 11, 104, 110
Göhre, K. 87, 88, 98, 99
Gottlieb, E. 252
Gouventak, Cornelia A. 49
Grafflin, M. W. 283
Gustafsson, Ch. 257

Hägglund, E. 283
Haller, P. 229
Hanney, C. E. A. 43
Hansen, L. A. 188
Harada, H. 36
Harris, J. M. 72, 108, 179
Hartig, R. 189, 275
Hartig, Th. 14, 124
Hartmann, F. 111, 112, 113
Haworth, W. N. 262
Heger, L. 64
Heitler, W. 11
Hejnowicz, Z. 32, 108
Hengartner, Helen 39, 224, 282
Henglein, F. A. 258, 259
Hermans, P. H. 188, 283
Higuchi, T. 165, 166, 167
Hill, G. P. 131, 132
Hillis, W. E. 167, 283
Holdheide, W. 56. 175
Höll, W. 164, 165
Holz, D. 239
Honeyman, J. 283
Höster, H. R. 114, 119
Huber, B. 13, 73, 121, 134, 138, 139, 141, 142
Hugentobler, U. H. 78, 99, 154, 156, 157, 158, 160, 174
Hulme, A. C. 167

Immergut, E. H. 265

Jaccard, P. 99, 117, 118
Jacobs, M. R. 221

Jacquiot, J. 172
Jahn, E. 183
Jalava, M. 147
Janka, G. 247
Jazewitsch, Wita von 73
Jones, J. O. 167

Karrer, P. 254
Kelsey, K. E. 209, 210
Kennedy, R. W. 64
Keylwerth, R. 190, 213
Kienholz, R. 46
Kisser, J. 226
Klason, P. 275
Knigge, W. 106, 239
Koch, W. 140
Kolb, L. 274
Kollmann, F. 189, 190, 191, 192, 194, 195, 197, 198, 207, 213, 214, 215, 216, 232, 239, 241, 244, 245, 246
Krahmer, R. L. 162
Kramer, P. J. 121, 123
Kratzl, K. 283
Krech, H. 239
Kröner, K. 238
Kučera J. 65
Kučera, L. 55, 58, 61, 65, 95, 98, 100, 135, 184, 185, 197
Kürschner, K. 254
Kuhn, W. 67
Kühne, H. R. W. 248, 249

Ladefoged, K. 48, 49, 50, 52, 58, 60, 61, 68, 141
Landolt, H. 237
Lange, P. W. 224, 226, 281
Langmuir, I. 212
Larson, P. R. 61, 72
Lauber, A. 239
Leibundgut, H. 67, 123, 184, 201
Lenz, O. 60, 61, 146, 147
Libby, W. F. 73
Liese, J. 86, 87, 88
Liese, W. 73, 74, 105, 108, 109, 114, 118, 119, 151, 153
Lindh, Th. 257
Lohwag, K. 226
Loughborough, W. K. 208, 212, 213
Ludwig, C. H. 283
Lutz, A. 240
Lyford, W. H. 92, 95, 96
Lyr, H. 110, 120, 122

Maas, A. L. 49, 210
Machemer, H. 262

Mahmod, A. 26
Malpighi, M. 124
Maniere, C. 47
Mark, H. 269
Marts, R. O. 111
Marx, M. 267
Mayer-Wegelin, H. 68, 105, 108, 170
Meier, B. A. 15, 16, 18, 24, 26, 27, 31, 33, 35, 39, 40, 42, 50, 174, 234
Meier, H. 118, 255, 257
Meyer, K. H. 268
Michels, P. 147, 148
Misch, L. 268
Mittler, T. E. 128
Möller, C. M. 123, 124
Möller, J. 175
Mörath, E. 217
Mühlethaler, K. 269
Müller, D. 123, 124
Münch, E. 111, 131, 132, 133, 134
Murmanis, L. 20

Nägeli, W. 72
Nakatsubo, F. 167
Nečesany, V. 98, 114, 174
Neish, C. A. 275, 282, 283
Newman, J. V. 26
Nielsen, J. 123, 124
Nolan, Norah J. 81
Noller, C. R. 260, 283
Norberg, P. H. 118
Nördlinger, H. 160
Nusser, E. 231

Olesen, P. O. 151, 156
Onaka, F. 114, 115
Ott, E. 283

Paech, K. 283
Panshin, A. J. 26, 119
Parameswaran, N. 151, 153
Parker, M. L. 64
Parthasarathy, M. V. 127
Paul, B. H. 196
Pearl, I. A. 283
Pechmann, H. von 210
Peel, A. J. 130, 132, 133
Pentoney, R. E. 219, 223
Pettersson, St. 257
Pew, J. C. 275
Philipson, W. R. 13, 14
Phillips, E. W. J. 199
Pidgeon, L. M. 210
Pillow, M. Y. 200, 201
Plachta, M. 184

Polge, H. 60
Poliquin, J. 88, 89, 151, 156, 203
Polster, H. 110, 120, 122
Portmann, A. 285
Preston, R. D. 223
Pungs, L. 236

Reid, J. S. G. 255
Rendle, B. J. 70, 82, 199
Reznik, H. 282
Richardson, S. D. 49
Riedl, H. 87, 88, 90, 201, 202
Rier, I. P. 43
Rohde, Th. 183
Rohmeder, E. 149
Ruch, F. 39, 224, 282
Rudinsky, J. A. 108
Rudman, P. 167

Sandermann, W. 283
Sanio, K. 14, 26, 74, 75, 77, 96, 119
Sarkanen, K. V. 283
Satoo, T. 95, 96
Schaffalitzky de Muckadell, M. 149
Scheffer, T. C. 183
Schmidt, E. 142
Schmidt, J. 239
Schubert, A. 142
Schüepp, O. 13, 20
Schuerch, C. 256
Schultze-Dewitz, G. 66
Schulz, H. 106, 239
Schwerdtfeger, F. 104
Shimada, M. 165, 166, 167
Siimes, F. E. 246
Simson, B. W. 118
Sinnott, E. W. 136
Skaar, Chr. 204, 205, 206, 207, 209, 211, 212, 226
Smith, Diana M. 81, 196
Spalt, H. A. 208
Spanner, D. C. 133
Spurlin, H. M. 283
Stahel, J. 52, 56, 156, 185
Staiger, E. 11
Stamm, A. J. 188, 208, 212, 228, 229, 232
Staudinger, H. 265, 266, 267
Stewart, Ch. M. 167, 253, 254
Stifter, A. 239
Stocker, O. 122
Stocker, U. 65
Stoll, M. 58
Strehler, B. L. 150
Stumpf, W. 274
Sundman, J. 257

Szpor, S. 233

Teller, E. 212
Thimann, K. V. 116
Timell, T. E. 118
Topcuoglu, A. 52
Tracey, M. V. 283
Tranquillini, W. 121
Trapp, W. 236
Treiber, E. 255, 266, 268, 270, 283
Trendelenburg, R. 62, 64, 68, 70, 71, 112, 160, 170, 190, 194, 200, 214
Tschesnokov, V. 130
Tsutsumi, J. 237

Vintila, E. 147, 148, 194, 219
Vité, J. P. 108, 109, 110

Wagenführ, R. 13
Wagenknecht, E. 87, 88
Wagg, J. W. B. 93, 94
Wanner, H. 128
Ward, Josephine M. 13, 14
Wardrop, A. B. 35, 36, 38, 39, 40, 75, 76, 78, 112, 113, 114, 115, 116

Wareing, P. F. 43
Watanabe, H. 237
Weatherley, P. E. 130, 132
Weatherwax, R. C. 228, 229
Weismann, A. 149
Weiss, P. 272
Wershing, H. F. 116
Wetmore, R. H. 43, 44
Wikstén, A. 55, 58
Willstätter, R. 274
Wilsie, Mary C. 81
Wilson, B. F. 14, 85, 86, 92, 95

Yamasaki, T. 167
Ylinen, A. 68

Zahur, M. S. 127
Zeeuw, C. de 26, 119
Ziegler, H. 128, 135, 136, 163, 167, 171
Zimmermann, M. H. 127, 128, 130, 131, 133, 134, 135, 142, 143
Zycha, H. 146, 147, 168, 171

7 Sachwortverzeichnis

Akustische Eigenschaften 238
Alterung
 – qualitative 152, 159, 255
 – quantitative 151, 152
 – Primärmerkmale der 152
 – Sekundärmerkmale der 81, 152, 159
 – des Kambiums 20, 21, 22, 29, 31, 69, 70, 81, 98, 108, 151, 152
 – in Waldbäumen 149, 159
Amylopektin 128, 135, 164
Amylose 128, 135, 164
Appositionswachstum 54
Astablaufwinkel 96, 102
Astabzweigungstyp 100, 101
Astholz 96, 138, 201
Astknotenholz 102, 202, 203
Astreinigung 102
Assimilation 65, 140
Atmung 124, 166

Bast
 – Früh- 15, 172
 – Spät- 15, 172
Bäume
 – mit fakultativer Farbkernholzbildung 161, 162, 166
 – mit hellem Kernholz 161, 162
 – mit obligatorischer Farbkernholzbildung 161, 162, 166
 – mit verzögerter Kernholzbildung 161, 162
Baumform
 – abgeleitete 21, 80
 – alte 21, 80
Biegefestigkeit 245
Blitz
 Flächen- 234
Blitzgefährdung von Bäumen 233
Blitzloch 234
Bruchschlagarbeit 246
Buchenflecken 172
Buchenrotkern 147

Casparysche Streifen 84
Chronologie
 – Dendro- 72
 – Jahrring- 72
 – Standard- 73, 74
Coniferylalkohol 152, 276

Datieren von Holz 72
Dehnungszahl 248
Densitometrie 60
Dickenwachstum 12, 46, 49, 50, 54, 151
Dielektrische Eigenschaften
 Dielektrikum 235
 Dielektrizitätskonstante 236
 – Verlustwinkel 237
Differenzierung 34
 – Determinierung in der 34
 funktionelle 156
 Phloem- 34, 43
 – Xylem- 34, 43
Differenzierungszone 38
Dorsiventralität 98
Drehsinn 105, 106, 108
Drehwuchs
 als Bauprinzip 105, 110, 111
 spiralige Anordnung der Kambiumzellen 32, 108
 Wechsel- 106
Druckfestigkeit 242
Druckholz 112, 154

Eiweisszelle 127
Elastizitätsmodul 248
Endodermis 83, 84
Entwicklung
 – ontogenetische 34
 – phylogenetische 34, 126, 150
Elektrische Leitfähigkeit 231, 232
Elektrischer Widerstand 231, 232
Enzymsystem 135, 165, 167
Eschenbraunkern 147
Extraktstoffe 184
Exzentrizität 98, 112

Farbkernholz 147, 167
 – Schwindung von 182
Farbkernholzbildung

- fakultative 161, 162, 168, 176
- obligatorische 161, 162, 168

Farbkernsubstanzen 167, 180

Faser
- Bast- 52

Faserlänge 76, 77, 79
Fasertracheide 118, 119
Fettgehalt 137
Fibrille 36
Fibrillentextur 38, 118, 270, 271, 272
Flächenwachstum 36
Formänderungsverhalten 248
Frostkern 183

Funktion
- Festigungs- 86
- Speicher- 62, 86, 135
- Wasserleit- 49, 61, 64, 69, 86, 110, 126, 142

funktioneller Tropismus 65
Funktionsenthebung 134, 186

Fusiforminitiale
- Kontaktstellen der 29, 33
- Längenzunahme der 28
- Reduktion der 30, 31
- seitliche Abspaltung in der 30
- Selektion nach der Länge 33

Gefässe
- Gummieinlagerungen in 163
- Thyllenbildung in 163, 180

Gefässdurchmesser 60, 87
Gefässglied 36
Gefäßsystem 21
Gefässverschluss 163
Geleitzelle 127
Geotropismus 110, 111
Gerontologie 149, 156

Gewebe
- Bildungs- 32
- Dilatations- 52
- Festigungs- 152, 154
- Kambium- 15, 24
- Phloem- 15
- Phloemmutterzellen- 18
- Reaktions- 112
- Richt- 113, 119
- Speicher- 62, 135, 152, 154
- stationäres 14
- Teilungs- 21
- unlignifiziertes 18
- Wasserleit- 49, 61, 64, 69, 110, 126, 142, 152, 154, 178
- Wund- 178, 184, 185
- Xylem- 15
- Xylemmutterzellen- 18

Gewebedifferenzierung 34
Gewebefunktion 54, 60, 62
Gewebestruktur 54, 60, 62, 65, 99
Gewicht-Volumen-Relation 187, 191
Golgi-Apparat 40, 42
Grünstreifigkeit 183
Grundsubstanzen 252

Härte 247

Harzkanal
- traumatischer 34

Harzkanalepithel 33, 78
Hemizellulose 252, 253, 254
Hexosane 256

Hoftüpfel
- Schliessmembran des 162
- Torus des 40, 161
- Verschlussfunktion des 144

Höhenwachstum 12

Holz
- adultes 82, 154
- Früh- 15, 40, 55, 61, 147, 148
- Gelcharakter des 207
- juveniles 82, 154
- kronenbürtiges 199
- Spät- 15, 51, 55, 70, 147, 148, 195, 196
- stammbürtiges 199

Holzfehler 104
Homöomerie 110

Initiale
- Fusiform- 18, 20, 26, 28
- Kambium- 21, 29
- Markstrahl- 18, 20, 29

Initialschicht 14, 18
Initialzelle 18, 28
Interzellularraum 26

Jahrring
- Anfangszone des 58, 60, 62, 77
- auskeilender 71
- Endzone des 58, 60, 62, 65, 77
- falscher 72

Jahrringbau
- unregelmässiger 104

Jahrringbildung 27, 44, 49, 50, 65, 67, 69
Jahrringbreite 67, 68, 69, 197
Jahrringbrücke 65
Jahrringchronologie 72
Jahrringtopographie 77

Kambium 12, 13, 28, 30, 151
- Aktivität des 12, 13, 150, 152
- Alter des 20, 21, 22, 29, 31, 69, 70, 81, 98, 108, 150, 151, 152

Sachwortverzeichnis

- Arbeits- 20, 21
- Aufbau des 12
- autonome Aktivierung des 49
- Breite des 67
- laterales 13
- Mutterzellen 14
- Nichtstockwerk- 22, 23
- Prokambium 13
- Reifeprozess des 30
- Ruhe- 20, 24
- Stockwerk- 22, 23, 24
- Strukturordnung 16, 18
- stratifiziertes 22, 23
- Teilungsrhythmus 13, 18
- Tochterzellen 14
- Topographie 15, 16, 17
- unstratifiziertes 22, 23
- vaskulares 12, 13

Kambiumbereich 18
Kambiuminitiale 14, 21
Kambiumruhe 47
Kambiumtätigkeit und Blatt-
    entfaltung 47, 48, 49, 72
Kambiumzone 24, 52
Kapillarradius 207, 212
Keilwuchs in Buche 16, 172, 173, 175
Kernholz 138, 158
Kernholz
  - helles 161, 162
Kernholzanalogie im Phloem 186
Kernholzsubstanzen 165, 282
Kernholzbildung
  - verzögerte 161, 162
Kernholzbäume 160
Klangholz 239
Kohlehydratgehalt 137, 138
Kondensation 206, 212
Korkzelle
  - Phlobaphen- 52
  - Schwamm- 52
  - Stein- 52
Kortex 83, 84

Laubholz
  - halbringporiges 55, 61, 62
  - ringporiges 54, 141
  - zerstreutporiges 55, 62, 141
Lignin
  - Biosynthese des 152, 275
  - Einlagerung von 12, 20, 35, 39, 40, 118, 152
  - Konstitution des 278
  - Methoxylgehalt des 280
  - Präparate von 274
Luftkörper im Stamm 162, 171

Lufttrockengewicht 189
Lumenweite 55

Markröhre 24, 89, 154
Markstrahlinitiale 29
Markstrahlparenchym 62
Markstrahltracheide 18, 40
Markstrahlzelle 20
Markstrahlzelle
  - innere 18, 179
  - marginale 18, 179
Mechanische Eigenschaften
  - in Abhängigkeit von der Raum-
    dichte 241
  - in Abhängigkeit von Temperatur und
    Wassergehalt 241
Meristem
  - Block- 13
  - Platten- 13
  - Rippen- 13
Mineralstoffe 139
Mitochondrien 40, 127, 165, 167
Mittellamelle 20, 39
Mondring 183
Mosaikfarbkern 172, 174, 179
Mutterzelle
  - Phloem- 18, 24, 26
  - Xylem- 18, 24, 26

Nadelholz 54
Naturnorm 104
Nekrobiose 156, 159
Nukleolus 18, 127, 154, 158

Oberfläche
  - innere 207

Parenchymstrang 33
Parenchymzelle 52
Pektinstoffe 252, 254, 258
Pentosane 256
Periderm 172
Perizyklus 83, 84
Pfahlwurzel 89, 93, 94
Pflanzenreich
  - Entwicklung des 12
Phelloderm 52, 172
Phellogen 52, 172
Phloem 14, 15, 26, 27, 40, 124, 153, 186
  - Reaktions- 112
Phloemring 52, 54
Phloemsaft 130
Phloemsaftgewinnung 128, 129
Phloemtransport 124
  - akropetaler 131, 132

- basipetaler 131
- Konvektion im 134
- Saftkonzentration im 133

Phloemzelle
- tanningefüllte 18

Photosynthese
- Kohlendioxydgehalt 120
- Lichtintensität 120, 121
- Lufttemperatur 121, 122
- Nährstoff- und Wassergehalt 122

Phototropismus 110
Polyphenole 167
Polysaccharide
- in Holzgewebe 257
- in Zelltypen 258
- in Zellwandschichten 258

Polyuronsäure 254
Porenvolumen 194
Potential
- hygroskopisches 210

Primärwand 35, 42
Primärwurzel
- diarche 83, 85
- triarche 83, 85
- tetrarche 83, 85

Protophloem 83, 84
Protoxylem 82, 83

Quellung
- lineare 217
- räumliche 190, 215, 216

Quellungsdruck 215

Radiokarbonmethode 73
Raumdichte
- Abhängigkeit von Kronenform 200
- Abhängigkeit von Wandraum und Porenvolumen 194
- Definition 189
- Einfluss der Jahrringbreite 197
- Einfluss des Spätholzanteils 195, 196
- Einfluss des Standortes 193
- Häufigkeit und Verteilungscharakteristik 192
- Schwankungen im Stamm 199
- von Wurzel- und Astholz 201

Raumdichtezahl 190
Reaktionsgewebe 112
Reaktionsholz 104
Reifholzbäume 160
Reindichte
- Bestimmung mit Schwebemethode 188
- Bestimmung mit Verdrängungsmethode 188

Reindichtewerte
Hemizellulose 188
- Lingnin 188
- Zellulose 188

Reservestoffe 136
Resonanzholz 239
Rinde
äußere 172
- innere 172

Rindenaufbau 54
Rindenkamm 175
Rindennarbe 172, 174
Rindenriß 172
Rindenverletzung 172
Röntgenographie 60
Ruheperiode 47, 50, 51, 52

Sauerstoffgradient 171, 176, 178
Seitenachse 99
Seitenwurzel 92, 93, 94
Sekundärwand 35
Semipermeabilität 168, 181
Shikimisäure 165, 167
Siebröhre 52, 124, 126, 172
- aktive 52
kollabierte 52, 172

Siebzelle 52, 125, 126
- aktive 52
- kollabierte 52

Sinapinalkohol 152, 276
Sklerenchym 16, 52, 172, 175
Sondermerkmale des Baumwachstums 104
Sorptionsstellen 212
Sorptionswärme
- differentielle 211, 215

Spannrückigkeit 15, 16, 175
Speichergewebe
- Entschlackung 167
- Vitalität des 157

Spiraltendenz der Vegetation 110
Spitzenwachstum
- bipolares 31, 35, 54, 74, 80

Splintholz 137, 146, 158
Splintholz-Kernholz-Umwandlung 146, 160, 170, 185

Schalldämpfung 239
Schallgeschwindigkeit 239
Schallwiderstand 239
Scherfestigkeit 247
Schlankheitsgrad
- der Markstrahlzellen 77, 78, 88, 180
- der Zellkerne 156, 157, 180, 185

Schwindung
- in Abhängigkeit von Früh- und Spätholz 219

- in Abhängigkeit von der Raumdichte 218
- lineare 218, 220
- räumliche 190, 215, 218
- von Reaktionsholz 119

Schwindungsanisotropie
- Abhängigkeit vom Chemismus 224, 225, 226
- Abhängigkeit von der Mikrostruktur 221, 222, 223
- Abhängigkeit von der Submikrostruktur 223

Stärke 62, 65, 128, 131, 164, 168, 176
Stammholz 82, 137
Strangparenchym 65
Strukturwechsel 54, 55
Strukturwechsel
- autonomer 47

Teilung
- antikline 14, 15
- Häufigkeit der 14
- perikline 15, 80
- postkambiale 33
- transversale 33

Teilungsfähigkeit 151, 152
Teilungsprozess
- Verlangsamung des 152

Teilungstätigkeit
- alternierende 26

Teilungsrhythmus 18, 150
Tonoplast 167
Tracheide
- Längs- 40
- Markstrahl- 18, 40

Tracheidendurchmesser 55, 87
Tracheidenlänge 75, 76, 77, 78, 88, 98, 99
Transpiration 64, 140
Transpirationsstrom
- Geschwindigkeit des 140, 142

Transpirationsschutz 139
Tüpfel
- behöfter 39, 40, 162
- einfacher 39
- intervaskulärer 36

Turgor 134

Übergangszone 158, 164, 179
Umfangserweiterung 27, 29

Vakuole
- Zentral- 20

Vakuolensystem 20, 21, 40, 167, 181
Vegetationsperiode 18, 26, 32, 39, 49, 50, 51, 72, 102, 144, 150. 154

Vitalität
- des Baumes 18, 66, 92

Wachstum
- Dicken- 23, 26, 46, 49, 50, 54, 151
- epinastisches 112
- Orientierungsbewegung des 111, 112
- Weiten- 23, 27, 28, 150

Wachstumsgesetz 74, 80
Wachstumsgeschwindigkeit 80
Wachstumsrhythmus 44, 46, 47, 51
Wachstumsstau 58, 62, 65, 75
Wärmeausdehnung 228
Wärmeleitfähigkeit 229, 230
Wärmeleitzahl 229
Wasser
- Dampfteildruck 206, 207
- Dipolcharakter 211
- Fasersättigung 213
- frei tropfbares 214
- gebundenes 214
- Gleichgewichtsfeuchtigkeit 210
- Hydratation der Hydroxylgruppen 210, 211
- hygroskopische Isothermen 213
- Kapillarkondensation 212
- Oberflächenspannung 206
- Zustandsform und potentielle Energie 205

Wasserdampfsorption 205, 207, 208, 209
Wassergehalt
- Bestimmung des 189, 204
- maximaler 213, 215

Wasserleitsystem
- Funktionsenthebung des 160, 162, 185

Wassertransport 138
Weitenwachstum 23, 27, 28, 150
Widerspänigkeit 106, 108
Wimmerwuchs 15, 16, 175
Wuchsanalyse
- Untersuchungsrichtungen für die 81

Wuchsbedingung 18
Wuchsreaktion
- statische 113

Wuchsstoff 43, 44, 49, 72, 96, 108, 154, 170
Wundhormon 175
Wurzeldruck 142
Wurzeldurchmesser 85
Wurzelfusionen 95
Wurzelhaube 84, 85
Wurzelholz 82, 138, 201
Wurzelholz
- anatomischer Aufbau 82
- Bestimmungsschlüssel für 90

Wurzelsystem 82, 92

Xylem 15, 18, 27
- Alterung des 152
- Reaktions- 112
Xylemring 54

Zelldifferenzierung 18, 24, 26, 34
Zelldimension 21, 24, 154
Zelle
- funktionelle Spezialisierung der 42
- postkambiale Entwicklung der 80
- Wachstumskapazität der 80
Zellgruppen 26
Zellkern 18, 127
- Wanderungsquote des 156, 158
Zellkernvolumen 21
Zellkernstruktur
- lamellare 181
- pyknotische 181
- vakuolisierte 181
Zellumen 42, 55
Zellorganelle 20
Zellteilung 24
- Anaphase der 24
- antikline 23, 24, 26, 27
- Metaphase der 24
- perikline 23, 24, 26
- Prophase der 24
- pseudotransversale 23, 30
- radial-longitudinale 23
- Telophase der 24
Zellulosane 256
Zellulose
- Anteil an 118
- Chemismus der 261
- Elementarbereich der 267, 268
- Kettenverteilungsdiagramm der 266
- Kristallinität der 118, 269, 270
- Molekülgrösse der 265
- Reaktionsweise 265
Zellulosebegleiter 273
Zellwachstum
- Längen- 36
- zeitunabhängiges 22
Zellwand
- Appositionswachstum der 36, 54
- Flächenwachstum 36
- Primär- 20, 35, 36, 42, 152
- Sekundär- 35, 152
- Tertiär- 152
Zellwandaufbau 18, 117, 119, 152
Zellwanddicke 42, 55, 117, 156
Zellwandschicht
- gelatinöse 118
Zone
- Anfangs- 58, 60, 62, 75, 77
- End- 58, 60, 62, 65, 77
- kambiale 24
Zucker
- Synthese und Anteil 128, 130, 164, 257
Zugfestigkeit 243
Zugholz 112, 176
Zuwachszone 46, 77
Zylinder
- vaskularer 83, 84
Zytoplasma 20, 21, 36, 39, 40, 126